电气自动化新技术丛书

感应电机模型预测控制

张永昌　著

U0178438

机　械　工　业　出　版　社

模型预测控制是近些年在交流电机控制领域兴起的一种高性能闭环控制技术，具有概念简单、多变量控制和动态响应快等优点，得到了国内外学者的广泛关注。本书系统介绍了作者近年来在感应电机高性能控制方面的研究成果，包括矢量控制、直接转矩控制和模型预测控制，其中模型预测控制是全书的重点内容。本书首先介绍了感应电机高性能控制中的共性问题，包括逆变器非线性补偿、电机参数辨识和磁链观测器设计等内容，在其基础上介绍了磁场定向矢量控制、直接转矩控制等传统控制策略，在第 3 部分则对模型预测控制进行了详细介绍。本书突破了有限状态集模型预测控制的理论局限，提出了多矢量模型预测控制的系统思想和框架，并解决了其计算量大、权重优化设计、参数鲁棒性、稳态性能和变开关频率等问题。另外，本书还将无速度传感器控制、弱磁控制以及三电平拓扑和模型预测控制相结合，提高了模型预测控制工程应用价值。最后，本书还介绍了基于模型的设计思想和方法，实现了从概念仿真到代码生成的快速开发。

本书不仅包括理论分析和设计，还配有详细的仿真结果和经作者亲自验证过的实验结果以及大量翔实的数据图表，方便读者深入分析和验证。本书可作为电力电子与电力传动专业高年级本科生和研究生的参考书，也可供电机控制领域的科研工作者和应用开发人员参考。

图书在版编目（CIP）数据

感应电机模型预测控制/张永昌著. —北京：机械工业出版社，2020.5
（电气自动化新技术丛书）
ISBN 978-7-111-64865-9

Ⅰ.①感… Ⅱ.①张… Ⅲ.①交流电机-预测控制 Ⅳ.①TM34

中国版本图书馆 CIP 数据核字（2020）第 033656 号

机械工业出版社（北京市百万庄大街 22 号 邮政编码 100037）
策划编辑：张俊红 责任编辑：张俊红 翟天睿
责任校对：佟瑞鑫 封面设计：马精明
责任印制：孙 炜
中教科（保定）印刷股份有限公司
2020 年 5 月第 1 版第 1 次印刷
184mm×260mm · 14.25 印张 · 276 千字
标准书号：ISBN 978-7-111-64865-9
定价：59.00 元

电话服务	网络服务
客服电话：010-88361066	机 工 官 网：www.cmpbook.com
010-88379833	机 工 官 博：weibo.com/cmp1952
010-68326294	金 书 网：www.golden-book.com
封底无防伪标均为盗版	机工教育服务网：www.cmpedu.com

前　　言

感应电机具有容量大、调速范围宽、结构坚固耐用、维修容易等优点，在现代工业中得到了极为广泛的应用。目前，感应电机变频驱动装置正向着高转速、大容量、高效率、高可靠性以及双向能量流动方向发展，在《中国制造 2025》和“工业 4.0”中的先进制造与高端装备领域发挥着重要作用。高性能控制技术是现代交流变频系统的关键技术，其性能指标代表着装备制造领域的技术先进水平，为世界各国所竞相发展。

传统的矢量控制+空间矢量调制技术在现代交流变频系统取得了巨大成功，但级联式的控制结构以及控制和调制割裂设计的思想限制了系统的极限动态响应，难以保证系统的全局最优稳态性能。直接转矩控制虽然结构简单，但存在输出转矩脉动大、低速性能差以及开关频率不固定等问题。随着微处理器计算能力的快速提高，一些更加高级和复杂的控制理论和算法也被引入到交流传动中。模型预测控制就是近年来在电力电子和电力传动领域得到广泛关注和研究的先进控制策略之一。由于其天然的多变量控制、控制目标灵活和动态响应快以及在线优化、滚动实施等特点，模型预测控制有可能取得比现有矢量控制和直接转矩控制更优异的动、静态性能，在未来电气传动领域具有广阔的应用前景，甚至被认为是交流电机控制领域的下一代控制方法。

在国家自然科学基金（项目编号 51577003，51207003）和北京市自然科学基金（项目编号 3162012）等项目的资助下，作者近年来在交流电机模型预测控制领域进行了深入研究和探索，取得了一批原创研究成果，尤其是突破了传统单矢量模型预测控制的理论局限，提出并建立了多矢量模型预测控制的系统思想和框架，在维持传统方法优点的同时极大提高了系统的稳态性能，不仅丰富和完善了模型预测控制的理论体系，而且提高了其实用价值。

本书共有 14 章，具体各章内容安排如下：第 1~3 章是绪论和基础知识，对感应电机的数学模型和高性能电机控制中的共性问题进行了介绍；第 4~5 章介绍了传统的磁场定向矢量控制和直接转矩控制；第 6~12 章是本书的重点内容，在介绍传统模型预测控制的基础上，研究了无权重系数模型预测控制、鲁棒模型预测控制、双矢量和三矢量模型预测控制，以解决权重系数设计、参数鲁棒性、稳态性能和变开关频率等问题，最后介绍了基于无速度传感器技术和三电平拓扑的模型预测控制，提高了其实用价值；第 13 章介绍了基于模型设计思想的软件开发方法及硬件平台；第 14 章则对模型预测控制在电机控制中的前景进行展望。

本书由张永昌撰写。在撰写本书的过程中，杨海涛博士协助校对了第 4、11、12 和 13 章。另外，在作者实验室学习和工作过的研究生对本书也做出了很大的贡献，他们是张博越、白宇宁、夏波和李政学，在此一并表示感谢。

本书可供电机控制领域的科研工作者和工业实践开发人员参考，也可以作为电力电子与电力传动专业高年级本科生和研究生的参考书。由于作者水平有限，且编写时间仓促，而交流电机闭环控制尤其是模型预测控制技术仍在快速发展之中，故书中难免存在不当甚至是错误之处，敬请广大读者批评指正。

目　录

第 1 部分　绪论和基础知识

第 1 章　概　　述

1.1　研究背景及意义

据统计，我国 60%左右的用电量由电动机消耗，其中多数为感应电机。感应电机结构简单，可靠性高又易于维护，能够适应各种复杂的环境，在各种工业领域得到广泛应用。随着电力电子器件、数字处理器等技术的发展，变频控制技术已成为提高电机运行效率和传动性能的主要技术手段。

在过去几十年，由于交流调速系统性能以及效率的提升，其应用领域和范围越来越广泛。高性能感应电机调速控制系统不仅能满足节电需求，提高能源效率，还可以适应工业生产的工艺需求，提高我国的自动化水平。目前变频器已渗透到各行各业，其主要应用目的为节能以及工艺控制需求。对于风机水泵等性能要求一般的节能调速场合，采用简单的变压变频（VVVF）即可满足需求。但是很多工业应用场合对转速和转矩的控制准确度以及响应时间都有严格要求，比如交通运输行业的电力牵引、冶金行业的轧钢系统、建筑行业的电梯驱动等。随着现代工业应用对调速系统的性能以及控制准确度要求越来越高，变频系统难以通过单纯提升硬件设备的性能来满足，更通用和灵活的做法是从控制即软件的角度予以考虑解决，因此非常有必要在传统控制策略的基础上研究更为先进的控制方案。

高性能调速控制系统的设计可以视为求解一个优化问题，通常情况下，可能包含以下几个重点优化目标[1]：

1）快速的动态响应以及尽量小的稳态跟踪误差；

2）较高的运行效率以节约能源；

3）较小的电流 THD 及谐波以满足相关法规要求；

4）电磁辐射以及电磁兼容问题以满足法规要求；

5）共模电压抑制以提高系统的安全性以及运行寿命等；

6）在整个调速范围内均能满足以上要求。

目前，变频器行业在国内的市场规模逐年扩大，市场容量已超过 500 亿元。从品牌数量上来看，内资品牌占 70%以上，但市场份额却不到 30%，尤其在高性能应用场合，内资品牌的技术积累与国外品牌还存在一定的差距，因此深入研究变频驱动技术有助于提升我国在该产业的竞争力。

1.2 高性能感应电机控制策略简述

1.2.1 矢量控制

当前主流的高性能闭环调速系统控制方法主要有矢量控制（Field Oriented Control, FOC）[2] 和直接转矩控制（Direct Torque Control, DTC）[3,4]。矢量控制通过磁场定向将定子电流分解成励磁分量和转矩分量，然后采用比例积分（Proportional Integral, PI）调节器在同步旋转坐标系上对其分别进行调节，最后利用空间矢量调制（Space Vector Modulation, SVM）等脉宽调制策略合成参考电压矢量。FOC 能取得较好的动静态性能，在中小功率场合得到了广泛的应用，但是其性能严重依赖于调节器参数的整定。由于传统的线性 PI 调节器加前馈解耦的结构存在着诸多缺陷，尤其是当系统的开关频率较低或者电机转速较高时，系统甚至不能稳定运行[5,6]。为解决这一问题，国内外不少学者采用包括系统控制延迟在内的精确复矢量数学模型来设计复矢量电流调节器[7,8]，但是调节器参数基于连续域设计依然存在进一步改进的空间。考虑到实际数字控制系统的离散化特性，参考文献［9］直接在离散域设计电流内环调节器，保证了系统具有良好的稳定裕度与动态特性。在矢量控制中逆变器环节仅仅被当作一个增益系统，这种上层控制算法与底层 PWM 独立分离设计的结构，使得系统的整体性能存在进一步优化的空间。这是因为不同的 PWM 策略对应不同的稳态性能以及逆变器开关损耗[10]，由于系统多个控制目标之间相互耦合，单纯地从 PWM 层面来优化系统的性能很难得到大幅度的改进。因此，如果在上层控制算法中就考虑逆变器不同开关状态组合对系统整体性能的影响，则能够在更大的可行解空间内获取更优的控制性能。

1.2.2 直接转矩控制

不同于 FOC，DTC 没有独立的 PWM 环节，它将电机与逆变器当作一个整体，直接根据磁链以及转矩的误差信号选择合适的电压矢量作用于电机。与 FOC 相比，DTC 能够以简洁的控制结构实现快速的动态性能。但是由于 DTC 中的启发式开关表以及 Bang-Bang 控制器只考虑了误差方向而未精确考虑误差的大小，因此必须依靠高采样率才能将稳态性能维持在可接受的水平[11,12]。为解决这些问题，一些改进的 DTC 通过引入 SVM 来提高稳态性能[13,15]。但是这类方法大都使得系统更加复杂并且使用了更多的电机参数，因而失去了 DTC 结构简单、参数鲁棒性强等优点[14]。另外一类改进方法则在维持 DTC 基本结构的同时引入占空比控制的概念[16-19]，即在一个控制周期内作用两个电压矢量，通常为一个非零矢量和一个零矢量，然后再根据某种占空比优化原则来计算矢量的最优作用时间。最近在二矢量的基础上又发展出基于三矢量的控制策略[12,20]，即在一个控制周期内采用两个非零矢量和一个零矢量来进一步提高稳态性能。但值得注意的是，这些方法中的矢量组合类型始终固定不变，例如这类矢量组合中的某个电压矢量始终固定为零矢量，但是零矢量的选择并非经过严格的理论化设计，只是对 DTC 的基本矢量表进行简单拓展得来的，因而难以保证多矢量序列的最优性。总体来说，多矢量 DTC 从一定程度上解决了基本 DTC 存在的开关频率不固定、稳态性能差的问题，但是在矢量选择上依然采用与基本 DTC 类似的启发式开关表，缺乏系统化的最优选择机制，因此系统的控制性能有待进一步提高。

1.2.3　模型预测控制

模型预测控制（Model Predictive Control，MPC）是 20 世纪 70 年代后期在工业过程控制领域中出现的一类新型计算机控制算法[21]，由于其具有原理简单、鲁棒性好、多变量控制和容易处理非线性约束等优点，一出现就受到国内外工程界的重视，目前已经在全球炼油、化工等行业中得到了广泛应用，被视为流程工业实现节能减排、提高生产率、降低能耗的关键技术[22]。MPC 算法的核心包括：可预测未来的动态模型，在线反复优化计算并滚动实施的控制作用和基于模型误差的反馈校正。其本质是求解一个开环最优控制问题，因此计算量较大，过去仅在石油化工等时间常数较大的过程工业中得到应用。而电力电子装置采用高速导通和关断的电力电子器件来实现电能的变换，通常需要在微秒级别完成控制算法，对实时性要求很高，因此过去 MPC 在电力电子控制领域鲜有应用。直到近年来，随着微处理器计算能力的提高，MPC 在电力电子控制领域才引起了国内外学者的广泛关注[23]。

1983 年德国学者 Holtz 教授首次将 MPC 的思想应用于感应电机高性能闭环控制并取得了成功，这是电力电子领域关于 MPC 研究的最早文献，研究结果在当年的国际电力电子会议（IPEC）上发表[24]。论文结果表明，MPC 能够以很低的开关频率（额定转速时开关频率仅为 170 Hz[25]）实现快速的动态响应，同时具有优异的稳态性能。尽管 MPC 原理简单，并且具有很好的性能，但计算量较大。受制于当时的硬件条件，在很长一段时间内 MPC 并未在电力电子领域得到广泛关注和研究。直到 2000 年以后，在智利学者 Jose Rodriguez 和德国学者 Ralph Kennel 等人的推动下，MPC 在电力电子领域的研究重新兴起并迅速成为研究热点。IEEE 在工业电子期刊和多个国际会议上组织了多次关于 MPC 的专题，甚至专门成立了关于 MPC 在电力电子与电机控制中应用的国际研讨会，起名为 Symposium on Predictive Control of Electrical Drives and Power Electronics（PRECEDE），自 2011 年开始每两年举办一次，目前已经举办了四届，极大地推动了 MPC 在电力电子领域的研究和应用。目前，MPC 被广泛认为是继矢量控制和直接转矩控制之后最有可能在电力电子和电机控制领域得到广泛应用的第三种高性能控制策略。

按照对电力电子变换器开关状态控制的直接程度，一般来讲可以把 MPC 分为两类[26]，即连续控制集 MPC（Continuous-Control-Set MPC，CCS-MPC）和有限控制集 MPC（Finite-Control-Set MPC，FCS-MPC）。第一类方法采用 MPC 理论设计控制器来得到指令电压或占空比信号，然后借助 PWM 分解得到开关驱动信号[27,28]，计算复杂而且稳态性能受制于 PWM。目前这类方法主要在矢量控制框架下实现，利用 MPC 来设计电流控制器，可以取得比传统 PI 控制更好的快速性能和解耦效果。但是 MPC 只是作为一个子环节替代矢量控制中传统的 PI 控制器，并没有用于整个控制系统的优化设计，从而没有充分发挥 MPC 在处理约束非线性控制系统和多目标同时优化方面的优点。另外，由于底层脉冲依然采用 PWM 环节，因此稳态性能相比矢量控制难以有本质的超越。

有限状态集 MPC 承认并充分利用逆变器存在有限个开关状态这个事实，从而把满足优化目标的搜索范围缩小到所有可能的开关状态，其中使得目标函数最小的开关状态即为最佳开关状态[29]。该目标函数可以包含任何非线性约束，比如开关频率降低[30]、共模电压抑制[31] 等，具有很强的扩展性和灵活性。通过模型预测和目标函数评价就可以选出满足优化目标要求的最佳开关矢量。目前 FCS-MPC 已经在多个电力电子领域得到广泛研究和应用，是一种当前受学术界和工业界广泛关注的控制方法。

虽然 MPC 在电压矢量选择上更加有效，但是逆变器的离散开关状态毕竟有限，只在一个控制周期作用单个电压矢量使得其稳态性能仍然不足。另外与 DTC 类似，其开关频率随着系统运行状态的改变而改变，而在实际应用中，受限于散热设计等原因，控制系统必须经过严格的测试以确保在任何状态下最大开关频率均不会超过允许值，这给实际应用带来很多麻烦。与 DTC 类似，在 MPC 中也可以引入占空比控制的概念。但是现有的一些方法只是简单地将 DTC 中双矢量的概念引入到 MPC[32,33]，虽然取得了一定的性能提升，但是很显然 MPC 结构的柔性使得 MPC 能够在更广的可行解空间内取得更大的性能提升。也就是说在 MPC 中，矢量的选择方法、矢量作用时间的优化以及它们的处理顺序均存在着优化空间，仔细研究这些因素对系统性能以及计算复杂度的影响是获得优化性能的关键。另外，由于传统 MPC 的权重系数依然缺乏有效的理论设计方法[1]，但是权重系数对 MPC 的性能又有着重要的影响，因此如何确定权重系数是 MPC 在实际应用中必须解决的一个难点。此外，有限状态集 MPC 多采用一拍步长预测，当采用多步预测时，则有可能获得更好的稳态性能[34]，或者进一步降低开关频率，但随之也会带来计算量过大和在线实施困难等问题。

国内近年来针对电力电子 MPC 也展开了研究，在权重系数设计、计算量简化、稳态性能提高、多步长 MPC 等方面取得了诸多进展。

针对权重系数设计，MPC 用于感应电机的磁链和转矩控制时，由于目前尚缺乏通用的理论设计方法来确定磁链和转矩的权重系数，因此为保证调速系统在不同的运行点具有良好的动静态性能，在实际应用中需要通过大量的仿真或实验来确定权重系数的大小。为此，国内学者提出一种无需权重系数设计的改进 MPC[35,36]。通过深入推导磁链和转矩之间的解析关系，将定子磁链幅值和电磁转矩的同时控制转换为等效的定子磁链矢量的控制，从而消除了传统方法中繁琐的权重设计，而且算法简单，容易实现。

传统的 FCS-MPC 通过枚举法来选择最优电压矢量，需要对所有电压矢量作用下的系统动态行为进行预测，因此算法的计算量较大，不利于在线实施。通过分析无差拍控制和 MPC 之间的内在联系，首先按照无差拍控制得到参考电压，然后选择离参考电压矢量最近的电压矢量为最优矢量，从而得到更加本质的快速矢量选择方法，研究结果在 PWM 整流器和永磁电机中得到应用[37-39,40]。

针对稳态性能提高，传统 FCS-MPC 由于在一个控制周期只施加一个电压矢量，因此不可避免地存在采样频率高、开关频率不固定等缺点。为解决该问题，国内学者提出并建立了多矢量 MTC 的系统创新方法，先后提出了非零矢量+零矢量的二矢量 MTC、矢量选择和矢量时间同时优化的改进二矢量 MPC、基于任意双矢量的广义 MPC 和三矢量 MPC 等改进方法[41-44]，能够以降低一半的采样频率获得 30%以上的稳态性能提升，同时开关频率恒定且更低，提高了系统效率。

针对多步长 MPC，国内学者在三电平驱动感应电机控制上进行了积极探索，验证了多步长 MPC 在降低开关频率和提高稳态性能方面的有效性[45]，但主要以仿真验证为主，尚缺乏实验的验证。

总之，国外在电力电子模型预测控制领域起步较早，研究也相对比较深入，基本上涵盖了 AC-DC、DC-AC、DC-DC 和 AC-AC 等四种电能转化方式的各个领域，应用包括新能源发电、电能质量、交流传动、UPS 等，拓扑从普通的两电平拓扑到级联 H 桥、飞跨电容多电平、三电平、矩阵变换器、Z 源变换器等复杂拓扑，功率从几十瓦的直流电源到兆瓦级的交流传动，可以说 MPC 已经渗透到电力电子的几乎每一个应用领域。国内在该领域起步相对较晚，但在中国巨大电力电子市场的推动和众多科研单位及工作者的努力下，在各个研究方向和应用领域都有涉足。可以说，在 MPC 的研究广度方面国内外差异并不大，但在研究深度和推广应用方面，国内与国外还有较大差距。尤其是在低开关频率大功率电力电子应用领域差距较大，国内基本上还处于跟踪研究阶段；而国外在该方向研究时间较长且较深入，并在工业产品中得到应用。

1.2.4 无速度传感器控制

无速度传感器技术具有降低系统硬件成本、增强系统环境适应性和提高系统可靠性等优点[46-50]，在现代交流调速系统中得到了广泛应用，包括 FOC[51,52] 和 DTC[3,53]，但将其与 MPC 结合在一起的研究尚不多见。为了促进 MPC 在电机传动中的实用化，必须研究适用于 MPC 的无速度传感器技术。相比应用于 FOC 和 DTC 的无速度传感器技术，用于 MPC 的无速度传感器技术存在一些特殊问题需要解决。MPC 的模型预测中用到电机转速的信息，而转速信息又来自速度观测器，为此对速度估计和模型预测都提出了更高的要求。目前无速度传感器算法较多，其中最简单的一种是直接计算法。其基本原理是电机的转速 ω_r 等于同步电角频率 ω_e 与转差频率 ω_{sl} 的差，但是这种直接计算法对参数准确性的依赖较高。在这种方法中，为避免速度估计误差对磁链观测的影响，可采用电压模型磁链观测器。但是这种方法存在直流偏置以及初始值设置问题，并且在低速运行时对定子电阻值特别敏感[54-57]。

模型参考自适应法是当前应用比较广泛的一种速度估算方法，其基本原理如图 1.1 所示。这种方法也可以分为两种：第一种方法是同时使用不包含转速的参考模型以及包含转速的可调模型对同一变量进行观测，并利用二者的误差构成转速自适应率对转速进行估计[58-60]；第二种以电机本体作为参考模型，其典型代表是速度自适应全阶观测器[50,61,62]，如图 1.2 所示。在第一种方法中，由于参考模型不可避免地受到电机参数准确度的影响，因此以电机本体作为参考模型的准确度从理论上要比第一种方法的准确度要高。另外，由于全阶观测器中引入了电流闭环反馈环节，因此其观测准确度以及参数鲁棒性相比开环观测器均有一定程度的提高。但是全阶观测器系统的实现比较复杂，在实际应用中必须解决以下几个问题：

1）为确保系统具有良好的稳定性和收敛速度，必须设计合适的反馈矩阵[62]。

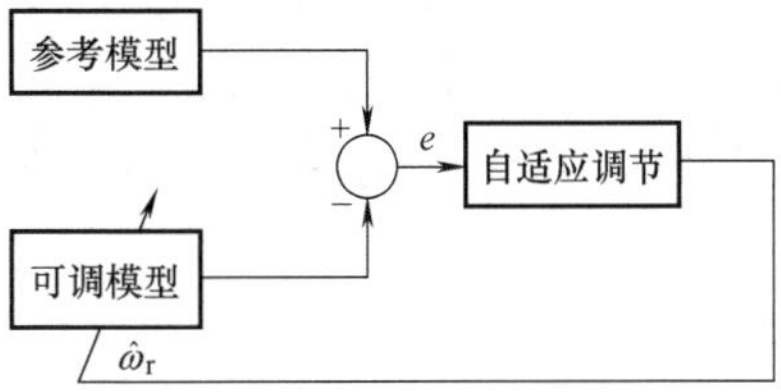

图 1.1 模型参考自适应结构图

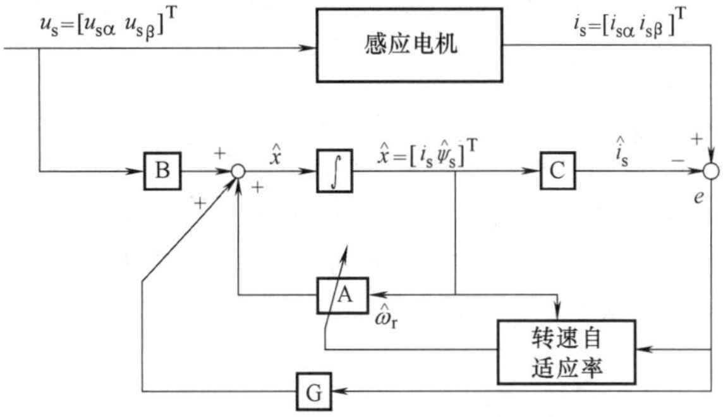

图 1.2 速度自适应全阶观测器

2）在数字控制系统中实施观测器算法，必须采用合适的离散化方法对观测器进行离散化。传统的一阶前向欧拉离散化方法虽然算法简单，但是随着转速的增加离散化误差也越来越大，甚至不能稳定运行[63]。

3）当系统需要在低速发电区域进行无速度传感器运行时，需要考虑稳定性问题[50,64]。其他方法，如卡尔曼滤波[65-67] 以及滑模观测器[68,69] 在实际中也有一定的应用。但是卡尔曼滤波在实际应用中的计算量太大，对处理器的运算性能要求较高。滑模观测器能在很宽的速度范围内实现较好的动态性能，但是由于抖振的存在使得它在实际中的应用受到一定的限制。

1.3 本书主要内容

本书对感应电机高性能控制尤其是模型预测控制进行了深入研究。在介绍感应电机动态数学模型的基础上，首先针对实际应用中的逆变器非线性特性补偿、电机参数辨识以及磁链观测等基本问题进行了分析，并在前人工作的基础上提出了一些解决方案。然后对传统的高性能控制策略——FOC 和 DTC 进行了研究：①分析了三种 FOC 电流内环调节器结构和设计方法，在充分考虑数字控制系统延迟的基础上给出了调节器优化参数的解析表达式，并通过仿真和实际实验进行了验证；②为了解决 DTC 稳态转矩纹波大的问题，引入了双矢量 DTC，分析了四种矢量作用时间的优化方法，显著地改善了传统 DTC 存在的一些缺陷。最后在 FOC 和 DTC 研究的基础上对 MPC 在高性能感应电机调速系统中的应用进行了深入研究，着重分析和解决现有 MPC 存在的稳态性能不足、开关频率不固定、权重系数设计复杂以及无速度传感器运行等问题。另外还将 MPC 扩展到三电平逆变器电机系统，在实现电机高性能转矩控制的同时重点解决中点平衡、电压跳变和低开关频率运行等问题。全书内容包括四大部分，共 14 章，具体内容安排如下：

第 1 部分：绪论和基础知识，包括第 1~3 章。

第 1 章首先论述了本书的选题意义；然后介绍了高性能感应电机控制策略和无速度传感器在国内外的研究现状，并着重阐述了传统控制方案存在的一些缺陷，介绍了 MPC 的一些优点和需要解决的问题；最后介绍了本文研究工作的主要内容。

第 2 章对感应电机的数学模型进行了介绍，在两相任意转速旋转坐标系下建立了感应电机的状态方程，状态变量组合包括定子磁链和定子电流、转子磁链和定子电流以及定子磁链和转子磁链；最后对感应电机控制中的其他常用公式进行了总结，为后文的分析和研究建立了良好的数学基础。

第 3 章对感应电机调速控制系统在实际中会遇到的问题进行了研究。首先详细分析了逆变器的非线性特性，并给出了一种简单的辨识与补偿方案；然后对感应电机在静止条件下的参数辨识进行了研究，在综合前人工作的基础上给出了一种简单有效的参数辨识方法；最后分析研究了速度自适应全阶观测器的反馈矩阵设计、离散化方法以及低速发电区域稳定性等问题，通过总结现有观测器的极点配置思路，提出一种新型的设计方法，实现了极点移动类配置方法的统一。

第 2 部分：传统控制策略，包括第 4 章和第 5 章。

第 4 章对矢量控制的基本原理进行了介绍，着重对电流内环调节器的设计进行了分析，包括传统 PI 线性调节器、复矢量调节器以及基于离散域设计的调节器，并对调节器参数设计方法进行了研究，提出了一种优化的离散域调节器参数设计方法。最后通过仿真和实验对理论分析进行了验证，并基于第 3 章中的速度自适应观测器给出了无速度传感器运行的实验结果。

第 5 章对 DTC 进行了相关研究，首先简单综述了 DTC 的研究现状；然后着重介绍了基于占空比优化控制的双矢量 DTC，对双矢量 DTC 和传统 DTC 的性能进行了比较，并通过仿真和实验对算法进行了验证。

第 3 部分：模型预测控制，包括第 6~12 章。

第 6 章介绍传统的模型预测控制。首先对模型预测控制的现状进行概述；然后对传统模型预测转矩控制（MPTC）的基本原理进行介绍，并提出了一种减小系统计算量的方法，对控制延迟补偿和起动电流抑制这两个实际问题进行了研究；最后通过仿真和实验进行了验证。

第 7 章研究了无权重系数模型预测控制。针对权重系数设计复杂的问题，提出将转矩与磁链幅值控制转换为等效定子磁链矢量的模型预测磁链控制，从而消除了权重系数的使用；另外还介绍了一种级联式模型预测控制，将一个目标函数拆分成两个不同的目标函数并级联执行，从而避开了权重系数的使用。这两种无模型预测控制方法的有效性通过仿真和实验得到了验证。

第 8 章介绍鲁棒模型预测控制，重点解决模型预测控制受参数变化影响的问题，研究提出了基于超局部模型和基于扩展状态观测器的鲁棒预测控制。超局部模型仅需系统输入输出数据，无需电机参数。扩张状态观测器可以观测系统总扰动，并作为反馈对模型和未知扰动进行补偿。通过仿真和实验对以上两种鲁棒预测电流控制进行了验证，结果表明显著提高了系统的参数鲁棒性。

第 9 章为解决传统 MPC 稳态效果一般的缺陷，重点研究了双矢量 MPC，对矢量选择方式、占空比优化方法以及它们的处理顺序进行详细分析和对比研究，最后通过仿真和实验对所有算法进行了验证和比较。

第 10 章在双矢量 MPC 的基础上进一步对三矢量 MPC 进行了研究。首先介绍了一种新型三矢量模型预测磁链控制，显著提高了系统的稳态性能；其次介绍了一种无扇区判断空间矢量脉宽调制模型预测磁链控制，并通过仿真与实验来验证其有效性；最后介绍了一种基于 SVM 无差拍控制的统一多矢量模型预测控制，通过对 SVM 无差拍控制得到的电压矢量和占空比进行组合来得到目前各种改进 MPC 算法，包括单矢量 MPC、双矢量 MPC 以及广义双矢量 MPC。本章从理论上证明了这种新型统一多矢量 MPC 与单矢量 MPC、双矢量 MPC 以及广义双矢量 MPC 中的矢量选择和占空比完全等效，并且能够在线实现多种 MPC 之间的任意切换。

第 11 章主要介绍了模型预测控制的无速度传感器运行及弱磁控制策略。首先从全阶观测器中估计转速的收敛性条件出发，推导出一种新型增益矩阵。即使起动前电机旋转速度大小以及运行方向未知，也能保证估计转速快速收敛到实际转速，从而能够在没有转速传感器的情况下快速平稳地起动正在高速旋转的感应电机。然后介绍了 MPC 在基速以上运行时的弱磁控制方法，通过调整磁链幅值以及转矩给定限幅，保证了在电压以及电流限制下能够输出最大转矩。本章通过仿真与实验测试验证了无速度传感器 MPC 及其弱磁控制方法的有效性。

第 12 章介绍了三电平模型预测控制。首先对三电平逆变器驱动感应电机系统的基本问题进行讨论，分析了不同电压矢量对中点电位的影响，总结了前人在 SVM 调制方面的成果，简述了一种适用于 SPWM 的新型零序分量注入调制方法；然后针对三电平 MPC 展开了研究，介绍了一种低开关频率 MPC 和两种不同的矢量表，并进一步分别在有速度传感器和无速度传感器的条件下进行了详细的实验验证；最后，针对三电平 MPC 提出了两种无权重系数的 MPC 方法。实验结果证明，这两种方法比 FOC 有更好的动态和稳态性能。

第四部分：感应电机调速系统设计，包括第 13 章和 14 章。

第 13 章简要介绍实验平台的软件及硬件设计，包括本书所采用的仿真框架与实验框架。首先通过仿真框架验证控制算法，然后把实验框架中的核心算法换掉，即可利用 MATLAB/Embedded coder 工具箱自动生成 C 代码来验证仿真的正确性，实现了仿真到实验之间的无缝链接，极大地提高了控制算法的开发效率。

第 14 章对 MPC 未来的研究方向和发展趋势进行展望和总结。

第 2 章　三相感应电机数学模型

高性能控制算法通常依赖于控制对象的动态数学模型，此外为了用数字控制系统实现控制算法，该模型应当能够以离散形式表示。本书的控制系统主要由数字信号处理器（Digital Signal Processor，DSP）、两电平或三电平电压源型逆变器、笼型三相交流感应电机及其转子轴上的增量式正交光电速度编码器组成。本章将建立三相感应电机的数学模型。

精确的感应电机数学模型是一个高阶非线性且各变量相互耦合的复杂系统[70]。在实际应用中为了研究方便，通常忽略感应电机的非理想因素，做如下理想化假设：

1）定、转子三相绕组在空间内完全对称，互差 120°电角度；

2）各绕组表面光滑，无齿槽效应；

3）气隙磁动势在空间中按正弦规律分布且无谐波；

4）磁路线性且无铁心损耗；

5）忽略频率变化及温度对定、转子电阻的影响。

本章的结构如下：2.1 节介绍感应电机在三相静止坐标系下的数学模型；2.2 节介绍三相系统的空间矢量描述；2.3 节给出感应电机在两相坐标系下的数学模型；2.4 节给出感应电机分析中常用的数学公式和本书用到的电机参数；2.5 节对本章进行总结。

2.1　三相静止坐标系下的数学模型

1. 电压方程

定、转子绕组的电压方程为

$$\boldsymbol{u}=\boldsymbol{R}\boldsymbol{i}+\frac{\mathrm{d}\boldsymbol{\psi}}{\mathrm{d}t} \tag{2.1}$$

式中　$\boldsymbol{u}=[\boldsymbol{u}_{\mathrm{s}}\quad \boldsymbol{u}_{\mathrm{r}}]^{\mathrm{T}}$，$\boldsymbol{i}=[\boldsymbol{i}_{\mathrm{s}}\quad \boldsymbol{i}_{\mathrm{r}}]^{\mathrm{T}}$，$\boldsymbol{\psi}=[\boldsymbol{\psi}_{s}\quad \boldsymbol{\psi}_{\mathrm{r}}]^{\mathrm{T}}$；

$\boldsymbol{u}_{\mathrm{s}}=[u_{\mathrm{sa}}\quad u_{\mathrm{sb}}\quad u_{\mathrm{sc}}]$，$\boldsymbol{u}_{\mathrm{r}}=[u_{\mathrm{ra}}\quad u_{\mathrm{rb}}\quad u_{\mathrm{rc}}]$，$\boldsymbol{i}_{\mathrm{s}}=[i_{\mathrm{sa}}\quad i_{\mathrm{sb}}\quad i_{\mathrm{sc}}]$，$\boldsymbol{i}_{\mathrm{r}}=[i_{\mathrm{ra}}\quad i_{\mathrm{rb}}\quad i_{\mathrm{rc}}]$；

$\boldsymbol{\psi}_{\mathrm{s}}=[\psi_{\mathrm{sa}}\quad \psi_{\mathrm{sb}}\quad \psi_{\mathrm{sc}}]$，$\boldsymbol{\psi}_{\mathrm{r}}=[\psi_{\mathrm{ra}}\quad \psi_{\mathrm{rb}}\quad \psi_{\mathrm{rc}}]$；

$$\boldsymbol{R}=\begin{bmatrix} R_{\mathrm{s}}\boldsymbol{I} & \boldsymbol{O} \\ \boldsymbol{O} & R_{\mathrm{r}}\boldsymbol{I} \end{bmatrix},\ \boldsymbol{I}=\begin{bmatrix} 1 & 0 & 0 \\ 0 & 1 & 0 \\ 0 & 0 & 1 \end{bmatrix},\ \boldsymbol{O}=\begin{bmatrix} 0 & 0 & 0 \\ 0 & 0 & 0 \\ 0 & 0 & 0 \end{bmatrix}。$$

式中　$\bullet^{\mathrm{T}}$ 表示矩阵 $\bullet$ 的转置；

$u_{\mathrm{s}x}$（$x=a,\ b,\ c$）表示定子 x 相绕组电压的瞬时值；

$u_{\mathrm{r}x}$（$x=a,\ b,\ c$）表示转子 x 相绕组电压的瞬时值；

$i_{\mathrm{s}x}$（$x=a,\ b,\ c$）表示定子 x 相绕组电流的瞬时值；

$i_{\mathrm{r}x}$（$x=a,\ b,\ c$）表示转子 x 相绕组电流的瞬时值；

$\psi_{\mathrm{s}x}$（$x=a,\ b,\ c$）表示定子 x 相绕组磁链的瞬时值；

ψ_{rx}（$x=a，b，c$）表示转子 x 相绕组磁链的瞬时值。

2. 磁链方程

每个绕组的磁链由本身的自感磁链和其他绕组对它的互感磁链组成，可以表述成如下形式：

$$\boldsymbol{\psi}^{\mathrm{T}}=\boldsymbol{L}\boldsymbol{i}^{\mathrm{T}} \tag{2.2}$$

式中

$$\boldsymbol{L}=\begin{bmatrix} L_{AA} & L_{AB} & L_{AC} & L_{Aa} & L_{Ab} & L_{Ac} \\ L_{BA} & L_{BB} & L_{BC} & L_{Ba} & L_{Bb} & L_{Bc} \\ L_{CA} & L_{CB} & L_{CC} & L_{Ca} & L_{Cb} & L_{Cc} \\ L_{aA} & L_{aB} & L_{aC} & L_{aa} & L_{ab} & L_{ac} \\ L_{bA} & L_{bB} & L_{bC} & L_{ba} & L_{bb} & L_{bc} \\ L_{cA} & L_{cB} & L_{cC} & L_{ca} & L_{cb} & L_{cc} \end{bmatrix}$$

对角元素 L_{AA}、L_{BB}、L_{CC}、L_{aa}、L_{bb}、L_{cc} 是各绕组的自感，大写字母的下标表示定子绕组，小写字母的下标表示转子绕组，其余的各项为绕组间的互感。

3. 转矩方程

根据机电能量转换原理，可以推导出电磁转矩 T_e 如下[70]：

$$\begin{aligned} T_e = -n_p L_{ms}\Big[&(i_{sa}i_{ra}+i_{sb}i_{rb}+i_{sc}i_{rc})\sin\theta+(i_{sa}i_{rb}+i_{sb}i_{rc}+i_{sc}i_{ra})\sin\left(\theta+\frac{2}{3}\pi\right) \\ &+(i_{sa}i_{rc}+i_{sb}i_{ra}+i_{sc}i_{rb})\sin\left(\theta-\frac{2}{3}\pi\right)\Big] \end{aligned} \tag{2.3}$$

式中 θ 表示转子的位置；

L_{ms} 对应于定转子绕组间的最大互感值；

n_p 表示极对数。

4. 运动方程

感应电机的运动方程可以表述为

$$\frac{d\omega_r}{dt}=\frac{T_e-T_L}{J} \tag{2.4}$$

从式（2.1）~式（2.4）可以看出，感应电机在三相坐标系下的数学模型极为复杂，难以实际应用。为进一步简化数学表达式，通常采用坐标变换的方法将其转换到两相参考坐标系。

2.2 三相系统的空间矢量描述

空间矢量描述又称复矢量描述，这种描述方式使得交流电路变得简单，易于理解和分析。1959 年学者 P. K. Kovacs 和 I. Racz 首次将这种描述方式应用到电机的数学模型中，1995 年德国学者 J. Holtz 将复矢量应用到电力电子领域[71]。目前，空间矢量描述被广泛用于交流电机的数学建模，已经有许多学者对其进行了深入的研究。当感应电机使用传统分量形式建模时是一个四阶系统，分析和计算均十分复杂；而当使用复矢量建模时，感应电机降阶为二阶系统，在使分析更加简便的同时，复矢量表达式也揭示了系统内部的电磁关系[71]。本节将对如何将三相系统转化为两相参考坐标系内的复矢量模型进行论述。

如前所述，本文研究由三相交流电源供电的三相笼型感应电机。如图 2.1 所示，*abc* 三相在空间中对称分布，互差 120°电角度。为了简化三相变量的表述，如电压、电流、磁链等，变量可以在两相参考坐标系内建模。两相参考坐标系可以是静止的 $\alpha\beta$ 坐标系，也可以是以同步电角速度旋转的 dq 坐标系，它们与三相 *abc* 坐标系的关系如图 2.1 所示。在每个两相坐标系中的两个坐标相互垂直且线性无关，这种独立性使交流电机类似于单独励磁的直流电机，可以独立控制磁通和转矩。

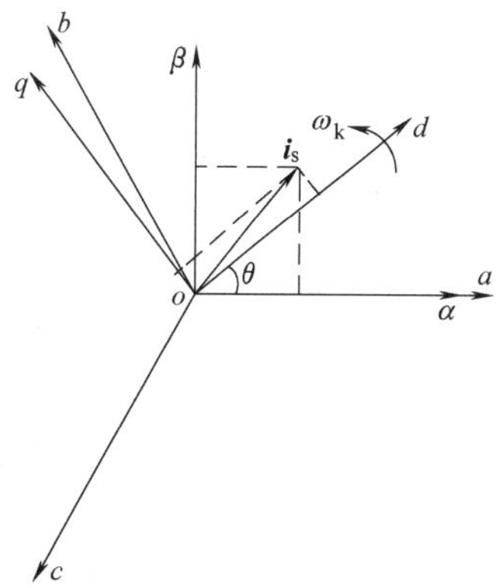

图 2.1　三相（*abc*）系统的两相空间矢量描述，包括静止 $\alpha\beta$ 坐标系和同步旋转 dq 坐标系

以电流为例，将三相 *abc* 坐标系下的状态变量变换到两相静止 $\alpha\beta$ 坐标系可以用矩阵形式表示为[72]

$$\begin{bmatrix} i_\alpha \\ i_\beta \end{bmatrix} = \boldsymbol{C}_{3/2} \begin{bmatrix} i_a \\ i_b \\ i_c \end{bmatrix} \tag{2.5}$$

这就是著名的克拉克（Clarke）变换，其对应的逆变换为

$$\begin{bmatrix} i_a \\ i_b \\ i_c \end{bmatrix} = \boldsymbol{C}_{2/3} \begin{bmatrix} i_\alpha \\ i_\beta \end{bmatrix} \tag{2.6}$$

变换矩阵 $\boldsymbol{C}_{3/2}$ 和 $\boldsymbol{C}_{2/3}$ 的形式会随着指定的原则而改变，目前在文献中广泛使用的有两种形式，分别是等幅值变换和等功率变换。

1. 等幅值变换

当采用等幅值变换时，两相变量（电流、磁链、电压）与三相变量的幅值是相同的，两相变量的功率、转矩只有三相时的 2/3，故而其功率和转矩的计算中需要额外添加一个系数 3/2。此时的变换矩阵为

$$\boldsymbol{C}_{3/2} = \frac{2}{3}\begin{bmatrix} 1 & -\frac{1}{2} & -\frac{1}{2} \\ 0 & \frac{\sqrt{3}}{2} & -\frac{\sqrt{3}}{2} \end{bmatrix} \tag{2.7}$$

$$\boldsymbol{C}_{2/3} = \begin{bmatrix} 1 & 0 \\ -\frac{1}{2} & \frac{\sqrt{3}}{2} \\ -\frac{1}{2} & -\frac{\sqrt{3}}{2} \end{bmatrix} \tag{2.8}$$

2. 等功率变换

采用等功率变换时，两相变量（电流、磁链、电压）的幅值均为三相变量的 $\sqrt{\frac{2}{3}}$ 倍，两相变量的功率、转矩与三相时对应的功率和转矩相等。此时的变换矩阵为

$$C_{3/2}=\sqrt{\frac{2}{3}}\begin{bmatrix}1 & -\frac{1}{2} & -\frac{1}{2}\\ 0 & \frac{\sqrt{3}}{2} & -\frac{\sqrt{3}}{2}\end{bmatrix} \tag{2.9}$$

$$C_{2/3}=\sqrt{\frac{2}{3}}\begin{bmatrix}1 & 0\\ -\frac{1}{2} & \frac{\sqrt{3}}{2}\\ -\frac{1}{2} & -\frac{\sqrt{3}}{2}\end{bmatrix} \tag{2.10}$$

除非特殊说明，本书全部采用第一种变换，即等幅值变换。

有时需要将变量从 $\alpha\beta$ 坐标系变换到旋转的 dq 坐标系，这种变换被称为帕克（Park）变换，其表达式为[73]

$$C_{2s/2r}(\theta)=\begin{bmatrix}\cos\theta & \sin\theta\\ -\sin\theta & \cos\theta\end{bmatrix} \tag{2.11}$$

其逆变换为

$$C_{2r/2s}(\theta)=\begin{bmatrix}\cos\theta & -\sin\theta\\ \sin\theta & \cos\theta\end{bmatrix} \tag{2.12}$$

式中　θ 是 $\alpha\beta$ 坐标系和 dq 坐标系间的夹角，如图 2.1 所示。

电流分量 i_α 和 i_β 通常是正弦的，因此电流矢量 $\boldsymbol{i}_s$ 以固定的速度在 $\alpha\beta$ 坐标系中旋转。与之相对，i_d 和 i_q 分量在同步旋转坐标系中为常数。前面所述变换同样也适用于电压和磁链。将分量形式写为空间矢量形式可以使数学模型变得简单，易于理解和分析。在 $\alpha\beta$ 坐标系和 dq 坐标系（用上标 $\bullet^e$ 来区分）中感应电机变量的空间矢量（复矢量）描述分别为[74]

1）定子电压矢量：$\boldsymbol{u}_s=u_{s\alpha}+\mathrm{j}u_{s\beta}$，$\boldsymbol{u}_s^e=u_{sd}+\mathrm{j}u_{sq}$；

2）转子电压矢量：$\boldsymbol{u}_r=u_{r\alpha}+\mathrm{j}u_{r\beta}$，$\boldsymbol{u}_r^e=u_{rd}+\mathrm{j}u_{rq}$；

3）定子电流矢量：$\boldsymbol{i}_s=i_{s\alpha}+\mathrm{j}i_{s\beta}$，$\boldsymbol{i}_s^e=i_{sd}+\mathrm{j}i_{sq}$；

4）转子电流矢量：$\boldsymbol{i}_r=i_{r\alpha}+\mathrm{j}i_{r\beta}$，$\boldsymbol{i}_r^e=i_{rd}+\mathrm{j}i_{rq}$；

5）定子磁链矢量：$\boldsymbol{\psi}_s=\psi_{s\alpha}+\mathrm{j}\psi_{s\beta}$，$\boldsymbol{\psi}_s^e=\psi_{sd}+\mathrm{j}\psi_{sq}$；

6）转子磁链矢量：$\boldsymbol{\psi}_r=\psi_{r\alpha}+\mathrm{j}\psi_{r\beta}$，$\boldsymbol{\psi}_r^e=\psi_{rd}+\mathrm{j}\psi_{rq}$。

需要指出的是，由三相变量也可直接求得空间矢量[75]。以定子电压为例，设旋转因子 $a=\mathrm{e}^{\mathrm{j}\frac{2\pi}{3}}$，则有

$$\boldsymbol{u}_s=\frac{2}{3}(u_a+au_b+a^2u_c) \tag{2.13}$$

本节在以任意转速 ω_k 旋转的参考坐标系下描述感应电机的数学模型，好处是可以使用统一的表达式来表示静止坐标系，以及基于不同磁场定向的同步旋转坐标系下的感应电机数学模型。根据式（2.7）和式（2.11），可得到三相静止坐标系到任意旋转坐标系的变换表达式为

$$\boldsymbol{C}_{3/2\mathrm{r}}=\boldsymbol{C}_{2\mathrm{s}/2\mathrm{r}}(\theta)\cdot\boldsymbol{C}_{3/2}=\frac{2}{3}\begin{bmatrix}\cos\theta & \cos\left(\theta-\frac{2\pi}{3}\right) & \cos\left(\theta+\frac{2\pi}{3}\right)\\ -\sin\theta & -\sin\left(\theta-\frac{2\pi}{3}\right) & -\sin\left(\theta+\frac{2\pi}{3}\right)\end{bmatrix} \tag{2.14}$$

引入坐标变换式（2.14）后，即可推导出在以任意转速 ω_{k} 旋转的参考坐标系下的电机数学模型[70,76]。

2.3　两相坐标系下感应电机的数学模型

静止 $\alpha\beta$ 坐标系和同步旋转 dq 坐标系都是任意角速度 ω_{k} 旋转两相坐标系的特例[70,73]，实际应用时令 $\omega_{\mathrm{k}}=0$ 即可得到静止 $\alpha\beta$ 坐标系下的公式，令 ω_{k} 为同步电角速度即得到同步旋转 dq 坐标系下的公式。

本节给出了任意角速度 ω_{k} 旋转两相坐标系下的感应电机的数学模型，下标 $\bullet_{\mathrm{k}}$ 表示任意转速 ω_{k} 坐标系，各个变量的意义可以参照本文前部的主要符号表。

1. 电压方程

$$\begin{cases}\boldsymbol{u}_{\mathrm{sk}}=R_{\mathrm{s}}\boldsymbol{i}_{\mathrm{sk}}+p\boldsymbol{\psi}_{\mathrm{sk}}+\mathrm{j}\omega_{\mathrm{k}}\boldsymbol{\psi}_{\mathrm{sk}}\\ 0=R_{\mathrm{r}}\boldsymbol{i}_{\mathrm{ck}}+p\boldsymbol{\psi}_{\mathrm{rk}}+\mathrm{j}(\omega_{\mathrm{k}}-\omega_{\mathrm{r}})\boldsymbol{\psi}_{\mathrm{rk}}\end{cases} \tag{2.15}$$

式中　p 表示微分。

2. 磁链方程

$$\begin{cases}\boldsymbol{\psi}_{\mathrm{sk}}=L_{\mathrm{s}}\boldsymbol{i}_{\mathrm{sk}}+L_{\mathrm{m}}\boldsymbol{i}_{\mathrm{rk}}\\ \boldsymbol{\psi}_{\mathrm{rk}}=L_{\mathrm{m}}\boldsymbol{i}_{\mathrm{sk}}+L_{\mathrm{r}}\boldsymbol{i}_{\mathrm{rk}}\end{cases} \tag{2.16}$$

式中　L_{m}、L_{s}、L_{r} 分别表示定与转子间的互感、定子自感和转子自感。

3. 转矩方程

$$T_{\mathrm{e}}=\frac{3}{2}n_{\mathrm{p}}\boldsymbol{\psi}_{\mathrm{sk}}\otimes\boldsymbol{i}_{\mathrm{sk}} \tag{2.17}$$

$$=\frac{3}{2}n_{\mathrm{p}}\frac{L_{\mathrm{m}}}{L_{\mathrm{r}}}\boldsymbol{\psi}_{\mathrm{rk}}\otimes\boldsymbol{i}_{\mathrm{sk}} \tag{2.18}$$

$$=\frac{3}{2}n_{\mathrm{p}}\frac{L_{\mathrm{m}}}{\sigma L_{\mathrm{s}}L_{\mathrm{r}}}\boldsymbol{\psi}_{\mathrm{rk}}\otimes\boldsymbol{\psi}_{\mathrm{sk}} \tag{2.19}$$

符号⊗表示两个向量之间的叉乘，n_{p} 表示极对数，$\sigma=1-L_{\mathrm{m}}^2/(L_{\mathrm{s}}L_{\mathrm{r}})$ 为总漏感系数。

4. 运动方程

如式（2.4）所示。

在理论分析的过程中，常常需要用到电机模型的状态空间描述。转速作为一个机械变量，其时间常数远大于电流、磁链等电气变量，即在一个采样周期中可以认为转速不变，因此一般不选择转速作为状态变量，仅将其作为一个常量。本文研究对象为笼型感应电机，无法测量转子电流，因此不选择转子电流作为状态变量。定子电流可以通过传感器直接测量，同时也是控制算法重要的反馈变量，因此可将其作为一个状态变量，另一个状态变量可以根据控制算法的需求，选为定子磁链或者转子磁链。

本节对定子电流和转子磁链、定子电流和定子磁链以及定子磁链和转子磁链这三种状态变量组合在任意转速坐标系下的状态方程进行了推导，并总结如下。

（1）定子电流和转子磁链。

$$\begin{cases} p\boldsymbol{i}_{sk}=-\left(\dfrac{R_s+(L_m/L_r)^2R_r}{\sigma L_s}+j\omega_k\right)\boldsymbol{i}_{sk}+\dfrac{L_m}{\sigma L_sL_r}\left(\dfrac{1}{T_r}-j\omega_r\right)\boldsymbol{\psi}_{rk}+\dfrac{1}{\sigma L_s}\boldsymbol{u}_{sk} \\ p\boldsymbol{\psi}_{rk}=\dfrac{L_m}{T_r}\boldsymbol{i}_{sk}-\left[\dfrac{1}{T_r}+j(\omega_k-\omega_r)\right]\boldsymbol{\psi}_{rk} \end{cases} \tag{2.20}$$

（2）定子电流和定子磁链。

$$\begin{cases} p\boldsymbol{i}_{sk}=-\left[\left(\dfrac{1}{\sigma T_s}+\dfrac{1}{\sigma T_r}\right)+j(\omega_k-\omega_r)\right]\boldsymbol{i}_{sk}+\dfrac{1}{\sigma L_s}\left(\dfrac{1}{T_r}-j\omega_r\right)\boldsymbol{\psi}_{sk}+\dfrac{1}{\sigma L_s}\boldsymbol{u}_{sk} \\ p\boldsymbol{\psi}_{sk}=-R_s\boldsymbol{i}_{sk}-j\omega_k\boldsymbol{\psi}_{sk}+\boldsymbol{u}_{sk} \end{cases} \tag{2.21}$$

（3）定子磁链和转子磁链。

$$\begin{cases} p\boldsymbol{\psi}_{sk}=-\left(\dfrac{1}{\sigma T_s}+j\omega_k\right)\boldsymbol{\psi}_{sk}+\dfrac{L_m}{\sigma L_rT_s}\boldsymbol{\psi}_{rk}+\boldsymbol{u}_{sk} \\ p\boldsymbol{\psi}_{rk}=\dfrac{L_m}{\sigma L_sT_r}\boldsymbol{\psi}_{sk}-\left[\dfrac{1}{\sigma T_r}+j(\omega_k-\omega_r)\right]\boldsymbol{\psi}_{rk} \end{cases} \tag{2.22}$$

式中　$\sigma=1-L_m^2/(L_sL_r)$，$T_s=L_s/R_s$，$T_r=L_r/R_r$。

2.4 电机参数及常用公式

表 2.1 给出了本文所使用实验平台中感应电机和逆变器的参数表，本书的所有仿真及实验均使用了该表格中的参数。本节还将对书中常用于理论分析的符号和公式进行总结。

表 2-1　电机及逆变器参数

参数	符号	数值	参数	符号	数值
额定功率	P_N	2.2kW	定子电阻	R_s	3.065Ω
额定电压	U_N	380V	转子电阻	R_r	1.879Ω
额定电流	I_N	5.1A	互感	L_m	0.232H
额定频率	f_N	50Hz	定子电感	L_s	0.242H
额定转速	n_N	1410r/min	转子电感	L_r	0.242H
额定转矩	T_N	14N·m	直流母线电压	U_{dc}	540V
极对数	n_p	2	直流母线电容	C_1, C_2	2240μF

1. 坐标变换因子

理论分析过程中常需要将一个变量在 $\alpha\beta$ 坐标系和 dq 坐标系间转换，这里以电流为例（对其他变量也适用），给出适用于复矢量的变换公式。

（1）静止 $\alpha\beta$ 坐标系⇒旋转 dq 坐标系。

$$\boldsymbol{i}_{sdq}=\boldsymbol{i}_{s\alpha\beta}e^{-j\theta} \tag{2.23}$$

式中　θ 是 $\alpha\beta$ 坐标系和 dq 坐标系间的夹角。

（2）旋转 dq 坐标系⇒静止 $\alpha\beta$ 坐标系。

$$\boldsymbol{i}_{s\alpha\beta}=\boldsymbol{i}_{sdq}e^{j\theta} \tag{2.24}$$

2. 矢量乘法

设任意两个复矢量 $\boldsymbol{i}=i_\alpha+\mathrm{j}i_\beta$，$\boldsymbol{e}=e_\alpha+\mathrm{j}e_\beta$，则

$$\boldsymbol{i}'\boldsymbol{e}=(i_\alpha-\mathrm{j}i_\beta)(e_\alpha+\mathrm{j}e_\beta)=(i_\alpha e_\alpha+i_\beta e_\beta)+\mathrm{j}(i_\alpha e_\beta-i_\beta e_\alpha) \tag{2.25}$$

式中　$\boldsymbol{i}'$表示 $\boldsymbol{i}$ 的共轭，据此可以给出矢量点乘⊙和叉乘⊗的定义为

$$\boldsymbol{i}\odot\boldsymbol{e}=\mathrm{Re}(\boldsymbol{i}'\boldsymbol{e})=i_\alpha e_\alpha+i_\beta e_\beta \tag{2.26a}$$

$$\boldsymbol{i}\otimes\boldsymbol{e}=\mathrm{Im}(\boldsymbol{i}'\boldsymbol{e})=i_\alpha e_\beta-i_\beta e_\alpha \tag{2.26b}$$

根据上述定义，易得矢量点乘和叉乘的一些其他性质如下：

$$\boldsymbol{i}\otimes\boldsymbol{e}=-\boldsymbol{e}\otimes\boldsymbol{i} \tag{2.27a}$$

$$\boldsymbol{i}\odot(\mathrm{j}\boldsymbol{e})=-\boldsymbol{i}\otimes\boldsymbol{e} \tag{2.27b}$$

$$\boldsymbol{i}\otimes\boldsymbol{i}=0 \tag{2.27c}$$

3. 用于理论分析的其他参数

表 2.2 给出了理论分析中的其他常用参数[77]，同时根据该表，易得如下关系：

$$\frac{1}{t_s'}+\frac{1}{t_r'}=\frac{1}{t_\sigma'}+\frac{1}{t_r} \tag{2.28a}$$

$$\frac{1}{\sigma}=L_sL_r\lambda \tag{2.28b}$$

对本书经常用于理论分析的其他公式一并总结概括如下。

表 2.2　常用参数

参数	符号	表达式	参数	符号	表达式
总漏感系数	σ	$\sigma=1-L_m^2/(L_sL_r)$	暂态时间常数	t_σ'	$t_\sigma'=\frac{\sigma L_s}{R_\sigma}$
总漏感	L_s'	$L_s'=\sigma L_s$			
转子时间常数	t_r	$t_r=\frac{L_r}{R_r}$	定子暂态时间常数	t_s'	$t_s'=\frac{\sigma L_s}{R_s}$
转子磁耦合因子	k_r	$k_r=\frac{L_m}{L_r}$	转子暂态时间常数	t_r'	$t_r'=\frac{\sigma L_r}{R_r}$
等效定子电阻	R_σ	$R_\sigma=R_s+k_r^2R_r$	漏感因子	λ	$\lambda=1/(L_sL_r-L_m^2)$

（1）定、转子磁链以及定子电流之间的关系

$$\boldsymbol{\psi}_s=\frac{L_m}{L_r}\boldsymbol{\psi}_r+\sigma L_s\boldsymbol{i}_s \tag{2.29}$$

$$\boldsymbol{\psi}_r=\frac{L_r}{L_m}(\boldsymbol{\psi}_s-\sigma L_s\boldsymbol{i}_s) \tag{2.30}$$

$$\boldsymbol{i}_s=\lambda(L_r\boldsymbol{\psi}_s-L_m\boldsymbol{\psi}_r) \tag{2.31}$$

（2）转矩公式

$$T_e=\frac{3}{2}n_p\boldsymbol{\psi}_s\otimes\boldsymbol{i}_s=\frac{3}{2}n_p\frac{L_m}{L_r}\boldsymbol{\psi}_r\otimes\boldsymbol{i}_s=\frac{3}{2}n_p\lambda L_m\boldsymbol{\psi}_r\otimes\boldsymbol{\psi}_s \tag{2.32}$$

（3）转矩斜率

由（2.32）可知

$$\frac{\mathrm{d}T_e}{\mathrm{d}t}=\frac{3}{2}n_p\frac{L_m}{\sigma L_sL_r}\left(\frac{\mathrm{d}\boldsymbol{\psi}_r}{\mathrm{d}t}\otimes\boldsymbol{\psi}_s+\boldsymbol{\psi}_r\otimes\frac{\mathrm{d}\boldsymbol{\psi}_s}{\mathrm{d}t}\right) \tag{2.33}$$

令式（2.22）中的 $\omega_k=0$ 并代入式（2.33），可求得在电压矢量 $\boldsymbol{u}$ 作用下的转矩斜率为

$$s_u=\frac{3}{2}n_p\lambda L_m[-\lambda(R_sL_r+R_rL_s)\mathrm{Im}(\boldsymbol{\psi}_r^*\boldsymbol{\psi}_s)-\omega_r\mathrm{Re}(\boldsymbol{\psi}_r^*\boldsymbol{\psi}_s)+\mathrm{Im}(\boldsymbol{\psi}_r^*\boldsymbol{u}_s)] \tag{2.34}$$

转矩斜率公式可用于对转矩的优化控制。

4. 定子磁链幅值斜率

由式（2.15）易得在电压矢量 $\boldsymbol{u}_s$ 作用下的定子磁链幅值变化斜率为

$$\frac{\mathrm{d}|\boldsymbol{\psi}_s|}{\mathrm{d}t}=\frac{1}{|\boldsymbol{\psi}_s|}\mathrm{Re}[(\boldsymbol{\psi}_s)^*(\boldsymbol{u}_s-R_s\boldsymbol{i}_s)] \tag{2.35}$$

式中　Re（•）表示复矢量•的实部；（•）* 表示复矢量•的共轭。

2.5　本章小结

数学模型是理解并实现高性能交流电机调速控制的基础，本章采用空间矢量的形式对感应电机的数学模型进行描述，给出了两相坐标系下感应电机的复矢量数学模型，并总结了理论分析时常用的公式。本章以表格的形式给出了一台感应电机的参数，后续的所有仿真和实验均基于这组参数。本章对三相感应电机的建模分析，为后续高性能电机控制策略的研究建立了良好的理论基础。

第3章　高性能电机控制中的基本问题

实际系统中电机通常由逆变器驱动，而逆变器由于死区等影响使得实际输出电压和理想电压存在差异。为了实现电机的高性能闭环控制，需要知道电机的精确参数。另外，由于感应电机的磁链通常不能直接观测，而磁链信息对于实现高性能闭环控制至关重要，因此本章针对高性能感应电机调速控制系统在实际应用中遇到的逆变器特性辨识、电机参数辨识和磁链观测等基本问题进行阐述，并给出相应的解决方法。

3.1　逆变器非线性特性辨识与补偿

在实际应用中通常需要设定合适的死区时间以确保逆变器的上下桥臂不会短路。另外，由于开关器件的非理想特性，其实际的导通、关断时刻与 PWM 驱动脉冲并不完全相符。综合考虑这些非理想因素后，逆变器的实际输出电压与参考电压之间存在一定的误差。对逆变器的非线性特性进行补偿，不仅应该考虑死区时间，还要考虑管压降以及器件的导通关断延迟等因素[78]。由于逆变器的非线性特性对传动系统的低速运行性能影响非常大，尤其是当系统处于无速度传感器下运行，因此非常有必要对逆变器的非线性特性进行分析并采取合理的补偿措施。在这方面国内外学者进行了大量研究并提出了很多有效的补偿方法[57,79-84]，本节将结合理论分析与实验验证介绍一种较为简单有效的死区补偿方法。

图 3.1 所示为逆变器的 a 相桥臂示意图，为便于分析，图中的 n 是人为虚构的中性点。在死区时间内，上下桥臂的开关管均处于关断状态，当 a 相电流从逆变器流向电机时（定义此时电流方向为正，即 $i_a>0$），下桥臂的二极管导通，反之上桥臂的二极管导通。图 3.2 以常见的空间矢量调制（SVPWM）为例，描述了逆变器非线性特性所造成电压偏差[78]。其中，A^+、A^-分别代表 a 相桥臂的上、下管驱动脉冲。从图中可以看出，由于死区的插入，实际的 A^+上升沿相对理想脉冲延迟 T_d，而开关管的导通相对驱动脉冲又存在延迟时间 T_{on}，因此实际的 V_{an} 与理想情况相比延迟时间为 T_d+T_{on}。另外当上管完全导通、下管完全关断时，由于管压降的存在，此时 $V_{an}=V_{dc}/2-V_{ce}$（V_{ce} 为开关管的压降）。接下来分析 A^+下降沿来临到上管完全关断这一时间段的 V_{an} 变化情况，由于关断延迟的存在，上开关管与理想情况相比延迟 T_{off} 后才能完全关断。在上开关管完全关断后因为 $i_a>0$，所以 a 相桥臂经由下桥臂二极管续流，同样由于二极管通态压降 V_d 的存在，此后 $V_{an}=-V_{dc}/2-V_d$。

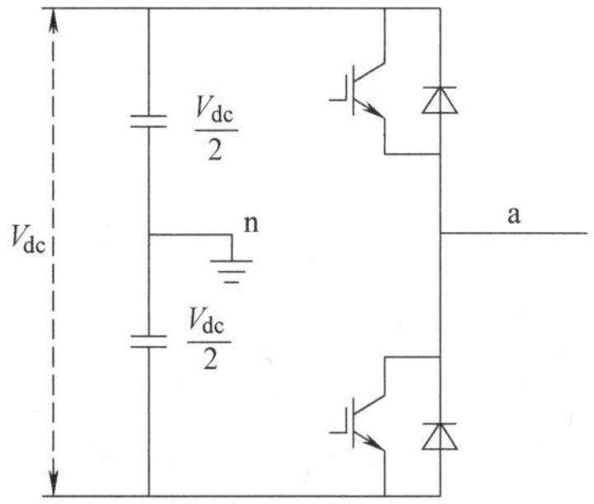

图 3.1　逆变器的 a 相桥臂

通过上述分析，可以看出若要保证等效的输出电压 V_{an} 与理想情况一致，则补偿时间 T_c 应满足式（3.1）。

$$\frac{T_{tmp}(V_{dc}/2-V_{ce})-(T_s-T_{mp})(V_{dc}/2+V_d)}{T_s}$$

$$=\frac{2T_a-T_s}{T_s}\frac{V_{dc}}{2} \tag{3.1}$$

式中　$T_{tmp}=(T_a+T_c)-T_d-T_{on}+T_{off}$。求解式（3.1）可知

$$T_c\mid_{i>0}=T_d+T_{on}-T_{off}+\frac{(T_s-T_a)V_d+T_aV_{ce}}{V_{dc}+V_d-V_{ce}} \tag{3.2}$$

同理，当 $i_a<0$ 时可得到类似的结论，不过此时 T_c 为负，最终的补偿时间见式（3.3）。

$$T_c\mid_{i<0}=-\left[T_d+T_{on}-T_{off}+\frac{(T_s-T_a)V_{ce}+T_aV_d}{V_{dc}+V_d-V_{ce}}\right] \tag{3.3}$$

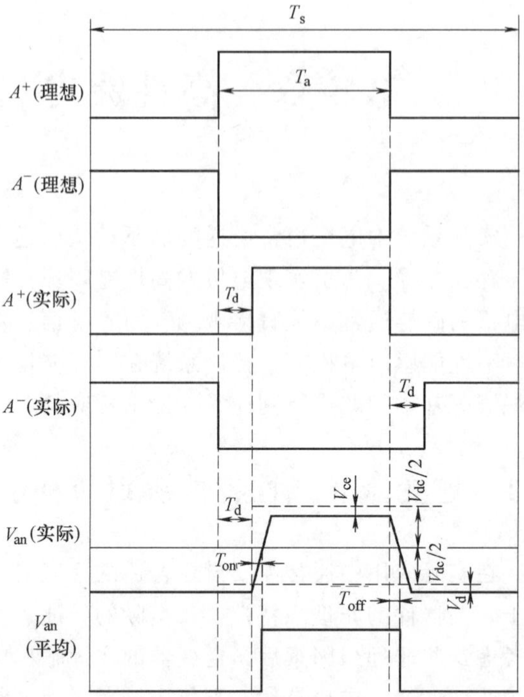

图 3.2　当 $i_a>0$ 时逆变器非线性效应示意图

在式（3.2）和式（3.3）中，除了预先设置的死区时间 T_d，开通关断延迟 T_d、T_{on}，桥臂开关的管压降 V_{ce} 和并联二极管的管压降 V_d 均会随着相电流的改变而改变，尤其是当电流较小时，关断延迟的变化非常大[85]。总体来说，非线性电压随电流幅值的增加而增加，当电流达到一定值后趋向于稳定[85,85]。另外从式（3.2）和式（3.3）中的最后一项可以看出，补偿时间 T_c 和导通时间 T_a 的大小有关。为便于分析处理，关于 T_c 最后一项可以取不同电流方向的平均值，得到最终的补偿公式为

$$T_{com}=\text{sign}(i)\cdot\left\{\left[T_d+T_{on}-T_{off}+\frac{0.5(V_{ce}+V_d)T_s}{V_{dc}+V_d-V_{ce}}\right]\right\} \tag{3.4}$$

大多数应用场合中，T_{on}、T_{off} 等数据难以直接测量，因此不宜直接计算 T_{com} 的值。为获取较为准确的补偿值大小，可以通过直流伏安实验预先测绘误差电压随电流的变化情况。其基本原理是利用变频器向电机注入直流电压并测量稳态时的直流电流，然后根据定子电阻计算实际的作用电压，最后计算参考电压与实际作用电压之间的误差，如式（3.5）所示。

$$V_{err}=V^*-IR_s \tag{3.5}$$

图 3.3 所示为在一台 2.2kW/380V/50Hz/2 对极电机上的测试结果。图中，当电流大于 4A 时，参考电压与测量电流呈线性关系，说明因逆变器非线性因素所造成的误差电压已基本恒定不变，由此可以根据式（3.5）取图 3.3a 中的后 7 组数，计算得斜率（即 R_s）的平均值为 3.039。将 $R_s=3.039$ 代入式（3.5），可绘制出图 3.3b 中实线所示的误差电压，从图中可以明显看出，随着电流增加非线性电压逐渐增大，最后趋于稳定，此时平均值约为 5.1V。在本实验中，直流母线电压约为 550V，PWM 周期为 200μs，则最大补偿时间约为 5.1/550/5000=1.855μs，远小于设定的死区时间 3μs，从计算结果可以看出除死区时间外的其他非线性因素对补偿结果亦有较大影响。从图中可以看出当相电流幅值大于 4A 时，采用

恒定时间补偿即可；当电流幅值小于 4A 时，采用多项式分段拟合。对于本实验中的硬件平台，根据图 3.3 的测试波形，采取三段拟合曲线，拟合函数如下：

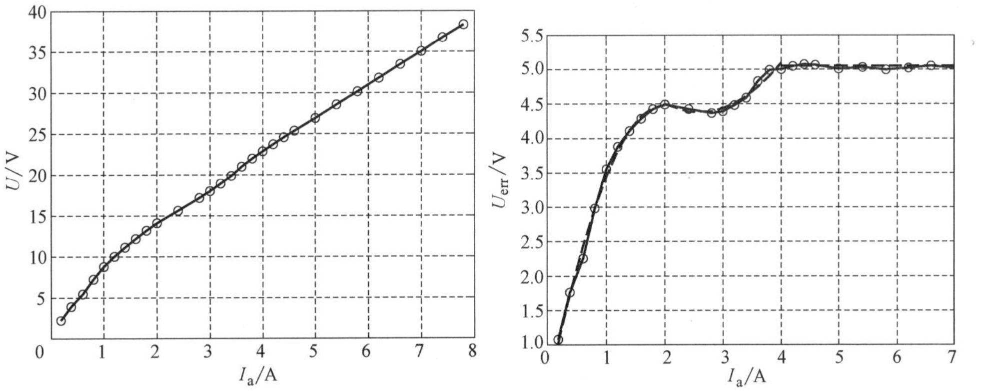

a) 参考电压与电流　　b) 误差电压及其拟合结果

图 3.3　直流伏安实验波形

$$U_{err}=\begin{cases}-1.07I_a^2+4.2468I_a+0.2646 & (I_a<2)\\0.359I_a^2-1.855I_a+6.7689 & (2<I_a<4)\\5.1 & (I_a>4)\end{cases}\tag{3.6}$$

拟合结果如图 3.3b 中的虚线所示，当电流小于 0 时，从式（3.4）可知对上述结果取反即可。为验证本方案的有效性，图 3.4 给出了 5Hz 给定频率时的开环运行结果，从图中可以看出，采用本方案补偿后，低速电流正弦度明显提高。

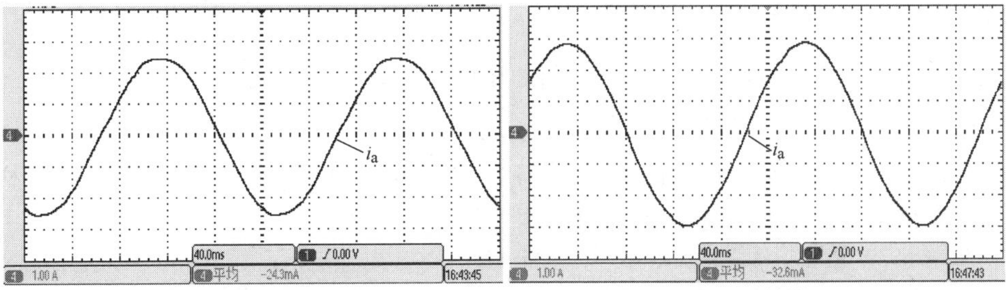

a) 无非线性效应补偿　　b) 有补偿

图 3.4　5Hz 给定频率时的开环运行结果

3.2　电机参数辨识

目前，电机参数辨识功能已成为市场上高性能变频控制器的标配。尽管有些变频器具有参数在线自适应功能，但是在控制一台新电机之前进行离线参数辨识有助于实现电机的平稳起动。目前关于感应电机参数辨识的方法很多[85-94]，而传统的通过空载实验和堵转实验测量电机参数的方法由于受到实际现场的限制往往不便进行，更通用的方法是在静止条件下辨识电机参数。纵观目前的参数辨识算法，逆变器非线性误差电压的补偿对辨识结果的准确度有非常大的影响，因此必须研究分析这些误差对结果准确度的影响。本节将结合现有各种方法的一些优点，提出一种较为简便并且具有较高准确度的辨识算法。

在静止坐标系下，稳态时感应电机在正弦稳态下的等效电路如图 3.5 所示，其更一般的形式如图 3.6 所示，其中，a 可以是任意实常数，s 为转差率。令图 3.6 中的 $a=L_m/L_r$，因为辨识时感应电机静止，所以有转差率 $s=1$。据此可得图 3.7 所示的感应电机反 Γ 形等效电路，对应相量图如图 3.8 所示。从输入端来看，可计算出阻抗为

$$Z=R_s+j\omega L_{1\sigma}+\frac{j\omega L_m R_2}{R_2+j\omega L_{sr}} \tag{3.7}$$

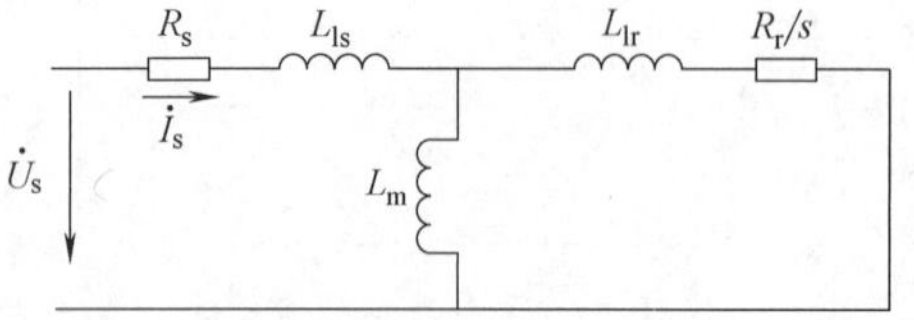

图 3.5　感应电机正弦稳态等效电路

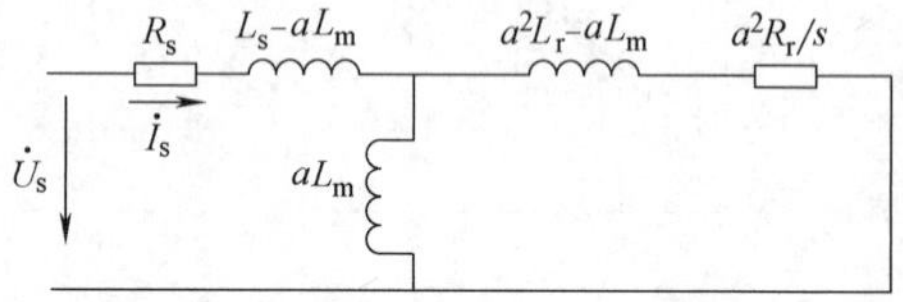

图 3.6　一般形式的等效电路

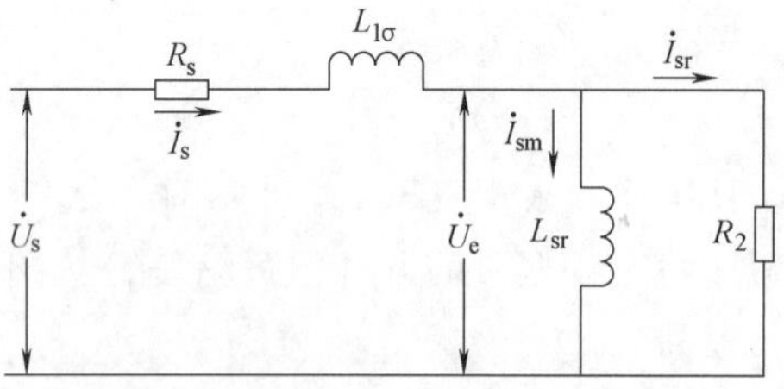

图 3.7　感应电机反 Γ 形等效电路

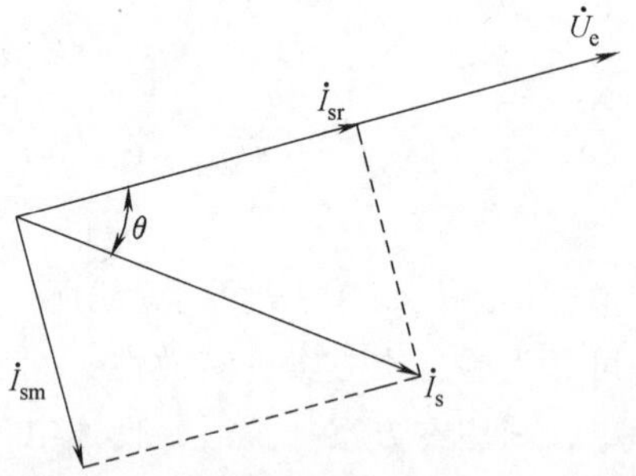

图 3.8　辨识互感和转子电阻对应的相量图

本方法按照以下三个步骤通过注入不同的激励信号来辨识电机参数 R_s、$L_{1\sigma}$、L_m、R_2。

1）首先，注入不同大小的直流电流 I_1、I_2、I_3，并记录稳态时对应的直流参考电压 V_1^*、V_2^*、V_3^*，然后根据 3.1 节的方法计算出补偿电压值 V_{err}^1、V_{err}^2、V_{err}^3，最后根据式 (3.8) 和式 (3.9) 计算定子电阻值并取三次结果的平均值。

$$R_x'=\frac{V_x^*-V_{err}^x}{I_x} \tag{3.8}$$

$$R_s=\frac{R_1'+R_2'+R_3'}{3} \tag{3.9}$$

式中　$x=1$、2、3，表示三次测量值。

值得注意的是，现有一些文献将 V_{err} 当作定值处理，实际上如 3.1 节所述，当注入电流在较小范围内时，补偿的电压值随电流增大而增大，因此采用公式 $R=\dfrac{V_2-V_1}{I_2-I_1}$ 这种方法消除逆变器非线性特性的影响并不一定始终成立。

2）第二步测量瞬态电感。从式 (3.7) 可以看出当注入信号的角频率 ω 很大时，输入阻抗约为

$$Z\approx R_s+R_2+j\omega L_{1\sigma} \tag{3.10}$$

假设注入信号的角频率为 ω_h，基波电流相量为 $\dot{I}_s = I_{s\alpha} + jI_{s\beta}$，电压相量为 $\dot{U}_s = U_{s\alpha} + jU_{s\beta}$，则从式（3.10）可知计算出 $L_{1\sigma}$ 为

$$L_{1\sigma} = \frac{\mathrm{Im}(Z)}{\omega_h} = \frac{1}{\omega_h}\mathrm{Im}\left[\frac{U_{s\alpha} + jU_{s\beta}}{I_{s\alpha} + jI_{s\beta}}\right] = \frac{I_{s\alpha}U_{s\beta} - U_{s\alpha}I_{s\beta}}{I_{s\alpha}^2 + I_{s\beta}^2} \tag{3.11}$$

式中　Im 表示取计算结果的虚部值。

值得注意的是，上述的 $\dot{I}_s$、$\dot{U}_s$ 表示代表正弦信号的相量，而非第 2 章中所述的空间复矢量。实际系统中由于测量信号会受到一定的噪声干扰，因此采用 Goertzel 算法来提取基波分量[92]。以提取电流基波分量为例，其算法基本过程如下。

① 根据采样的电流信号 $i(n)$ 计算 $s(n)$。

$$s(n) = i(n) + 2\cos(2\pi k/N)s(n-1) - s(n-2) \tag{3.12}$$

式中　$i(n)$ 为实时采样信号；

N 为一个基波周期内的采样点数。

② 根据得到的 $s(n)$ 计算基波相量。

$$\dot{I}_s = s(N) - \cos(2\pi/N)s(N-1) + j\sin(2\pi/N)s(N-1) \tag{3.13}$$

从式（3.13）可以看出用 Goertzel 算法提取基波分量只包含一些简单的递推运算，当不需要其他谐波信息时，其相对传统的快速傅里叶变换算法简单得多。

③ 接下来分析电压误差对计算结果的影响。由于非线性误差电压 V_{err} 随电流大小的变化而变化，因此它和电流信号具有类似的对称特性。很显然误差电压的基波分量与定子基波电流相位一致，因此可设

$$\Delta\dot{U}_{err} = k(I_{s\alpha} + jI_{s\beta}) \tag{3.14}$$

则实际的 $L_{1\sigma}$ 为

$$L_{1\sigma} = \frac{1}{\omega_h}\mathrm{Im}\left[\frac{U_{s\alpha} + jU_{s\beta} - \Delta\dot{U}_{err}}{I_{s\alpha} + jI_{s\beta}}\right] = \frac{I_{s\alpha}U_{s\beta} - U_{s\alpha}I_{s\beta}}{I_{s\alpha}^2 + I_{s\beta}^2} \tag{3.15}$$

从式（3.15）可以发现，逆变器误差电压对辨识 $L_{1\sigma}$ 没有影响，因而在这一步可以不采取任何补偿措施。参考文献［93］指出辨识 $L_{1\sigma}$ 时，在电流相位为零时开始电压采样，并通过傅里叶变换指出误差电压的虚部为零，因而在辨识 $L_{1\sigma}$ 时不用补偿，其结论与本节一致。然而在实际应用中由于噪声干扰的影响并不易判断电流过零时刻，而本节通过推导发现无需在电流过零时刻对电压进行采样，同样可以确保不用补偿即可获取较为准确的 $L_{1\sigma}$ 值。这是由于误差电压的基波分量与测量电流的基波分量具有相同的相位，因此虚部阻抗的计算不受其影响。

根据式（3.10）可以发现，在这一步也可以通过计算实部阻抗以及在第一步辨识的定子电阻来计算转子侧电阻值。但由于实际感应电机的转差频率并不高，而这一步算法中注入的信号频率较高，所以受集肤效应的影响，辨识值与实际值会有较大差异。

3）辨识 L_{sr} 以及转子侧电阻 R_2。由于磁路饱和的影响，必须在额定磁通下辨识互感才能获取较为准确的电感值。通常的做法是采用直流叠加交流的信号注入方式辨识互感，为避免集肤效应的影响，在这一步注入低频交流信号（转差频率附近）。从图 3.7 可以看出

$$\dot{U}_e = \dot{U}_s - \dot{I}_s(R_s + j\omega L_{1\sigma}) \tag{3.16}$$

因此有

$$R_2 = \frac{|\dot{U}_e|}{|\dot{I}_{sr}|} \tag{3.17}$$

$$L_{sr} = \frac{|\dot{U}_e|}{\omega|\dot{I}_{sm}|} \tag{3.18}$$

由于 $\dot{I}_{sr}$与 $\dot{U}_e$同相位而 $\dot{I}_{sm}$滞后 $\dot{U}_e$ 90°，如图 3.8 所示，有

$$|\dot{I}_{sr}| = |\dot{I}_s|\cos\theta \tag{3.19}$$

$$|\dot{I}_{sm}| = |\dot{I}_s|\sin\theta \tag{3.20}$$

因为

$$\cos\theta = \frac{I_{s\alpha}U_{e\alpha} + I_{s\beta}U_{e\beta}}{|\dot{U}_e| \cdot |\dot{I}_s|} \tag{3.21}$$

$$\sin\theta = \frac{I_{s\alpha}U_{e\alpha} - I_{s\beta}U_{e\beta}}{|\dot{U}_e| \cdot |\dot{I}_s|} \tag{3.22}$$

所以根据式（3.17）~式（3.22）可求解得

$$R_2 = \frac{U_{e\alpha}^2 + U_{e\beta}^2}{I_{s\alpha}U_{e\alpha} + I_{s\beta}U_{e\beta}} \tag{3.23}$$

$$L_{sr} = \frac{U_{e\alpha}^2 + U_{e\beta}^2}{\omega(I_{s\alpha}U_{e\beta} - I_{s\beta}U_{e\alpha})} \tag{3.24}$$

实际实验中，在直流励磁电流的基础上注入两次频率不同的正弦电流分量并取二者的平均值，得到最终的 R_r 和 L_m。为避免逆变器非线性特性引起的转子电阻辨识误差，在这一步需要对误差电压进行补偿。需要说明的是，此方法辨识值基于感应电机反 Γ 形等效电路，令图 3.5 中的 $L_{lr}=L_{ls}$，可得如图 3.9 所示的对称 Γ 形等效电路，各参数关系如下：

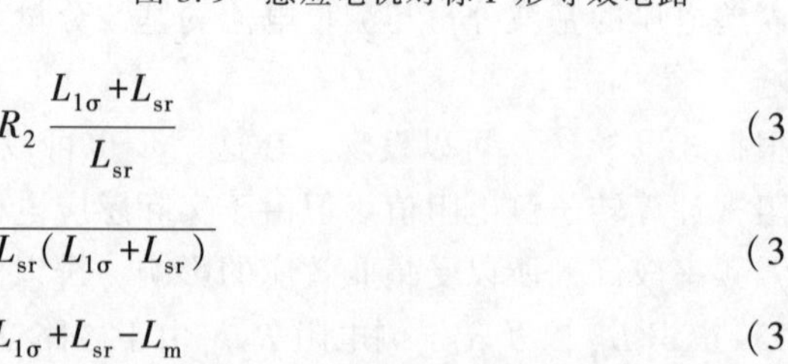

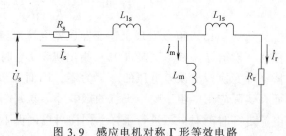

图 3.9　感应电机对称 Γ 形等效电路

$$R_r = R_2\frac{L_{1\sigma} + L_{sr}}{L_{sr}} \tag{3.25}$$

$$L_m = \sqrt{L_{sr}(L_{1\sigma} + L_{sr})} \tag{3.26}$$

$$L_{ls} = L_{1\sigma} + L_{sr} - L_m \tag{3.27}$$

从以上步骤可以发现，本文中的方法计算简单，无需求解复杂的非线性方程[95]，并且具有较好的辨识准确度。图 3.10 所示为参数辨识过程中的电流波形。表 3.1 为采用本方法在实验室两台 2.2kW 电机上的实验结果，从表格中可以看出采用本方法的辨识值与某品牌

国外高性能变频器基本一致；而且通过后续章节的无速度传感器运行的实验结果，也可以间接验证本文方法的有效性。

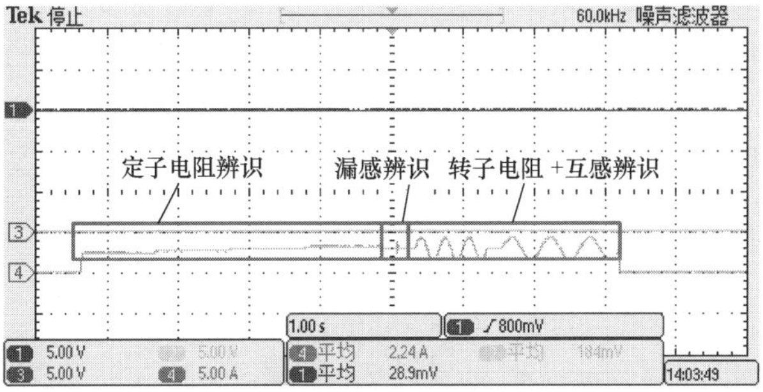

图 3.10　参数辨识过程中的电流波形图

表 3.1　静止条件下的参数辨识结果

a) 1#电机					
参数	R_s/Ω	R_r/Ω	L_m/mH	L_s/mH	L_r/mH
某国产变频器	3.012	1.468	226.10	235.05	235.05
某国外变频器	3.074	1.872	224.77	235.97	235.97
本文方法	3.064	1.881	230.11	239.71	239.71
b) 2#电机					
参数	R_s/Ω	R_r/Ω	L_m/mH	L_s/mH	L_r/mH
某国产变频器	2.966	1.411	245.01	252.98	252.98
某国外变频器	2.887	1.461	237.08	251.39	251.39
本文方法	2.802	1.492	238.12	259.38	259.38

3.3　磁链观测器

在高性能感应电机调速控制系统中，获取准确的磁链信息对于控制系统的性能至关重要，感应电机的内部磁场信息难以直接测量，实际应用中通常利用软件算法进行估计。目前主要应用的方法有电流模型法、电压模型法、滑模观测器、全阶观测器、卡尔曼滤波等方法[96]。在这些方法中，全阶观测器由于在较宽的速度范围内具有良好的观测准确度并且可以实现无速度运行[97,98]而受到广泛关注；同时全阶观测器具有良好的参数鲁棒性[99]，甚至可以进一步实现参数辨识[100]，使得它能够适应实际工业应用中的复杂工况。因此，本书选用全阶观测器实现电机磁链和转速的观测，全阶观测器应用中的一个难点是反馈增益矩阵的设计，本节将对此进行讨论并提出一种全新的增益矩阵设计方法。

本节将首先介绍磁链观测的基本方法，然后介绍全阶观测器的基本原理，给出现有的一些增益矩阵设计思路并提出一种全新的设计方法，最后讨论观测器及电机模型的离散化公式。

3.3.1　传统磁链观测方法

传统的磁链估计方法通常由电机的输入电压、电流和输出转速积分得到，在静止 $\alpha\beta$ 坐

标系中，根据感应电机的数学模型，易得定子磁链的电压模型为

$$p\boldsymbol{\psi}_s=\boldsymbol{u}_s-R_s\boldsymbol{i}_s \tag{3.28}$$

从式（3.28）中可以发现电压模型具有如下特点：不含转子电阻项，因此受电机运行温度的影响较小；不含转速项，适合无速度传感器运行；含有定子电阻项，在低速时随着定子压降作用明显，观测精度逐渐降低；含有定子电压项，受逆变器死区影响较大；表达式为纯积分形式，观测结果易发散。综合以上特点，这种估计方法适用于高速状态。

在静止 $\alpha\beta$ 坐标系中，根据感应电机的数学模型，易得转子磁链的电流模型为

$$p\boldsymbol{\psi}_r=R_r\frac{L_m}{L_r}\boldsymbol{i}_s-\left(\frac{R_r}{L_r}-j\omega_r\right)\boldsymbol{\psi}_r \tag{3.29}$$

从式（3.29）中可以发现电流模型具有如下特点：不涉及纯积分，观测结果渐进收敛；含转子电阻项，受电机温度影响较大；含电感项，受磁饱和影响大；不受电压死区影响；α 轴和 β 轴分量间存在耦合。综合以上特点，这种估计方法适用于低速状态。

定子磁链 $\boldsymbol{\psi}_s$ 和转子磁链 $\boldsymbol{\psi}_r$ 之间存在如下关系，只需获得其中一个即可求得另一个：

$$\boldsymbol{\psi}_r=\frac{L_r}{L_m}(\boldsymbol{\psi}_s-\sigma L_s\boldsymbol{i}_s) \tag{3.30a}$$

$$\boldsymbol{\psi}_s=\frac{L_m}{L_r}\boldsymbol{\psi}_r+\sigma L_s\boldsymbol{i}_s \tag{3.30b}$$

电压模型和电流模型作为最基本的磁链观测方法已经得到了广泛研究，例如和低通滤波器、二阶广义积分器（Second-Order Generalized Integrators，SOGI）等结合[101,102]来克服纯积分器引发的问题，在对程序计算量有严格限制的场合已取得广泛应用。

3.3.2 全阶观测器

基于龙贝格（Luenberger）理论的全阶观测器通过输入 $\boldsymbol{u}$ 和输出 $\boldsymbol{y}$ 来重构控制对象的状态（包括可测状态与不可测状态）并进行观测[77]。对于本文，就是通过定子电压 $\boldsymbol{u}_s$ 和定子电流 $\boldsymbol{i}_s$ 来对感应电机的定子磁链 $\boldsymbol{\psi}_s$ 进行观测。其具体实现方式是通过配置反馈增益矩阵 $\boldsymbol{G}$，使得观测器的极点都具有负实部，这样观测器观测到的状态与系统实际状态之差可以在有限时间收敛到零，从而保证观测器的稳定性与准确性。

令式（2.21）中的 $\omega_k=0$，可得静止坐标系下以定子磁链与定子电流为状态变量的感应电机数学模型为

$$p\boldsymbol{x}=\boldsymbol{A}\boldsymbol{x}+\boldsymbol{B}\boldsymbol{u} \tag{3.31a}$$

$$\boldsymbol{y}=\boldsymbol{C}\boldsymbol{x} \tag{3.31b}$$

式中 $\boldsymbol{A}=\begin{bmatrix}-\lambda(R_sL_r+R_rL_s)+j\omega_r & \lambda(R_r-jL_r\omega_r)\\ -R_s & 0\end{bmatrix}$，$\boldsymbol{B}=\begin{bmatrix}\lambda L_r\\ 1\end{bmatrix}$，$\boldsymbol{C}=[1\quad 0]$，$\boldsymbol{u}=[\boldsymbol{u}_s]$ 为输入变量，即定子电压矢量；

$\boldsymbol{y}=[\boldsymbol{i}_s]$ 为输出变量，即定子电流矢量；

$\boldsymbol{x}=[\boldsymbol{i}_s\quad \boldsymbol{\psi}_s]^T$ 为状态变量。

根据感应电机的状态方程式（3.31）可构建观测器如下[103]：

$$p\hat{\boldsymbol{x}}=\boldsymbol{A}\hat{\boldsymbol{x}}+\boldsymbol{B}\boldsymbol{u}_{\mathrm{s}}+\boldsymbol{G}(\boldsymbol{i}_{\mathrm{s}}-\hat{\boldsymbol{i}}_{\mathrm{s}}) \tag{3.32}$$

式中　$\hat{\boldsymbol{x}}=[\hat{\boldsymbol{i}}_{\mathrm{s}}\quad \hat{\boldsymbol{\psi}}_{\mathrm{s}}]^{\mathrm{T}}$ 为估计的状态变量。

该观测器利用重构的输入电压 $\boldsymbol{u}_{\mathrm{s}}$ 作为输入，以电机输出电流 $\boldsymbol{i}_{\mathrm{s}}$ 和自身估计电流 $\hat{\boldsymbol{i}}_{\mathrm{s}}$ 之差作为校正项，其状态变量 $\hat{\boldsymbol{x}}$ 将逐步收敛至与系统真实值相同，此时即可获得定子磁链的估计值 $\hat{\boldsymbol{\psi}}_{\mathrm{s}}$。式（3.32）中的反馈增益矩阵 $\boldsymbol{G}$ 的设计方法将在下一节探讨。

龙贝格观测器常与模型参考自适应（Model Reference Adaptive System，MRAS）方法结合，以电机本体为参考模型，以重构出的状态作为可调模型，组成转速自适应全阶观测器（Adaptive Full Order Observer，AFO），在实现对电机磁链观测的同时，进一步实现了对电机转速 $\hat{\boldsymbol{\omega}}_{\mathrm{r}}$ 的观测。AFO 的结构如图 1.2 所示。

考虑到全阶观测器需要依据感应电机的极点 P_{IM} 对观测器极点 P_{ob} 的位置进行配置，因此有必要首先求出感应电机极点的解析解。需要指出的是，对于同一个物理系统不论选取哪两个状态变量（定子电流、定子磁链、转子磁链），推导出的极点解析解都是一致的。感应电机可用二阶复矢量状态方程式（3.31）表示，根据线性系统特征根求解公式 $|s\boldsymbol{I}-\boldsymbol{A}|=0$ 可得感应电机两个极点的解析解为

$$\begin{cases} s_1=\dfrac{-\left(\dfrac{1}{t'_{\sigma}}+\dfrac{1}{t_{\mathrm{r}}}\right)+\mathrm{j}\omega_{\mathrm{r}}+\sqrt{p_1+\mathrm{j}p_2}}{2} \\ s_2=\dfrac{-\left(\dfrac{1}{l'_{\sigma}}+\dfrac{1}{l_{\mathrm{r}}}\right)+\mathrm{j}\omega_{\mathrm{r}}-\sqrt{p_1+\mathrm{j}p_2}}{2} \end{cases} \tag{3.33}$$

式中

$$p_1=\left(\frac{1}{t'_{\sigma}}+\frac{1}{t_{\mathrm{r}}}\right)^2-\frac{4}{t'_{\mathrm{s}}t_{\mathrm{r}}}-\omega_{\mathrm{r}}^2$$

$$p_2=\left(\frac{4}{t'_{\mathrm{s}}}-\frac{2}{t'_{\sigma}}-\frac{2}{t'_{\mathrm{r}}}\right)\omega_{\mathrm{r}}$$

式中各变量的含义和计算公式可参考表 2.2，整个求解过程可在 Mathematica 等数学软件中实现。

根据式（2.28）以及复数开根号公式[104]，将式（3.33）展开，即可得到与参考文献［105，106］中一致的公式，验证了本文推导的正确性。

3.3.3　转速自适应律

为了利用 AFO 实现无速度传感器运行，还需要利用转速自适应率获得估计转速 $\hat{\omega}_{\mathrm{r}}$，并替换式（3.32）中的参数 ω_{r}。假设电机转速为未知，则将观测器方程式（3.32）重新写成

$$p\hat{\boldsymbol{x}}=\hat{\boldsymbol{A}}\hat{\boldsymbol{x}}+\boldsymbol{B}\boldsymbol{u}_{\mathrm{s}}+\boldsymbol{G}(\boldsymbol{y}-\boldsymbol{C}\hat{\boldsymbol{x}}) \tag{3.34}$$

式中　$\boldsymbol{y}=[\boldsymbol{i}_{\mathrm{s}}]$，$\boldsymbol{C}=[1\quad 0]$。

将式（3.31a）与式（3.34）相减可得

$$p\boldsymbol{e}=(\boldsymbol{A}-\boldsymbol{G}\boldsymbol{C})\boldsymbol{e}+\Delta\boldsymbol{A}\hat{\boldsymbol{x}} \tag{3.35}$$

式中　$\boldsymbol{e}=\boldsymbol{x}-\hat{\boldsymbol{x}}$，$\Delta\boldsymbol{A}=\boldsymbol{A}-\hat{\boldsymbol{A}}$。

$$\Delta \boldsymbol{A}=\begin{bmatrix} \mathrm{j}\Delta\omega_{\mathrm{r}} & -\mathrm{j}\lambda L_{\mathrm{r}}\Delta\omega_{\mathrm{r}} \\ 0 & 0 \end{bmatrix} \tag{3.36}$$

式中　$\Delta\omega_{\mathrm{r}}=\omega_{\mathrm{r}}-\hat{\omega}_{\mathrm{r}}$。定义 Lyapunov 函数如下：

$$V=\boldsymbol{e}^{\mathrm{T}}\boldsymbol{e}+k_1(\omega_{\mathrm{r}}-\hat{\omega}_{\mathrm{r}})^2 \tag{3.37}$$

其微分为

$$\frac{\mathrm{d}V}{\mathrm{d}t}=\boldsymbol{e}^{\mathrm{T}}\frac{\mathrm{d}\boldsymbol{e}}{\mathrm{d}t}+\frac{\mathrm{d}\boldsymbol{e}^{\mathrm{T}}}{\mathrm{d}t}\boldsymbol{e}-2k_1\Delta\omega_{\mathrm{r}}\frac{\mathrm{d}\hat{\omega}_{\mathrm{r}}}{\mathrm{d}t}$$

由于$\left(\boldsymbol{e}^{\mathrm{T}}\frac{\mathrm{d}\boldsymbol{e}}{\mathrm{d}t}\right)^{\mathrm{T}}=\boldsymbol{e}^{\mathrm{T}}\frac{\mathrm{d}\boldsymbol{e}}{\mathrm{d}t}$，所以根据式（3.35）可得

$$\frac{\mathrm{d}V}{\mathrm{d}t}=\boldsymbol{e}^{\mathrm{T}}[(\boldsymbol{A}-\boldsymbol{GC})^{\mathrm{T}}+(\boldsymbol{A}-\boldsymbol{GC})]\boldsymbol{e}+2\boldsymbol{e}^{\mathrm{T}}\Delta\boldsymbol{A}\hat{\boldsymbol{x}}-2k_1\Delta\omega_{\mathrm{r}}\frac{\mathrm{d}\hat{\omega}_{\mathrm{r}}}{\mathrm{d}t}$$

式中

$$\boldsymbol{e}^{\mathrm{T}}\Delta\boldsymbol{A}\hat{\boldsymbol{x}}=[\Delta\boldsymbol{i}_{\mathrm{s}}\quad\Delta\boldsymbol{\psi}_{\mathrm{s}}]\begin{bmatrix} \mathrm{j}\Delta\omega_{\mathrm{r}} & -\mathrm{j}\lambda L_{\mathrm{r}}\Delta\omega_{\mathrm{r}} \\ 0 & 0 \end{bmatrix}\begin{bmatrix}\hat{\boldsymbol{i}}_{\mathrm{s}}\\ \hat{\boldsymbol{\psi}}_{\mathrm{s}}\end{bmatrix}$$

另外考虑到 $\boldsymbol{A}\odot(\mathrm{j}\boldsymbol{B})=-\boldsymbol{A}\otimes\boldsymbol{B}$，则整理后可以得到

$$\frac{\mathrm{d}V}{\mathrm{d}t}=\boldsymbol{e}^{\mathrm{T}}[(\boldsymbol{A}-\boldsymbol{GC})^{\mathrm{T}}+(\boldsymbol{A}-\boldsymbol{GC})]\boldsymbol{e}+2\Delta\omega_{\mathrm{r}}[\Delta\boldsymbol{i}_{\mathrm{s}}\otimes(\lambda L_{\mathrm{r}}\hat{\boldsymbol{\psi}}_{\mathrm{s}}-\hat{\boldsymbol{i}}_{\mathrm{s}})]-2k_1\Delta\omega_{\mathrm{r}}\frac{\mathrm{d}\hat{\omega}_{\mathrm{r}}}{\mathrm{d}t}$$

若矩阵 $\boldsymbol{G}$ 的选择能够确保 $\boldsymbol{e}^{\mathrm{T}}[(\boldsymbol{A}-\boldsymbol{GC})^{\mathrm{T}}+(\boldsymbol{A}-\boldsymbol{GC})]\boldsymbol{e}$ 为负定矩阵，则

$$\frac{\mathrm{d}\hat{\omega}_{\mathrm{r}}}{\mathrm{d}t}=\frac{[\Delta\boldsymbol{i}_{\mathrm{s}}\otimes(\lambda L_{\mathrm{r}}\hat{\boldsymbol{\psi}}_{\mathrm{s}}-\hat{\boldsymbol{i}}_{\mathrm{s}})]}{k_1} \tag{3.38}$$

有 $V>0$，$\mathrm{d}V/\mathrm{d}t<0$，因而满足 Lyapunov 稳定定律。参考文献［72］指出不论采用何种形式的 AFO 来观测转速，得到的转速自适应率均具有相同的形式和物理意义。

在实际应用中为了保证观测转速的收敛速度，一般采用 PI 调节器来代替纯积分环节

$$\hat{\omega}_{\mathrm{r}}=K_{\mathrm{p}}[\Delta\boldsymbol{i}_{\mathrm{s}}\otimes(\lambda L_{\mathrm{r}}\hat{\boldsymbol{\psi}}_{\mathrm{s}}-\hat{\boldsymbol{i}}_{\mathrm{s}})]+K_{\mathrm{I}}\int[\Delta\boldsymbol{i}_{\mathrm{s}}\otimes(\lambda L_{\mathrm{r}}\hat{\boldsymbol{\psi}}_{\mathrm{s}}-\hat{\boldsymbol{i}}_{\mathrm{s}})]\mathrm{d}t \tag{3.39}$$

关于 PI 调节器参数的设计，可以利用参考文献［50］进行整定。

3.3.4　观测器的离散化

式（3.40）是一个典型常微分方程的一般形式，在认为转速和电机参数变化缓慢的条件下，全阶观测器就是一个常系数微分方程组，通常用数值解法求解。

$$p\boldsymbol{y}=f(\boldsymbol{x},\boldsymbol{y}) \tag{3.40}$$

实际工程中的微分方程在线实时求解析解十分困难，因此常用数值方法进行求解[107]。数值方法的基本思想是将微分方程离散化，转化为差分方程进行求解。常用的数值方法有前向欧拉法、后向欧拉法、梯形法、休恩（Heun）法、亚当斯（Adams）法、龙格库塔（Runge-Kutta）法等[108]。

数值方法按不同的分类标准可以分为单步法与多步法，显式法和隐式法。一般来讲，单步法相对于多步法编程实现更加简单，编程时需要存储的数据少，但达到相同准确度时所需阶数更高。显式法相对于隐式法不需要迭代求解，但稳定性较差。因此常采用显式公式预测

一步，采用隐式公式进行校正，构成预估-校正法。其中，以 Heun 法为代表的一类预估校正法已经在工程中取得了广泛应用。

离散化观测器的精确解与数值近似解之间的误差随转速增大而增大，精度较低的离散化方法将会导致电机在高速区域特别是弱磁区域的不稳定[98,107]。参考文献［98］以基于全阶观测器的感应电机无速度传感器控制系统为例，对四种离散方法（前向欧拉法、后向欧拉法、梯形法、Heun 法），在额定速以下及弱磁区域的控制效果进行了详细的对比。结果表明，Heun 法在 4 kHz 及以上采样率条件下有着优秀的综合性能，可以应对大部分场合。但当采样率更低，或者对磁链观测准确度有更高要求的场合，可能需要更加高阶的离散化方法，例如使用四阶的泰勒公式。有学者提出直接在离散域对感应电机及其控制系统进行建模与设计[109,110]，尽管理论十分复杂，但系统在 800Hz 的低采样率下依然能够稳定运行，有着广泛的应用前景。

Heun 法本质上是一种二阶的 Runge-Kutta 法，并且是一种经典的预估校正法，如式（3.41）所示。式中，h 为离散化步长，第一行为预测式，第二行为校正式，下标 $\bullet_k$ 表示 k 时刻，下标 $\bullet_{k+1}$ 表示 $k+1$ 时刻

$$\begin{cases} \boldsymbol{y}_{k+1}^{(0)} = \boldsymbol{y}_k + hf(t_k, \boldsymbol{y}_{\mathrm{k}}) \\ \boldsymbol{y}_{k+1} = \boldsymbol{y}_k + \dfrac{h}{2}[f(t_k, \boldsymbol{y}_k) + f(t_{k+1}, \boldsymbol{y}_{k+1}^{(0)})] \end{cases} \tag{3.41}$$

需要指出的是校正公式可反复进行迭代，但并不一定能进一步提高准确度[111]。本文采用 Heun 法对 AFO 进行离散化，以适应数字控制系统的需要。

$$\begin{cases} \hat{\boldsymbol{x}}^{k+p} = \hat{\boldsymbol{x}}^k + T_{\mathrm{sc}}[\hat{\boldsymbol{A}}\hat{\boldsymbol{x}}^k + \boldsymbol{B}\boldsymbol{u}_{\mathrm{s}}^k + \boldsymbol{G}(\boldsymbol{y}^k - \boldsymbol{C}\hat{\boldsymbol{x}}^k)] \\ \hat{\boldsymbol{x}}^{k+1} = \hat{\boldsymbol{x}}^{k+p} + \dfrac{T_{\mathrm{sc}}}{2}(\hat{\boldsymbol{A}} - \boldsymbol{G}\boldsymbol{C})[\hat{\boldsymbol{x}}^{k+p} - \hat{\boldsymbol{x}}^k] \end{cases} \tag{3.42}$$

从图 3.11 可以看出，采用简单的前向欧拉离散法，观测电流幅值明显低于测量值而采用梯形积分法后观测电流准确度明显提高。由于估测电流可用于自适应电机转速和定子电阻等参数[112]，而且利用前向欧拉离散法在高速区域还有可能存在稳定性问题[103]，因此本文后续实验中均采用 Heun 法对观测器进行离散化。

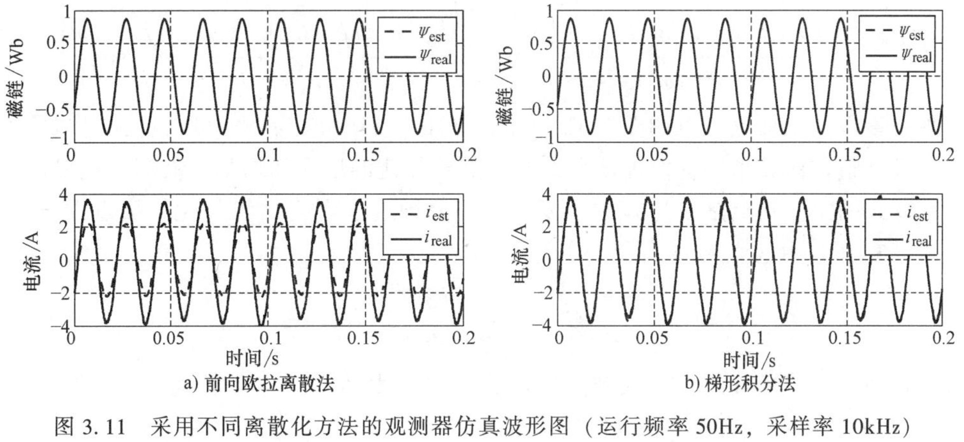

图 3.11　采用不同离散化方法的观测器仿真波形图（运行频率 50Hz，采样率 10kHz）

3.3.5 增益矩阵设计

1. 通用增益矩阵

感应电机的变频调速系统通常有着很宽的速度范围，在无速度传感器运行时，单一的增益矩阵 $\boldsymbol{G}$ 很难满足宽速范围的性能要求，目前已经有学者对于不同工况下的设计方法展开了研究，如零速和零频工况[97,113,114]、弱磁区运行[98,115]、带速重投运行[116] 等，取得了良好的效果，但同时也比较复杂。

对于基速附近的常规工况，采用较为简单的设计方法即可。最常用的是日本学者 Hisao Kubota 提出的将观测器的极点 P_{ob} 配置为电机极点 P_{IM} 的 k 倍[117]，即 $P_{\mathrm{ob}}=kP_{\mathrm{IM}}$（$k>1$）。假设 $\boldsymbol{G}$ 是由两个复数组成的列向量，考虑感应电机的数学模型式（3.31）可得方程

$$\mathrm{eig}(\boldsymbol{A}-\boldsymbol{GC})=k\cdot\mathrm{eig}(\boldsymbol{A}) \tag{3.43}$$

式中　eig（•）表示求矩阵特征值。求解式（3.43）即可得到将 P_{ob} 配置为 P_{IM} 的 k 倍的反馈增益矩阵

$$\boldsymbol{G}_0=\begin{bmatrix}\lambda(k-1)(R_sL_r+R_rL_s)+\mathrm{j}(1-k)\omega_r\\(k^2-1)R_s\end{bmatrix} \tag{3.44}$$

这是参考文献［52］指出的六组解之中计算量较小的一组，也是用复矢量方程式（3.43）可以求得的唯一一组解。采用 $\boldsymbol{G}_0$ 之后的观测器极点 P_{ob} 与电机极点 P_{IM} 的关系如图 3.12a 所示，图中以 $k=1.2$ 为例，其中电机极点根据式（3.33）画出，使用的电机参数见表 2.1。图中左侧远离虚轴的一个分支对应电流的特性，右侧靠近虚轴的一个分支对应磁链的特性[107]。从图中可以看到，总体上观测器的极点分布在电机极点的左侧，随着转速的增加，磁链分支的极点逐渐远离实轴和虚轴，阻尼比逐渐减小。当转速较高时，极点较大的虚部和较小的阻尼比可能会使电机在动态过程中的超调量变大，也容易到达稳定边界，使电机失稳。

为了解决这一问题，Jehudi Maes 提出将 P_{ob} 移动至 P_{IM} 左侧 b 个单位[46]，即 $P_{\mathrm{ob}}=P_{\mathrm{IM}}+b$（$b<0$），这种配置方式对应的增益矩阵可以通过求解如下方程获得：

$$\mathrm{eig}(\boldsymbol{A}-\boldsymbol{GC})=\mathrm{eig}(\boldsymbol{A})+b \tag{3.45}$$

解方程得

$$\boldsymbol{G}_1=-\begin{bmatrix}2b\\\left[\dfrac{-R_rb/\lambda+L_r(R_sR_r-\omega_r^2L_m^2)}{R_r^2+\omega_r^2L_r^2}+L_s\right]b+\mathrm{j}\left\{\dfrac{(R_r+bL_r)L_m^2+(R_s-bL_s)L_r^2}{R_r^2+\omega_r^2L_r^2}b\omega_r\right\}\end{bmatrix} \tag{3.46}$$

这种配置方式的极点分布如图 3.12 所示，图中以 $b=-40$ 为例，可以看到观测器极点相当于电机极点整体向左平移，但虚部数值并不随着转速的增大而增加，有利于电机的稳定。

这种方式的主要缺点是表达式比较复杂，为此国内学者提出了简化的极点左移[118] 方案。令式（3.46）中的 $\omega_r\rightarrow\infty$ 可得

$$\boldsymbol{G}_2=-\begin{bmatrix}2b\\b/(\lambda L_r)\end{bmatrix} \tag{3.47}$$

可以看到，反馈矩阵的表达式被大幅简化，并且表达式与电机转速 ω_r 无关。图 3.12c 以 $b=-40$ 为例，给出了这种增益矩阵的极点分布。

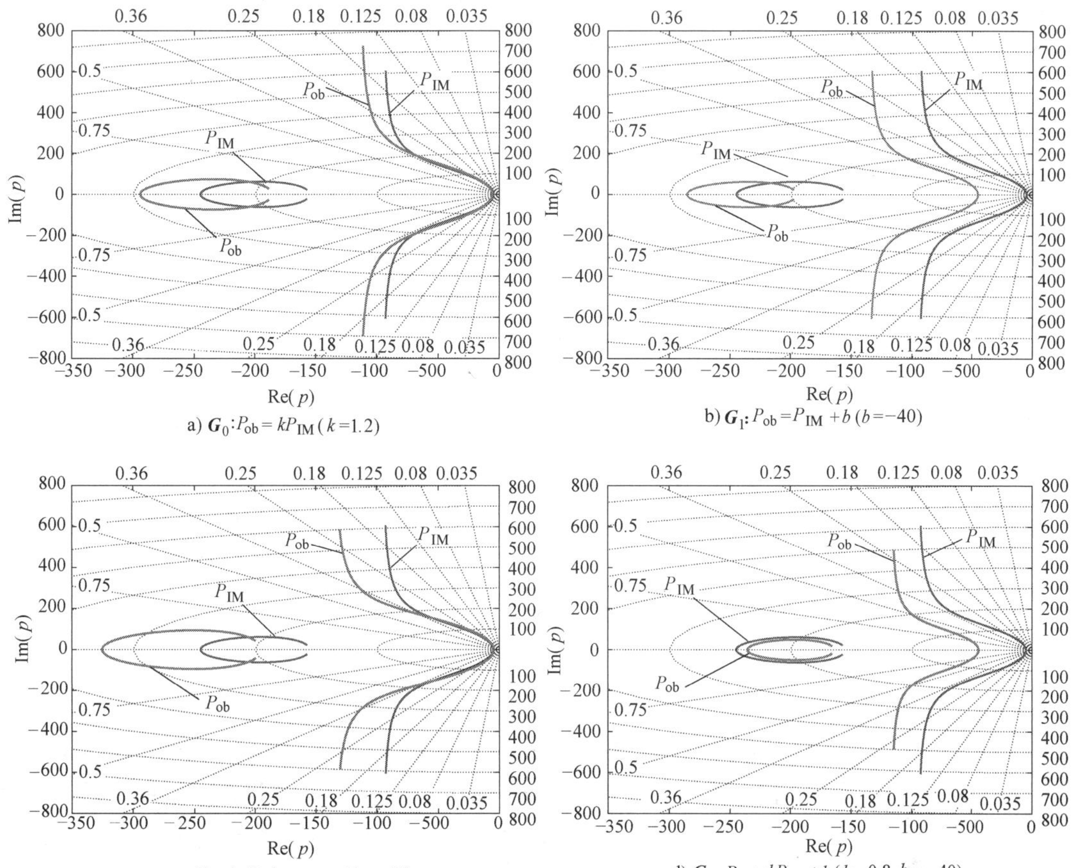

a) G_0: $P_{ob}=kP_{IM}$ (k=1.2)　b) G_1: $P_{ob}=P_{IM}+b$ (b=−40)

c) G_2: 令 G_1 中 $\omega_r\to\infty$ (b=−40)　d) G_3: $P_{ob}=kP_{IM}+b$ (k=0.8, b=−40)

图 3.12　采用不同增益矩阵 G 时感应电机极点（蓝色）及观测器极点（红色）在复平面内的位置关系（对应转速范围−3000~3000r/min）

综合上述的方法，本节提出一种新型的增益矩阵设计策略，电机与观测器的极点间满足关系 $P_{ob}=kP_{IM}+b$（$k>0$，$b<0$）。这个关系更加通用和一般化，可以认为上述三种极点配置方法均为本文所提方法的特例。

求解方程

$$\mathrm{eig}(\boldsymbol{A}-\boldsymbol{GC})=k\cdot\mathrm{eig}(\boldsymbol{A})+b \tag{3.48}$$

可得

$$\boldsymbol{G}_3=\begin{bmatrix} -2b+\lambda(k-1)(R_sL_r+R_rL_s)+\mathrm{j}(1-k)\omega_r \\ (k^2-1)R_s+\dfrac{b^2/\lambda-bk(R_sL_r+R_rL_s-\mathrm{j}\omega_r/\lambda)}{R_r-\mathrm{j}L_r\omega_r} \end{bmatrix} \tag{3.49}$$

需要指出的是，与矩阵 $\boldsymbol{G}_0$ 要求 $k>1$ 不同，新型增益矩阵 $\boldsymbol{G}_3$ 仅需 $k>0$ 即可。以 $k=0.8$、$b=-40$ 为例，图 3.12d 给出了 P_{ob} 与 P_{IM} 间的位置关系。图 3.13 将上述四种增益矩阵对应的极点展示在同一张图中，可以清晰地看出各种增益矩阵极点间的关系。新型增益矩阵 $\boldsymbol{G}_3$ 在相同转速下的磁链分支的虚部最小，阻尼比最大，有利于电机的稳定。同时，$\boldsymbol{G}_3$ 可以认为是一种统一的表达式，另外三种设计方法均为其特例。例如，当 $b=0$ 时，$\boldsymbol{G}_3$ 就转化为 $\boldsymbol{G}_0$；当 $k=1$ 时，$\boldsymbol{G}_3$ 就转化为 $\boldsymbol{G}_1$；当 $k=1$ 且 $\omega_r\to\infty$ 时，则得到计算复杂度小且与转速无关的增益矩阵 $\boldsymbol{G}_2$。

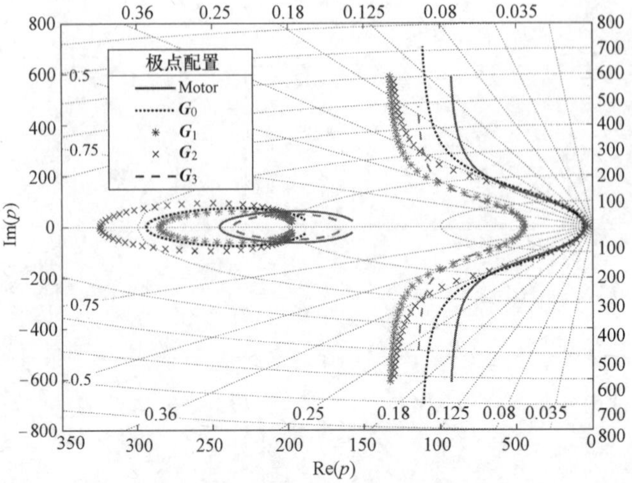

图 3.13　四种不同增益矩阵的极点配置情况（对应转速范围-3000~3000r/min）

2. 适用于低速发电运行的增益矩阵

当观测器的状态变量为定子电流和转子磁链时，已有学者从反馈矩阵以及转速自适应率设计等方面进行了研究分析，并提出了一些方案以确保无速度传感器运行下系统在低速发电区域的稳定性[51,61,112,119-121]。本节在借鉴前人研究成果的基础上，提出了一种状态变量为定子电流和定子磁链的全阶观测器在低速发电区域内稳定的反馈矩阵设计方法。

根据式（3.35），可得

$$\begin{bmatrix} s\boldsymbol{e}_i \\ s\boldsymbol{e}_\psi \end{bmatrix}=\begin{bmatrix} a_1+\mathrm{j}\omega_r-g_1 & a_2-\mathrm{j}\lambda L_r\omega_r \\ -R_s-g_2 & 0 \end{bmatrix}\begin{bmatrix} \boldsymbol{e}_i \\ \boldsymbol{e}_\psi \end{bmatrix}+\begin{bmatrix} \mathrm{j}\Delta\omega_r & -\mathrm{j}\lambda L_r\Delta\omega_r \\ 0 & 0 \end{bmatrix}\begin{bmatrix} \hat{\boldsymbol{i}}_s \\ \hat{\boldsymbol{\psi}}_s \end{bmatrix} \tag{3.50}$$

式中　$a_1=-\lambda(R_sL_r+R_rL_s)$；

$a_2=\lambda R_r$；

g_1，g_2 为反馈系数，即 $\boldsymbol{G}=\begin{bmatrix} g_1 \\ g_2 \end{bmatrix}=\begin{bmatrix} g_{1r}+\mathrm{j}g_{1i} \\ g_{2r}+\mathrm{j}g_{2i} \end{bmatrix}$。

由式（3.50）可得电流误差的传递函数为

$$\boldsymbol{G}(s)=\frac{\boldsymbol{e}_i(s)}{\Delta\omega_r(s)[\mathrm{j}(\hat{\boldsymbol{i}}_s-\lambda L_r\hat{\boldsymbol{\psi}}_s)]}=\frac{s}{s^2+ms+n} \tag{3.51}$$

式中　$m=-(a_1+\mathrm{j}\omega_r-g_1)$，$n=(a_2-\mathrm{j}\lambda L_r\omega_r)(R_s+g_2)$。

若 $\boldsymbol{G}(s)$ 严格正实则系统稳定[119]，即 $\boldsymbol{G}(s)$ 必须满足以下条件：

$$\boldsymbol{G}(\mathrm{j}\omega)+\boldsymbol{G}^*(\mathrm{j}\omega)>0,\ \forall\,\omega>0 \tag{3.52}$$

式中　$\boldsymbol{G}^*(\mathrm{j}\omega)$ 表示 $\boldsymbol{G}(\mathrm{j}\omega)$ 的共轭转置矩阵，将式（3.51）代入式（3.52）可得

$$G(j\omega_e)+G^*(j\omega_e)=\frac{F}{(-\omega^2+mj\omega+n)\cdot(-\omega^2+mj\omega+n)^*} \tag{3.53}$$

式中

$$F=\omega_e^2(m+m^*)+j\omega_e(n^*-n) \tag{3.54}$$

很显然当 $F>0$ 时，有 $\boldsymbol{G}(j\omega_e)+\boldsymbol{G}^*(j\omega_e)>0$。将 m、n 的具体值代入式（3.54）可得

$$F=2\omega_e^2[g_{1r}+\lambda(R_sL_r+R_rL_s)]+2\omega_e[\lambda R_rg_{2i}-\lambda L_r\omega_r(R_s+g_{2r})] \tag{3.55}$$

令 $F>0$ 可得

$$\omega_e^2>\omega_c^2 \tag{3.56}$$

式中

$$\omega_c=\frac{\lambda L_r\omega_r(R_s+g_{2r})-\lambda R_rg_{2i}}{g_{1r}+\lambda(R_sL_r+R_rL_s)} \tag{3.57}$$

从上两式可以看出，当 $G=\begin{bmatrix}0\\0\end{bmatrix}$时，式（3.56）可简化为下式：

$$\omega_e^2>h^2\omega_r^2 \tag{3.58}$$

式中　$h=\dfrac{L_rR_s}{(R_sL_r+R_rL_s)}$。

因为 $h<1$，当系统处于电动状态时有 $\omega_e^2\geqslant\omega_r^2$，所以电动状态下式（3.58）总成立，系统能够稳定运行；但是当系统处于低速发电状态运行时可能导致 $\omega_e^2\leqslant\omega_r^2$，所以这时上式并非总是成立。

根据式（3.56），若令 ω_c 恒为零则可保证不等式在任何运行状态下均能成立（零电角频率除外）。据此有

$$g_{2r}=-cR_s \tag{3.59}$$

$$g_{2i}=(1-c)\omega_rR_sL_r/R_r \tag{3.60}$$

另外，从式（3.57）可以看出，增大 g_{1r} 的值也可减小 ω_c。为使增益矩阵易于计算，可取 g_1 为一常数值，即

$$g_1=\text{常数} \tag{3.61}$$

通过仿真分析，应取 $c\leqslant1$ 以确保观测器系统的稳定性（关于 c 值以及 g_1 的优化选取有待进一步深入研究）。

为验证上述分析的正确性，在 MATLAB/Simulink 环境中进行了仿真分析，电机参数见表 2.1，控制参数为 $c=0.95$、$g_1=60$，仿真结果如图 3.14 所示。仿真时，初始转速给定为 25Hz，然后缓慢反转至-25Hz，整个过程中负载始终为-14N · m。从仿真结果可以看出，当增益矩阵为 0 时，电机转速接近零速时系统开始失控；而当采用新型设计的增益矩阵时，系统则能稳定通过零速区域，从而验证了算法的有效性。

最后，为验证本节算法的有效性，在开环 V/f 实验下进行了无速度传感器实验，如图 3.15 所示。系统采样率为 5kHz，观测器中的电机参数采用 3.2 节中的辨识值。从图中可以看出，估计速度与实际在很宽的速度范围内基本保持一致，从而表明了本节中的逆变器非线性特性补偿、参数辨识、速度自适应观测器等算法在实际应用中具有较好的效果。

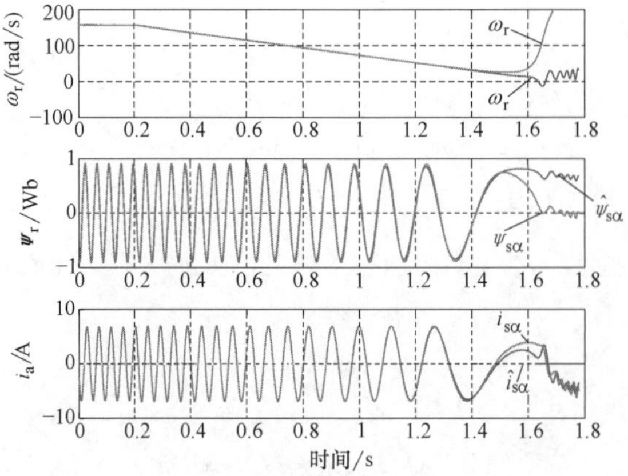

a) G=0

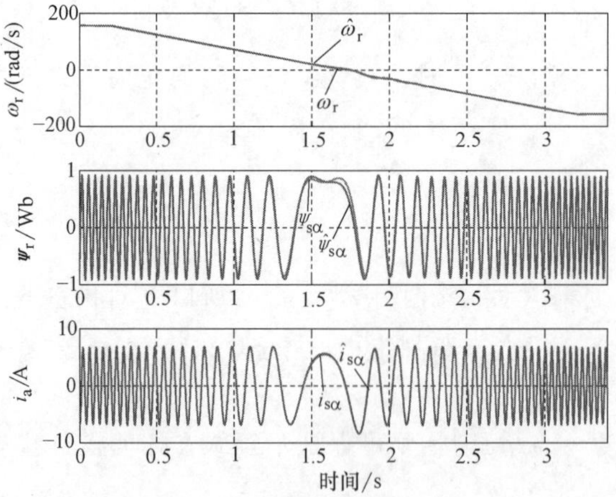

b) 采用新型反馈矩阵

图 3. 14　负载转矩为负时电机反转过程中的仿真波形

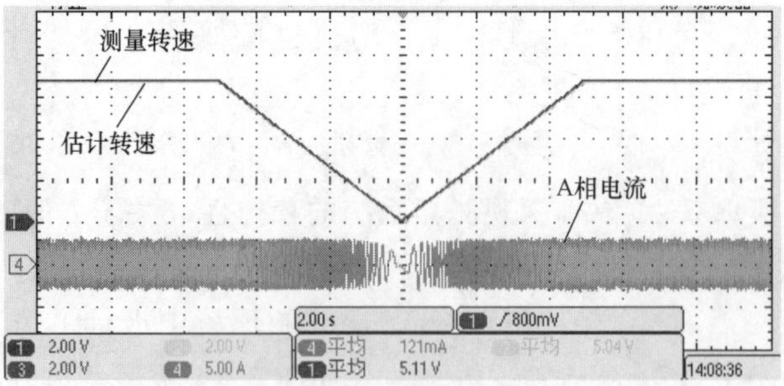

图 3. 15　开环恒压频比实验

3.4　本章小结

由于逆变器非线性特性对电机低速运行和无速度传感器运行影响较大，本章对此现象进行了研究并提出了一种简单有效的死区补偿方法。电机高性能闭环控制通常需要知道电机的精确参数，为此本章对电机参数辨识进行了介绍，提出一种计算简单并且有较高辨识准确度的参数辨识方法。最后针对感应电机磁链通常无法直接测量的难题，对开环磁链估计和闭环磁链观测器进行了系统介绍，包括适合无速度传感器运行的速度自适应磁链观测器、观测器的离散化方法和增益矩阵设计。逆变器非线性补偿、电机参数辨识和磁链观测，是感应电机高性能闭环控制中的三个基本共性问题，本章针对这些问题给出了相应解决方案，为后面进一步介绍高性能闭环控制提供了基础。

第 2 部分 传统控制策略

第 4 章 磁场定向矢量控制

基于转子磁场定向的矢量控制（FOC）是目前最为成熟，应用最为广泛的交流调速控制方法之一，但是其性能严重依赖电流内环的参数整定。本章将简要介绍矢量控制的基本原理，并重点研究分析在实际数字控制系统中电流内环的设计方法。

4.1 基本原理

矢量控制在转子磁场定向的同步旋转坐标系下将定子电流分解为励磁分量 I_{sm} 和转矩分量 I_{st}，再利用 PI 调节器实现对两者的独立调节，最后利用空间矢量调制（SVM）等脉冲调制算法综合参考电压。根据电机的数学模型式（2.20），令 $\omega_k=\omega_e$，并且使 d 轴与转子磁链的方向重合，即 $\psi_{rd}=\psi_r$、$\psi_{rq}=0$，可得

$$\begin{cases}\sigma L_s p\boldsymbol{i}_s^e=-(R_s+j\omega_e\sigma L_s)\boldsymbol{i}_s^e-\dfrac{L_m}{L_r}p\boldsymbol{\psi}_r^e-j\omega_e\dfrac{L_m}{L_r}\boldsymbol{\psi}_r^e+\boldsymbol{u}_s^e\\ T_r p\boldsymbol{\psi}_r=L_m\boldsymbol{i}_s^e-[1+j\omega_{sl}T_r]\boldsymbol{\psi}_r^e\end{cases}\tag{4.1}$$

式中 上标 e 表示转子磁场定向坐标系，$\omega_{sl}=\omega_e-\omega_r$。

将式（4.1）展开成分量形式可得

$$\begin{aligned}u_{sd}^e&=R_s i_{sd}^e+\sigma L_s\frac{di_{sd}^e}{dt}+V_{sd}^e\\ u_{sq}^e&=R_s i_{sq}^e+\sigma L_s\frac{di_{sq}^e}{dt}+V_{sq}^e\end{aligned}\tag{4.2}$$

$$\begin{aligned}\psi_{rd}^e&=\frac{L_m i_{sd}^e}{T_r p+1}\\ \omega_{sl}&=\frac{L_m i_{sq}}{T_r\psi_r}\end{aligned}\tag{4.3}$$

式中

$$\begin{aligned}V_{sd}^e&=-\omega_e\sigma L_s i_{sq}^e\\ V_{sq}^e&=\omega_e\sigma L_s i_{sd}^e+\omega_e\frac{L_m}{L_r}\boldsymbol{\psi}_r\end{aligned}\tag{4.4}$$

从式（4.3）可以看出，通过控制 i_{sd}^e 即可控制转子磁链幅值。另外，在转子磁场定向

坐标系下转矩方程可简化为

$$T_e = \frac{3}{2} n_p \frac{L_m}{L_r} \psi_r i_{sq}^e \tag{4.5}$$

式（4.5）表明在 ψ_r 恒定的情况下，控制 i_{sq}^e 即可实现对电磁转矩的控制。电压方程式（4.2）表明在忽略反电动势以及交叉耦合项后，通过 d、q 轴电压即可控制 d、q 轴电流，从而实现对转子磁通以及转矩的控制。

图 4.1 所示为直接矢量控制的基本框图，包括转子磁通幅值调节器（AΨR），速度调节器（ASR）以及本章重点研究的电流调节器（ACR）。

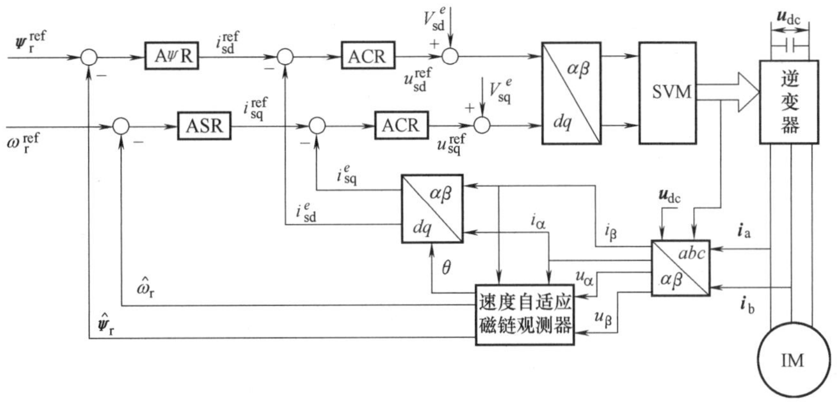

图 4.1　直接矢量控制框图

4.2　电流调节器设计

本节将重点研究分析三种电流调节器的设计方法，并给出相应的参数设计原则，最后通过仿真和实验验证设计的有效性。

在介绍调节器设计之前，首先在同步旋转坐标系下对数字处理延迟环节进行建模

$$G_d = e^{-sT_d} \tag{4.6}$$

通常情况下数字控制系统存在一拍滞后，再加上 PWM 调制延迟，因此 $T_d = 1.5T_s$[122]。根据伏秒平衡原则[123]

$$(U_{dq}^c e^{j\theta_e}) \mid_{(t-1.5T_s)} T_s = \int_{T_s}^{2T_s} [U_{dq} e^{j(\theta_e+\omega_e t)}] dt \tag{4.7}$$

求解式（4.7）并进行拉普拉斯变换后可得

$$U_{dq}^c e^{-1.5T_s s} = U_{dq} e^{1.5j\omega_e T_s} \frac{2}{\omega_e T_s} \sin\left(\frac{\omega_e T_s}{2}\right) \tag{4.8}$$

综上，同步旋转坐标系下延迟环节可表示为

$$G_d^e = \frac{e^{-1.5j\omega_e T_s}}{\frac{2}{\omega_e T_s}\sin\left(\frac{\omega_e T_s}{2}\right)} e^{-1.5T_s s} \tag{4.9}$$

$e^{-1.5T_s s}$ 的引入使得闭环系统的分析变得复杂，因此有必要对其进行近似处理。由于采样

时间 T_s 通常较小，所以一般情况下可采取一阶惯性环节对其进行近似[7]，即

$$e^{-1.5T_ss} = \frac{1}{e^{1.5T_ss}} \approx \frac{1}{1.5T_ss+1} \tag{4.10}$$

实际上若采取一阶 pade 近似表达式则准确度更高，如下：

$$e^{-1.5T_ss} = \frac{e^{-0.75T_ss}}{e^{0.75T_ss}} \approx \frac{1-0.75T_ss}{1+0.75T_ss} \tag{4.11}$$

从图 4.2 可以看出，采用 pade 近似，延迟时间更为接近理想情况而且不存在一阶惯性环节所带来的幅值衰减，因此后文分析中均采用 pade 近似对延迟环节进行建模分析。

a) 一阶惯性环节近似   b) pade 近似

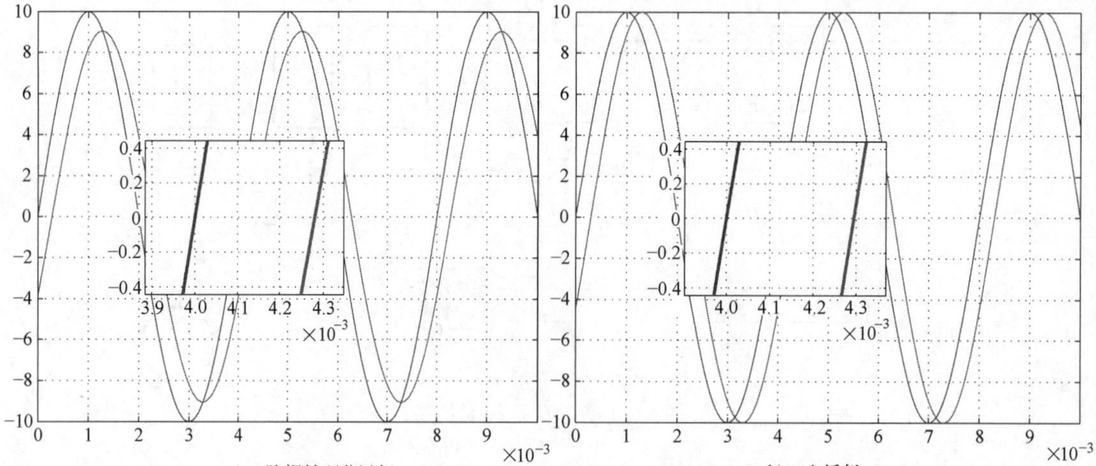

图 4.2　延迟 300μs 仿真对比（10V，250Hz）

4.2.1　线性 PI 调节器设计

传统 PI 调节器如式（4.12）所示：

$$G_{PI} = \frac{k_ps+k_i}{s} \tag{4.12}$$

传统电流内环采用两个 PI 调节器对 d、q 轴电流进行分别调节。如式（4.2），忽略 V_{sd}^e 和 V_{sq}^e 后，定子电流到电压的传递函数为

$$\frac{i_s^e(s)}{u_s^e(s)} = \frac{1}{R_s+\sigma L_ss} \tag{4.13}$$

根据式（4.12）和式（4.13），电流内环的开环传递函数为

$$G_{op1} = \frac{k_ps+k_i}{s}\frac{1}{R_s+\sigma L_ss} \tag{4.14}$$

假设期望的电流环控制带宽为 k，可得：$k_p = k\sigma L_s$，$k_i = kR_s$[9]。将 k_p，k_i 代入式（4.14）可得

$$G_{op1} = \frac{k}{s} \tag{4.15}$$

由此可见在理想情况下，采用线性 PI 调节器可将电流内环校正为一阶惯性环节，即

$$G_{\mathrm{cl}}=\frac{i_{\mathrm{dq}}^{e}(s)}{i_{\mathrm{dq}}^{*}(s)}=\frac{k}{s+k} \tag{4.16}$$

可见系统始终稳定且不存在超调，按照实际输出滞后参考值 45°定义系统的控制带宽 ω_{cc}[9]，易得

$$\omega_{\mathrm{cc}}=k \tag{4.17}$$

然而由于数字处理延迟 G_{d}^{e} 的存在，上述建模环节并不完全符合实际情况。

根据式（4.1）的第一行，在忽略反电动势项并考虑数字处理延迟后，内环的控制框图如图 4.3 所示。相应的内环开环传递函数为

$$G_{\mathrm{op}}=\frac{k(sL+R)G_{\mathrm{d}}^{e}}{s[sL+R+\mathrm{j}\omega_{\mathrm{e}}L-G_{\mathrm{d}}^{e}(\mathrm{j}\omega_{\mathrm{e}}L)]} \tag{4.18}$$

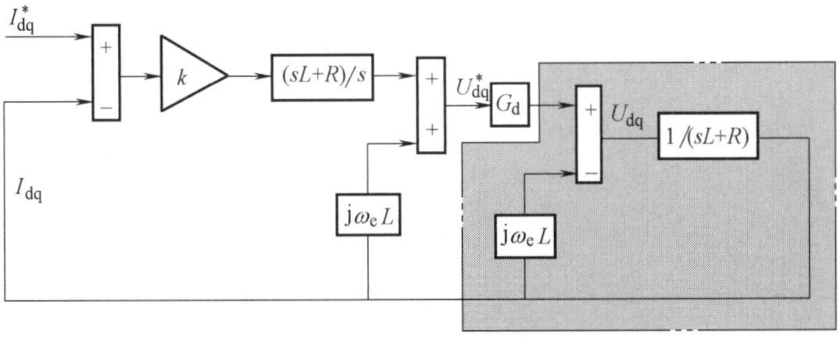

图 4.3　基于传统 PI 的控制框图

由此可见，当 $G_{\mathrm{d}}^{e}\neq 1$ 时，d、q 轴电流环之间并不能实现完全解耦，这也是传统 PI 调节器在高速运行时系统性能变差的原因之一[123,124]。根据式（4.18），系统的闭环传递函数为

$$G_{\mathrm{cl}}=\frac{k(sL_{\mathrm{c}}+R_{\mathrm{c}})G_{\mathrm{d}}^{e}}{s[sL_{\mathrm{p}}+R_{\mathrm{p}}+\mathrm{j}\omega_{\mathrm{e}}(L_{\mathrm{p}}-G_{\mathrm{d}}^{e}L_{\mathrm{c}})]+k(sL_{\mathrm{c}}+R_{\mathrm{c}})G_{\mathrm{d}}^{e}} \tag{4.19}$$

式中　下标 c，p 分别表示控制器参数以及模型的真实参数，将控制器参数与模型参数分开表示的目的在于便于以后进行参数鲁棒性分析。本文在后续分析中暂定控制器参数与模型参数一致。从图 4.4a 可以看出随着电机转速的增加，系统一个极点逐渐向复平面右半面移动，说明随着转速增加，系统易发生振荡并最终变得不稳定。

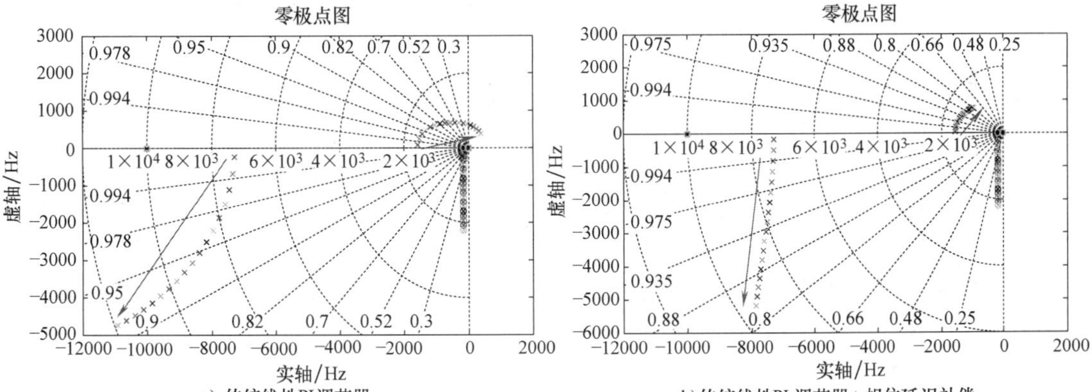

a) 传统线性PI调节器　　b) 传统线性PI 调节器+相位延迟补偿

图 4.4　闭环零极点分析（5kHz 采样率，同步电角频率为 10~350Hz）

从式（4.9）可知，系统存在 $1.5T_s$ 的延迟，为改善系统的性能对参考电压进行相位延迟补偿，即 $U_{dq}^*=U_{dq}^*e^{1.5j\omega_e T_s}$，补偿后系统的极点如图 4.4b 所示。从图中可见，补偿后系统的不稳定现象消失，但是随着转速增加，主导极点所在位置的阻尼比逐渐减小，因此高速运行时容易发生振荡现象。由于传统线性 PI 调节器加前馈解耦补偿的方式在高速或低采样率时性能较差[7,123]，所以下面将着重研究另外两种电流环控制器。

4.2.2 复矢量调节器设计

传统的线性 PI 调节器将电流内环分离成 d、q 轴两个控制环，由于两个环路之间存在交叉耦合项，故不能实现完全独立设计。而复矢量调节器将 d、q 轴电流环当作一个整体，与传统方法相比具有更优的控制性能和参数鲁棒性[7,9,123-125]。如式（4.1）的第一行，在略去反电动势项后进行 Laplace 变换后可得

$$\frac{\boldsymbol{i}_s^e(s)}{\boldsymbol{u}_s^e(s)}=\frac{1}{R_s+\sigma L_s s+j\omega_e\sigma L_s} \tag{4.20}$$

据此可设计复矢量调节器如下[125]：

$$G_{CPI}=k\frac{R_s+\sigma L_s s+j\omega_e\sigma L_s}{s} \tag{4.21}$$

显然在不考虑数字延迟时系统的开环传递函数和式（4.15）一样为一个纯积分环节，式中的系数 k 即为期望的闭环控制带宽。在考虑数字延迟后，系统的开环传递函数为

$$G_{opC}=\frac{kG_d^e}{s} \tag{4.22}$$

图 4.5 所示为基于复矢量调节器的电流环控制框图。

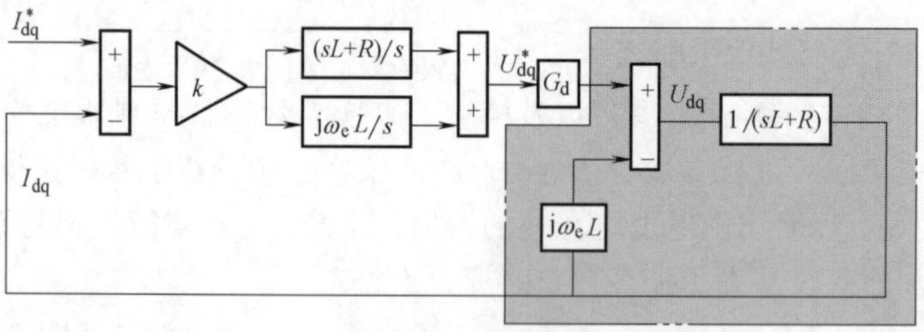

图 4.5 基于复矢量调节器的控制框图

接下来分析 k 值的设计。由于式（4.9）中 G_d^e 的相位延迟以及幅值衰减易于补偿，即令

$$U_{dq}^*=\frac{2}{\omega_e T_s}\sin\left(\frac{\omega_e T_s}{2}\right)U_{dq}^*e^{1.5j\omega_e T_s} \tag{4.23}$$

补偿后系统的开环传递函数可简化为

$$G'_{opC}=\frac{ke^{-1.5T_s s}}{s} \tag{4.24}$$

在实际应用中，由于受到噪声以及模型不精确等因素的影响，为保证系统的稳定性，通

常要求相位裕度至少为 45°(π/4)，由式（4.24）易知系统的剪切频率即为 k（此时开环传递函数的增益为 1），据此可得

$$\pi - 1.5T_s k - \frac{\pi}{2} = \frac{\pi}{4} \tag{4.25}$$

求解式（4.25）可得 k 的最大值为

$$k_{max} = \frac{\pi}{6} f_s \tag{4.26}$$

当采用如式（4.23）所示的补偿措施后，将 k 设计为式（4.26），系统的闭环极点如图 4.6 所示。从图中可以看出，采用复矢量调节器后系统的闭环极点并不随电机速度的变化而变化，表明控制系统的性能并不会随着转速的增加而有所变化。但是，当 k 设为 k_{max} 后，系统的阻尼比只有 0.48，动态过程中超调量较大。为优化设计 k 值，进一步绘制系统的根轨迹图如图 4.7 所示。从图中可以看出，随着 k 值的减小，系统的两个闭环极点逐渐靠近并在实轴相交后逐渐分离。当二者相交在实轴时系统的阻尼比为 1，此时没有超调并且具有较优的动态性能[125]。根据式（4.11）以及式（4.24）可求得闭环极点为

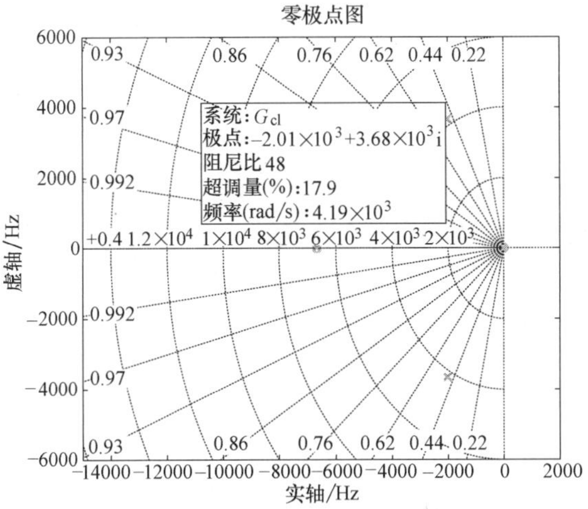

图 4.6　k_{max} 对应的闭环零极点（$T_s = 200\mu s$，电角频率 10~350Hz）

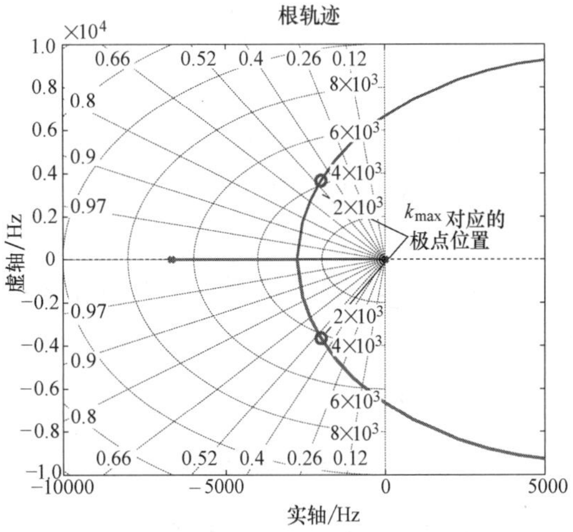

图 4.7　根轨迹变化图（$T_s = 200\mu s$）

$$p_1 = \frac{3T_s k - 4 + 4\sqrt{B}}{6T_s} \tag{4.27}$$

$$p_2 = \frac{3T_s k - 4 - 4\sqrt{B}}{6T_s} \tag{4.28}$$

式中

$$B = \frac{9T_s^2 k^2}{16} - \frac{9T_s k}{2} + 1 \tag{4.29}$$

令 $B=0$ 可得

$$k_{opt} \approx 0.2288 f_s \tag{4.30}$$

为验证设计的有效性，对 k_{opt} 与 k_{max} 两种参数进行了仿真对比，图 4.8 所示为系统闭环

函数的阶跃响应。从图中可以发现，采用优化设计的 k 值后虽然上升时间变长，但是系统没有超调而且最终的整定时间与 k_{max} 相比并无太大区别，从而验证了 k_{opt} 设计的有效性。

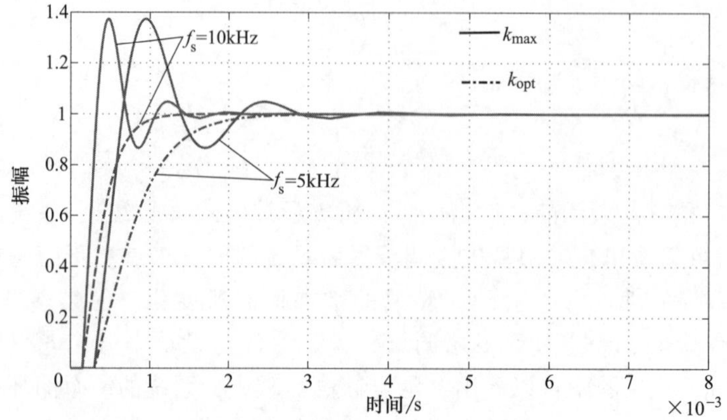

图 4.8　基于复矢量调节器的电流环阶跃响应

接下来求解闭环控制系统的带宽，根据式（4.24）可得系统的闭环传递函数为

$$G_{cl}=\frac{k}{k+se^{1.5T_s s}} \tag{4.31}$$

与式（4.17）一样，按照输出滞后参考值为 45°来定义系统的控制带宽，由于 $e^{1.5T_s s}\approx 1+1.5T_s s$，由此得

$$1.5T_s\omega_{cc}^2+\omega_{cc}-k=0 \tag{4.32}$$

根据式（4.32）可求解得系统的闭环控制带宽为

$$\omega_{cc}=\frac{\sqrt{1+6T_s k}-1}{3T_s} \tag{4.33}$$

4.2.3　离散域调节器设计

由于实际应用中大都采用数字控制系统，前述基于连续域设计的调节器最终还需进行离散化处理，为了避免离散化处理带来的误差，更为直接的设计方法是在离散域设计电流调节器。首先，在离散域建立电流内环数学模型，如式（4.34）所示[9]。

$$G_p(z)=\frac{I_{dq}^e(z)}{U_{dq}^e(z)}=\frac{1-e^{-T_s/T_\sigma}}{R_s(ze^{j\omega_e T_s}-e^{-T_s/T_\sigma})} \tag{4.34}$$

式中　$T_\sigma=\dfrac{\sigma L_s}{R_s}$。

再考虑到数字控制系统的一拍延迟，可得

$$G_{pd}^e(z)=\frac{1-e^{-T_s/T_\sigma}}{R_s ze^{j\omega_e T_s}(ze^{j\omega_e T_s}-e^{-T_s/T_\sigma})} \tag{4.35}$$

值得注意的是与前两节不同，式（4.35）中只存在相位延迟环节 $e^{j\omega_e T_s}$，而不是 $e^{1.5j\omega_e T_s}$，这是由于在数字建模时模型式（4.35）已考虑脉冲调制环节的零阶保持特性。根据模型式（4.35），根据零极点对消原理可直接设计 z 域调节器如下：

$$G_{cc}^{e}(z)=\frac{kR_{s}(e^{j\omega_{e}T_{s}}-z^{-1}e^{-T_{s}T_{\sigma}})}{(1-z^{-1})}e^{j\omega_{e}T_{s}} \tag{4.36}$$

根据式（4.35）以及式（4.36），可得系统的开环传递函数为

$$G_{op}^{e}(z)=\frac{k(1-e^{-T_{s}/T_{\sigma}})}{z(z-1)} \tag{4.37}$$

从式（4.22）可知，环节$\frac{1}{z-1}$与连续域传递中的$\frac{1}{s}$类似，为一个积分环节，而$\frac{1}{z}$为一个延迟环节，因此式（4.22）所示的开环传递函数与式（4.22）非常类似，但是表达形式有所不同。进一步的，在式（4.22）的基础上可计算得闭环传递函数 $G_{cl}^{e}(z)=G_{op}^{e}(z)/(1+G_{op}^{e}(z))$。

$$G_{cl}^{e}(z)=\frac{k(1-e^{-T_{s}/T_{\sigma}})}{z^{2}-z+k(1-e^{-T_{s}/T_{\sigma}})} \tag{4.38}$$

同 4.2.2 节一样，首先按照最小相位裕度为 45°(π/4) 的要求确定 k 的最大值。令式（4.37）中 $z=e^{j\omega T_{s}}$，可得

$$G_{op}^{e}(z)=\frac{k_{tmp}}{e^{j\omega T_{s}}(e^{j\omega T_{s}}-1)} \tag{4.39}$$

式中　$k_{tmp}=k(1-e^{-T_{s}/T_{\sigma}})$。指数函数 $e^{j\omega T_{s}}$ 的引入使得计算变得复杂，由于 T_s 通常较小，故在这里利用如（4.11）所示的 pade 近似式来辅助计算，化简后可得

$$G_{op}^{e}(z)=\frac{k_{tmp}}{j\omega T_{s}\cdot e^{1.5j\omega T_{s}}} \tag{4.40}$$

很显然系统的剪切频率 $\omega_c=k_{tmp}/T_s$（此时开环传递函数的增益为 1）。令此时的相位裕度 PM=π/4 可得

$$\pi-\frac{\pi}{2}-1.5\frac{k_{tmp}}{T_{s}}T_{s}=\frac{\pi}{4} \tag{4.41}$$

由此可计算得 k 的最大值为

$$k_{max}=\frac{\pi}{6(1-e^{-T_{s}/T_{\sigma}})} \tag{4.42}$$

当按照 k_{max} 对调节器进行整定时，虽然具有较快的上升速度但是超调亦变得较大，如图 4.9 所示。仿照 4.2.2 节的设计方法，令系统的两个极点重合，由此可得 k 的优化值为

$$1-4k_{op}^{z}(1-e^{-T_{s}/T_{\sigma}})=0 \tag{4.43}$$

根据式（4.43）可解得

$$k_{op}^{z}=\frac{1}{4(1-e^{-T_{s}/T_{\sigma}})} \tag{4.44}$$

采用式（4.44）后系统的闭环函数阶跃响应如图 4.9 所示，从图中可以看出，系统响应迅速并且没有超调，验证了本小节离散域调节器参数设计的有效性。现有参考文献［9，126］通过理论和实验研究表明基于离散域设计的调节器具有良好的稳定特性和较好的参数

鲁棒性。但是它们并未给出参数的优化设计原则，本节基于根轨迹分析，给出了参数优化设计的解析表达式，并通过仿真验证了参数设计的有效性。

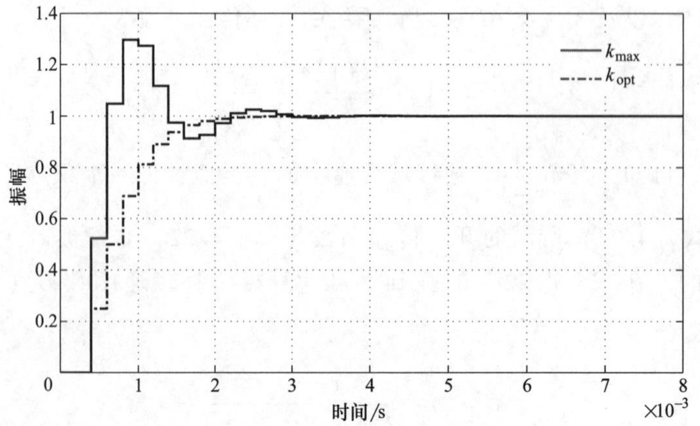

图 4.9　基于离散域调节器的电流环阶跃响应

最后求解控制系统的闭环带宽，按照输出滞后参考值为 45°来定义闭环系统的控制带宽，根据式（4.38），令 $z=e^{j\omega_{cc}T_s}\approx 1+j\omega_{cc}T_s$，可得

$$\omega_{cc}=\frac{k(1-e^{-T_s/T_\sigma})}{T_s} \tag{4.45}$$

4.3　外环调节器设计

4.3.1　磁链环设计

在不考虑弱磁运行以及效率优化的情况下，电机内部磁通一般控制为恒定值，因此为简化分析，在磁链控制环设计过程中仅将电流内环视作一阶惯性环节[2]，即

$$\frac{i_d}{i_d^{ref}}=\frac{\omega_{cc}}{s+\omega_{cc}} \tag{4.46}$$

式中　ω_{cc} 表示电流内环控制器的带宽。

根据式（4.3），当采用 PI 调节器时，磁链控制环的控制框图如图 4.10 所示。

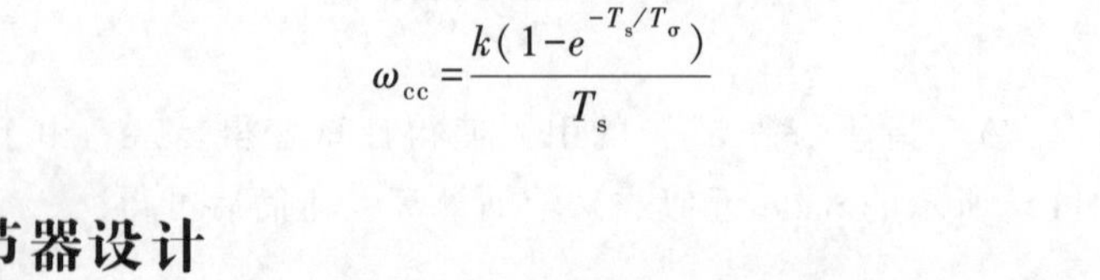

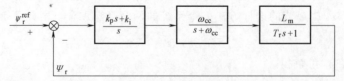

图 4.10　基于 PI 调节器的磁链闭环控制系统

系统的开环传递函数为

$$G_{o\psi}=\frac{k_i(k_p/k_i s+1)L_m}{s(T_r s+1)}\frac{\omega_{cc}}{s+\omega_{cc}} \tag{4.47}$$

为使闭环系统具有较快的响应速度，令式（4.47）中的 $k_p/k_i=T_r$ 以消去大惯性环节，可得

$$G_{o\psi}=\frac{k_i L_m}{s(s/\omega_{cc}+1)} \tag{4.48}$$

式（4.48）表明磁链环是一个典型二阶系统，为避免可能的磁路饱和的影响，希望磁链环超调尽量小，因此设计时将阻尼比配置为 1，由此可得[70]

$$k_i L_m=0.25\omega_{cc} \tag{4.49}$$

由此可得磁链环 PI 调节器的参数为

$$k_p=\frac{0.25\omega_{cc}T_r}{L_m} \tag{4.50}$$

$$k_i=\frac{0.25\omega_{cc}}{L_m} \tag{4.51}$$

对于本文中的不同调节器，其控制带宽 ω_{cc} 分别如式（4.17）、式（4.33）以及式（4.45）所示。

4.3.2　转速环设计

本节将简要说明基于 PI 调节器的转速环设计方法。通常情况下，速度环的控制带宽以及实际机械系统的响应速度均远慢于电流内环，因此为简单起见，在设计速度控制环时可默认电流内环是增益为 1 的理想环节[2]。另外，实际应用中为滤除噪声的影响，测量速度经常通过低通滤波处理，假定使用一阶低通滤波器，即

$$\frac{\omega_{rf}}{\omega_r}=\frac{1}{T_f s+1} \tag{4.52}$$

式中　ω_{rf} 表示滤波后的转速，滤波器的截止频率为 $\omega_c=1/T_f$。

根据式（2.4）描述的运动方程，将负载转矩 T_L 当作扰动量后，闭环控制系统如图 4.11 所示。

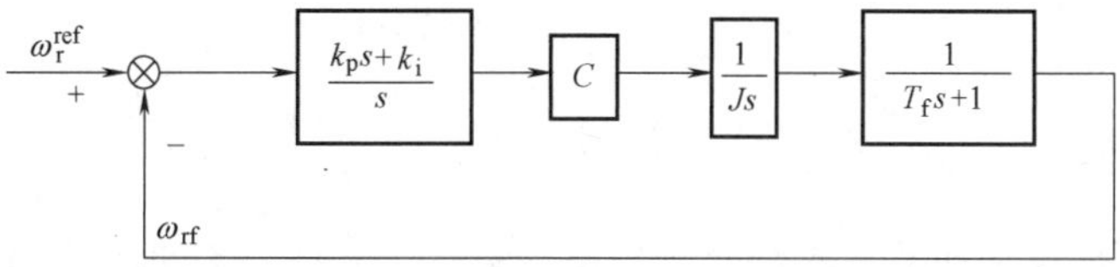

图 4.11　基于 PI 调节器的速度闭环控制系统

$$C=\frac{3}{2}n_p\frac{L_m}{L_r}|\boldsymbol{\psi}_r| \tag{4.53}$$

根据图 4.11 可得系统的开环传递函数为

$$G_{o\omega}=\frac{Ck_i(k_p/k_i s+1)}{Js^2(T_f s+1)} \tag{4.54}$$

从式（4.54）可知速度外环为典型的Ⅱ型系统，根据Ⅱ型系统的工程设计原则[70] 有

$$k_p/k_i = 5T_f \tag{4.55}$$

$$\frac{Ck_i}{J} = \frac{3}{25T_f^2} \tag{4.56}$$

求解以上两式得转速环的 PI 调节器参数为

$$k_p = \frac{3J}{5T_fC} \tag{4.57}$$

$$k_i = \frac{3J}{25T_f^2C} \tag{4.58}$$

4.4 仿真和实验结果

为验证本章算法的有效性，在实验室一台 2.2kW 感应电机调速平台上进行了仿真和实验验证。实验装置如图 4.12 所示，电机参数见表 2.1。PWM 周期为 200μs，线性 PI 调节器以及复矢量 PI 调节器的增益系数 k 均设为优化值 $k_{op} = 0.2288f_s = 1144$。离散域调节器的增益系数根据式（4.44）设置为 7.54。

a) 逆变器与录波仪　　b) 2.2kW 感应电机与磁粉制动器

图 4.12　两电平感应电机实验平台

4.4.1 仿真结果

本节将主要验证各种调节器在动态过程中的性能，稳态性能将通过实际实验进行比较。首先将励磁电流值固定为 3.2A，转矩电流给定为锯齿波，在这个过程中电机转速在 750~1500r/min 之间变化，图 4.13 是相应的仿真波形，由于延迟环节的存在，d，q 轴电流环之间存在一定的耦合，再加上仿真中同步电角速度经过滤波处理，因此 d 轴电流在大动态过程中略受影响。对于复矢量、离散域电流调节器，d 轴电流很快恢复至参考值，而基于传统 PI 线性调节器的 d 轴电流则一直受到变化的 q 轴电流影响，这是由于控制延迟的存在使得传统线性 PI 调节器难以通过前馈的方式实现两个电流环的完全解耦。

为验证 4.2.2 节复矢量调节器参数设计的有效性，对 q 轴电流阶跃给定进行了仿真。电机初始转速为-1500r/min，然后突加转矩开始加速，加速期间的 d，q 轴电流响应如图 4.14

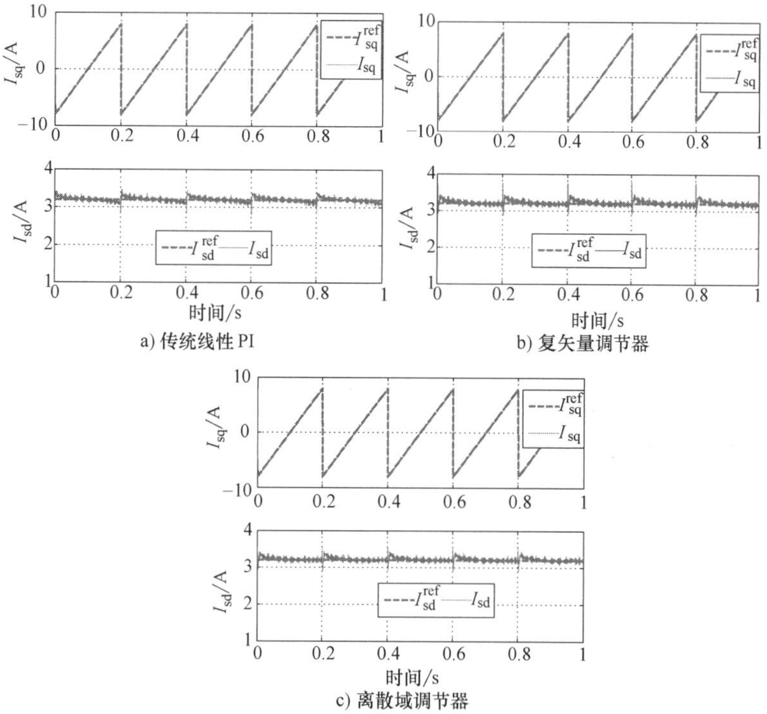

图 4.13　给定转矩电流为锯齿波时的仿真波形

所示。从图中可以看出，采用优化设计的增益系数后，q 轴电流能迅速跟踪上给定值而且不存在超调。按照最小相位裕度要求设计的参数 k_{max}，q 轴电流上升时间较短但存在较大超调，仿真结果与理论分析非常一致，从而间接验证了算法的正确性。对于离散域调节器，从图 4.15 可以看出其结果与复矢量调节器类似，采用优化设计的增益参数后超调量大幅度减小，同时又没有牺牲最终的整定时间。

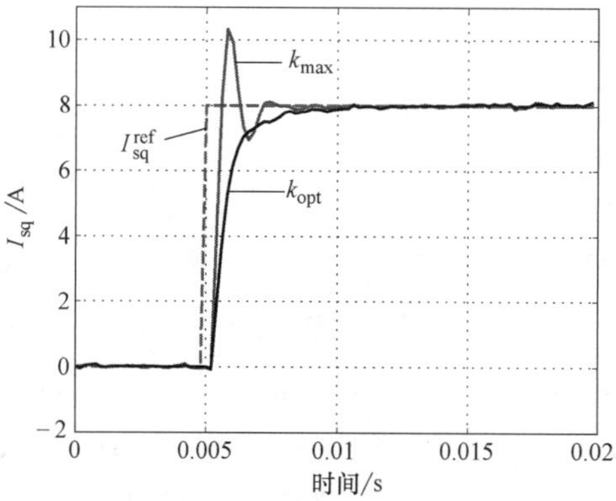

图 4.14　q 轴电流阶跃响应（复矢量调节器）

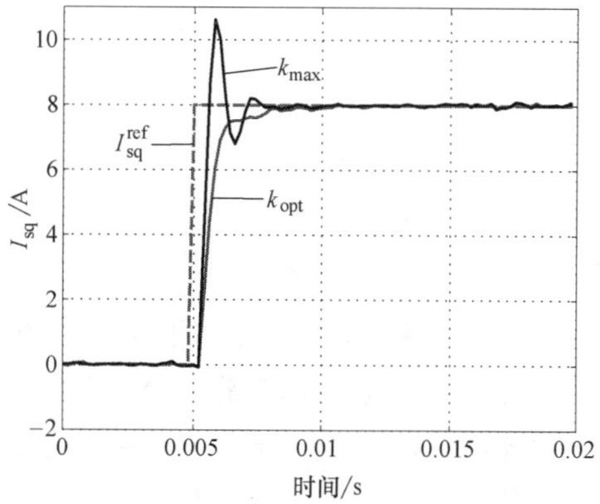

图 4.15　q 轴电流阶跃响应（离散域调节器）

图 4.16 所示为电机运行在 1500r/min 时突加、减负载的实验图，由于三种调节器的性能较为近似，在此只给出了传统 PI 调节器和离散域调节器的仿真测试波形。从图 4.16 可以看出，在突加、减负载时，q 轴电流能迅速跟踪指令值，电机转速略有变化后很快恢复至稳定值，同时 d 轴电流基本维持恒定，验证了本章节电流调节器设计的有效性。

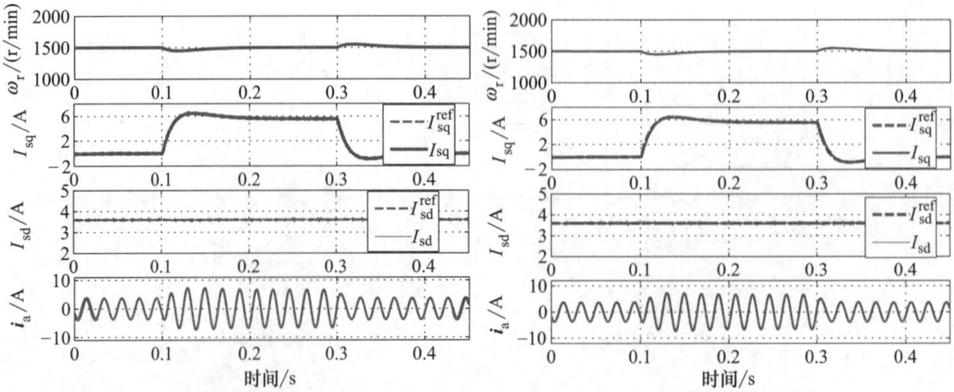

a) 传统线性PI　　b) 离散域调节器

图 4.16　转速为 1500r/min 时突加、减负载的仿真波形

4.4.2　实验结果

由于本文尚未考虑在低载波比条件下运行，所以几种电流环的性能在实验测试中性能差异不大，限于篇幅本处只给出基于离散域调节器的实验结果。首先在电机静止条件下对调节器参数设计值进行测试，从图 4.17 可以看出将调节器参数设置为按式（4.42）计算的 k_{max} 时，d 轴电流能在 4ms 内跟踪上指令值，但是存在一定的超调。而采用优化设计的参数 k_{opt}［式（4.44）］后，超调消除而且 d 轴电流在 4ms 左右时间也能跟踪上指令值，不同于仿真，实验中控制器所使用的电机参数不可避免地存在一定的误差，所以阶跃响应与 4.4.1 节中的仿真结果略有区别。此实验验证了前面关于调节器参数优化设计分析的正确性。

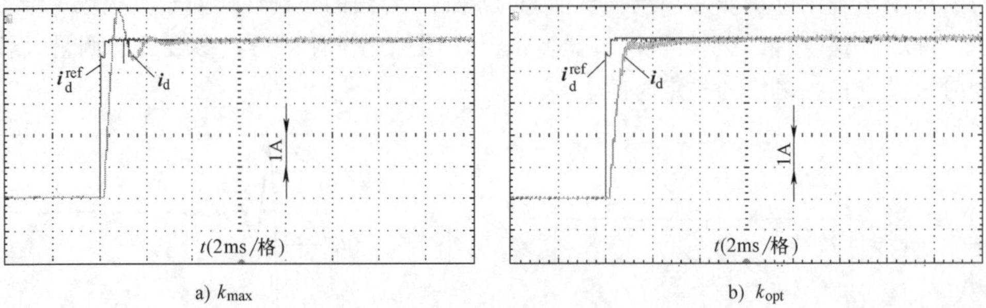

a) k_{max}　　b) k_{opt}

图 4.17　不同调节器参数对应的 d 轴电流阶跃响应

图 4.18～图 4.22 所示为 FOC 在有速度传感器下的运行结果。图中的 1 通道为测量转速，2、3 通道分别为同步旋转坐标系下的 d、q 轴电流，以上三个通道的数据通过控制板上的 D-A 转换芯片输出。4 通道为 a 相电流，通过电流探头直接测量得到。1～3 通道在示波器上每格代表的数值已在图形中标注，4 通道每格代表的电流大小示波器本身已标注在截图的左下角。从图 4.18 和图 4.19 可以看出 FOC 在低、高速情况下运行良好，电流波形光滑正弦。为进一步验证系统的低速性能，在 6r/min 下进行了带载实验，从图 4.20 可以看出系统运行良好，电流波形光滑正弦，说明了第 3 章的逆变器非线性补偿以及全阶观测器能够在极低速下良好工作，也表明了 FOC 具有良好的低速性能，尤其是和第 5 章的直接转矩控制相比。

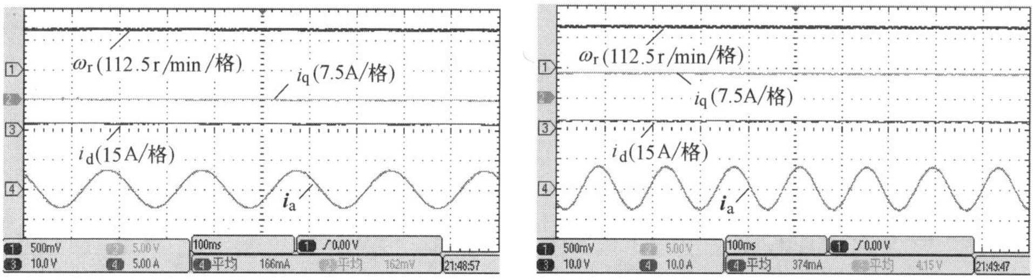

a) 空载测试　　b) 满载测试

图 4.18　转速为 150r/min 时的空载和带载实验

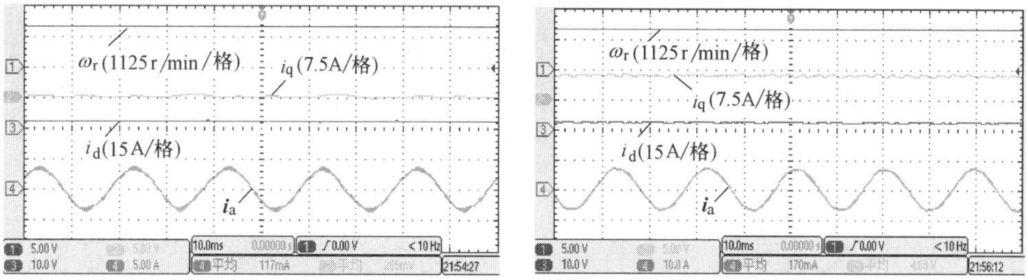

a) 空载测试　　b) 满载测试

图 4.19　转速为 1500r/min 时的空载和带载实验

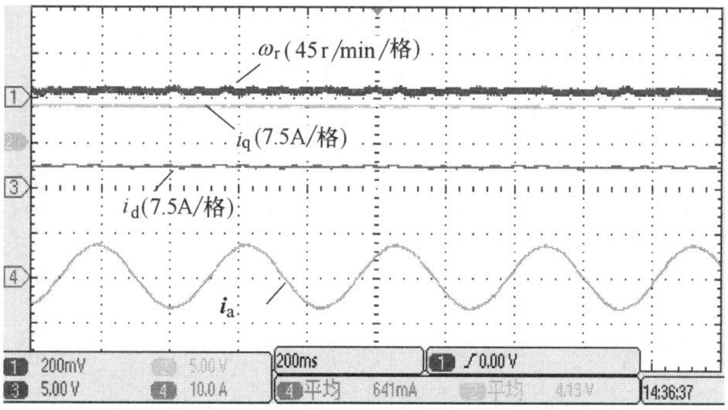

图 4.20　转速为 6r/min 时的满载实验

图 4.21 和图 4.22 所示为动态测试波形，分别为系统的起动以及高速正反转测试波形。为实现系统在起动时具有足够的带载能力，在起动前进行了直流预励磁处理，即令 q 轴电流为零并以恒定的 d 轴直流对电机进行励磁，当气隙磁通达到设定值时即可满载起动电机。从图 4.21 可以看出，d、q 轴电流响应迅速，在动态过程中并未出现超调现象，验证了前面参数设计理论分析的正确性。图 4.22 所示为系统从转速为 1500r/min 到−1500r/min 时的正反转测试波形。同样，q 轴电流迅速增加至最大值，并且没有出现超调振荡现象，而且 d 轴电流在整个 q 轴电流波形变化的过程中始终稳定在参考值，从而验证了基于离散域设计的电流调节器能够在动态过程中实现 d，q 轴电流的解耦控制。另外，转速在过零区域切换平滑，表明整个系统具有良好的动态性能。

通过有速度传感器实验，已经验证了基于 FOC 框架所构建的调速系统具有良好的动静态性能。进一步地，利用 3.3 节的速度自适应观测器来实现系统的无速度传感器运行。在以

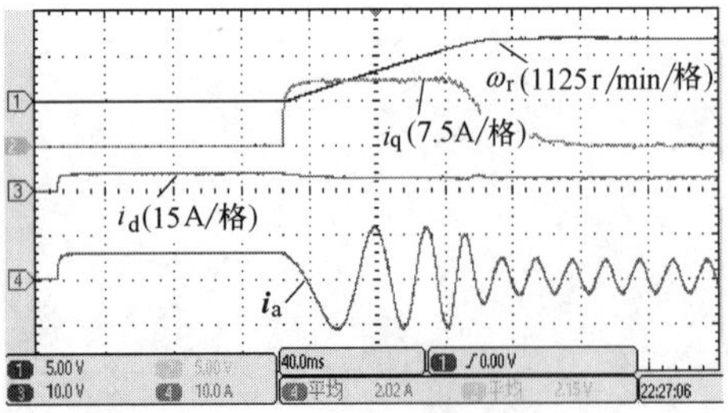

图 4.21　从静止起动到转速为 1500r/min 时的测试波形

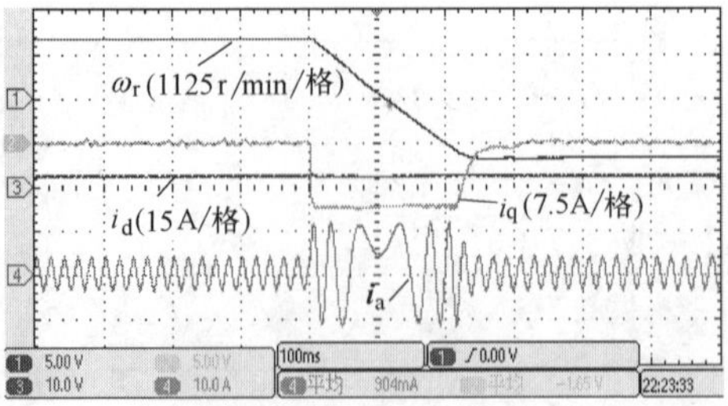

图 4.22　转速为 1500r/min 时的正反转测试波形

下测试波形中，1 通道为观测转速，2 通道为测量转速，3 通道为 q 轴电流，4 通道为通过电流卡钳直接测量的电机 a 相电流。实际实验中测量转速仅用于对比，速度环的反馈信号为估计转速。从以下实验可以发现，1、2 通道的波形几乎重合在一起，说明整个系统在参数辨识、速度自适应磁链观测器、逆变器非线性特性补偿等方面均具有较高的准确度。图 4.23 和图 4.24 所示分别为电机在 10% 以及 100% 转速下的波形，从图中可以看出，电机转速非常平稳，估计转速与实际转速一致，表明整个系统具有良好的稳态性能。图 4.25 所示为系统的起动波形，电机在经过直流预励磁后迅速加速至满速 1500r/min，q 轴电流响应迅速并且无超调现象。整个起动过程非常平稳，估计转速与实际转速基本一致，表明系统具有良好的无速度传感器运行能力。图 4.26 所示为系统在低速（30r/min）时的正反转测试，可以发现，转速过渡迅速、平稳，电流波形基本为正弦。

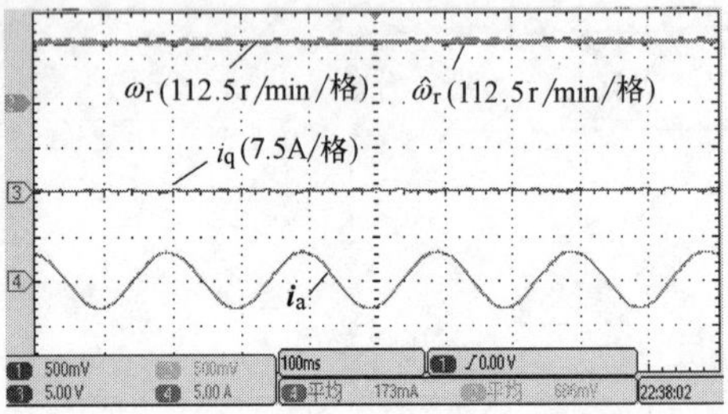

图 4.23　转速为 150r/min 时的无速度传感器运行测试

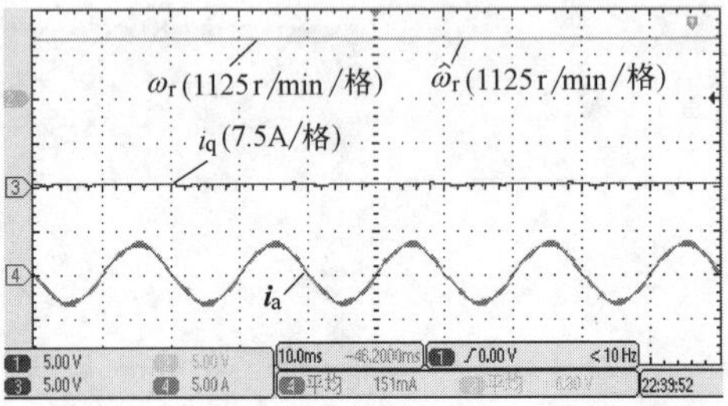

图 4.24　转速为 1500r/min 时的无速度传感器运行测试

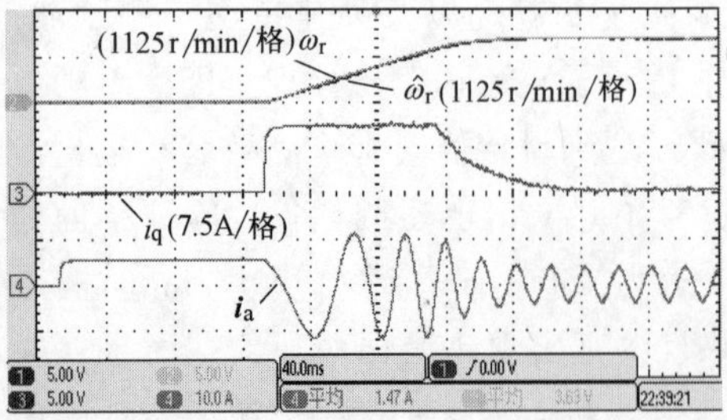

图 4.25　无速度传感器运行时的起动波形

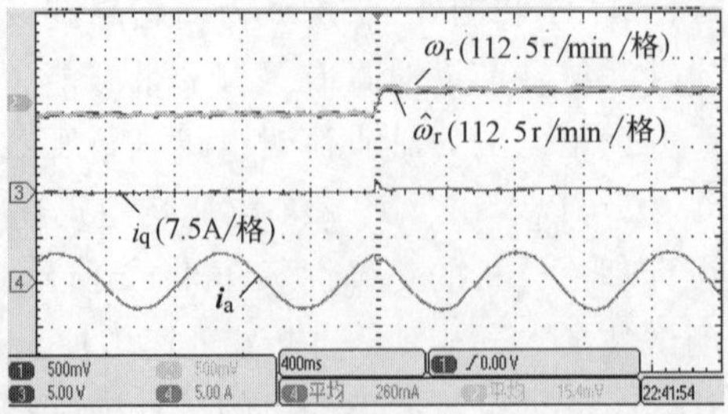

图 4.26　无速度传感器运行时的低速正反转实验

由于低速区域为无速度传感器运行的难点，以下将重点进行低速测试。图 4.27 和图 4.28 所示分别为电机在 15r/min 和 9r/min 下的空载实验测试。从图中可以看出，在 15r/min 时虽然转速略有波动，但总体上来说仍基本为平稳，电流波形基本为正弦，正负半周略有不对称。由于在极低速域对电机参数以及逆变器非线性特性补偿的准确度要求非常高，故当给定转速降至 9r/min 时，转速波动以及电流波形的不对称度加剧，但估计转速与实际转速仍较为吻合，说明整个系统在无速度传感器运行下具有较好的低速运行能力。为进一步测试低速带载能力，图 4.29 所示为给定转速为 15r/min 时的满载测试波形，从图中可以看出，测量转速与实际转速基本一致，转速虽略有波动但较为平稳，电流波形正弦度较好。此实验更进一步验证了所构建的无速度传感器调速系统具有良好的低速运行能力。由于更低速带载能力较弱，便不再贴出相关波形，下一步将研究通过在线自适应电机参数等方法进一步提升无速度传感器运行下的系统低速带载能力。

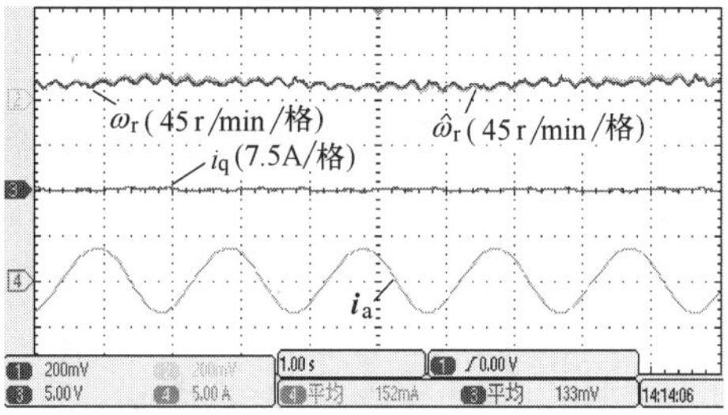

图 4.27　转速为 15r/min 时的无速度传感器运行测试

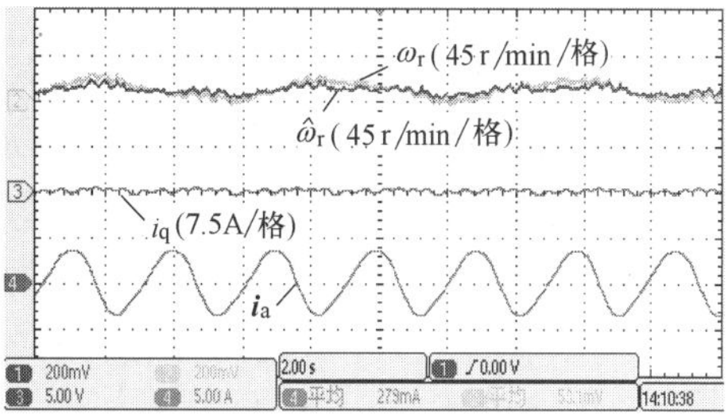

图 4.28　转速为 9r/min 时的无速度传感器运行测试

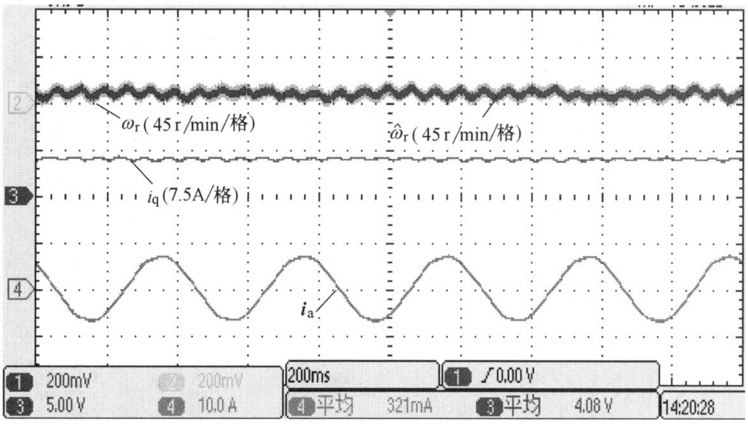

图 4.29　无速度传感器运行时的 15r/min 满载测试波形

4.5　本章小结

本章对传统矢量控制做了简要介绍，并着重就矢量控制中的电流环调节器进行了分析与研究，包括传统线性 PI 调节器、复矢量调节器以及基于离散域设计的调节器，并基于相位裕度要求和根轨迹分析等方法给出了这些调节器的参数整定方法，最后通过仿真与实验对算法进行了验证。由于复矢量调节器与离散域调节器的主要优势体现在高速或者低载波比情形下[123,124]，而本章尚未考虑低载波比条件运行，所以三种调节器在仿真与实验中的性能区别不是很大。但是总体而言，由于后两种调节器不像传统 PI 调节器那样将两个电流环分开考虑，所以后两种调节器的结构要简单很多，尤其是基于离散域的电流调节器还省去了前两种调节器在实际应用中需要的离散化步骤。

第5章 直接转矩控制

5.1 直接转矩控制概述

直接转矩控制（Direct torque control，DTC）能够以简单的控制结构实现快速的动态性能[12,127-129]。DTC基于定子磁链的位置信号以及转矩与磁链幅值的误差信号直接在线查找矢量表，并将所选择的电压矢量通过变频器作用于电机。DTC算法简单，参数鲁棒性强，理论上来说DTC只需电机的定子电阻即可实现高性能调速控制。但是由于DTC采用的滞环比较器只考虑了误差方向而没有顾及误差的大小，因此为实现优良的稳态性能必须采用很高的采样率，通常不低于20kHz。另外，DTC存在转矩纹波大，开关频率不固定等缺点。

不少学者对这一问题进行了分析并提出了相应的解决办法[12,14,16-18,130,131]。其中应用较为广泛的方法是将SVM引入DTC。由于SVM能在调制范围内综合出任意幅值和相位的参考电压，因而比只有有限个电压矢量的开关表具有更精细的调节能力。采用SVM后采样频率无需太高即可获得较为优异的控制性能，而且原DTC开关频率变化的问题也随之解决。对于这类方法来说，问题的关键在于如何获得参考电压。可能的方法有无差拍控制[130,132]、滑模控制器[13]、定子磁场定向等[133]。虽然引入SVM后能提升DTC的稳态性能，但是大多数情况下系统变得更复杂而且对参数依赖性更强[14]。

另外一种改进方法是将传统DTC的一个控制周期划分为两部分，即所选择的有效电压矢量只作用一部分时间，另外一部分时间用零矢量来代替。其原理在于通过调节矢量的占空比来实现更为精细的转矩调节能力[12,16-18]。这种方法的关键在于如何优化矢量的作用时间，主要的方法有：最小化转矩纹波[17]、转矩无差拍控制[18]、平均转矩控制[134]、模糊逻辑[128]等。同引入SVM类似，这类方法也可获取较为优异的控制性能和基本不变的平均开关频率。总体上来说这类方法更为简单，与传统DTC相比，这类方法只增加了一个占空比优化过程，因而最大限度地保留了传统DTC结构简单的优点。但是这些方法在进行占空比优化时不可避免地引入了其他电机参数，使得系统的参数鲁棒性变差，为此参考文献［12，16］提出了一种简单的占空比优化原则，其特点在于计算简单，不依赖电机参数，并且具有良好的稳态性能。

本章将对传统DTC做简要介绍，并重点研究引入占空比优化的直接转矩控制技术。基于3.3节介绍的全阶观测器估计定子磁链，并在实验室一台2.2kW机组上进行相关实验，最后根据仿真和实验数据对两种方法的性能进行对比。

5.2 单矢量直接转矩控制

传统DTC，即本节中的单矢量DTC的控制框图如图5.1所示。其中，速度外环采用PI

调节器，与图 4.1 所示的矢量控制相比，可以发现 DTC 的控制结构要简单得多，本节将根据此框图对单矢量 DTC 做简要介绍。

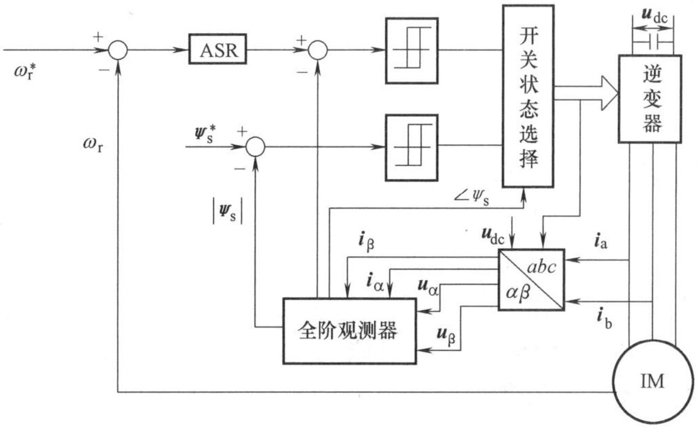

图 5.1　基本 DTC 的控制框图

5.2.1　基本原理

根据式（2.15）可知感应电机在静止坐标系下的电压方程如下：

$$\boldsymbol{u}_s = R_s \boldsymbol{i}_s + p\boldsymbol{\psi}_s \tag{5.1}$$

由式（5.1）可知，当忽略定子电阻后，定子磁链矢量的增量方向总是与定子电压矢量的方向一致，也就是说通过选择合适的定子电压矢量就可以控制定子磁链的变化轨迹。简单分析可知，当施加的电压矢量与当前定子磁链之间的夹角等于 π/2 时，定子磁链幅值不变，而当夹角小于 π/2 时，定子磁链幅值增加，当夹角大于 π/2 时，定子磁链幅值减小。

电磁转矩可以用定子磁链矢量和转子磁链矢量表示为

$$T_e = \frac{3}{2} n_p \lambda L_m \boldsymbol{\psi}_r \otimes \boldsymbol{\psi}_s = \frac{3}{2} n_p \lambda L_m \|\boldsymbol{\psi}_r\| \cdot \|\boldsymbol{\psi}_s\| \cdot \sin\theta_{sr} \tag{5.2}$$

式中　θ_{sr} 为定转子磁链矢量之间的夹角。

从式（5.2）可知，保持定转子磁链幅值不变，即可以通过改变二者之间的角度实现转矩控制的目的。由式（2.22）可知，在静止坐标下定转子磁链具有如下关系：

$$\frac{\boldsymbol{\psi}_r(s)}{\boldsymbol{\psi}_s(s)} = \frac{L_m/L_s}{\sigma T_r s + (1 - j\sigma T_r \omega_r)} \tag{5.3}$$

从式（5.3）不难看出，转子磁链对于定子磁链相当于经过一个惯性环节，因此转子磁链矢量的动态变化总是滞后于定子磁链矢量的变化[135]。这也就说明了通过选择合理的定子电压矢量，便可以控制定子磁链快速变化，从而达到快速改变 θ_{sr}，即控制电磁转矩的目的。根据此原理，对于两电平逆变器驱动的感应电机来说，其开关表可设计如下：

表 5.1 中，$\Delta\boldsymbol{\psi}$ 和 ΔT_e 的取值由滞环比较器的输出信号来确定，即

$$|\boldsymbol{\psi}_s| \leqslant |\boldsymbol{\psi}_s^*|,\quad \Delta|\boldsymbol{\psi}| = 1;\quad |\boldsymbol{\psi}_s| \geqslant |\boldsymbol{\psi}_s^*|,\quad \Delta|\boldsymbol{\psi}| = -1 \tag{5.4}$$

$$T_e \leqslant T_e^* - \Delta T,\quad \Delta T_e = 1; T \geqslant T_e^* + \Delta T,\quad \Delta T_e = -1;\quad |T_e - T_e^*| < \Delta T, \Delta T_e = 0 \tag{5.5}$$

另外，表中第一行的数字表示定子磁链矢量所在的扇区，图 5.2 所示为扇区划分以及相应的电压矢量。

表 5.1 DTC 电压矢量选择表

$\Delta\psi$	ΔT_e	S_1	S_2	S_3	S_4	S_5	S_6
1	1	$\boldsymbol{u}_2$	$\boldsymbol{u}_3$	$\boldsymbol{u}_4$	$\boldsymbol{u}_5$	$\boldsymbol{u}_6$	$\boldsymbol{u}_1$
	0	$\boldsymbol{u}_7$	$\boldsymbol{u}_0$	$\boldsymbol{u}_7$	$\boldsymbol{u}_0$	$\boldsymbol{u}_7$	$\boldsymbol{u}_0$
	-1	$\boldsymbol{u}_6$	$\boldsymbol{u}_1$	$\boldsymbol{u}_2$	$\boldsymbol{u}_3$	$\boldsymbol{u}_4$	$\boldsymbol{u}_5$
-1	1	$\boldsymbol{u}_3$	$\boldsymbol{u}_4$	$\boldsymbol{u}_5$	$\boldsymbol{u}_6$	$\boldsymbol{u}_1$	$\boldsymbol{u}_2$
	0	$\boldsymbol{u}_0$	$\boldsymbol{u}_7$	$\boldsymbol{u}_0$	$\boldsymbol{u}_7$	$\boldsymbol{u}_0$	$\boldsymbol{u}_7$
	-1	$\boldsymbol{u}_5$	$\boldsymbol{u}_6$	$\boldsymbol{u}_1$	$\boldsymbol{u}_2$	$\boldsymbol{u}_3$	$\boldsymbol{u}_4$

如图 5.1 所示，DTC 采用 Bang-Bang 控制器，并直接由控制器的误差输出信号以及定子磁链的位置信号从离线设计的开关表中选择合适的电压矢量作用于电机。与 FOC 相比，DTC 不对定子电流进行直接控制，无需坐标变换，因而结构上要简单很多。

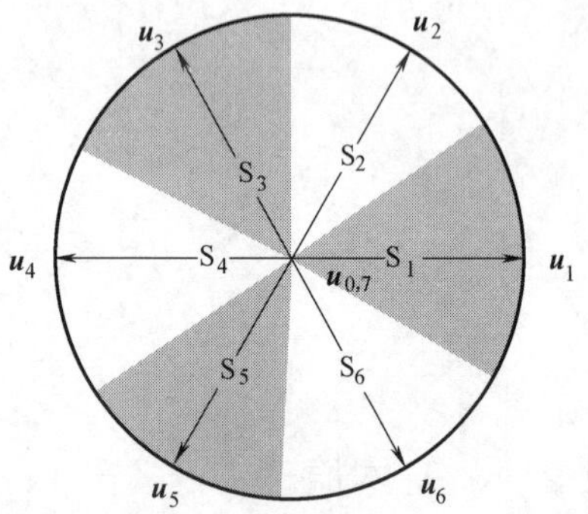

图 5.2 扇区划分以及相应的电压矢量

由于 DTC 缺乏电流控制环，在电机刚起动时内部尚未建立起足够的磁通，此时若以大转矩直接起动电机，则可能会造成系统过电流保护。因此为了让电机能够在起动时有足够的带载能力，引入预励磁技术[3]。其基本原理是采用直流斩波的方式对电机进行励磁，基本过程如下：对电机定子端施加某一固定电压矢量，例如 $\boldsymbol{u}_1$，当电流大于设定值时切换至零矢量。重复此过程直到定子磁链幅值大于设定值后（如 95%的额定值）即可安全起动电机。

5.2.2 仿真结果

在 MATLAB/Simulink 环境下对传统 DTC 进行了相关仿真，电机参数见表 2.1，仿真中控制器的采样率设为 20 kHz，仿真中的转矩滞环宽度设置为 0。图 5.3a 所示为电机从静止起动到额定转速（1500r/min）的仿真波形，从图中可以看出预励磁结束后电机很快加速至设定速度，在此过程中电机的最大电流不超过 10A，说明引入预励磁技术后电机可以安全地以最大转矩起动。图 5.3b 所示为电机从 1500r/min 反转至-1500r/min 的波形。从以上两个动态仿真测试可以看出，在动态过程中电机定子磁链幅值保持不变，实现了转矩与磁链的解耦控制。

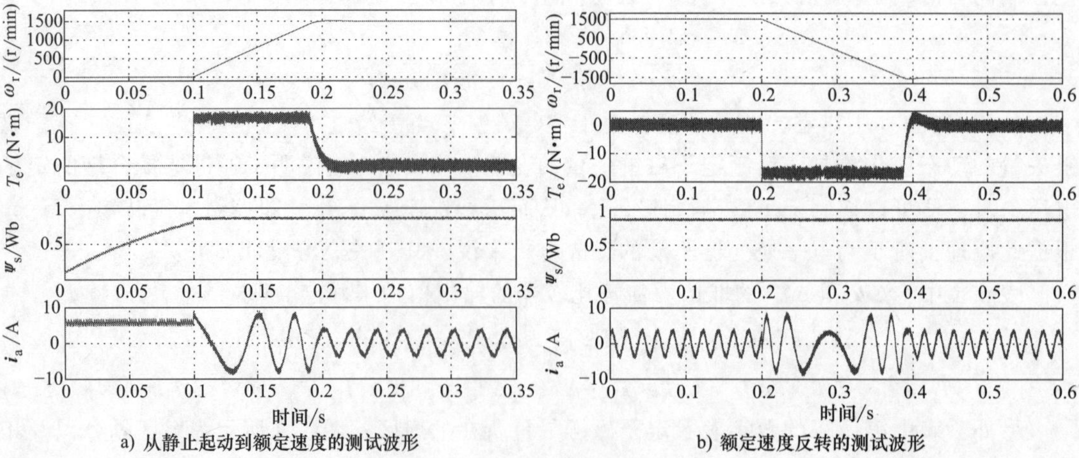

a) 从静止起动到额定速度的测试波形　b) 额定速度反转的测试波形

图 5.3 DTC 动态仿真波形

图 5.4 所示为系统在 10%额定速度和 100%额定速度的稳态仿真测试波形。从图中可以看出系统运行平稳，定子磁链幅值基本恒定，但是与第 4 章中的矢量控制相比，DTC 的转矩和电流纹波明显要高很多。

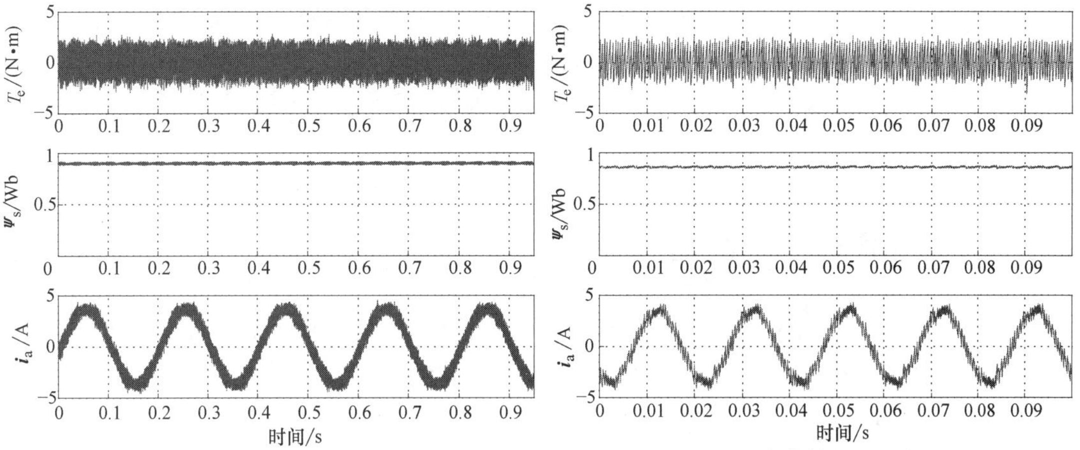

a) 运行转速：150r/min　　b) 运行转速：1500r/min

图 5.4　DTC 稳态仿真波形

5.2.3　实验结果

实验的电机参数和仿真相同，见表 2.1，采样率为 20kHz，控制框图如图 5.1 所示。首先考察系统的稳态性能，图 5.5a 和图 5.5b 所示分别为传统 DTC 在 10%和 100%转速带额定负载的实验波形。从图中可以看出，系统运行平稳，电流波形基本为正弦，说明基于全阶观测器的 DTC 控制系统在较宽的速度范围内均有良好的控制性能。

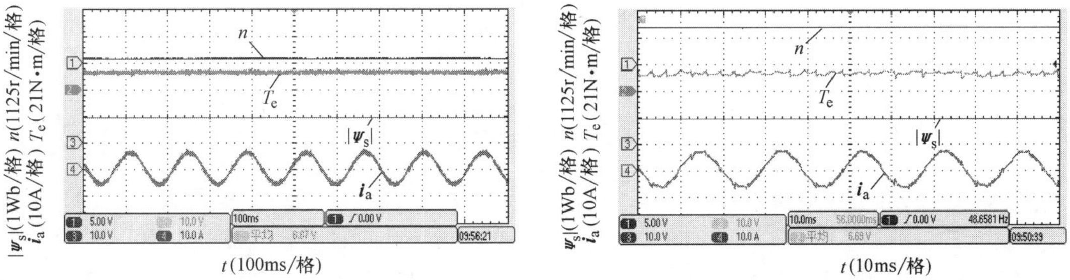

a) 运行转速：150r/min　　b) 运行转速：1500r/min

图 5.5　稳态带载实验波形

接下来考察调速系统的动态性能，包括起动以及满速正反转测试。图 5.6 所示为电机从静止起动至额定转速的实验波形。从实验结果可以看出，在预励磁结束后，电机以最大转矩加速至额定转速，而且在起动过程中的电流幅值未超过 10A，和仿真结果基本一致，从而验证了采用直流预励磁的有效性。

图 5.7 所示为电机在 1500r/min 转速进行正反转测试的实验波形，从图中可以看出，系统运行平稳，整个过程中定子磁链幅值维持恒定，能够实现正反转过程的平滑过渡。

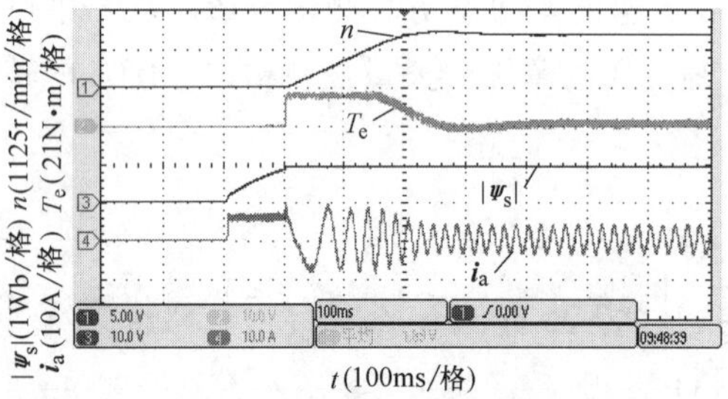

图 5.6　电机从静止起动的实验波形

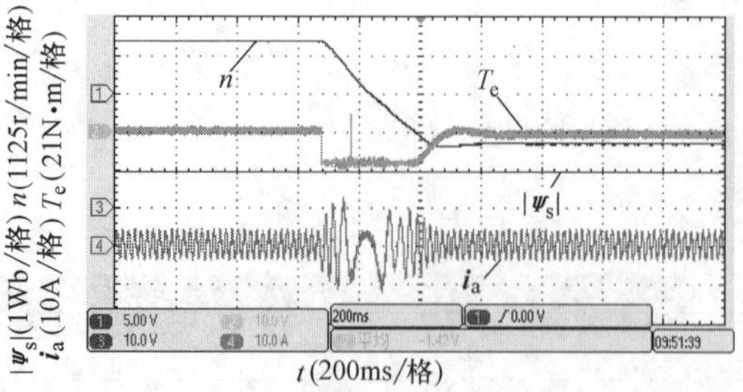

图 5.7　正反转过程中的实验波形

5.3　双矢量直接转矩控制

通过 5.2 节的实验结果可以发现，即使采样率高达 20kHz，传统 DTC 的转矩纹波仍然较大。为改善这一缺点，本节引入基于双矢量 DTC。顾名思义，双矢量 DTC 即在一个控制周期内作用两个电压矢量。在这种算法中，所选择的有效电压矢量只作用一段时间，剩余的时间用零矢量来填充。图 5.8 所示为双矢量 DTC 的控制框图，下文将根据这一框图对双矢量 DTC 做简要说明。

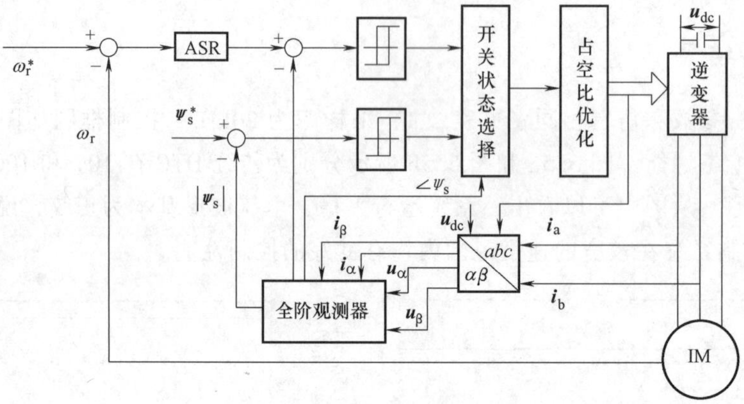

图 5.8　双矢量 DTC 的控制框图

5.3.1　基本原理

对比图 5.1 和图 5.8 可以看出，双矢量 DTC 与单矢量 DTC 相比仅仅多了一个占空比优化环节，因此计算复杂度相比 DTC 并没有增加太多。双矢量 DTC 的关键在于如何获得占空比的优化值，常用的方法主要有三种[16]，即转矩脉动最小、无差拍转矩控制以及平均转矩控制。本节将首先对这三种占空比优化方法做简要说明。

1. 转矩脉动最小

对于双矢量 DTC 来说，一个控制周期内的转矩脉动公式如下所示：

$$(T_e^{rip})^2 = \frac{1}{T_s}\int_0^{t_1}(T_0 + s_1 t - T_e^{ref})^2 dt + \int_{t_1}^{T_s}[T_0 + s_1 t_1 + s_0(t - t_1) - T_e^{ref}]^2 dt \tag{5.6}$$

式中　T_0 表示转矩的初始值；

t_1 表示第一段电压矢量的作用时间，其对应的转矩斜率为 s_1；

s_0 表示第二段电压矢量作用下的转矩斜率，转矩斜率可根据式（2.34）求解；

T_e^{ref} 表示参考转矩；

T_s 表示一个控制周期。

对式（5.6）求导，可求得使 T_e^{rip} 最小的作用时间 t_1 为

$$t_1=\frac{2(T_e^*-T_0)-s_0T_s}{2s_1-s_0} \tag{5.7}$$

2. 无差拍转矩控制

此方法原理较为简单，即使实际转矩在一个控制周期的结束时刻跟踪上指令值，由此有

$$T_e^{ref}=T_0+s_1t_1+s_0(T_s-t_1) \tag{5.8}$$

求解式（5.8）可得

$$t_1=\frac{T_e^{ref}-T_0-s_0T_s}{s_1-s_0} \tag{5.9}$$

3. 平均转矩控制

此方法通过优化矢量作用时间使得转矩在一个周期内的平均值和指令值相等，即

$$T_e^{ref}=\frac{1}{T_s}\int_0^{t_1}(T_0+s_1t-T_e^{ref})\mathrm{d}t+\int_{t_1}^{T_s}[T_0+s_1t_1+s_0(t-t_1)-T_e^{ref}]\mathrm{d}t \tag{5.10}$$

求解式（5.10）可得

$$t_1=T_s-\sqrt{\frac{T_s}{s_1-s_0}[2(T_0-T_e^{ref})+s_1T_s]} \tag{5.11}$$

对比以上三种作用时间优化方式，可以发现转矩脉动最小和无差拍控制的计算式较为简单，而实现平均转矩控制的优化计算式最为复杂。

4. 简单占空比

以上三种占空比优化方法使用了较多的电机参数，使得系统的参数鲁棒性变差。虽然三种占空比优化方法计算公式不尽相同，但均能取得较好的控制效果，说明取得效果的关键在于占空比的引入而不在于占空比的计算方法。因此，参考文献［16］提出了一种简单占空比计算方式，如下：

$$d=\frac{|T_e^{ref}-T_0|}{C_T}+\frac{|\boldsymbol{\psi}_s^{ref}-|\boldsymbol{\psi}_s||}{C_\psi} \tag{5.12}$$

式中　C_T，C_ψ 为正常数，参考文献［16］推荐数值为

$$C_T=0.5T_N \tag{5.13}$$

$$C_\psi=\boldsymbol{\psi}_s^{ref} \tag{5.14}$$

式中　T_N 表示电机的额定转矩。可以看出，用此方法计算占空比要简单很多。

下面将双矢量 DTC 的基本算法流程总结如下：

1）根据转矩、磁链误差信号以及定子磁链矢量的位置查表得到有效电压矢量 $\boldsymbol{u}_x$。由于转矩滞环宽度设为零，所以在这一步不会选择到零矢量。

2）根据所选择的电压矢量 $\boldsymbol{u}_x$，由式（2.34）计算转矩斜率，并根据式（5.7）、式（5.9）、式（5.11）或式（5.12）求得该矢量的作用时间。

3）根据所选择的矢量以及优化的作用时间生成逆变器驱动信号。

5.3.2 仿真结果

基于四种占空比计算方法的双矢量 DTC 性能相差不大[16]，由于第四种方法比较简单，故在此只列出基于简单占空比的双矢量 DTC 波形，并就一些关键性能与单矢量 DTC 进行对比。图 5.9a 和图 5.9b 所示为双矢量在动态过程中的仿真波形，与 5.3.1 节的仿真波形对比可以发现双矢量 DTC 的动态性能与单矢量 DTC 类似，但是转矩纹波明显比单矢量 DTC 低很多。

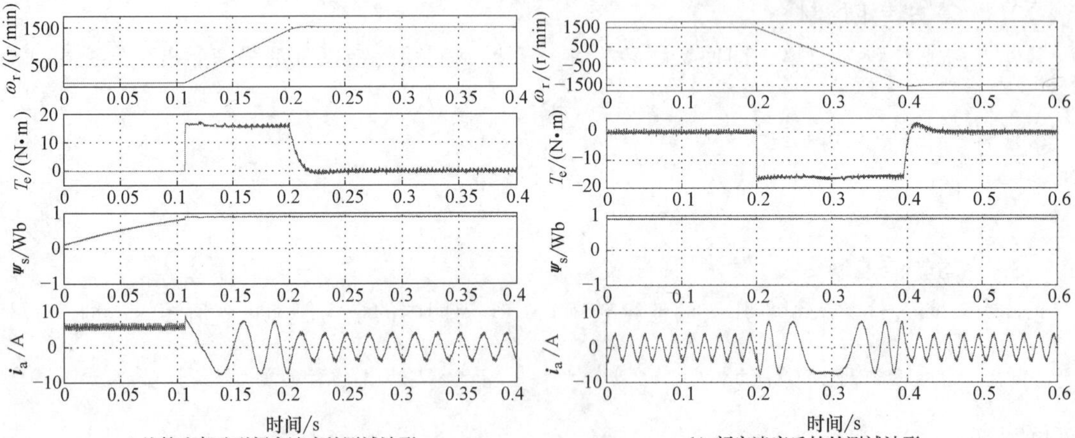

a) 从静止起动到额定速度的测试波形　　b) 额定速度反转的测试波形

图 5.9　双矢量 DTC 动态仿真波形

图 5.10 所示为 10%和 100%额定转速下的稳态性能测试。从图中可以看出，双矢量 DTC 在很宽的速度域范围内均有良好的控制性能，能够显著改善传统 DTC 转矩波动大的缺陷。

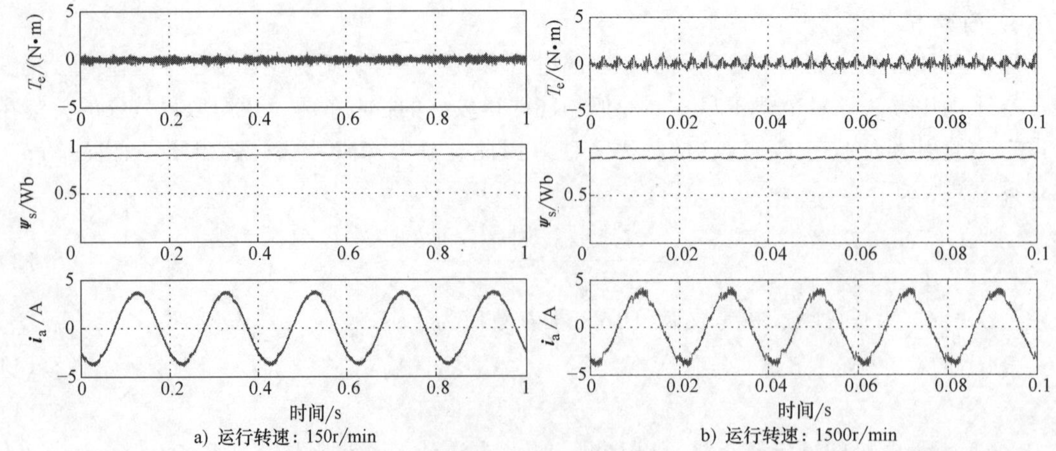

a) 运行转速：150r/min　　b) 运行转速：1500r/min

图 5.10　双矢量 DTC 稳态仿真波形

为进一步说明双矢量 DTC 的优点，对稳态时单矢量 DTC 和双矢量 DTC 的电流 THD 进行了对比，如图 5.11 和图 5.12 所示。从图 5.11 可以看出，在 150r/min 时，双矢量 DTC 的电流波形明显更加光滑，其电流 THD 不到单矢量 DTC 的 1/3。而在满速 1500r/min 时，双矢量 DTC 的电流 THD 也有明显改善。这说明双矢量 DTC 尤其能改善传统 DTC 在低速运行时性能差的缺点。

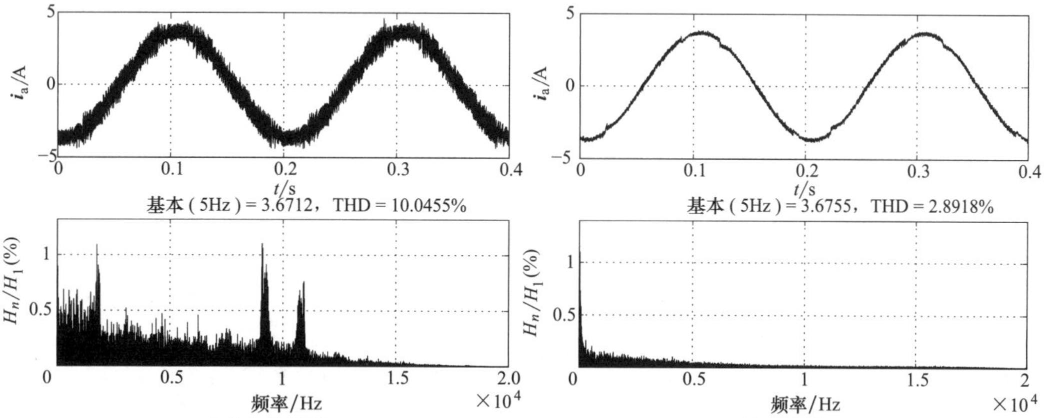

a) 单矢量 DTC　　b) 双矢量 DTC

图 5.11　运行转速为 150r/min 时的电流 THD 对比

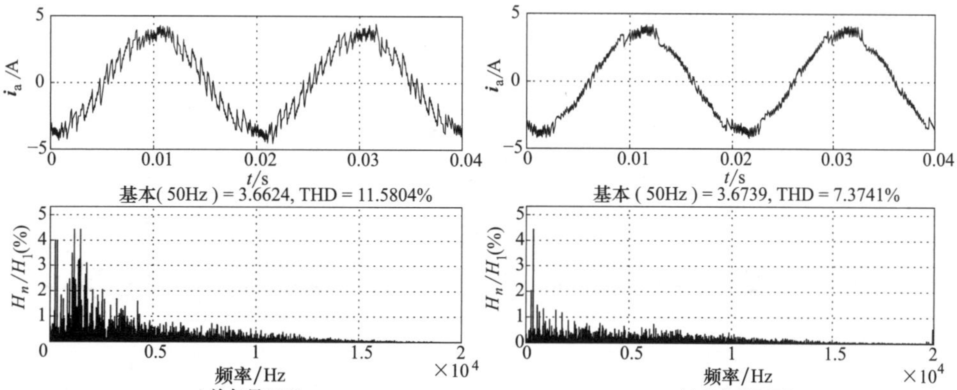

a) 单矢量DTC　　b) 双矢量DTC

图 5.12　运行转速为 1500r/min 时的电流 THD 对比

5.3.3　实验结果

实验电机以及控制参数与 5.3.2 节相同，首先进行的是动态性能测试，图 5.13 和图 5.14 所示分别为电机起动和反转过程中的波形。从图中可以看出，电机在动态过程中运行稳定，磁链幅值能够维持恒定，说明双矢量 DTC 在提升性能的同时并不影响转矩和磁链的解耦控制。

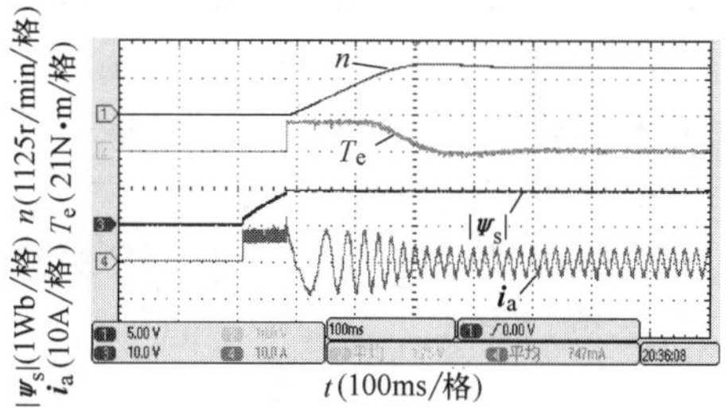

图 5.13　电机从静止起动的实验波形

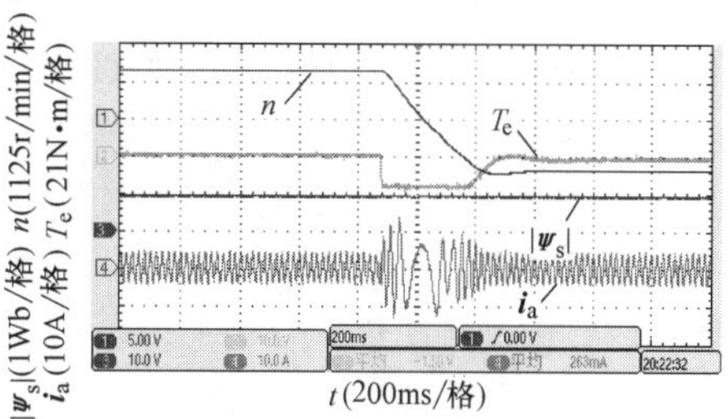

图 5.14　正反转过程中的实验波形

图 5.15 所示为稳态性能测试，与图 5.5a 和图 5.5b 对比可以发现，双矢量 DTC 的电流波形更接近正弦，这一点可以进一步通过图 5.16 的电流 THD 分析来验证。从图中可以看出双矢量 DTC 的电流 THD 不到单矢量 DTC 的一半，实验结论与仿真对比基本一致。

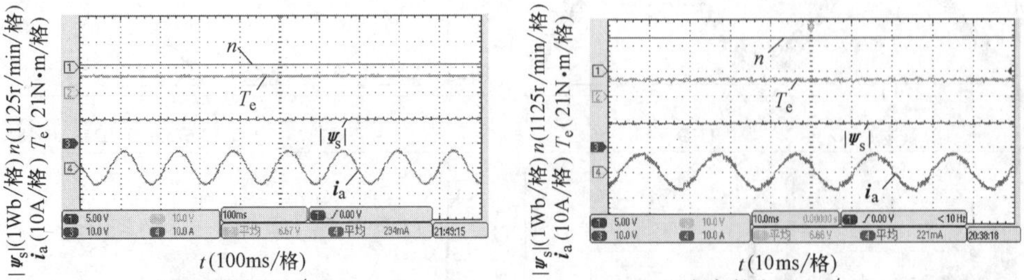

a) 运行转速：150r/min　　b) 运行转速：1500r/min

图 5.15　双矢量 DTC 的稳态带载实验波形

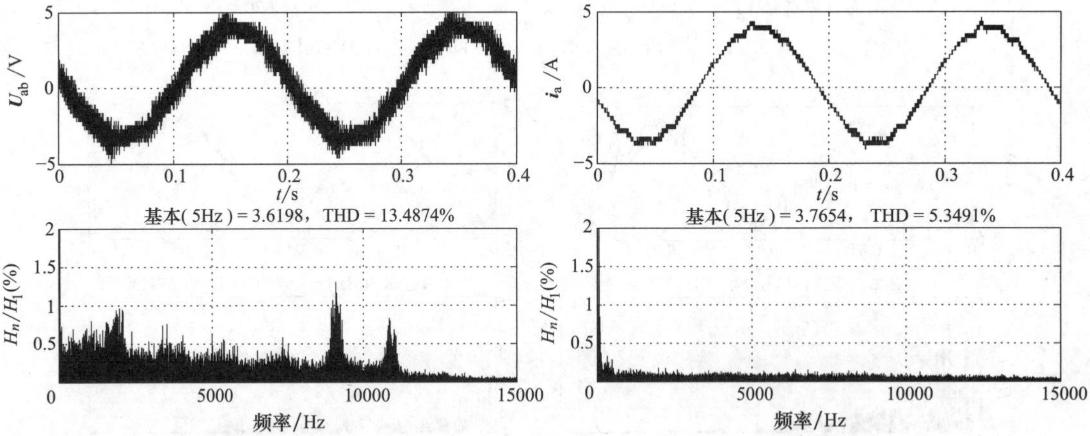

a) 单矢量 DTC　　b) 双矢量 DTC

图 5.16　运行转速为 150r/min 时的电流 THD 对比

5.4　考虑转速影响的双矢量直接转矩控制

5.4.1　转速变化对转矩斜率的影响

从式（2.34）和式（2.35）可以看出，定子磁链和转矩的变化率不仅受到电压矢量的影响，而且还受到负载转矩以及电机转速的影响。为此本节提出一个简单且非常有效的占空比确定方法，该方法对电机参数的变化具有很强的鲁棒性，并且在占空比的计算中考虑了电机转速的影响，获得了同时减小转矩脉动和其稳态误差的优良性能。

图 5.17 所示为逆变器每个电压矢量对转矩和定子磁链变化率的影响，电机参数同 5.3.2 节。图中电机运行在额定转矩为 14N · m，半额定转速为 750r/min 状态。从图 5.17a 可以看出零电压矢量对磁链的变化率影响很小，减小磁链变化率为-6.5523Wb/s，可以认为有效电压矢量增加或减小磁链变化率几乎相等。然而，对于转矩的影响比较大，为-25094N · m/s，并且总是减小转矩，同时有效电压矢量减小转矩变化量为-84643N · m/s，远远大于其增加量 34456N · m/s，如图 5.17b 所示。

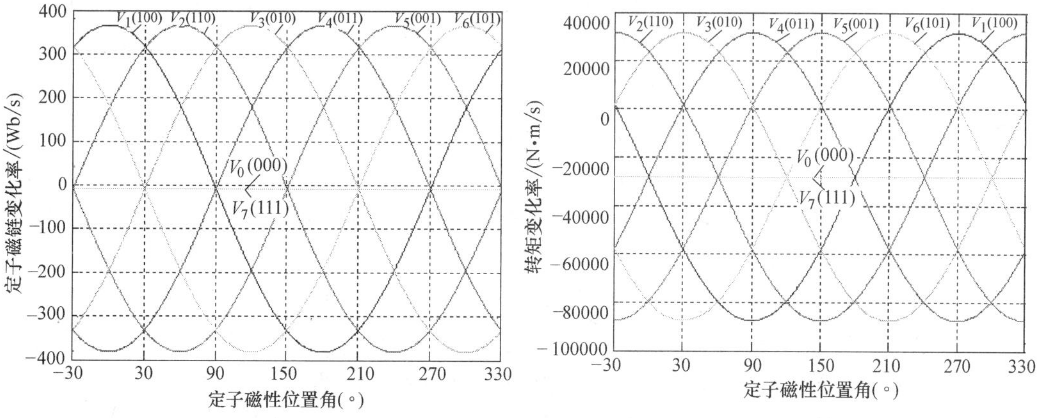

a)　　b)

图 5.17　逆变器电压矢量导致的转矩和定子磁链变化率

为了深入研究转矩变化特性，根据式（2.34）得出运行于不同定子磁链矢量位置，电机转速和负载条件下的转矩变化率如图 5.18 所示，以定子磁链矢量落在第 1 扇区为例，采样周期为 100μs。

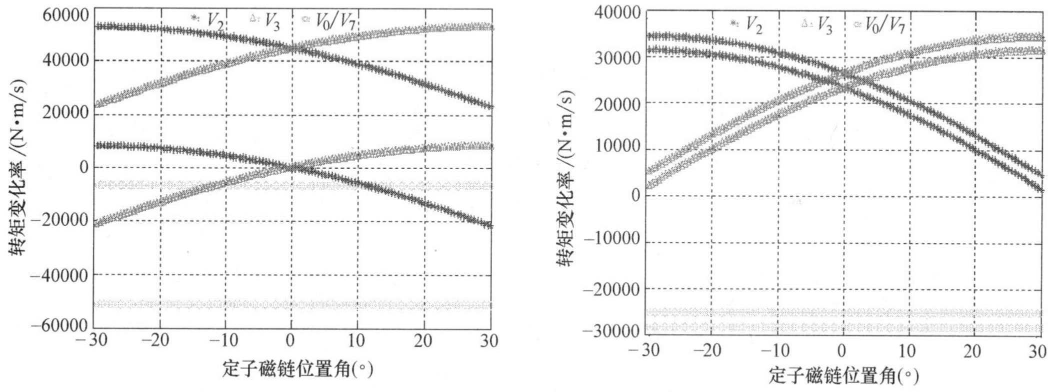

a) 半额定转矩为7N·m,10%和100%额定转速　　b) 半额定转速为750r/min,10%和100%额定转距

图 5.18　定子磁链矢量位置角对应的转矩变化

从图中可以看出，转矩的变化受电机转速的影响非常大，而受负载变化的影响较小。甚至运行在高速区时，如图 5.18a 所示，定子磁链矢量从-30°到 0°变化时，有效电压矢量 V_3 引起的转矩变化率甚至是负的，这与传统认为的有效电压矢量的作用效果恰好相反；有效电压矢量 V_2 在定子磁链矢量从 0°到 30°变化时表现相同。零电压矢量减小转矩变化率在整个扇区都很显著，并且同样受电机转速的影响较大。

5.4.2　新型占空比计算方法

在传统 DTC 中，滞环比较器不区分转矩和磁链误差的大小，从矢量表中选出的电压矢量将作用于整个采样周期。在转矩误差较小的周期中，转矩很快达到参考值，之后继续增大或减小，导致了较大的转矩脉动。占空比控制技术的应用可以解决这个问题。在占空比控制中，所选的有效电压矢量只在该采样周期中作用一部分时间，而剩余的时间选择零电压矢量。有效电压矢量作用时间占采样周期时间的比率称作占空比 d，其取值范围是 0~1。

基于上述分析，导致转矩脉动大的主要原因是滞环比较器低控制区分度和缺乏对电机转速影响的充分考虑。许多改进的 DTC 方法已经很好地解决了滞环比较器低控制区分度的问题，然而，这些方法要么增加了系统的复杂性和参数依赖，要么使转矩的稳态误差更大。因此本文基于转矩脉动最小 DTC 方法的原理，提出一个简单且非常有效的占空比确定方法，该方法在占空比计算中充分考虑电机转速的影响，获得了同时减小转矩脉动，以及使转矩的稳态误差更小的优良性能。

参考文献［17］致力于使转矩脉动的方均根（RMS）值在一个采样周期中最小，可得最小转矩脉动 DTC 占空比确定方法中有效电压矢量的作用时间如式（5.7）所示。式（5.7）中 f_1 和 f_2 的计算非常复杂，并且严重依赖电机参数。为了消除这些缺点，期望提出一个简单的占空比计算方法，该方法不仅对参数变化具有强鲁棒性，同时考虑电机转速的影响。

从图 5.18 可以看出，转矩的变化受电机转速的影响非常大，而受负载变化的影响较小，因此本文为了降低算法复杂性忽略转矩变化中负载转矩的影响。该新型占空比确定方法的原理如下：

当 $\varepsilon_{\mathrm{T}}=1$ 时，需要增加电磁转矩，此时有效电压矢量 f_{1+} 和零矢量 f_{2+} 引起的转矩变化可以表示为

$$\begin{cases} f_{1+}=f_0,\omega=0 \\ f_{1+}=\lambda f_0,\omega=\omega_{\mathrm{N}} \end{cases} \tag{5.15}$$

$$\begin{cases} f_{2+}=0,\omega=0 \\ f_{2+}=(\lambda-1)f_0,\omega=\omega_{\mathrm{N}} \end{cases} \tag{5.16}$$

式中 $f_0=\dfrac{3}{2}n_{\mathrm{p}}\dfrac{L_{\mathrm{m}}}{\sigma L_{\mathrm{s}}L_{\mathrm{r}}}\boldsymbol{\psi}_{\mathrm{r}}\otimes\boldsymbol{V}_{\mathrm{s}}$，$\lambda=\dfrac{\boldsymbol{\psi}_{\mathrm{r}}\otimes\boldsymbol{V}_{\mathrm{s}}-\omega_{\mathrm{N}}\boldsymbol{\psi}_{\mathrm{r}}\odot\boldsymbol{V}_{\mathrm{s}}}{\boldsymbol{\psi}_{\mathrm{r}}\otimes\boldsymbol{V}_{\mathrm{s}}}$。

合并式（5.15）和式（5.16）得到通用表达式为

$$\begin{cases} f_{1+}=f_0+\dfrac{f_0(\lambda-1)\omega}{\omega_{\mathrm{N}}} \\ f_{2+}=\dfrac{f_0(\lambda-1)\omega}{\omega_{\mathrm{N}}} \end{cases} \tag{5.17}$$

把式（5.17）代入式（5.7），得到 $\varepsilon_{\mathrm{T}}=1$ 时的有效电压矢量作用时间为

$$d_+t_{\mathrm{sp}}=\frac{2(T_{\mathrm{e}}^*-T_0)-f_{2+}t_{\mathrm{sp}}}{2f_{1+}-f_{2+}}=\frac{2(T_{\mathrm{e}}^*-T_0)}{\left[2+\dfrac{(\lambda-1)\omega}{\omega_{\mathrm{N}}}\right]f_0}-\frac{\dfrac{(\lambda-1)\omega}{\omega_{\mathrm{N}}}f_0t_{\mathrm{sp}}}{\left[2+\dfrac{(\lambda-1)\omega}{\omega_{\mathrm{N}}}\right]f_0} \tag{5.18}$$

同理可得 $\varepsilon_{\mathrm{T}}=-1$ 时的通用表达式为

$$\begin{cases} f_{1-}=-f_0+\dfrac{f_0(\lambda-1)\omega}{\omega_{\mathrm{N}}} \\ f_{2-}=\dfrac{f_0(\lambda-1)\omega}{\omega_{\mathrm{N}}} \end{cases} \tag{5.19}$$

把式（5.19）代入式（5.7），得到 $\varepsilon_T=-1$ 时的有效电压矢量作用时间为

$$d\_t_{sp}=\frac{2(T_e^*-T_0)-f_{2-}t_{sp}}{2f_{1-}-f_{2-}}=\frac{2(T_e^*-T_0)}{\left[-2+\frac{(\lambda-1)\omega}{\omega_N}\right]f_0}-\frac{\frac{(\lambda-1)\omega}{\omega_N}f_0t_{sp}}{\left[-2+\frac{(\lambda-1)\omega}{\omega_N}\right]f_0} \tag{5.20}$$

式（5.18）和式（5.20）仍然很复杂并且严重依赖电机参数，简化式（5.18）和式（5.20），得到本文提出的新型占空比确定方法表达式为

$$d=\begin{cases} d_+=\dfrac{2\Delta T_e}{\lambda_a-\lambda_b\omega}+\dfrac{\lambda_b\omega}{\lambda_a-\lambda_b\omega},\varepsilon_T=1 \\ d_-=\dfrac{2\Delta T_e}{-\lambda_a-\lambda_b\omega}+\dfrac{\lambda_b\omega}{-\lambda_a-\lambda_b\omega},\varepsilon_T=-1 \end{cases} \tag{5.21}$$

式中　$\lambda_a=2f_0t_{sp}$ 和 $\lambda_b=(1-\lambda)f_0t_{sp}/\omega_N$ 是两个正的常数；

ΔT_e 为转矩误差。

$$\frac{\lambda_b}{\lambda_a}=\frac{1-\lambda}{2\omega_N} \tag{5.22}$$

确定 λ_a 的值是关键，结合图 5.17 和表 2.1 中的电机参数，可得 f_0 的取值范围为

$$f_0=\frac{3}{2}n_p\frac{L_m}{\sigma L_sL_r}\boldsymbol{\psi}_r\otimes\boldsymbol{V}_s=\frac{(34456+84643)}{2}\sin(60°-\theta),\theta\in(-30°,30°) \tag{5.23}$$

因此，可得 λ_a 的取值范围为

$$\lambda_a=2f_0t_{sp}=11.9099\sin(60°-\theta),\theta\in(-30°,30°) \tag{5.24}$$

解得 $\lambda_a\in(5.95495,\ 11.9099)$，一旦调制好，$\lambda_a$ 和 λ_b 就是两个固定的常数，占空比便根据转矩误差和电机转速自动调整。通过使用固定的常数 λ_a 和 λ_b，希望新占空比确定方法受到转矩斜率计算的影响更小。需要注意的是，当转矩不处于稳态时，由式（5.21）计算出的 d 值可能超出 0~1 范围。当 $d_+>1$ 时，令 $d=1$；当 $d_-<0$ 时，令 $d=0$。

5.4.3　仿真和实验结果

1. 仿真结果

为了验证控制算法的有效性，本文首先在 MATLAB/Simulink 中对已有方法和本文所提新方法进行仿真比较研究，以考察所提新占空比确定方法的性能。控制系统在 1050r/min 运行，采样频率为 10kHz，系统的外环使用 PI 速度控制器产生转矩参考值。转矩和磁链滞环比较器的宽度均设为零，其输出仅表明转矩和磁链误差的正负。为了减小开关损耗，当选出的有效电压矢量为 $\boldsymbol{u}_1(100)$、$\boldsymbol{u}_3(010)$ 和 $\boldsymbol{u}_5(001)$ 时，紧随其后的零电压矢量为 $\boldsymbol{u}_0(000)$，其他情况下为 $\boldsymbol{u}_7(111)$。基于新占空比控制的 DTC 控制系统框图如图 5.19 所示。

在图 5.20 中，采用预励磁措施，电机从静止先起动至 1050r/min，并在 0.3s 时突加半额定负载 7N·m。各种方法中转矩无论是在起动时刻还是在负载转矩突变时刻，都表现出

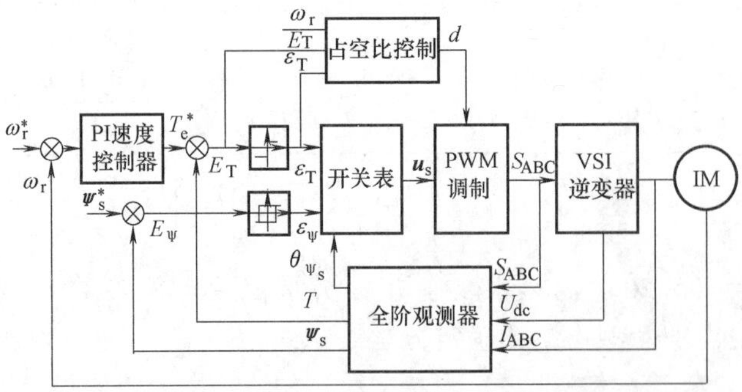

图 5.19　新的基于占空比控制的 DTC 控制系统框图

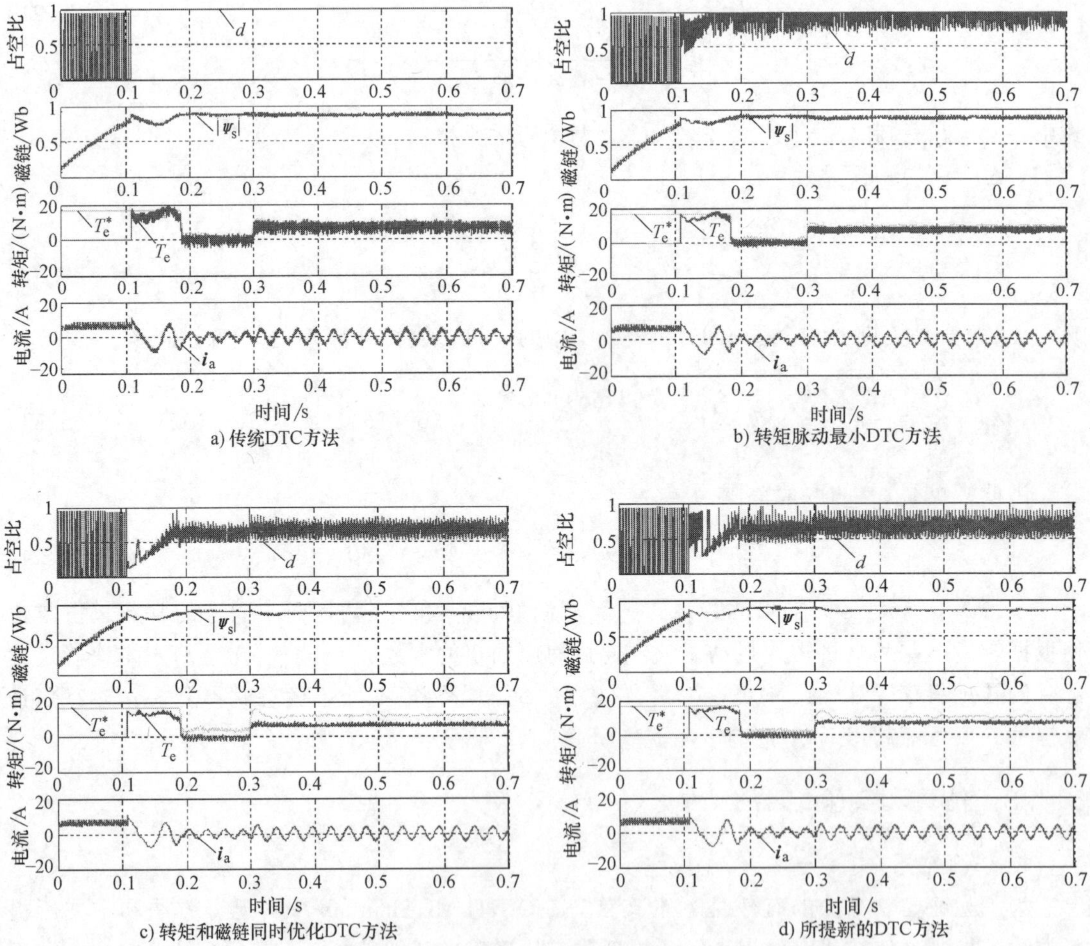

图 5.20　各种占空比控制方法与传统 DTC 方法的比较

相同迅速的转矩动态响应。其中，在稳态运行时传统 DTC 方法的转矩脉动最大，几乎达到了 6N·m，其次是转矩脉动最小 DTC 方法，转矩脉动为 3N·m 左右，而其占空比的计算式要复杂得多。新方法与转矩和磁链同时优化 DTC 方法表现出相同的减小转矩脉动性能，且转矩的稳态误差更小，转矩脉动都为 2N·m 左右，并且通过对零电压矢量的合理选择减小了开关损耗。

2. 实验结果

为了进一步验证本文所提出的新占空比控制 DTC 方法的可行性，在两电平逆变器馈电的感应电机驱动系统中进行了实验。为了获得较好的比较效果，实验中传统 DTC 方法采样频率使用 20kHz，而新方法使用的采样频率为 10kHz。控制器采用 32 位浮点 DSP（TMS320F28335），可以方便地实现本文的控制算法。另外控制板上还扩展了 4 通道的 DA，用于内部变量观测。实验中除电流采用电流探头直接测得外，其他变量都通过 12 位 DA 输出到示波器上显示。感应电机和控制系统参数与 5.3.2 节相同。

首先研究系统在不同转速时的稳态性能。图 5.21 所示为传统 DTC 和本文所提新方法在 10%额定转速和 100%额定转速满载时的稳态响应波形。图中曲线从上到下依次为电机转速、电磁转矩、定子磁链和定子电流。可以看出，不论是在高速还是在低速时，基于新型占空比控制的 DTC 相比传统 DTC 的转矩脉动都有明显减小，证实了本文所提新方法的有效性。

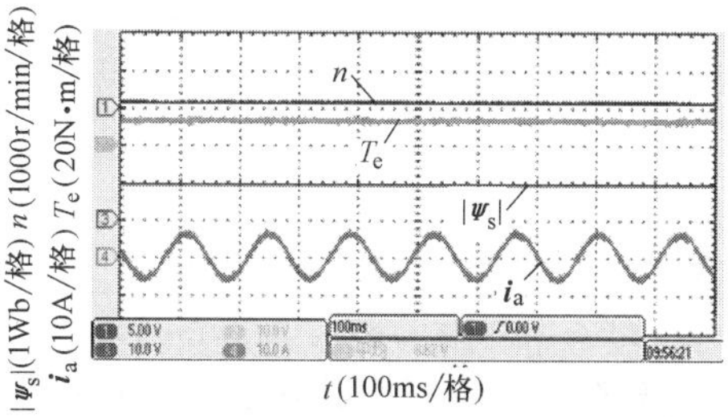

a) 传统DTC 方法150r/min时带额定负载

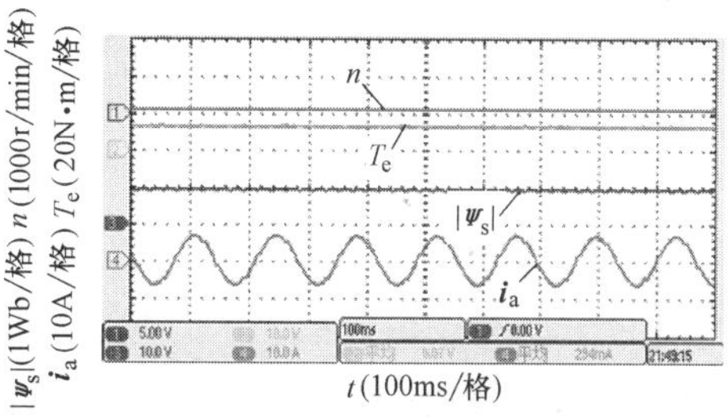

b) 新DTC 方法150r/min时带额定负载

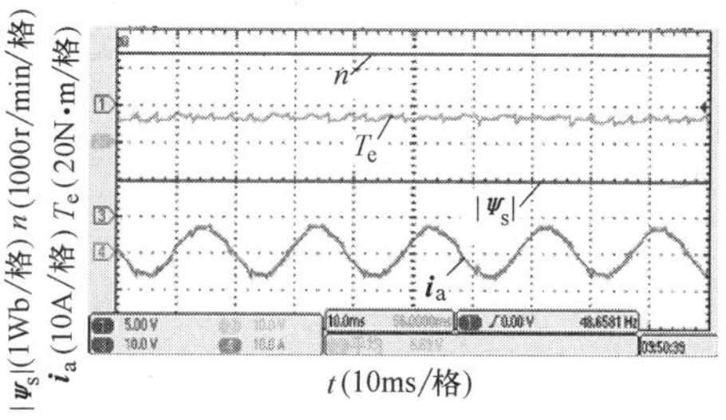

c) 传统DTC 方法1500 r/min时带额定负载

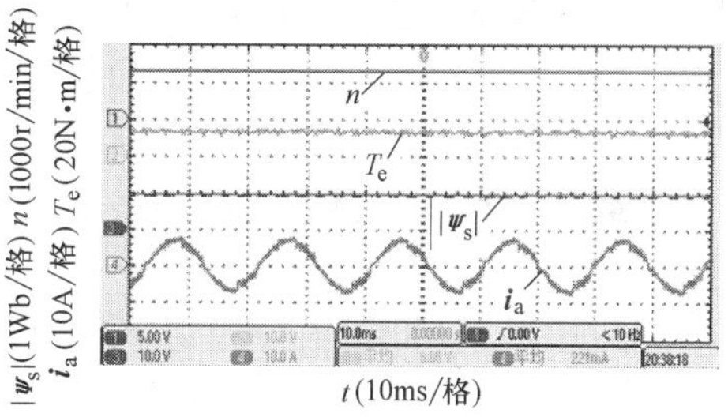

b) 新DTC 方法1500r/min时带额定负载

图 5.21　电机带额定负载时稳态波形

图 5.22 所示为传统 DTC 和新方法在空载时从静止到 1500r/min 的起动波形，通过对 PI 速度控制器进行限幅，电机很快达到额定转速。比较发现两者的动态响应过程没有明显的差

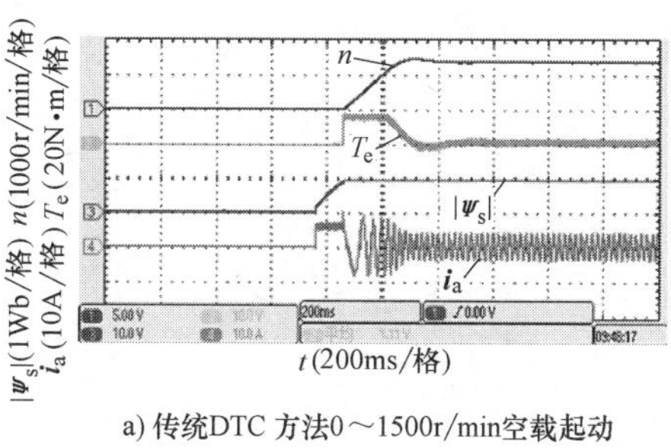

a) 传统DTC 方法0～1500r/min空载起动

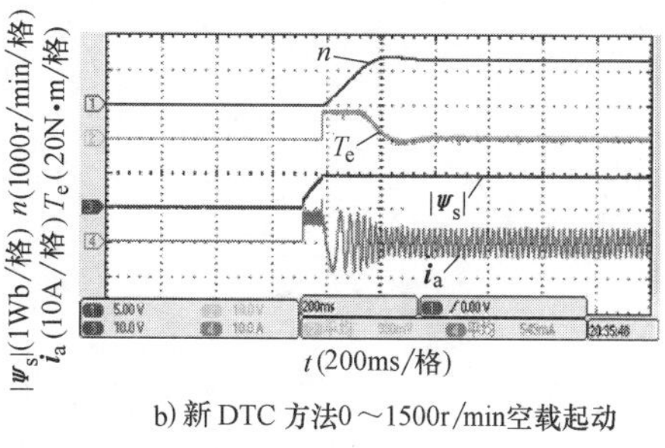

b) 新 DTC 方法0～1500r/min空载起动

图 5.22　0~1500r/min 空载起动波形

别，从而证明新方法保持了传统 DTC 方法动态响应迅速的优点。另外从图 5.22 还可以看出采用预励磁措施后起动电流峰值不超过 10A，与仿真结果一致。

为考察系统对负载转矩的抗干扰能力，进行了突加、减载实验。电机先空载运行在 1500r/min，然后突加额定负载，接着又卸去全部负载，实验结果如图 5.23 所示。可以看出输出转矩响应迅速，新方法对外部负载变化同样表现出很强的抗干扰能力。

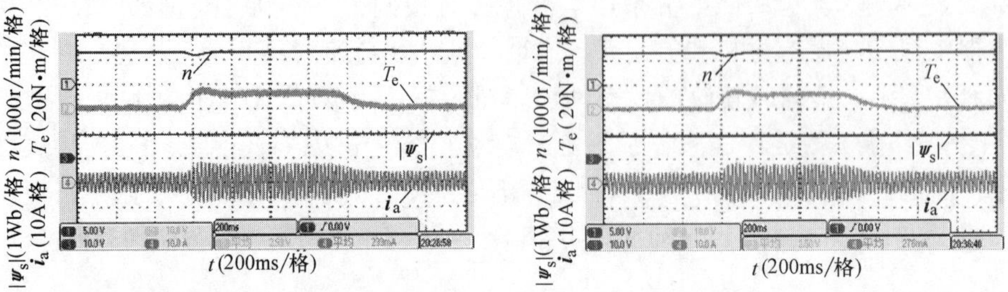

a) 传统DTC方法1500r/min突加、减负载　　b) 新DTC 方法1500r/min突加、减负载

图 5.23　负载转矩变化时的实验波形

5.5　本章小结

本章首先对传统 DTC 做简要介绍，并进行了相关的仿真和实验验证。针对传统 DTC 存在的转矩纹波大的缺点，引入了双矢量 DTC。双矢量 DTC 的核心在于矢量占空比的优化计算方式，本章对四种计算方式进行了总结概括。进而提出一种基于新型占空比控制的 DTC 方法，新方法在占空比计算中考虑了电机转速的影响，使得输出转矩的稳态误差更小，而且保持了传统 DTC 响应迅速、控制简单的优点，改善了传统 DTC 的控制性能。仿真与实验结果表明，双矢量 DTC 在保持传统 DTC 动态性能的同时，能够显著改善传统 DTC 的稳态性能。

第3部分　模型预测控制

第6章　传统模型预测控制

6.1　模型预测控制概述

模型预测控制（MPC）是20世纪70年代后期出现于工业工程控制领域的一类计算机控制算法，在化工等过程控制行业得到了广泛应用[22]。由于MPC的本质是求解一个开环最优控制问题，因此计算量较大，而电力电子与电机控制对控制的实时性要求较高，过去受制于微处理器的计算能力，MPC在电力电子与电力传动领域鲜有实际应用[136]。1983年Holtz J等人首先提出在电力传动领域中应用模型预测控制的思想[24]，但由于预测控制计算量较大，受制于当时的硬件成本，并未引起广泛关注。直到近年来，随着数字信号处理器（DSP）计算性能的大幅提升和价格的不断降低，在低成本硬件处理器上实现各种复杂控制算法成为可能。MPC以其原理简单、多变量控制和容易处理非线性约束等优点[1]，吸引了众多学者对其在电力传动领域中的应用进行研究[1,24,26,28,136-139]。

传统的高性能交流调速控制方式有磁场定向控制（FOC）[140]和直接转矩控制（DTC）[141]。MPC作为近些年兴起的控制策略，同FOC相比，它无需电流内环及参数整定，直接产生逆变器驱动信号而无需脉冲调制，易于处理系统约束或者增加其他控制目标，具有结构简单、动态响应快和容易扩展等优点[136]。同DTC相比，MPC通过对电机状态进行预测来优化选择最佳电压矢量，在矢量选择上更加准确有效，而且更容易考虑包括开关频率降低在内的各种非线性约束[137]，具有稳态性能好和控制灵活等优点。目前，MPC在电机控制领域已经成为一个很重要的研究分支[1]。

一般来讲，MPC大体上可以分为两类[26]，即连续控制集模型预测控制和有限控制集模型预测控制（Finite Control Set MPC，FCS-MPC）。FCS-MPC[136,138]很好地将变换器的离散开关状态和控制目标结合在一起，而且易于实现，是目前研究和应用最多的一种MPC方法。参考文献［138］将FCS-MPC用于感应电机高性能闭环控制，为了提高模型预测的准确度，采用线性代数中的凯莱-哈密顿定理来计算电机状态方程的矩阵指数，计算比较繁复。为了得到使下一时刻定子磁链和转矩误差最小的电压矢量，需要对每个电压矢量作用下的定子磁链和定子电流进行预测，在两电平逆变器供电条件下需要计算7次。尽管采用了高性能浮点内核的dSPACE 1104板，但是实验结果并不理想[138]，而且并未给出低速（<10%额定转速）时FCS-MPC的结果。参考文献［136］进一步将FCS-MPC与FOC进行了实验对比，指出二者都具有良好的稳态性能，FOC的电流THD更小，而FCS-MPC的动态响应要优于

FOC，但在模型预测时采用和参考文献［138］一样的计算方法，计算量较大，而且依然没有给出 FCS-MPC 低速运行的结果。

目前 FCS-MPC 多采用一拍步长预测，当采用多步预测时，则有可能获得更好的稳态性能[30,142]，或者进一步降低开关频率，如参考文献［137］采用多步长 MPC（预测步长>100）将电机定子磁链幅值、转矩、中点电压控制在各自滞环范围内的同时对开关频率进行优化。与 ABB 公司采用直接转矩控制的 ACS6000 系列变频器实验结果相比，在同样的稳态性能下，MPC 可以降低开关频率最高达 50%。多步长 MPC 的主要问题在于计算量过大，不利于在线实施，目前应用相对较少。

本章介绍传统的模型预测转矩控制，首先对传统 MPC 的基本原理做简要说明，在此基础上研究了减小 MPC 计算量、权重系数设计、延迟补偿等问题。另外，现有很多文献中的 MPTC 方法均未给出系统低速（<10%额定转速）运行时的实验结果，而本章将给出 6r/min 下满载稳定运行的实验结果，从而验证了本文所提出的 MPC 在非常宽的速度范围内均有良好的控制性能。

6.2 模型预测转矩控制

感应电机无速度传感器模型预测控制的基本框图如图 6.1 所示。首先，重构的定子电压和实测的定子电流作为全阶观测器的输入来获得估计转速、转矩和定子磁链；其次，针对每个电压矢量下的转矩和定子磁链进行预测；最后，按照使磁链和转矩误差最小的原则来选择出最佳电压矢量。整个控制系统仅有转速外环通过 PI 调节器来产生转矩指令 T_e^{ref}，定子磁链参考值设定为额定值，无需额外的电流内环及参数整定工作，控制思想简单直接。下面对无速度传感器 MPC 的基本原理进行具体阐述，并分析和解决实际应用中会遇到的一些问题。

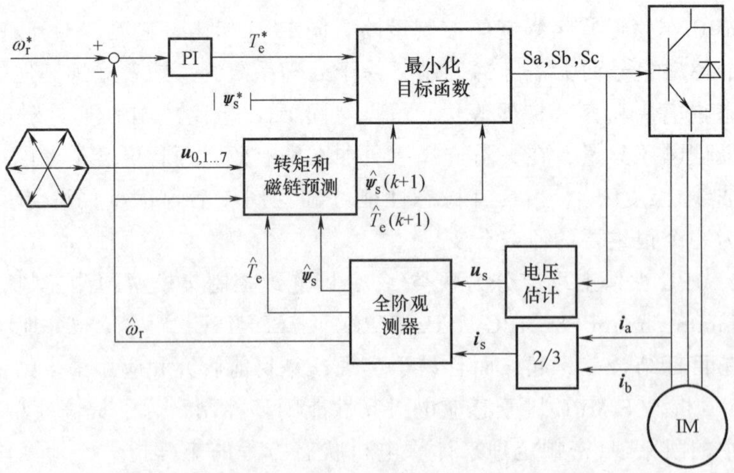

图 6.1 感应电机无速度传感器模型预测控制框图

6.2.1 基本原理

为了在 DSP 控制系统中对下一时刻的定子磁链以及转矩进行预测，首先需要对方程式

（2.21）进行离散化，为了获取较好的预测准确度，本文采用 Heun's 法，即梯形积分法，公式如下：

$$\begin{cases} \boldsymbol{x}_{\mathrm{p}}^{k+1}=\boldsymbol{x}^{k}+t_{\mathrm{sc}}(\boldsymbol{A}\boldsymbol{x}^{k}+\boldsymbol{B}\boldsymbol{u}_{\mathrm{s}}^{k}) \\ \boldsymbol{x}^{k+1}=\boldsymbol{x}_{\mathrm{p}}^{k+1}+\dfrac{t_{\mathrm{sc}}}{2}\boldsymbol{A}(\boldsymbol{x}_{\mathrm{p}}^{k+1}-\boldsymbol{x}^{k}) \end{cases} \tag{6.1}$$

式中

$$\boldsymbol{A}=\begin{bmatrix} -\lambda(R_{\mathrm{s}}L_{\mathrm{r}}+R_{\mathrm{r}}L_{\mathrm{s}})+\mathrm{j}\omega_{\mathrm{r}} & \lambda(R_{\mathrm{r}}-\mathrm{j}L_{\mathrm{r}}\omega_{\mathrm{r}}) \\ -R_{\mathrm{s}} & 0 \end{bmatrix} \tag{6.2}$$

$$\boldsymbol{B}=\begin{bmatrix} \lambda L_{\mathrm{r}} \\ 1 \end{bmatrix} \tag{6.3}$$

$\boldsymbol{x}^{k+1}=[\boldsymbol{i}_{\mathrm{s}}^{k+1}\quad \boldsymbol{\psi}_{\mathrm{s}}^{k+1}]^{\mathrm{T}}$ 表示预测的下一时刻变量。在预测得到定子电流以及定子磁链幅值以后，即可利用式（2.32）预测电磁转矩。

本文希望在保持定子磁通幅值恒定的情况下控制转矩快速跟踪指令值，故构造目标函数如下[138]

$$J_1=|T_{\mathrm{e}}^{\mathrm{ref}}-T_{\mathrm{e}}^{k+1}|+k_{\psi}|\boldsymbol{\psi}_{\mathrm{s}}^{\mathrm{ref}}-|\boldsymbol{\psi}_{\mathrm{s}}^{k+1}|| \tag{6.4}$$

式中　k_{ψ} 为磁链幅值的权重系数。

通常按照磁链和转矩具有同样优先级的原则来设计权重，为此 k_{ψ} 设计为

$$k_{\psi}=\frac{T_{\mathrm{n}}}{|\boldsymbol{\psi}_{\mathrm{sn}}|} \tag{6.5}$$

需要说明的是上式只是权重系数的初始设置值，在实际应用中还需根据实际实验进行调整。对于两电平电压型逆变器来说，若在一个控制周期内只有单个电压矢量，则有七种不同的电压矢量 $\boldsymbol{u}_0$，$\boldsymbol{u}_1$，…，$\boldsymbol{u}_6$，如图 5.2 所示。两电平逆变器供电下的感应电机模型预测控制的基本流程如下：①根据离散化的电机模型式（6.1）以及式（2.32）预测与这七种电压矢量对应的下一时刻的定子磁链幅值 $|\boldsymbol{\psi}_{\mathrm{s}}^{k+1}|$ 以及转矩 T_{e}^{k+1}；②计算相应的目标函数 J_1 的值；③对这七个 J_1 值排序并选取使 J_1 值最小的电压矢量作为逆变器的输出。作为特殊情况，如果 MPC 选择的是零矢量，则根据开关切换最少原则选择 $\boldsymbol{u}_0$ 或者 $\boldsymbol{u}_7$。比如上一时刻逆变器输出的电压矢量为 $\boldsymbol{u}_1$(100)，那么当前时刻选择的零矢量应该为 $\boldsymbol{u}_0$(000)，这样开关状态只需切换一次。

6.2.2　计算简化

由 6.2.1 节可知，在一个完整的控制周期内 MPC 需要对式（6.1）以及式（2.32）计算七次，计算量非常大。从式（6.1）中矩阵 $\boldsymbol{A}$ 的第一行可以看出在预测计算中，电流预测的表达式最为复杂，占据的计算量最大。为此，本文提出一种改进的预测算法，只要预先计算一次电流，然后在预测算法中仅预测定子磁链矢量即可完成目标函数的计算，显著减小了算法复杂性和计算量。把式（6.1）所示状态方程中第二行对应的磁链方程代入第一行对应的电流方程，从而消掉定子电压，展开可得

$$\frac{\mathrm{d}\boldsymbol{i}_{\mathrm{s}}}{\mathrm{d}t}=[\lambda(R_{\mathrm{s}}L_{\mathrm{r}}+R_{\mathrm{r}}L_{\mathrm{s}})+\mathrm{j}\omega_{\mathrm{r}}]\boldsymbol{i}_{\mathrm{s}}+\lambda(R_{\mathrm{r}}-\mathrm{j}L_{\mathrm{r}}\omega_{\mathrm{r}})\boldsymbol{\psi}_{\mathrm{s}}+\lambda L_{\mathrm{r}}\left(\frac{\mathrm{d}\boldsymbol{\psi}_{\mathrm{s}}}{\mathrm{d}t}+R_{\mathrm{s}}\boldsymbol{i}_{\mathrm{s}}\right) \tag{6.6}$$

将式（6.6）离散化可得

$$\boldsymbol{i}_{\mathrm{s}}^{k+1}=\boldsymbol{i}_{\mathrm{s0}}^{k}+\lambda L_{\mathrm{r}}\boldsymbol{\psi}_{\mathrm{s}}^{k+1} \tag{6.7}$$

式中　$\boldsymbol{i}_{\mathrm{s0}}^{k}$ 只与 k 时刻的状态变量有关

$$\boldsymbol{i}_{\mathrm{s0}}^{k}=(1-\lambda R_{\mathrm{r}}L_{\mathrm{s}}T_{\mathrm{sc}}+\mathrm{j}\omega_{\mathrm{r}}T_{\mathrm{sc}})\boldsymbol{i}_{\mathrm{s}}^{k}+\lambda(R_{\mathrm{r}}T_{\mathrm{sc}}-L_{\mathrm{r}}-\mathrm{j}\omega_{\mathrm{r}}L_{\mathrm{r}}T_{\mathrm{sc}})\boldsymbol{\psi}_{\mathrm{s}}^{k+1} \tag{6.8}$$

将式（6.8）代入式（2.32）并考虑到 $\boldsymbol{\psi}_{\mathrm{s}}^{k+1}\otimes\boldsymbol{\psi}_{\mathrm{s}}^{k+1}=0$ 可得

$$T_{\mathrm{e}}^{k+1}=\frac{3}{2}n_{\mathrm{p}}\boldsymbol{\psi}_{\mathrm{s}}^{k+1}\otimes\boldsymbol{i}_{\mathrm{s0}}^{k} \tag{6.9}$$

另一方面，定子磁链矢量可通过式（6.1）所示状态方程中第二行对应的磁链方程进行预测

$$\boldsymbol{\psi}_{\mathrm{s}}^{k+1}=\boldsymbol{\psi}_{\mathrm{s}}^{k}+T_{\mathrm{sc}}(\boldsymbol{u}_{\mathrm{s}}^{k}-R_{\mathrm{s}}\boldsymbol{i}_{\mathrm{s}}^{k}) \tag{6.10}$$

由于只需基于当前 k 时刻的测量值以及估计值就可以计算 $\boldsymbol{i}_{\mathrm{s0}}^{k}$，所以使用式（6.9）计算 T_{e}^{k+1} 的优点在于它避免了传统 MPC 算法中为获取 T_{e}^{k+1} 而对 $\boldsymbol{i}_{\mathrm{s}}^{k+1}$ 进行的七次计算。这样在改进的 MPC 算法中首先根据式（6.8）计算得到 $\boldsymbol{i}_{\mathrm{s0}}^{k}$，而且只需计算一次；然后再循环七次来根据式（6.10）预测 $\boldsymbol{\psi}_{\mathrm{s}}^{k+1}$，进一步利用式（6.9）预测 T_{e}^{k+1}，最后基于 $\boldsymbol{\psi}_{\mathrm{s}}^{k+1}$ 和 T_{e}^{k+1} 完成式（5）中目标函 J_1 的计算。由于 $\boldsymbol{\psi}_{\mathrm{s}}^{k+1}$ 通过简单的电压模型就可以预测，所以相比需要预测 $\boldsymbol{i}_{\mathrm{s}}^{k+1}$ 的传统 MPC 来说改进 MPC 的计算量显著减小。

6.2.3 控制延迟补偿

从式（6.9）可以看出，磁链、转矩的预测基于当前时刻测量的电流 $\boldsymbol{i}_{\mathrm{s}}^{k}$ 以及观测的磁链 $\boldsymbol{\psi}_{\mathrm{s}}^{k}$，但由于数字控制系统存在一拍延迟[136,143]，所选择的电压矢量要到下一时刻，即 $k+1$ 时刻才会被更新输出，但此时的定子电流以及定子磁链已经分别变为 $\boldsymbol{i}_{\mathrm{s}}^{k+1}$ 和 $\boldsymbol{\psi}_{\mathrm{s}}^{k+1}$，因此为了消除一拍延迟的影响，应该以 $k+1$ 时刻的变量作为初值对 $k+2$ 时刻的变量进行预测。具体补偿措施是首先按式（6.1）对 $\boldsymbol{i}_{\mathrm{s}}^{k+1}$ 和 $\boldsymbol{\psi}_{\mathrm{s}}^{k+1}$ 进行预测，然后基于 $\boldsymbol{i}_{\mathrm{s}}^{k+1}$ 和 $\boldsymbol{\psi}_{\mathrm{s}}^{k+1}$ 以及逆变器能提供的七种电压矢量 $\boldsymbol{u}_{\mathrm{s}}^{k+1}$ 来预测 T_{e}^{k+2} 以及 $\boldsymbol{\psi}_{\mathrm{s}}^{k+2}$，具体见式（6.10）和式（6.9）。由于电机的机械时间常数相对于电磁时间常数要大得多，所以在两步预测过程中认为电机转速基本不变，即 $\omega_{\mathrm{r}}^{k+1}\approx\omega_{\mathrm{r}}^{k}$。最后基于 $k+2$ 时刻的定子磁链幅值以及转矩重新构造目标函数为

$$J_2=|T_{\mathrm{e}}^{\mathrm{ref}}-T_{\mathrm{e}}^{k+2}|+k_{\psi}|\boldsymbol{\psi}_{\mathrm{s}}^{\mathrm{ref}}-|\boldsymbol{\psi}_{\mathrm{s}}^{k+2}||| \tag{6.11}$$

从后面的仿真以及实验结果可以看出经过数字延迟补偿后的系统的静态性能得到明显改善。

6.2.4 起动电流抑制

由于电机在起动时磁通尚未建立，且本文中的 MPC 并不直接控制电流，若直接起动电机可能会造成起动电流过大引起保护动作。实际应用时可采取预励磁措施先让电机内部建立起磁通再起动。预励磁的方法为直流预励磁，即在零矢量和某一固定电压矢量之间进行切换，当电流超过设定值时就切换到零矢量，使用该方法可以在增大起动转矩的同时有效地减小起动电流，如第 5 章所述。

6.2.5　仿真和实验结果

首先对无速度传感器 MPTC 进行仿真，电机参数与第 5 章相同，系统采样率为 20kHz，磁链权重系数经过大量仿真和实验测试后确定为 $k_{\psi}=100$。在图 6.2 中，采用预励磁措施建立定子磁通后再起动电机，运行至 1500r/min，再降速至 15r/min，并于 0.55s 突加额定负载 14N·m。图中从上到下波形依次为：转速（参考值、实际值和估计值）、电磁转矩（参考值和实际值）、定子磁链（参考值、d 轴实际和估计值）和定子电流。需要说明的是本节所有图中的实际速度只用于和估计速度对比，速度反馈信号为估计转速。图 6.2a 所示为不带数字延迟补偿的仿真结果，图 6.2b 所示为带数字延迟补偿的仿真结果。可以看出，加入数字延迟补偿后的转矩和电流的纹波显著减小，系统的稳态性能得到明显改善。从图 6.2 可以看出稳态时的估计速度与实际速度一致，动态过程中由于辨识转速经过一阶低通滤波处理，所以相对实际转速略微滞后，但并不影响系统闭环控制的效果。

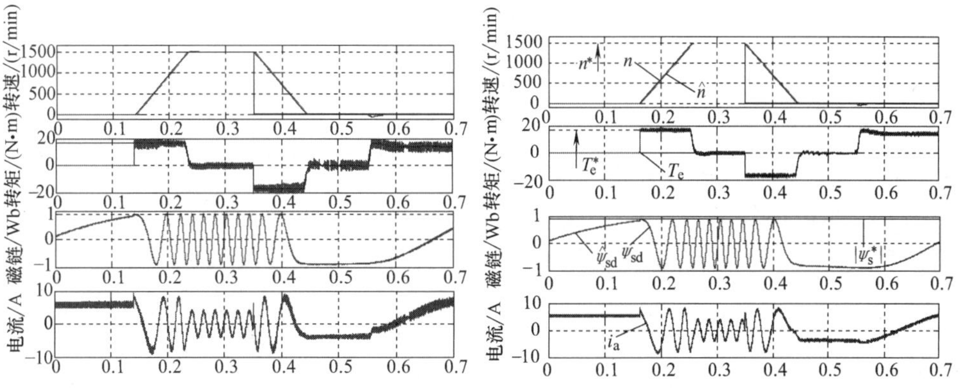

a) 无数字延迟补偿　　b) 有数字延迟补偿

图 6.2　无速度传感器模型预测控制仿真结果

除了仿真验证，还通过两电平交流调速平台对文中的方法进行了实验验证。控制器采用 32 位浮点 DSP TMS320F28335，可以方便地实现文中的控制算法。另外在控制板上还扩展了 4 通道的 DA，用于内部变量观测。实验中除电流采用电流探头直接测得外，其他变量都是通过 12 位 DA 输出到示波器上显示。示波器 1 通道显示的是通过编码器测得的实际速度，2 通道为估计速度，3 通道为输出转矩，4 通道为电机 a 相电流。为了直观地比较估计速度与实际速度，将示波器 1、2 通道的零位设置在同一位置。实验中实际速度只用于和估计速度进行对比，实际反馈信号为估计转速。

图 6.3 所示为电机起动至 1500r/min 时的实验波形。对比图 6.3a 和图 6.3b 可以看出采用数字延迟补偿措施后的转矩和电流的纹波明显较小。另外从图 6.3 可以看出采用预励磁措施后起动电流峰值不超过 10A，与仿真结果一致。由于不采用预励磁措施直接起动电机会引起系统过电流保护，故没有记录相关的实验波形。

图 6.4 所示为电机在 1500r/min 带额定负载稳态运行时的波形，从图中可以看出在额定负载情况下估计转速与实际转速非常一致，稳态性能良好。图 6.5 所示为电机从反转 1500r/min 运行至正转 1500r/min 时的实验波形，从图中可以看出正反转切换过程平稳，系统的动、静

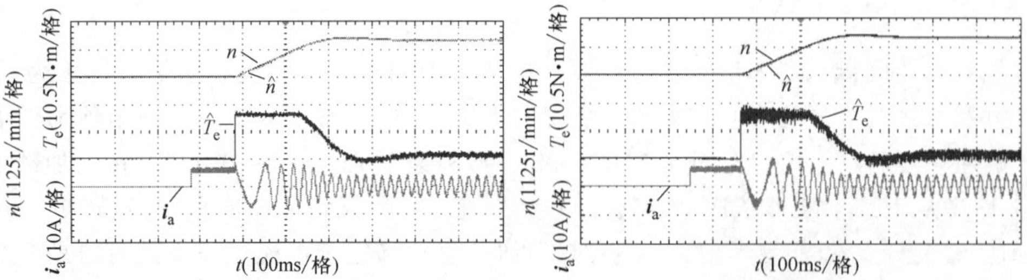

a) 有数字延迟补偿　　b) 无数字延迟补偿

图 6.3　0~1500r/min 空载起动波形

态性能良好。为考察系统对负载转矩的抗干扰能力，进行了突加、减载实验，电机先空载运行在 1500r/min，然后突加额定负载，接着又卸去全部负载，实验结果如图 6.6 所示。从图 6.6 可以看出输出转矩响应迅速，系统对外部负载转矩表现出良好的抗干扰能力。由于实验机组通过磁粉制动器加载，直接将其断电后并不能立即卸去全部负载，所以图 6.6 中的输出转矩在加、减载时的响应略有区别，主要表现在减载时转速变化较小，输出转矩并没有像突加负载时那样快速变化。

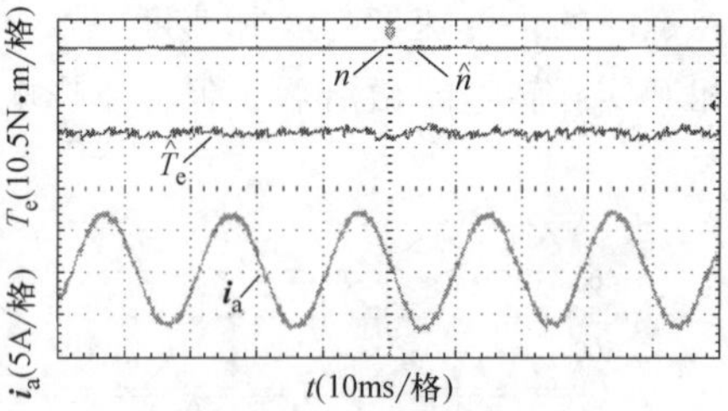

图 6.4　转速为 1500r/min 时带额定负载的稳态实验波形

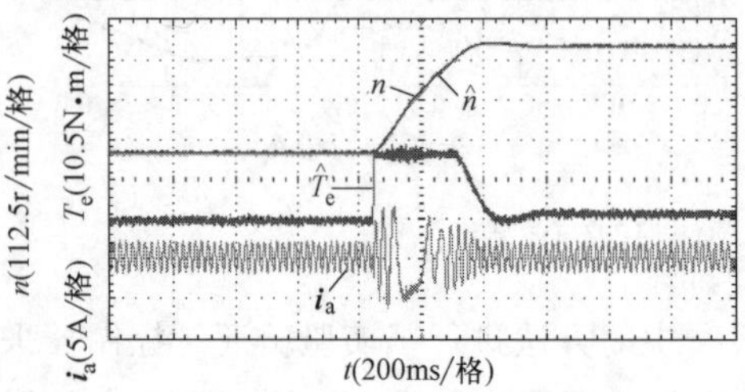

图 6.5　转速为 1500r/min 时的正反转波形

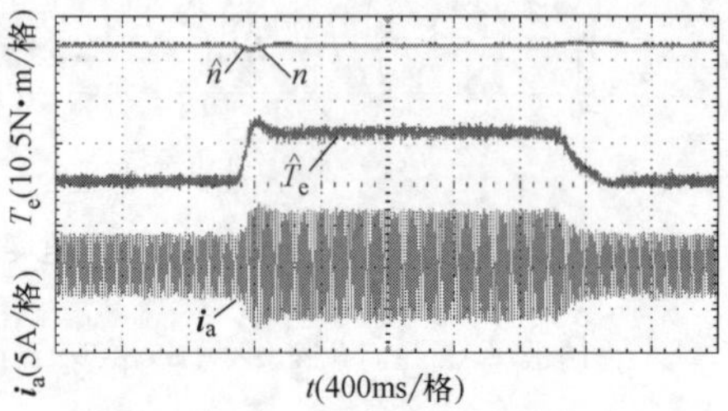

图 6.6　负载转矩变化时的实验波形

为考察系统在低速时的性能，进一步进行了低速正反转实验和低速带载实验，如图 6.7~图 6.9 所示。在图 6.7 中，电机先空载运行在 -30r/min，然后再加速至 30r/min，从图中可知系统能够稳定工作并且估计转速能够与实际转速保持一致。图 6.8 和图 6.9 所示分别为电机带额定负载运行在 30r/min 和 15r/min 时的稳态实验波形，从图中可以看出系统在低速时仍具有良好的带载能力。由于受逆变器非线性特性、电机参数误差等因素的影响，当电机带载且运行在低速时估计转速略偏高，但总体运行情况良好，电流波形没有发生畸变而且基本为正弦。

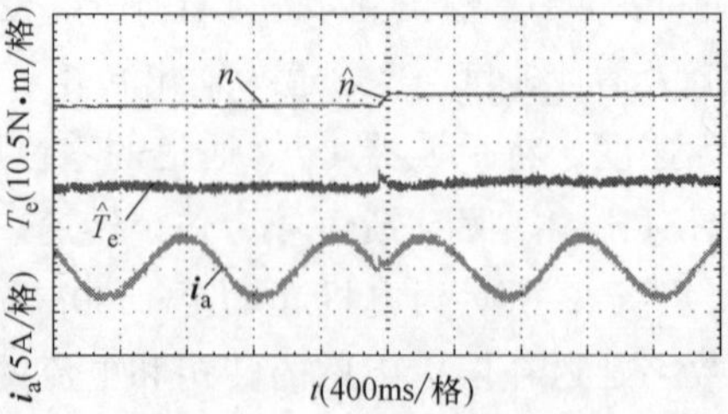

图 6.7　转速为 30r/min 时的正反转波形

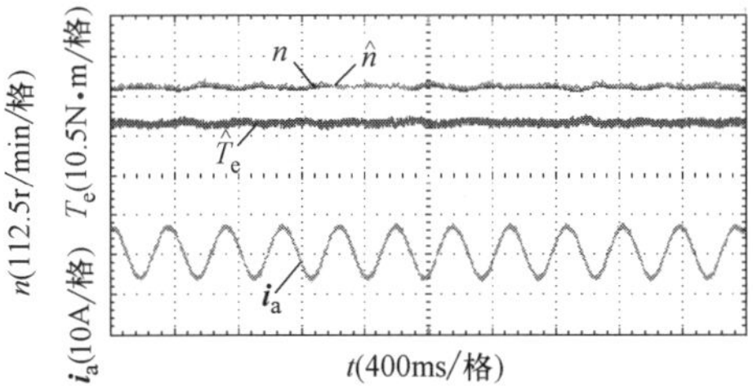

图 6.8　转速为 30r/min 时带额定负载的稳态实验波形

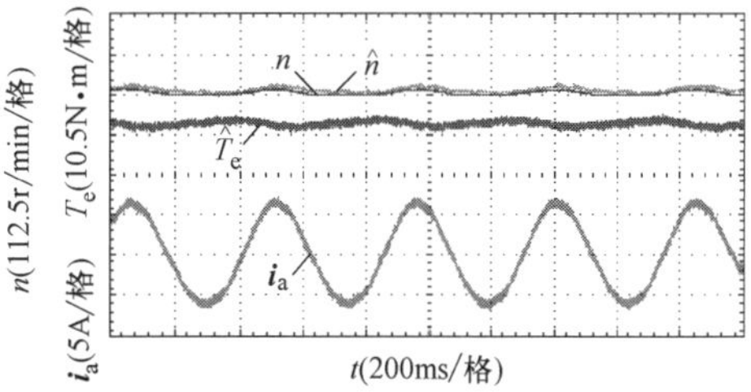

图 6.9　转速为 15r/min 时带额定负载的稳态实验波形

6.3　本章小结

对于两电平逆变器驱动的感应电机系统，传统 MPC 需要对定子磁链和定子电流进行七次预测得到使目标函数最小的最佳电压矢量，计算量较大，不利于在线实施。通过解析推导定子电流和定子磁链之间的关系，本章提出一种改进的 MPC，只需对定子磁链进行预测，省去了计算相对复杂的定子电流预测，使算法复杂性和计算量得到显著降低。另外考虑了数字控制延迟对 MPC 的影响，并提出了补偿方法，采用预励磁的方法获得较大的起动转矩并减小起动电流。最后在两电平逆变器感应电机平台上进行仿真和实验，结果表明，模型预测控制在高速和低速都可以带额定负载稳定运行，并且具有良好的动、静态性能，为感应电机高性能调速提供了新型的解决方案。

第7章 无权重系数模型预测控制

近年来，模型预测控制（MPC）由于其原理简单、响应速度快，具有处理多个变量和非线性约束的能力，在交流电机驱动控制中受到了广泛关注[144]。在传统 MPC 中，通过计算由转矩误差和磁链误差组成的目标函数最小值来选择最优电压矢量。由于转矩与磁链量纲不一致，因此需要通过适当的权重系数平衡两者之间的关系。但是，权重系数的设计缺乏理论指导，它的整定依旧是基于经验和大量的调试完成的，这样的整定过程十分耗时[23,145]。因此，权重系数的调试增加了 MPC 参数整定的难度。

为了限制并减少 MPC 中的权重系数，很多学者提出了各种方法[32,146,147]。参考文献[32] 基于转矩脉动最小化的原理在线计算定子磁链的权重系数。然而，最佳权重系数的数学表达式十分复杂，并且依赖于电机参数。在参考文献［146］中提出了代数权重系数选择，以实现与预测电流控制类似的性能。虽然权重系数的计算比参考文献［32］中的更加简单，但它也取决于电机的参数和状态。参考文献［148］提出了一种基于排序方法的多目标优化，将每个电压矢量的转矩和定子磁链的目标函数值转换为排序值，然后选择具有最小平均排序值的值作为最优矢量。虽然消除了权重系数，但额外的在线排序增加了算法的复杂度。参考文献［149］采用模糊逻辑决策过程来选择最优的变换器开关状态，能够较好地解决多目标跟踪控制时权重系数选择的难题，但同样增加了算法复杂度。在参考文献［147］中，提出一种基于无差拍磁链转矩控制原理的方法，这种方法将定子磁链和转矩的参考值转换为等效定子磁链矢量参考值，从而用一个等效定子磁链最小误差取代了转矩和磁链的最小误差。这种方法有效地消除了权重系数，提升了 MPC 权重系数整定的鲁棒性。

本章将针对模型预测控制中的权重系数问题提出两种解决方案，下面具体进行阐述。

7.1 模型预测磁链控制

7.1.1 基本原理

本节将通过深入研究定子磁链幅值以及电磁转矩与定子磁链复矢量之间的解析关系，将定子磁链幅值和电磁转矩的同时控制转换为对一个等效的定子磁链复矢量的控制，从而摒弃了传统 MPTC 中繁复的权重设计，进一步提高了 MPC 在电机控制中的实用性。由于该方法以定子磁链复矢量为控制目标，故将其称为模型预测磁链控制（Model Predictive Flux Control，MPFC）。MPFC 只需对定子磁链复矢量进行在线预测控制，不仅避免了相应的权重系数设计，同时也减小了算法的复杂度。下面对原理进行阐述。

同样以电磁转矩和定子磁链幅值为控制目标，为消除磁链幅值的权重系数，本节通过推导上述控制目标与定子磁链矢量之间的解析关系，将控制目标从两个单位不同的标量参考值 T_e^* 和 ψ_s^* 转化为一个与之等效的定子磁链参考矢量 $\boldsymbol{\psi}_s^{ref}$。通过等效转换，只需对定子磁链矢量进行预测控制，因而无需设计权重系数，提高了 MPC 的实用性，同时减小了预测算法的复杂度。下面对此参考值的等效转换进行详细说明。

由电机方程可知，电磁转矩可以表示为转子磁链与定子磁链的叉积，具体表示为

$$T_e=\frac{3}{2}n_p\lambda L_m(\boldsymbol{\psi}_r\otimes\boldsymbol{\psi}_s) \tag{7.1}$$

由式（7.1）可得出定转子磁链之间的角度关系为

$$\angle\psi_s=\angle\psi_r+\arcsin\left(\frac{T_e}{\frac{3}{2}n_p\lambda L_m|\boldsymbol{\psi}_r||\boldsymbol{\psi}_s|}\right) \tag{7.2}$$

式（7.2）是感应电机自身的运动规律，在推导与电磁转矩参考值 T_e^* 和定子磁链参考值 ψ_s^* 等效的定子磁链矢量参考值 $\boldsymbol{\psi}_s^{ref}$ 时也必须满足式（7.2）。代入相关参考值，式（7.2）变为

$$\angle\psi_s^{ref}=\angle\psi_r+\arcsin\left(\frac{T_e^{ref}}{\frac{3}{2}n_p\lambda L_m|\boldsymbol{\psi}_r||\psi_s^*}\right) \tag{7.3}$$

至此，可得将 T_e^* 和 ψ_s^* 等效转换后的定子磁链矢量参考值为

$$\boldsymbol{\psi}_s^{ref}=\boldsymbol{\psi}_s^{ref}\exp(j\angle\psi_s^{ref}) \tag{7.4}$$

式中　exp（•）表示（•）的自然指数。

将式（7.4）用于感应电机预测控制时，由于下一时刻的转子磁链已从 $\boldsymbol{\psi}_r^k$ 变为 $\boldsymbol{\psi}_r^{k+1}$，所以为保证预测控制的准确度，相应的式（7.3）也应该用 $\boldsymbol{\psi}_r^{k+1}$ 来计算定子磁链角度，具体表示为

$$\angle\psi_s^{ref}=\angle\psi_r^{k+1}+\arcsin\left(\frac{T_e^{ref}}{\frac{3}{2}n_p\lambda L_m|\boldsymbol{\psi}_r^{k+1}||\psi_s^*}\right) \tag{7.5}$$

式（7.5）中所需要的转子磁链 $\boldsymbol{\psi}_r^{k+1}$ 可以根据电机的电流方程得到。感应电机的定子电流和转子磁链之间的关系如式（2.20）。采用式（6.1）所示的二阶离散方法对式（2.20）进行离散化，可以得到转子磁链的预测值 ψ_r^{k+1} 如式（7.6）所示：

$$\begin{aligned}\boldsymbol{\psi}_r^{k+p}&=\boldsymbol{\psi}_r^k+T_{sc}\left[R_r\frac{L_m}{L_r}\boldsymbol{i}_s^k-\left(\frac{R_r}{L_r}-j\omega_r^k\right)\boldsymbol{\psi}_r^k\right]\\ \boldsymbol{\psi}_r^{k+1}&=\boldsymbol{\psi}_r^{k+p}+\frac{T_{sc}}{2}\left[\left(\frac{R_r}{L_r}-j\omega_r^{k+1}\right)(\boldsymbol{\psi}_r^{k+p}-\boldsymbol{\psi}_r^k)\right]\end{aligned} \tag{7.6}$$

式中　$\boldsymbol{\psi}_r^k$ 可以从 3.3 节观测的定子磁链和定子电流以及式（2.29）计算得到。从式（7.2）和式（7.3）可知，当实际定子磁链与式（7.4）所示的定子磁链矢量参考值一致时，可保证实际的定子磁链幅值以及电磁转矩与各自的指令值 ψ_s^* 以及 T_e^* 相等。也就是说，将传统 MPTC 中的定子磁链幅值和转矩的控制转化为对一个等效定子磁链矢量的控制，从而省掉了传统 MPTC 中繁复的权重系数设计。该转换过程仅依赖于磁链和转矩参考值以及电机转矩方程，并不依赖于具体的控制算法，属于参考值之间的转换，而非目标函数的转换，具有很强的通用性。获得等效的定子磁链矢量后，可以利用 MPC 来选择最佳电压矢量，相应的目标

函数表示为式（7.7）所示的目标函数

$$G=|\boldsymbol{\psi}_{s}^{ref}-\boldsymbol{\psi}_{s}^{k+1}| \tag{7.7}$$

式（7.7）中的定子磁链矢量 $\boldsymbol{\psi}_{s}^{k+1}$ 可通过定子电压方程式（6.10）来预测。需要指出的是，在得到定子磁链矢量参考值后，也可以根据定子电压方程式（6.10）求得目标电压指令，然后再利用空间矢量调制（SVM）发出脉冲[150]。相比之下，MPC 的主要优点在于它具有良好的柔性和扩展性，可以使控制算法很容易地扩展到不同类型的变换器并考虑降低开关频率[137]、减小无功功率[151]、抑制共模电压[1] 等其他控制要求。

值得注意的是，在 MPFC 中还需要考虑延迟补偿的问题，为消除一拍延迟的影响，控制器可以采用超前一步确定 k+1 时刻最优电压矢量的方式对延迟进行补偿。具体流程如下：

1）按照式（6.1）预测 k+1 时刻的状态变量；

2）在 k+1 时刻状态变量的基础上再根据本节的公式对 k+2 时刻的状态变量进行预测；

3）最后基于 k+2 时刻的预测变量计算目标函数并按最小化目标函数的原则来确定 k+1 时刻应输出的最优电压矢量。为此，目标函数式（7.7）应该修改成式（7.8）

$$G_1=|\boldsymbol{\psi}_{s}^{ref}-\boldsymbol{\psi}_{s}^{k+2}| \tag{7.8}$$

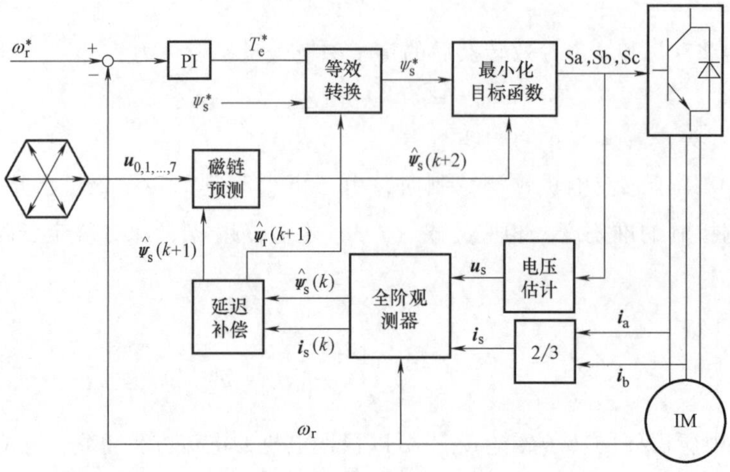

图 7.1　感应电机模型预测磁链控制框图

综上所述，考虑一拍延迟后的模型预测磁链控制框图如图 7.1 所示。

7.1.2　仿真和实验结果

图 7.2 所示为 MPFC 的起动和加载响应的仿真结果，从图中可以看出系统起动平稳，突加额定负载转矩后，转速略有下降，但很快恢复至稳态。另外，从图 7.2 的磁链和转矩波形可以看出，定子磁链以及电磁转矩在电机起动后能够快速无偏差地跟踪其指令值，具有良好的动静态性能。此仿真说明 MPFC 能够在消除磁链权重系数的同时获得良好的控制性能。限于篇幅，关于 MPFC 和 MPTC 的详细对比将在实验结果中予以说明。

图 7.3 所示为电机起动至 1500r/min 时的实验波形。起始阶段为预励磁过程，预励磁结束后，电机平稳加速至 1500r/min。由于电机起动前磁通已基本建立，因此在起动转矩为 120%额定转矩（16.8N·m）下，起动电流不超过 10A。为了验证本文所提方法对转矩和磁链的跟踪效果，图 7.4 所示为电机从 150r/min 加速至 1500r/min 的实验波形。可以看出磁链和

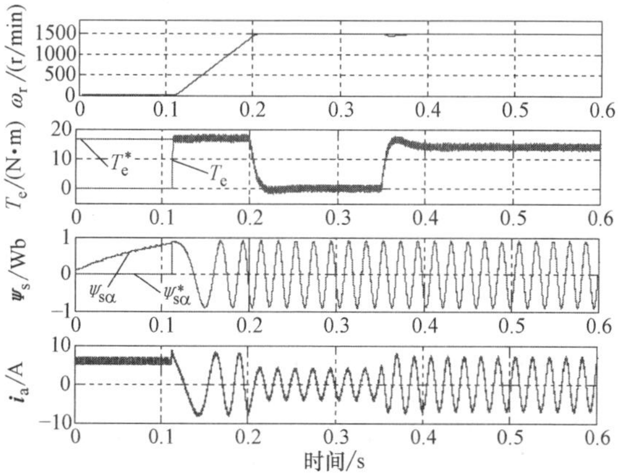

图 7.2 MPFC 的起动和加载响应的仿真结果

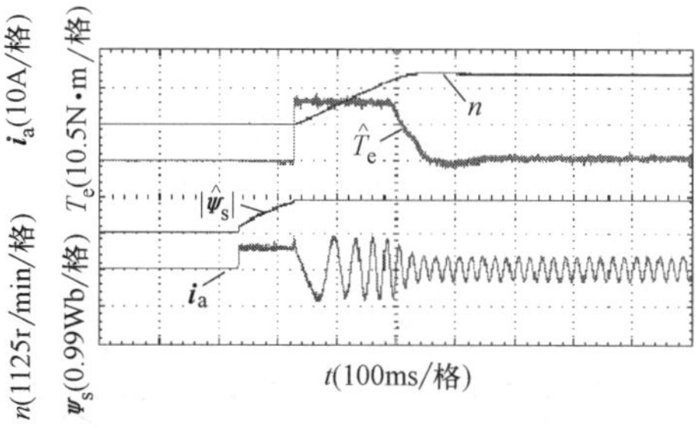

图 7.3 0~1500r/min 空载起动波形

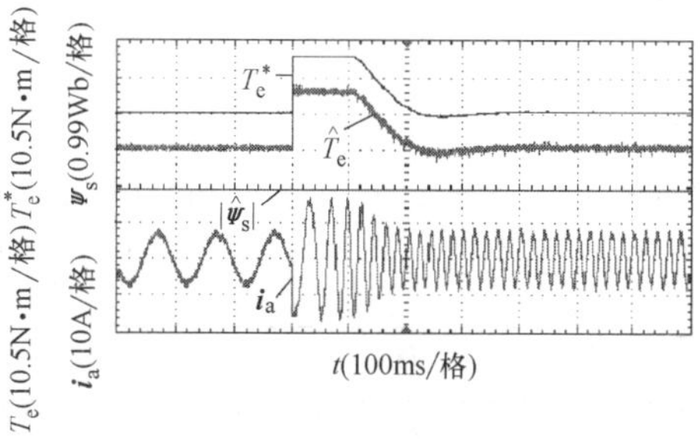

图 7.4 电机加速实验波形（150~1500r/min）

转矩都能很好地跟踪参考值。由于定子磁链参考值恒定为 0.9Wb，所以图中仅给出磁链实际值，可以看出实际磁链与给定值吻合，在电机动态过程中保持恒定，实现了转矩和磁链的良好解耦控制。

图 7.5 所示为电机在 1500r/min 稳态运行时的实验波形。图 7.5a 所示为空载实验波形，图 7.5b 所示为满载实验波形。其中图 7.5a 中示波器 3 通道显示的是变换器的平均开关频率。在实验过程中，通过累计开关状态的切换次数，每隔 0.05s 计算一次 。从图 7.5 可以看出系统稳态性能良好，虽然采样率高达 20kHz，但平均开关频率并不高，只有 2.82kHz。图 7.6 所示为电机从-1500r/min 运行至+1500r/min 时的实验波形，从图中可以看出正反转切换过程平稳，动态过程中的磁链幅值和电磁转矩实现了良好的解耦控制。图 7.7 所示为突加、减载实验波形，电机先空载运行于 1500r/min，接着突加额定负载，最后再卸去全部负载。从图 7.7 可以看出在实验过程中，输出转矩响应迅速，系统对外部负载转矩表现出良好的抗干扰能力。

系统低速运行性能的相关实验波形如图 7.8 和图 7.9 所示。图 7.8 和图 7.9 所示分别为电机带额定负载运行在 15r/min 和 3r/min 时的稳态实验波形，从这两个图可以看出系统在极低速时带载运行稳定，磁链幅值和转矩控制性能良好，而且电流波形基本为正弦，没有发生畸变，验证了基于 MPFC 的调速系统具有良好的低速运行性能。

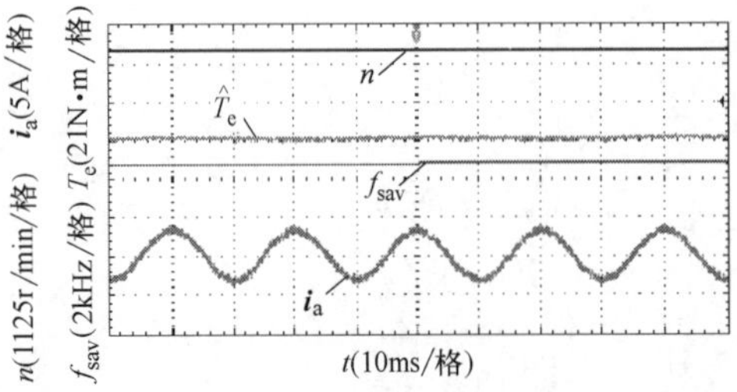

a) 空载实验波形

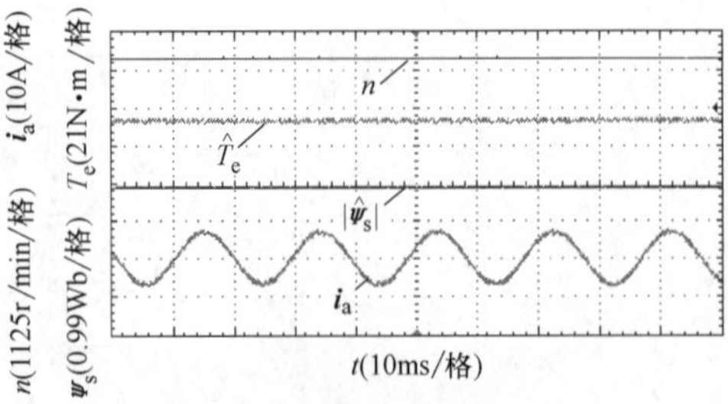

b) 满载实验波形

图 7.5　转速为 1500r/min 时的稳态实验波形

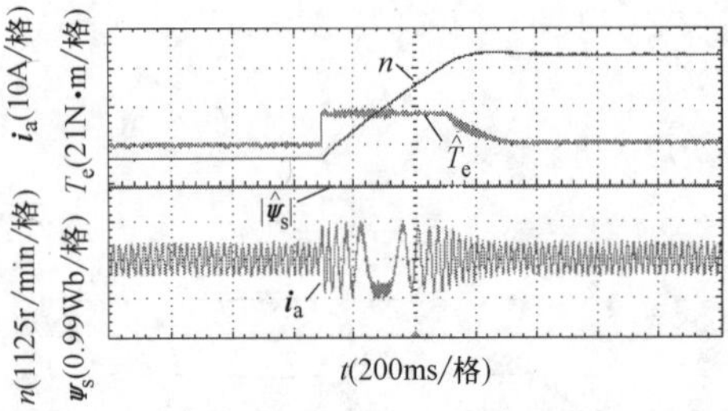

图 7.6　转速为 1500r/min 时的正反转波形

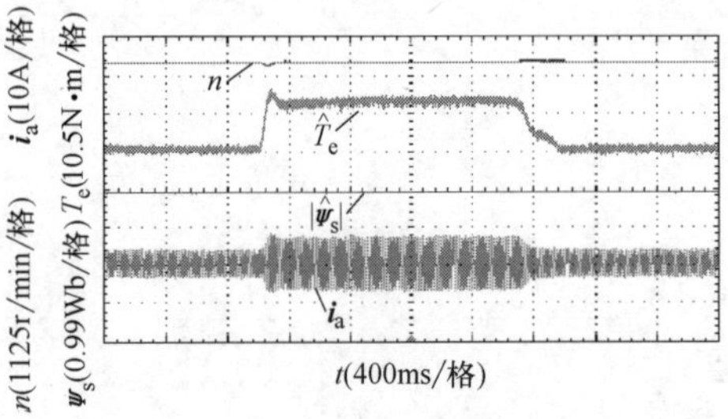

图 7.7　负载转矩变化时的实验波形

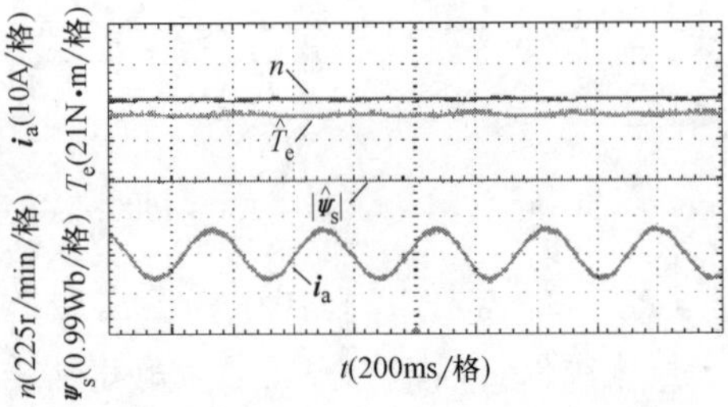

图 7.8　转速为 15r/min 时带额定负载的稳态实验波形

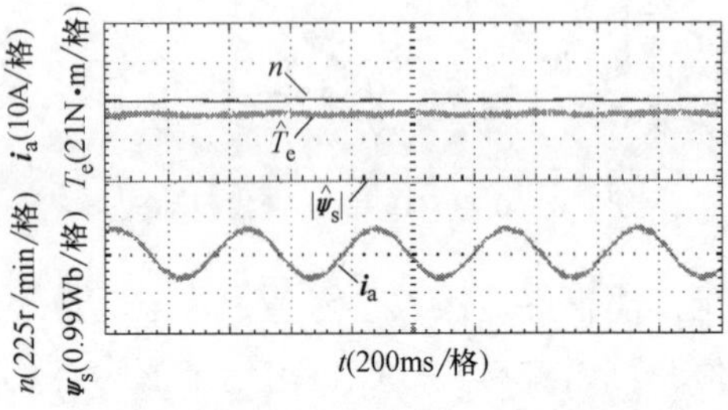

图 7.9　转速为 3r/min 时带额定负载的稳态实验波形

7.1.3　磁链控制与转矩控制的实验对比

首先对两种方法在 10%转速时进行性能对比，从图 7.10 可以看出 MPFC 的性能与经过精心调试权重系数的 MPTC 性能十分接近。然而，如果磁链权重系数选择不合理，例如当 $k_\psi=32$ 时，MPTC 性能则会变差很多。如图 7.11 所示，当 $k_\psi=32$ 时，电流 THD 几乎是 MPFC 的 3 倍，即使 k_ψ 精心调试后设置为 100，MPFC 的电流 THD 依然比 MPTC 要小。综上，MPTC 的性能对权重系数较为敏感，而 MPFC 则能在不需要权重系数的情况下实现良好的控制性能。

另外，对高速运行以及动态过程中的性能进行了对比，如图 7.12 和图 7.13 所示。这两项测试可以进一步证实 MPFC 同样能实现高性能闭环控制，性能与 MPTC 基本一致。

最后对两种方法在不同转速下带额定负载的平均开关频率进行了比较，从图 7.14 可以发现 MPTC 和 MPFC 的开关频率在整个速度域范围内均有较大变化，但是总体上来说 MPFC 的平均开关频率比 MPTC 低。原因可能在于 MPTC 使用了固定的权重系数，而这个系数并不

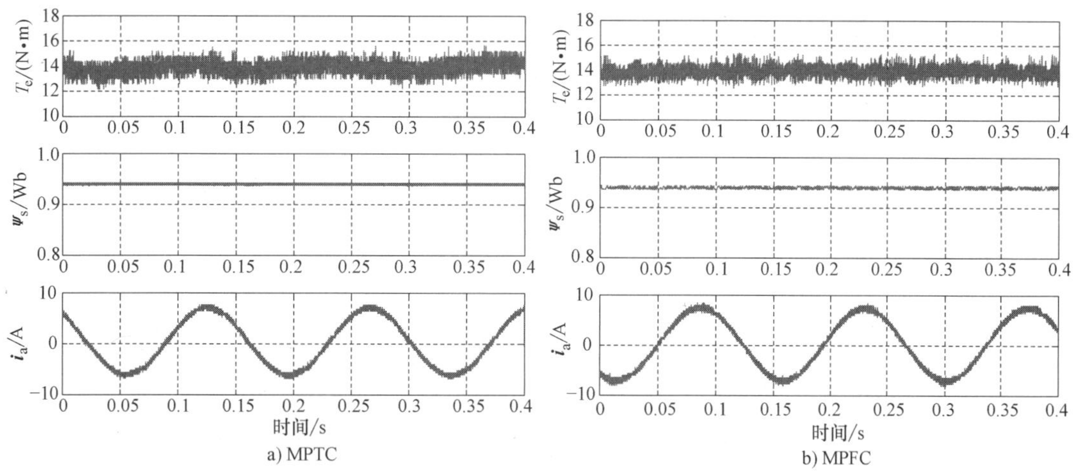

图 7.10　低速带载测试

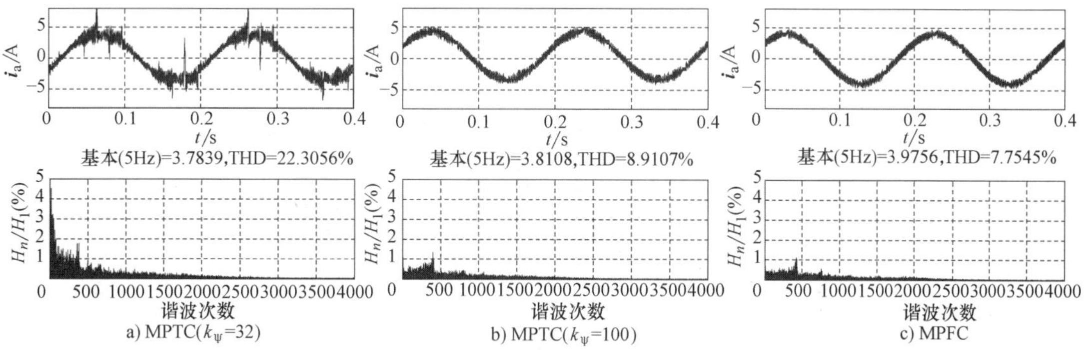

图 7-11　转速为 150r/min 时空载情况下的电流 THD 分析

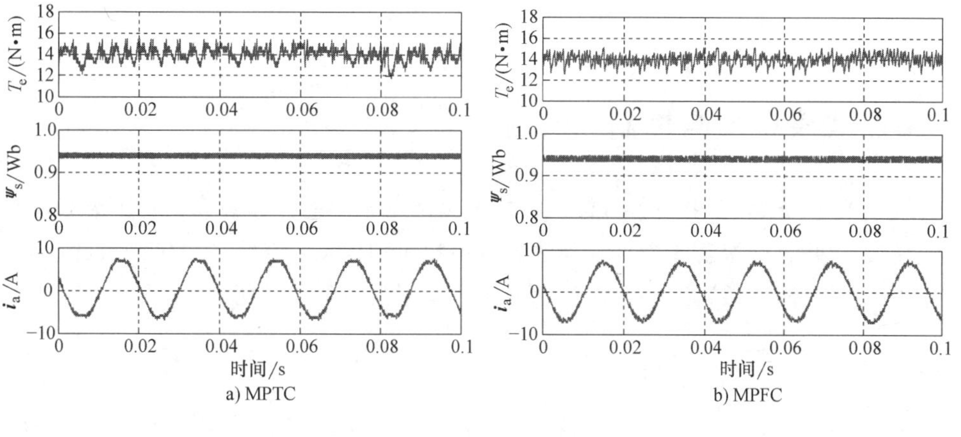

图 7.12　高速带载测试

一定在所有的运行点均是最优的，因此控制器必须使用更多的开关次数来获取期望的性能。

总体上来说，MPFC 的性能略优于 MPTC，考虑到 MPFC 的算法更为简单且无需权重系数调试，因此本章中采用 MPFC 来解决权重系数设计的问题是确实可行的。

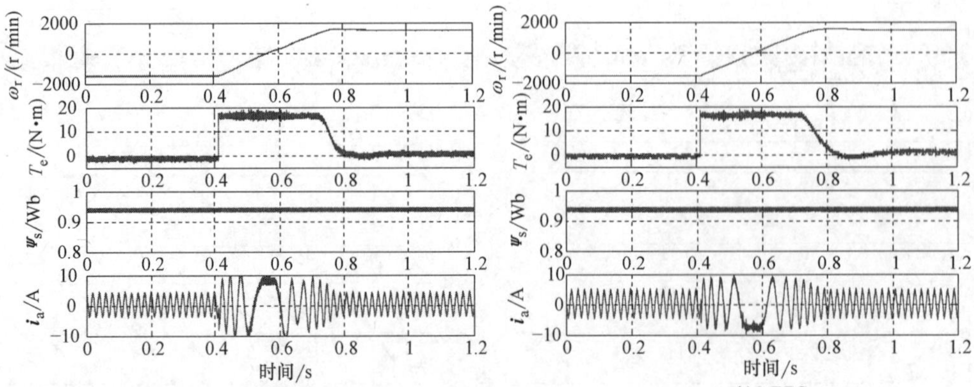

a) MPTC　　b) MPFC

图 7.13　转速为 1500r/min 时的正反转测试

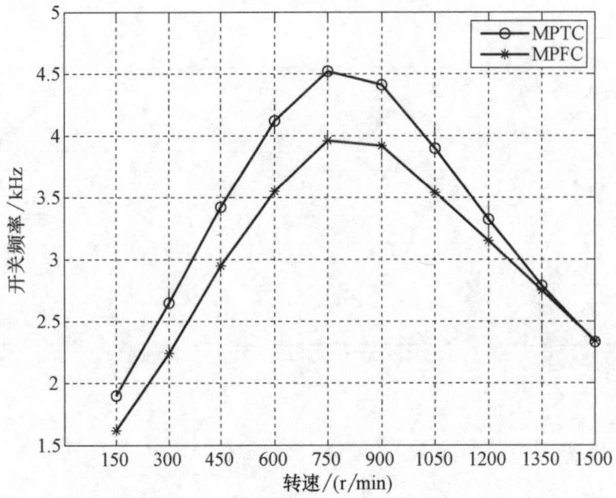

图 7.14　平均开关频率对比

7.2　级联式模型预测控制

本节通过将传统 MPC 中一个目标函数拆分为两个不同的目标函数，利用级联控制原理，消除权重系数。并通过探索各个目标函数的作用顺序和优化候选不同目标函数的电压矢量数提出一种广义级联模型预测控制，提升了算法的通用性和整体性能。

7.2.1　级联模型预测控制

级联模型预测控制（Sequential Model Predictive Control，SMPC）[152] 是采用级联结构控制多个控制目标，该策略使用一系列目标函数来控制每个控制目标，而不是使用通过权重系数组成的多个控制目标的单一目标函数。因此，通过使用不同的目标函数解决了权重系数的设计问题，在此当中每个目标函数专门用于控制单个控制目标。

在传统 MPC 中，目标函数定义为转矩误差与磁链误差的组合，如下：

$$J=|T_e^{ref}-T_e^{k+2}|+k_\psi|\psi_s^{ref}-|\psi_s^{k+2}||\tag{7.9}$$

式中　T_s^{ref} 和 ψ_s^{ref} 分别为转矩和定子磁链的参考值；

k_ψ 为权重系数一般需要经过大量调试才能得到较好的整体性能。

SMPC 的控制框图如图 7.15 所示。其中，转矩参考值 T_s^{ref} 通过一个外环速度 PI 调节器获得，定子磁链参考值 ψ_s^{ref} 设定为一个固定值 $|\psi_s^{ref}|$。SMPC 采用两个单独的目标函数

$$J_1=|T_e^{ref}-T_e^{k+2}|\tag{7.10}$$

$$J_2=|\psi_s^{ref}-|\psi_s^{k+2}||\tag{7.11}$$

式中　J_1——转矩误差的目标函数；

J_2——磁链误差的目标函数。

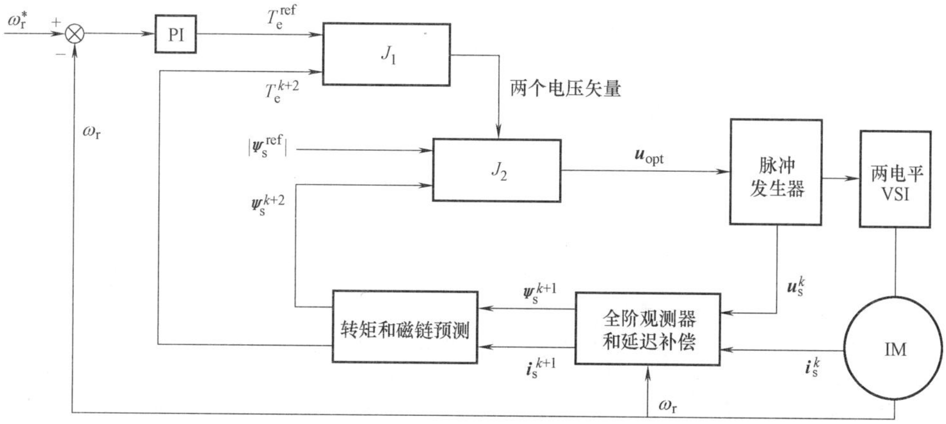

图 7.15　级联模型预测控制（SMPC）框图

从框图 7.15 可知，首先计算转矩误差目标函数 J_1，将逆变器产生的所有七个电压矢量代入 J_1 中，计算得到使 J_1 最小的两个电压矢量。然后，将这两个电压矢量代入磁链误差目标函数 J_2 中，计算得到使 J_2 最小的最终最优电压矢量 $\boldsymbol{u}_{opt}$，最终最优电压矢量 $\boldsymbol{u}_{opt}$ 作用于下一控制周期。

SMPC 通过采用这样的级联结构对不同目标函数进行评估，解决了权重系数需要整定的问题。但是，SMPC 并没有分析应该从第一个目标函数中选择多少个候选电压矢量。并且，SMPC 也没有讨论交换目标函数 J_1 和 J_2 执行顺序的可行性。实际上，如果首先计算 J_2 以选择两个最优电压矢量，然后再计算 J_1，则发现系统不能在整个速度范围内实现稳定的运行（这一现象将在本节的仿真和实验现象中进行详尽描述）。此外，如果多个控制变量具有相同的重要性，如定子电流矢量、定子磁链矢量或定子电压矢量，则在第一个目标函数中为某个变量赋予更多优先级显然是不合适的。由此可见，SMPC 并不具有通用性。

7.2.2　广义级联模型预测控制

为了解决级联模型预测控制中目标函数执行顺序单一且不具有通用性的问题，本节提出一种广义级联模型预测控制策略（Generalized Sequential Model Predictive Control，GSMPC）。

GSMPC 控制框图如图 7.16 所示。同 SMPC 相似，GSMPC 也采用级联控制结构，但是，

当计算第一个转矩误差的目标函数时，GSMPC 选择三个而非两个电压矢量，这些电压矢量使产生的转矩误差相较其他电压矢量更小。因此，在计算第二个磁链误差的目标函数时，候选电压矢量由两个变为三个。尽管计算负担可能略微增加，但是在所提出的 GSMPC 中存在各种益处和优点。一方面，GSMPC 在转矩控制磁链控制之间实现了更好的平衡，从而减小了电流谐波和 THD。另一方面，GSMPC 对 J_1 和 J_2 的执行顺序没有限制。与传统的 SMPC 相反，如果首先计算 J_2，则系统无法正常运行，而所提出的方法无论是首先计算 J_1 还是 J_2 都可以有效地正常运行，如图 7.16 中的第一部分和第二部分所示。这极大地提高了系统的通用性。

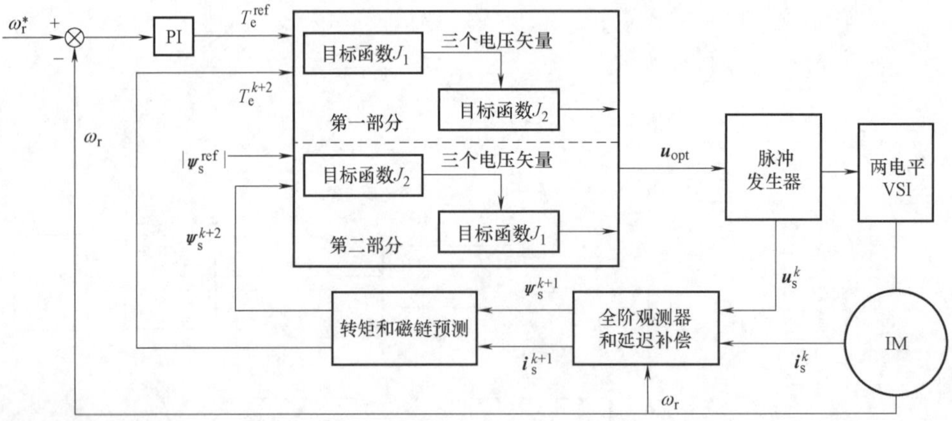

图 7.16　广义级联模型预测控制（GSMPC）框图

值得注意的是，从第一个目标函数中选择多于三个电压矢量通常意味着第一个目标函数中变量的优先级变低。对于传统 SMPC，从第一个转矩误差目标函数中选择两个或者三个电压矢量都是有效的。但是，如果首先计算磁链误差目标函数，则系统仅会在选择三个、四个或者五个电压矢量时起作用。可见，在选择三个电压矢量的情况下，对两种目标函数作用顺序的情况都是有效的。因此，GSMPC 在计算第一个目标函数时选择三个而非两个电压矢量。

GSMPC 的流程图如图 7.17 所示，GSMPC 流程简要总结如下：

1）由系统测量获得 $\boldsymbol{i}_s^k$ 和 ω_r^k，并重构上一控制周期的电压矢量 $\boldsymbol{u}_s^k$。

2）由式（3.32）估计 k 时刻定子磁链，并通过式（3.41）进行一拍延迟补偿，获得（k+1）时刻的定子磁链 $\boldsymbol{\psi}_s^{k+1}$ 和定子电流 $\boldsymbol{i}_s^{k+1}$。

3）由外环 PI 调节器计算得到转矩参考值 T_e^{ref}。

4）根据式（6.10）和式（6.9）预测（k+2）时刻的定子磁链和转矩。

5）计算每个由逆变器产生的电压矢量的第一个目标函数 $J_1(J_2)$，并选择使目标函数值最小的三个电压矢量。

6）由第一个目标函数获得的三个电压矢量，计算第二个目标函数 $J_2(J_1)$。

7）选择使第二个目标函数最小的最优电压矢量，并将其作用于下一个控制周期。

7.2.3　仿真对比

为了验证 SMPC 和 GSMPC 策略的有效性，本节进行了仿真研究，电机参数见表 2.1，

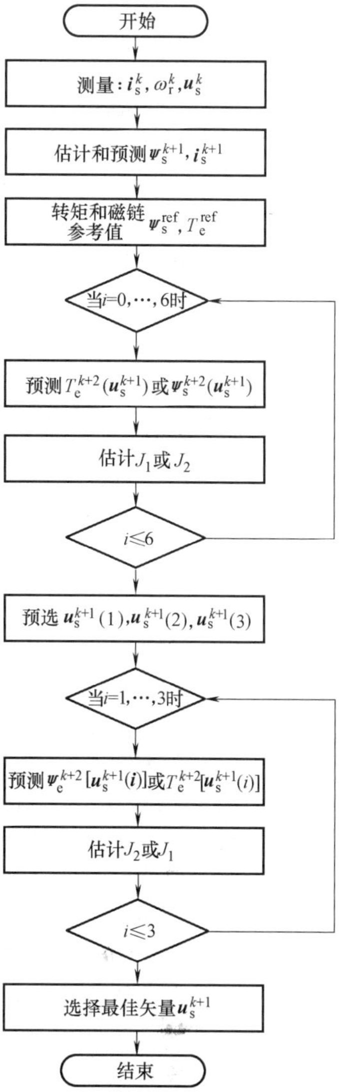

图 7.17　广义级联模型预测控制（GSMPC）流程图

采样率为 15kHz。在以下内容中，先计算转矩误差目标函数的 SMPC，称为 SMPC_T_e，再计算磁链误差目标函数的 SMPC，称为 SMPC_ψ_s。类似地，先计算转矩误差目标函数的 GSMPC，称为 GSMPC_T_e，再计算磁链误差目标函数的 GSMPC，称为 GSMPC_ψ_s。

图 7.18 所示为 SMPC_T_e 和 SMPC_ψ_s 从静止到 1500r/min 的起动响应波形。图中通道从上到下分别为电机转速、电磁转矩、定子磁链幅值和一相定子电流。采用预励磁方式建立定子磁通，使得电机起动时，在获得足够起动转矩的同时避免了过大的起动电流。可以看出，在 SMPC_T_e 中，当定子磁通建立后，电机以最大转矩加速到 1500r/min。相反，在 SMPC_ψ_s 中电机仅运行到小于 500r/min，这远远小于 1500r/min 的额定转速。尽管 SMPC_ψ_s 很好地控制了定子磁链，但是转矩中存在较大的振荡，并且定子电流中存在明显的谐波成分。分析 SMPC_ψ_s 失败的可能原因是仅选择两个电压矢量作为用于第二个转矩误差的目标函数的候

选电压矢量，这可能会排除对转矩控制有用的电压矢量。因此，仿真结果表明，SMPC 只能在一些特殊情况下工作，不是一种通用的方法。

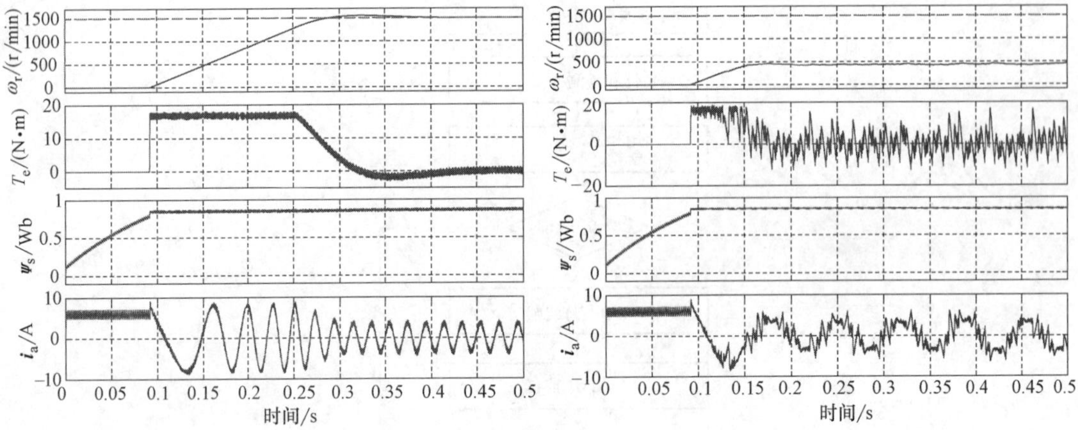

a) SMPC_T_e　　b) SMPC_ψ_s

图 7.18　电机空载从静止起动到 1500r/min

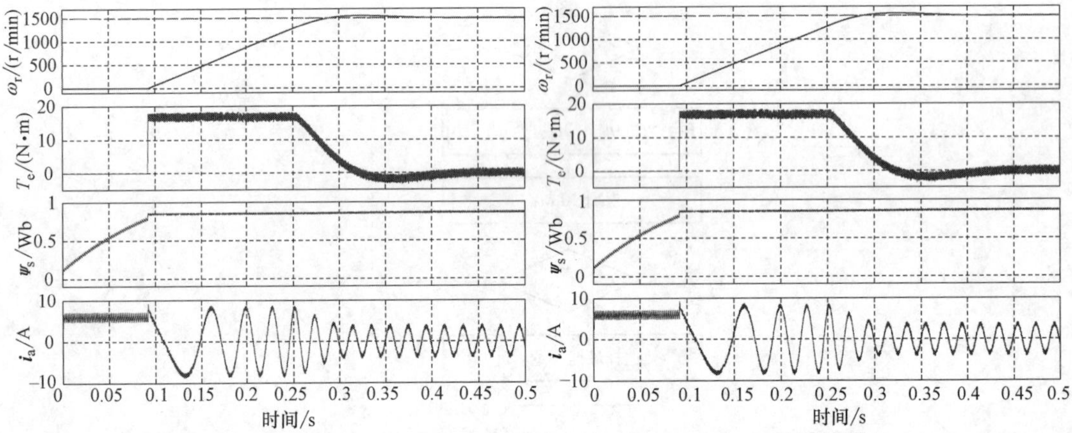

a) GSMPC_T_e　　b) GSMPC_ψ_s

图 7.19　电机空载从静止起动到 1500r/min

由图 7.19 的仿真结果可以看出，GSMPC_T_e 和 GSMPC_ψ_s 有非常相似的动态响应过程。这证明了通过消除 SMPC 中两个目标函数执行顺序的限制，所提出的 GSMPC 比 SMPC 更具通用性并有更高的稳定性。这可能的原因是所提出的 GSMPC 选择三个而非两个电压矢量用于第二个目标函数的计算，这可以更好地实现转矩控制和定子磁链控制之间的平衡。

7.2.4　实验对比

本节将对 SMPC 和 GSMPC 的有效性进行实验验证，采样率统一为 15kHz，电机参数见表 2.1。本节将对各种方法的动态性能、稳态性能和程序执行时间进行详尽的对比。

1. 动态性能

图 7.20 和图 7.21 所示为分别使用 SMPC 与 GSMPC 策略，电机空载起动到 1500r/min

的动态响应波形。由图 7.20 可以明显地发现，SMPC_T_e 可以有效地工作，而 SMPC_ψ_s 仅仅可以在低于 500r/min 以下的速度运行，这远远达不到要求的 1500r/min 额定转速。与此同时，转矩振荡明显且定子电流包含明显的谐波成分。相反，由图 7.21 可以看出，GSMPC_T_e 和 GSMPC_ψ_s 都表现出与 SMPC_T_e 相同的动态性能。这与仿真所表现出来的结果完全一致，并且可以证明 GSMPC 提升了 SMPC 的通用性。

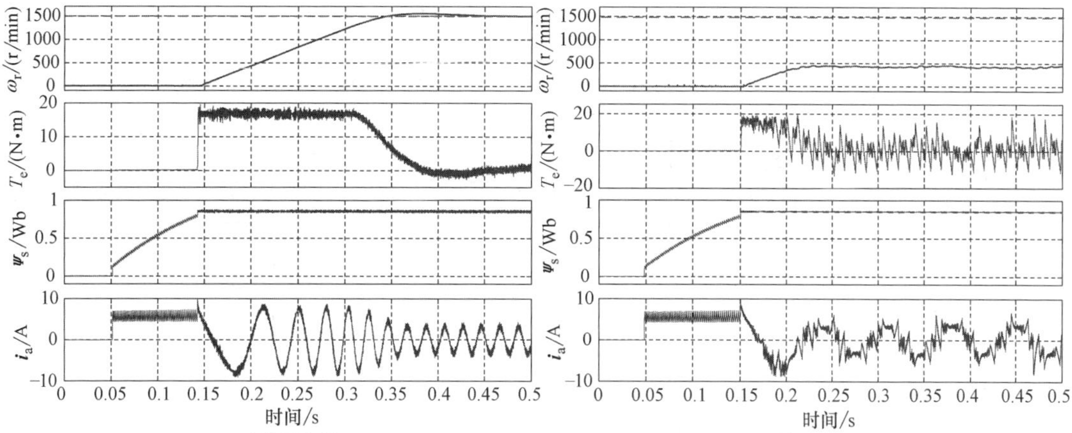

a) SMPC_T_e　　b) SMPC_ψ_s

图 7.20　电机空载从静止起动到 1500r/min

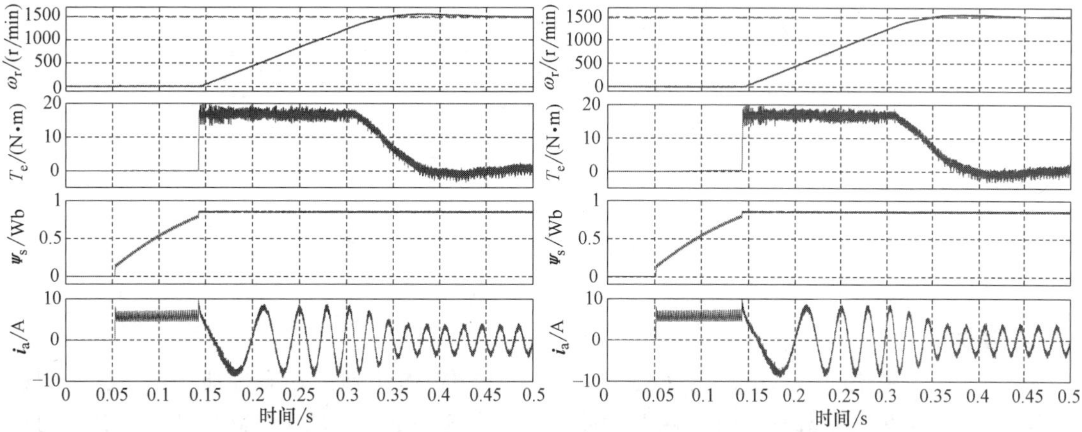

a) GSMPC_T_e　　b) GSMPC_ψ_s

图 7.21　电机空载从静止起动到 1500r/min

另外，对除无法正常运行 SMPC_ψ_s 外的各种方法，在 1500r/min 进行了正反转动态性能测试，如图 7.22 所示。首先，电机在空载情况下在 1500r/min 下运行，然后以最大负转矩快速变化到-1500r/min。在动态过程中，每种方法都实现了转矩和磁链的解耦控制。对于 SMPC_T_e，由于转矩被赋予更高的优先级，因此其转矩脉动小于 GSMPC_T_e 和 GSMPC_ψ_s。但是，SMPC_T_e 的磁链脉动要大于 GSMPC_T_e 和 GSMPC_ψ_s，在动态过程中，SMPC_T_e 的定子磁链幅值甚至会出现短时间下降。实验结果证明，GSMPC 可以在转矩控制和定子磁链控制之间实现更好的平衡，而 SMPC 在转矩控制方面给予了太多的优先级。

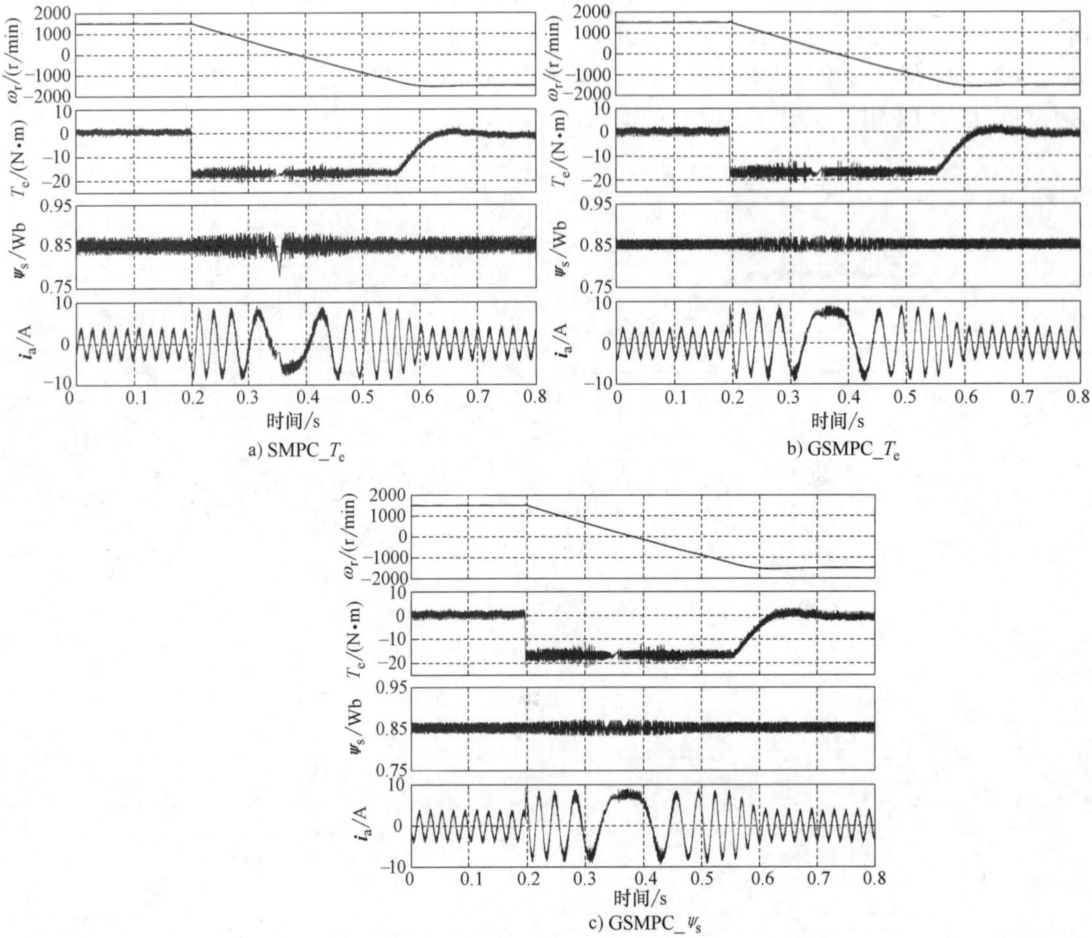

a) SMPC_T_e　b) GSMPC_T_e　c) GSMPC_ψ_s

图 7.22　±1500r/min 正反转动态响应波形

2. 稳态性能

从图 7.20~图 7.22 可以看出，GSMPC 实现了与 SMPC 类似的动态性能。但是，它们在转矩及磁链纹波和电流谐波方面的稳态性能不同。在这一部分，将对 SMPC 和 GSMPC 的稳态性能进行详细比较。

图 7.23 所示为 SMPC_T_e、GSMPC_T_e 和 GSMPC_ψ_s 在额定负载、150r/min 低速下运行的实验波形。可以看出 SMPC_T_e 相较 GSMPC_T_e 和 GSMPC_ψ_s 的转矩纹波更小，但磁链纹波相较 GSMPC 更大。同样，在图 7.24 额定负载、1500r/min 的高速运行情况下也有相似的结果。由于 GSMPC 为第二个目标函数选择了三个候选电压矢量，因此能更好地平衡转矩和磁链控制。所以，GSMPC 不仅呈现了更小的磁链纹波，而且定子电流 THD 也小于 SMPC_T_e。在图 7.25 中，对比了在不同转速空载和带额定负载情况下，三种方法的转矩纹波、磁链纹波和定子电流 THD。可以看出，GSMPC_T_e 和 GSMPC_ψ_s 在任何转速下都具有比 SMPC_T_e 更小的电流 THD 和更小的磁链纹波，且 GSMPC_T_e 与 GSMPC_ψ_s 性能基本相近。

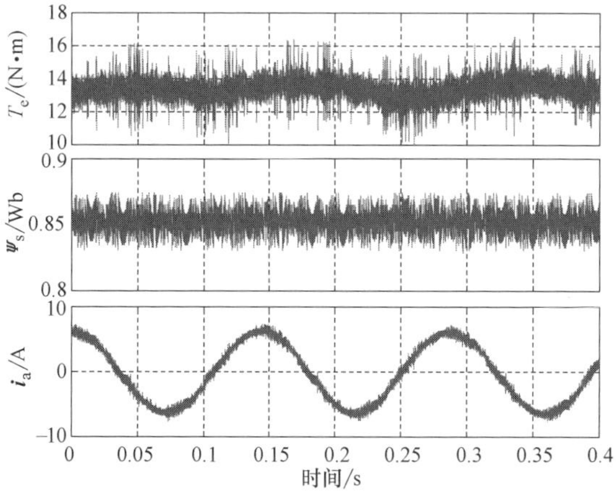

a) SMPC_T_e

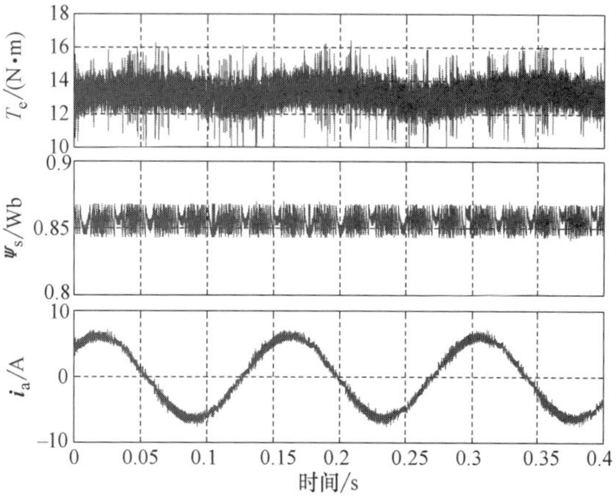

b) GSMPC_T_e

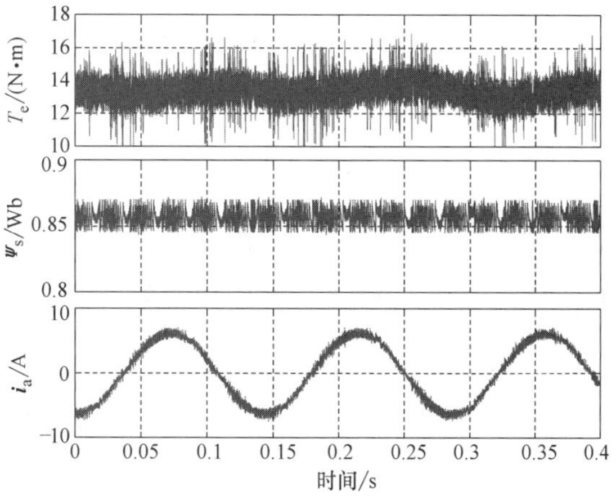

c) GSMPC_ψ_s

图 7.23 额定负载情况下 150r/min 低速运行实验波形

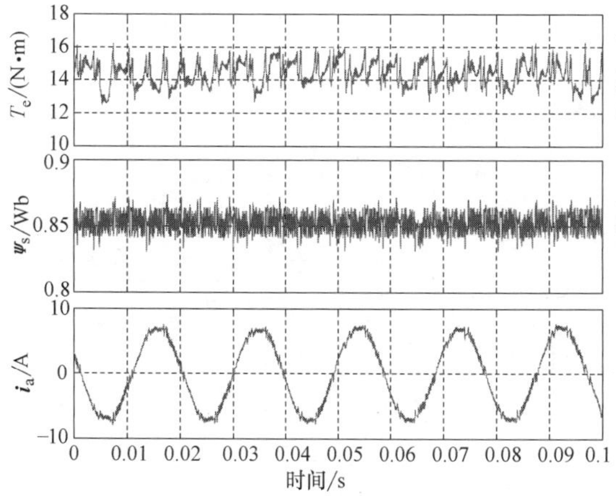

a) SMPC_T_e

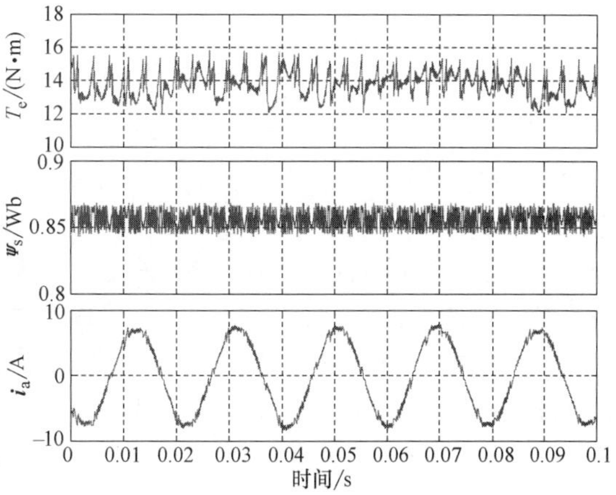

b) GSMPC_T_e

图 7.24 额定负载情况下 1500r/min 高速运行实验波形

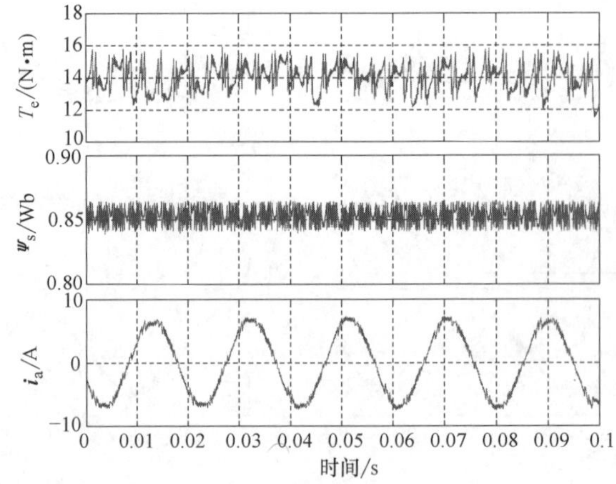

c) GSMPC_ψ_s

图 7.24 额定负载情况下 1500r/min 高速运行实验波形（续）

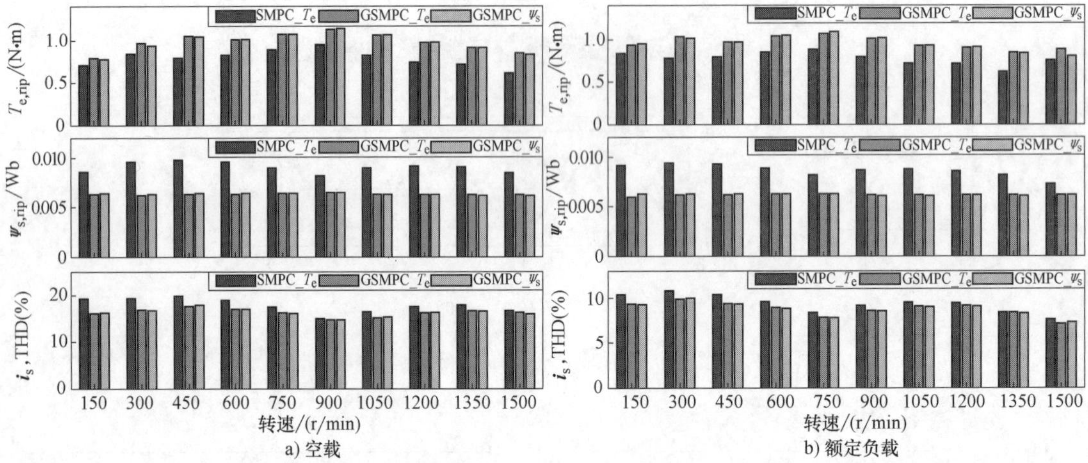

图 7.25 不同转速下 SMPC_T_e、GSMPC_T_e 和 GSMPC_ψ_s 的转矩纹波、磁链纹波及定子电流 THD 对比结果

SMPC_T_e、GSMPC_T_e 和 GSMPC_ψ_s 在不同转速下的平均开关频率如图 7.26 所示。由于在一个控制周期内仅施加一个电压矢量，这三种方法呈现的开关频率是变化的，在低速和高速时均较低，但是在中速时较高。从图 7.26 中可以看出，GSMPC_T_e 和 GSMPC_ψ_s 的平均开关频率在不同转速下几乎相同，这意味着这两种方法在转矩控制和磁链控制之间实现了的平衡是基本相同的。然而，在相同实验条件下，在整个速度范围内，SMPC_T_e 与 GSMPC 相比具有更高的开关频率。如图 7.25 所示，由于 GSMPC 的电流 THD 较低，意味着在先前的 SMPC 中存在不必要的切换动作，这可以间接地证明所提出的方法的优越性。

3. 程序执行时间

表 7.1 为传统 MPTC[36]、SMPC_T_e、GSMPC_T_e 和 GSMPC_ψ_s 程序执行时间的对比结

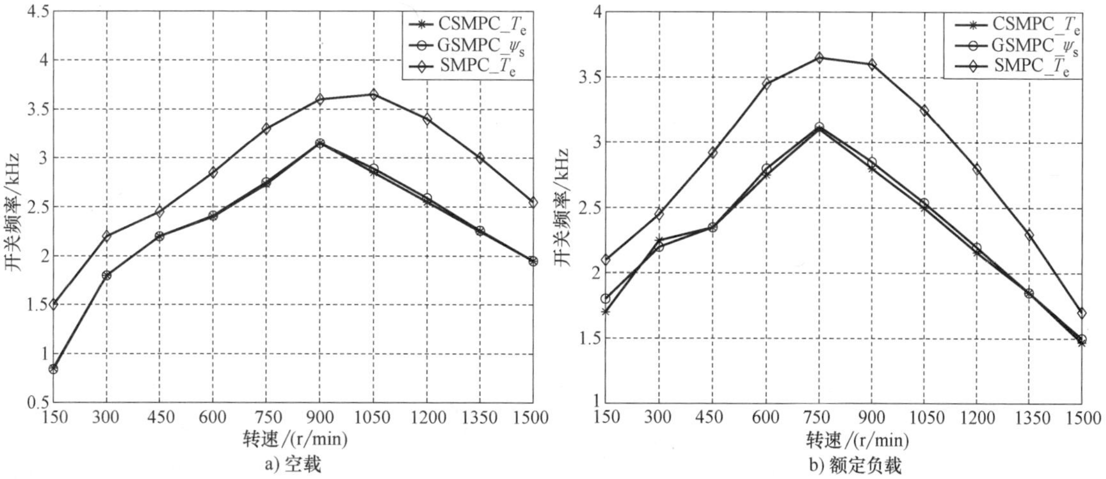

图 7.26　不同转速下 SMPC_T_e、GSMPC_T_e 和 GSMPC_ψ_s 的开关频率对比

果。可以看出，传统 MPTC 由于只需要枚举七个全部电压矢量，程序执行时间较短；SMPC 和 GSMPC 的程序执行时间较长，是因为需要额外的排序算法来从第一和第二目标函数的计算中选择最佳电压矢量。但是，GSMPC 的执行时间与 SMPC 的执行时间几乎相同。换句话说，从第一个目标函数中选择三个而不非两个电压矢量只会略微增加计算负担，但这会带来更小的磁链纹波和更小的电流 THD 值。

表 7.1　程序执行时间对比

方法	程序执行时间	方法	程序执行时间
MPTC	49.3826μs	GSMPC_T_e	58.9333μs
SMPC_T_e	58.5133μs	GSMPC_ψ_s	58.9067μs

7.3　本章小结

针对传统模型预测控制权重系数设计麻烦的问题，本章研究了无权重系数模型预测控制。首先提出了模型预测磁链控制的解决方案，通过将转矩和磁链幅值转化为对一个等效定子磁链矢量的控制，从而避开了权重系数的使用，方法简单有效。其次研究了一种新型的无权重系数模型预测控制，即级联模型预测控制和广义级联模型预测控制。通过采用级联结构消除权重系数影响，提高了系统参数整定的鲁棒性，提升了系统的整体性能。其中，提出的 GSMPC 更好地平衡了转矩控制和磁链控制，并且无论目标函数的执行顺序如何变化，算法都能有效工作，提升了算法的通用性。两种方法的有效性通过仿真和实验得到了验证。

第 8 章　鲁棒模型预测控制

8.1　鲁棒模型预测控制策略概述

模型预测控制在预测和控制过程中使用到大量的电机参数进行计算。当电机受到外部扰动和电机参数发生变化时，预测产生的最优电压矢量将发生偏差，从而影响到电机的整体控制性能。参考文献［153，154］通过设计鲁棒自适应观测器（Robust Adaptive Observer，RAO）提高磁链观测准确度和提高观测器对参数摄动及外部扰动的抗扰能力，一定程度上提升了 MPC 的鲁棒性。参考文献［155-161］利用扰动观测理论设计扰动观测器（Disturbance Observer，DO），观测由外部扰动及参数摄动造成的扰动量，并对最终产生的电压矢量进行补偿，避免了电压矢量的偏差。这种基于扰动观测器的无差拍预测控制方法在用于变换器、永磁同步电机、感应电机中时均取得了良好的参数扰动鲁棒性。参考文献［154-156，162，163］利用滑模观测器（Sliding Mode Observer，SMO）鲁棒性强的特点，与无差拍预测控制结合提高了预测电压矢量的准确度，在当电机参数发生较大范围变化时仍有良好的控制性能。参考文献［156，164］构建了滑模扰动观测器，通过对电机参数导致的参考电压变化量进行观测，实现对电机参数扰动的辨识和补偿，减小了电机参数扰动对计算参考电压矢量的影响。参考文献［165-168］利用无模型控制（Model-Free Control，MFC）理论，结合模型预测控制，通过扩张状态观测器（Extended State Observer，ESO）、超局部模型、电流微分等形式实现无需电机参数的模型预测控制策略，在永磁电机、PWM 变换器等方向取得了不错的控制效果。此外，也有文献采用广义比例积分观测器（Generalized Proportional Integral Observer，GPIO）[169]、扩张状态观测器[161]、免疫算法[170]等方法减小预测控制中电机参数变化造成的影响。

本章将针对 MPC 参数鲁棒性能差的问题，提出两种无模型预测电流控制策略，提升 MPC 对电机参数的鲁棒性。通过利用扩张状态观测器可观测系统总扰动，并作为反馈对模型和未知扰动进行补偿，具有不依赖模型的特点，设计基于扩张状态观测器的无模型预测电

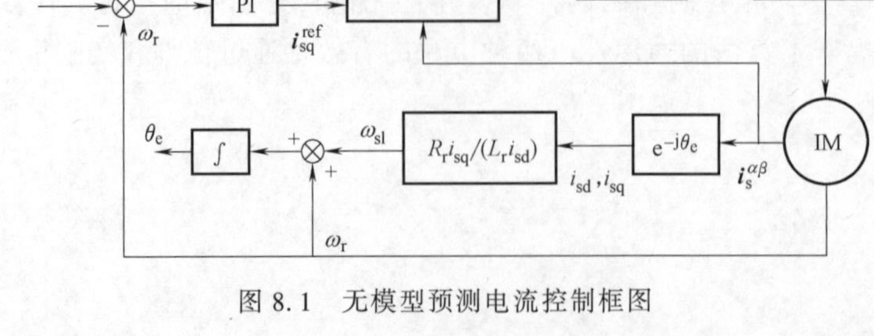

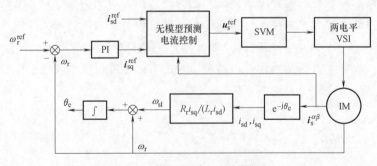

图 8.1　无模型预测电流控制框图

流控制策略。另外，通过建立被控对象的超局部模型，根据模型设计系统控制器，整个控制过程仅需系统输入输出数据，无需电机参数信息的特点，设计基于超局部模型的无模型预测电流控制策略。以上两种策略结合间接转子磁场定向控制原理实现对电流控制的强鲁棒性，其控制框图如图 8.1 所示。仿真及实验验证了提出算法的有效性。

8.2　基于超局部模型的无模型预测电流控制

在 2009 年的国际自动控制联合会（IFAC）上，法国学者 FLIESS 率先提出无模型控制思想[171]。随后，该方法在电力电子领域成功地应用于 DC-DC 变换器、AC-DC 变换器和永磁电机上[165-168,172]。超局部无模型控制主要是根据被控系统的输入输出，建立被控对象的超局部模型，通过微分代数估计超局部模型，在此过程中只使用到被控系统的输入输出数据而无需任何参数信息，因此具有极强的鲁棒性。本节将利用超局部无模型控制思想并将其应用在感应电机电流控制中。

对于感应电机，可以简化为一个单输入单输出（SISO）系统，将其用常微分方程近似来描述，如下：

$$E[t,\boldsymbol{y},\boldsymbol{y}^{(1)},\cdots,\boldsymbol{y}^{(n)},\boldsymbol{u},\boldsymbol{u}^{(1)},\cdots,\boldsymbol{u}^{(m)}]=0 \tag{8.1}$$

式中　$\boldsymbol{u}$ 为系统输入变量；

$\boldsymbol{y}$ 为系统输出变量；

$\boldsymbol{E}$ 为未知量但假设为足够平滑的函数。

在极小的采样时间内，式（8.1）可被定义为

$$\boldsymbol{y}^{(n)}=\boldsymbol{F}+\alpha\boldsymbol{u} \tag{8.2}$$

式中　系统阶次 $n\geqslant 1$；

输入变量权重系数 α 为常数值，由经验调试得到。

$\boldsymbol{F}$ 包含了系统的结构信息，并包括系统的未知部分和可能的干扰。若采样时间很短，则超局部模型可近似看为实时更新的系统模型。因此，为提高对 F 的估计准确度，实现较好的控制性能，一般要求较高的采样率。

感应电机是高阶非线性系统，为简化控制复杂度，采用间接磁场定向控制，并利用复矢量描述将其电流控制简化为一阶系统。取 $n=1$，式（8.2）改写为

$$\boldsymbol{y}^{(1)}=\boldsymbol{F}+\alpha\boldsymbol{u} \tag{8.3}$$

将式（8.3）与智能 PI 结合，则得到闭环系统的输入为

$$\boldsymbol{u}=-\frac{1}{\alpha}\left[\boldsymbol{F}-\boldsymbol{y}^{(1)*}+K_{\mathrm{P}}\boldsymbol{e}+K_{\mathrm{I}}\int\boldsymbol{e}\right] \tag{8.4}$$

式中　$\boldsymbol{y}^{*}$ 为输出参考值；

$\boldsymbol{e}=\boldsymbol{y}-\boldsymbol{y}^{*}$ 为跟踪误差；

K_{P} 和 K_{I} 为分别为比例系数和积分系数。

通过调节 K_{P} 和 K_{I} 可以获得对参考值 $\boldsymbol{y}^{*}$ 较好的跟踪性能。在式（8.4）中 F 为未知量，可采用微分代数法[173] 估计在短时间内估计 $\boldsymbol{F}$，则 $\boldsymbol{F}$ 可用估计值代替，式（8.3）改写为

$$\boldsymbol{y}^{(1)}=\hat{\boldsymbol{F}}+\alpha\boldsymbol{u} \tag{8.5}$$

对式（8.5）进行变换计算得到[171]

$$sy=\frac{\hat{F}}{s}+\alpha u+y_0 \tag{8.6}$$

式中　y_0 对应在 $[t-L,\ t]$ 时的初始条件。两边同时乘以$\frac{\mathrm{d}}{\mathrm{d}s}$，消去 y_0 得到

$$y+s\frac{\mathrm{d}y}{\mathrm{d}s}=-\frac{\hat{F}}{s^2}+\alpha\frac{\mathrm{d}u}{\mathrm{d}s} \tag{8.7}$$

将式（8.7）两边同时乘以 s^{-2} 并转化成时域得到

$$\hat{F}=-\frac{3!}{L^3}\int_{t-L}^{t}[(L-2\sigma)y(\sigma)+\alpha\sigma(L-\sigma)u(\sigma)]\mathrm{d}\sigma \tag{8.8}$$

式中　L 值非常小，其取决于采样周期和噪声强度。

本节将超局部无模型控制思想与感应电机间接磁场定向预测电流控制相结合，根据感应电机两相静止坐标系下复矢量数学模型及超局部模型式（8.5），通过式（8.8）F 的估计值可得到

$$\begin{cases}\frac{\mathrm{d}i_s}{\mathrm{d}t}=\hat{F}+\alpha u_s\\ \hat{F}=-\frac{3!}{(n_F T_{sc})^3}\int_0^{n_F T_{sc}}[(n_F T_{sc}-2\sigma)i_s(\sigma)+\alpha\sigma(n_F T_{sc}-\sigma)u_s(\sigma)]\mathrm{d}\sigma\end{cases} \tag{8.9}$$

式中　n_F 为控制周期的个数。

8.3　基于扩张状态观测器的无模型预测电流控制

20 世纪 80 年代我国著名学者韩京清提出自抗扰控制[174]，其包括非线性跟踪微分器、扩张状态观测器和非线性状态误差反馈三大关键技术。其中，扩张状态观测器（ESO）可在模型未知时估计系统状态，通过扩张一阶变量观测系统总扰动，并作为反馈对模型和未知扰动进行补偿。因此，可以利用 ESO 不依赖模型、设计简单且鲁棒性强的特点，结合间接磁场定向控制实现感应电机的无模型电流控制。

一般以二阶系统为例，其状态方程为

$$\begin{cases}\dot{x}_1=x_2\\ \dot{x}_2=\mathrm{f}[x_1,x_2,w(t),t]+(b-b_0)u+b_0u\\ y=x_1\end{cases} \tag{8.10}$$

式中　$w(t)$ 为外扰；

f 为未知函数；

b 为系统未知量；

b_0 为系统一致量。

将作用于系统的总扰动扩成为新的状态变量，即

$$x_3=f[x_1,x_2,w(t),t]+(b-b_0)u \tag{8.11}$$

记 $\dot{\boldsymbol{x}}_3=\boldsymbol{h}(t)$，则系统新的状态方程为

$$\begin{cases}\dot{\boldsymbol{x}}_1=\boldsymbol{x}_2\\ \dot{\boldsymbol{x}}_2=\boldsymbol{x}_3+b_0\boldsymbol{u}\\ \dot{\boldsymbol{x}}_3=\boldsymbol{h}(t)\\ \boldsymbol{y}=\boldsymbol{x}_1\end{cases} \tag{8.12}$$

为便于观测器的设计分析，采用线性扩张状态观测器[175]，并构造线性状态观测器为

$$\begin{cases}\boldsymbol{e}_{\mathrm{rr}}=\boldsymbol{z}_1-\boldsymbol{y}\\ \dot{z}_1=z_2-\beta_1\boldsymbol{e}_{\mathrm{rr}}\\ \dot{z}_2=z_3+b\boldsymbol{u}-\beta_1\boldsymbol{e}_{\mathrm{rr}}\\ \dot{z}_3=-\beta_2\boldsymbol{e}_{\mathrm{rr}}\end{cases} \tag{8.13}$$

结合感应电机基于间接磁场定向的电流控制的超局部模型，对定子电流线性扩张状态观测器进行设计

$$\begin{cases}\boldsymbol{e}_{\mathrm{rr}}=\boldsymbol{z}_1-\boldsymbol{i}_{\mathrm{s}}\\ \dot{z}_1=z_2+\alpha\boldsymbol{u}_{\mathrm{s}}-\beta_1\boldsymbol{e}_{\mathrm{rr}}\\ \dot{z}_2=-\boldsymbol{\beta}_2\boldsymbol{e}_{\mathrm{rr}}\end{cases} \tag{8.14}$$

式中　z_1 为定子电流 $\boldsymbol{i}_{\mathrm{s}}$ 的观测值；

z_2 为 $\boldsymbol{F}$ 的实时估计值 $\hat{\boldsymbol{F}}$；

β_1 和 β_2 为观测参数。

将式（8.14）离散化得

$$\begin{cases}\boldsymbol{e}_{\mathrm{rr}}(k)=\hat{\boldsymbol{i}}_{\mathrm{s}}(k)-\boldsymbol{i}_{\mathrm{s}}(k)\\ \hat{\boldsymbol{i}}_{\mathrm{s}}(k+1)=\hat{\boldsymbol{i}}_{\mathrm{s}}(k)+T_{\mathrm{sc}}[\hat{\boldsymbol{F}}(k)+\alpha\boldsymbol{u}_{\mathrm{s}}(k)]-\beta_{01}\boldsymbol{e}_{\mathrm{rr}}(k)\\ \hat{\boldsymbol{F}}(k+1)=\hat{\boldsymbol{F}}(k)-\beta_{02}\boldsymbol{e}_{\mathrm{rr}}(k)\end{cases} \tag{8.15}$$

式中　$\beta_{01}=T_{\mathrm{sc}}\beta_1$，$\beta_{02}=T_{\mathrm{sc}}\beta_2$ 为观测器的离散增益。

由于观测参数 β_{01} 和 β_{02} 会影响系统的闭环极点的位置，因此必须选择合理的 β_{01} 及 β_{02} 的值以确保观测器稳定以及良好的控制性能。

将定子电流线性扩张状态观测器式（8.14）写成状态方程

$$\begin{cases}\boldsymbol{x}=\boldsymbol{A}\boldsymbol{x}+\boldsymbol{B}\boldsymbol{u}_{\mathrm{s}}+\boldsymbol{K}\boldsymbol{e}_{\mathrm{rr}}\\ \boldsymbol{y}=\boldsymbol{C}\boldsymbol{x}\end{cases} \tag{8.16}$$

式中　$\boldsymbol{x}=\begin{bmatrix}z_1\\ z_2\end{bmatrix}$，$\boldsymbol{A}=\begin{bmatrix}0&1\\0&0\end{bmatrix}$，$\boldsymbol{B}=\begin{bmatrix}\alpha\\0\end{bmatrix}$，$\boldsymbol{C}=[1\quad 0]$，$K=\begin{bmatrix}-\beta_1\\-\beta_2\end{bmatrix}$。

则观测器的观测误差可表示为

$$\dot{\boldsymbol{e}}=\boldsymbol{A}_{\mathrm{e}}\boldsymbol{e}+\boldsymbol{K}\boldsymbol{e}_{\mathrm{rr}} \tag{8.17}$$

式中　$\boldsymbol{e}=\boldsymbol{x}-\boldsymbol{z}$，$\boldsymbol{A}_{\mathrm{e}}=\begin{bmatrix}-\beta_1&1\\-\beta_2&0\end{bmatrix}$。

因此，扩张状态观测器的特征方程可表示为

$$|sI-A_e|=s^2+\beta_1 s+\beta_2 \tag{8.18}$$

一般的，为了保证矩阵 A_e 的稳定性及其收敛速度，取 $\beta_1=2\omega_0$，$\beta_2=\omega_0^2$，ω_0 为系统带宽。

8.4 实验对比

为验证提出的两种无模型预测电流控制算法的有效性，本节将进行实验验证，并与无差拍预测电流控制（DB_PCC）算法在电机参数准确及电机参数不准确下的情况进行了全面的对比分析。使用电机参数见表 2.1，采样率为 10kHz，采用的发波方式为 SVM。

8.4.1 动态性能

为验证提出的超局部无模型和扩张状态观测器无模型预测电流控制策略，对它们的动态性能进行了测试，并与 DB_PCC 在电机参数准确的情况下进行对比。

图 8.2 所示为三种方法空载下由静止起动到 1500r/min 的实验波形。各通道由上到下分别是：电机转速、q 轴电流、d 轴电流以及一相电流。可以清楚发现，三种方法都能实现电机快速稳定地起动。其中，采用 ESO 方法，dq 轴电流脉动较小，电流更为平滑。这是因为

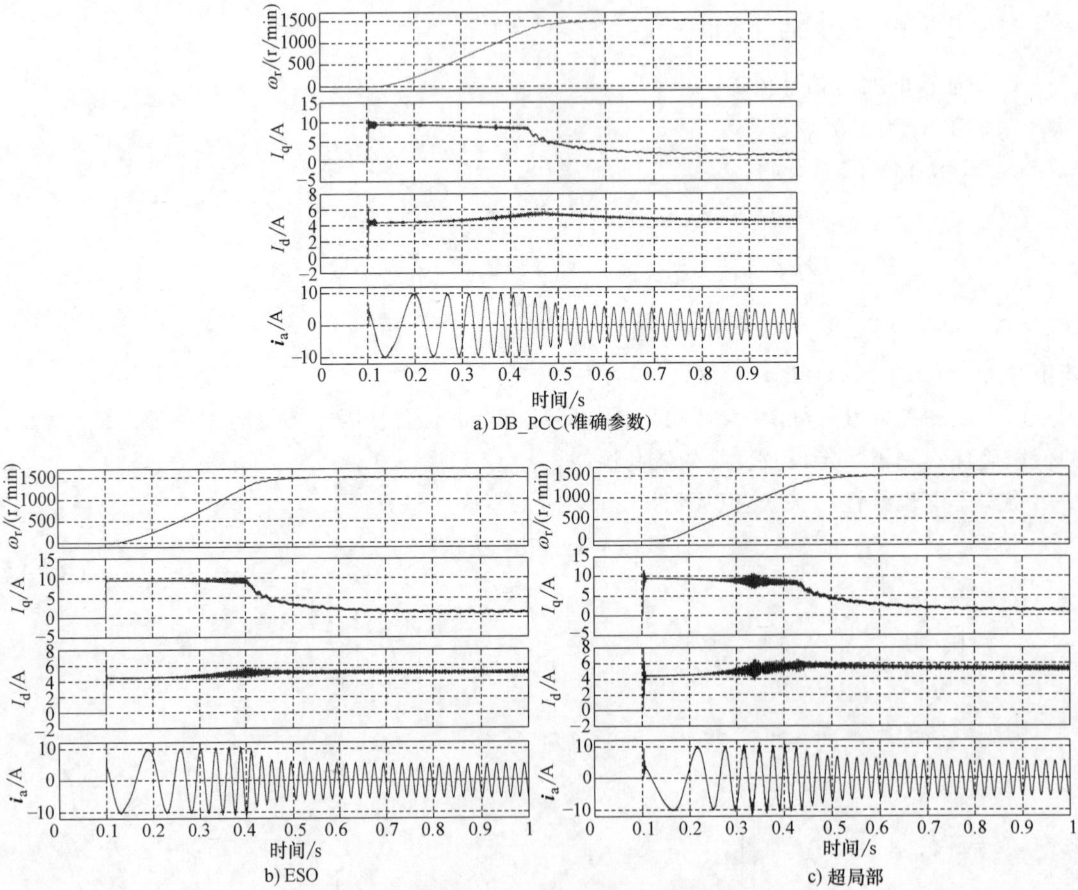

a) DB_PCC(准确参数)

b) ESO

c) 超局部

图 8.2　电机空载从静止起动到 1500r/min 波形对比

ESO 对不确定项 $\boldsymbol{F}$ 估计准确，且 $\boldsymbol{F}$ 可通过积分计算得到，积分有一定的滤波效果，使得其计算的电压参考值更为准确。而采用超局部无模型算法时，由于其对 $\boldsymbol{F}$ 的估计准确度受采样率的影响较大，且是通过微分代数的方法计算得到的，故受微分噪声影响较大。因此，在电机加速过程中 $\boldsymbol{F}$ 的收敛性较差，在 dq 轴电流上反映出一定的鼓包现象，且 dq 轴电流脉动较大，定子电流中包含一定谐波。因此，从三种方法对比来看，基于 ESO 的无模型预测电流控制算法具有不错的动态控制性能。

8.4.2　稳态性能

同样对三种方法在空载运行下的稳态性能进行了对比。如图 8.3 所示，在 150r/min 低速运行时三种方法都能实现稳定运行，控制效果相近，dq 轴电流及定子电流十分平滑。由于受实验电机平台带有联轴器及磁粉制动器等，电机并非完全空载。当电机运行至中速域时，如图 8.4 所示。DB_PCC 控制效果较好，ESO 与超局部方法在 dq 轴电流上略有脉动，定子电流包含一定含量的谐波，超局部方法最为明显。在高速域运行时，如图 8.5 所示。在进入高速域后，电机反电动势随转速变大，DB_PCC 在电机参数准确时控制效果最好。ESO 方法由于其调节参数在整个速度范围内固定不变，在高速时对 $\boldsymbol{F}$ 估计准确度降低，因此控制效果略差，定子电流中包含一定的谐波。同样，对于超局部方法，受微分噪声影响以及对 $\boldsymbol{F}$ 观测准确度低，dq 轴电流脉动大，定子电流有一定的畸变现象，效果最差。

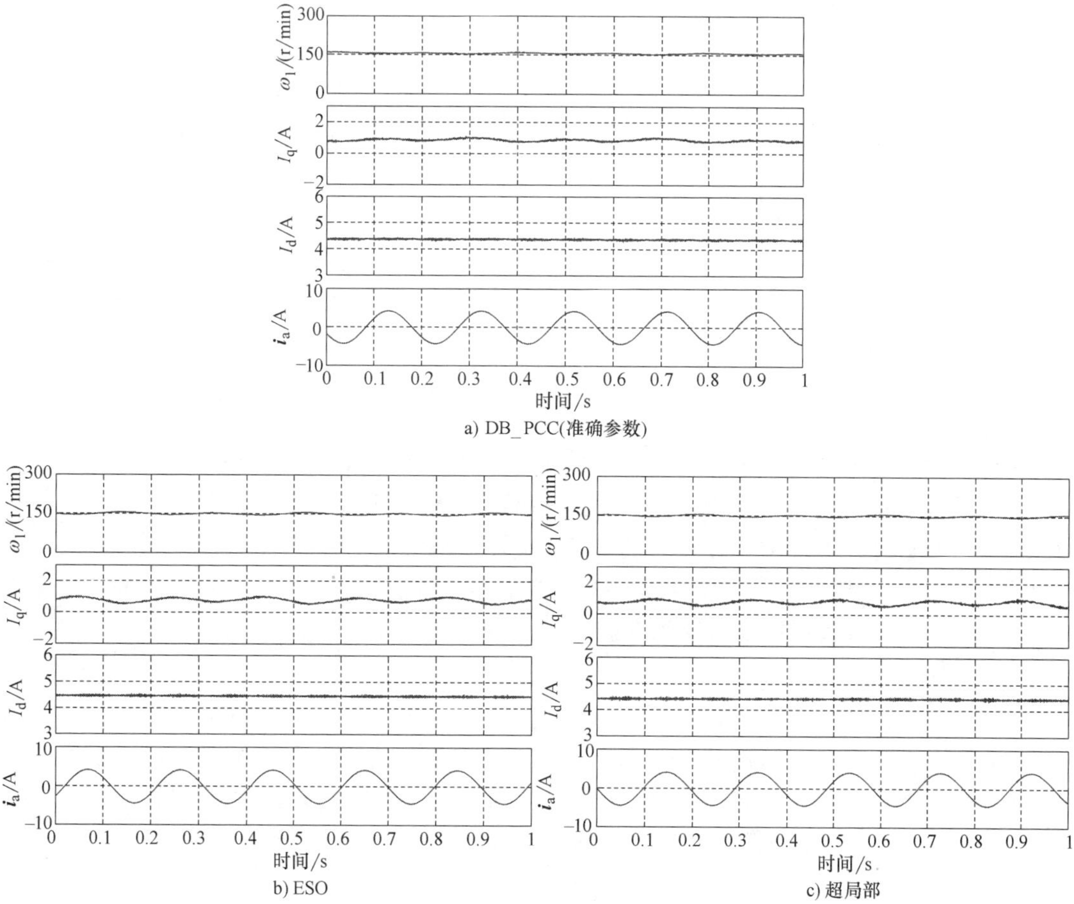

a) DB_PCC(准确参数)

b) ESO

c) 超局部

图 8.3　空载下 150r/min 低速波形对比

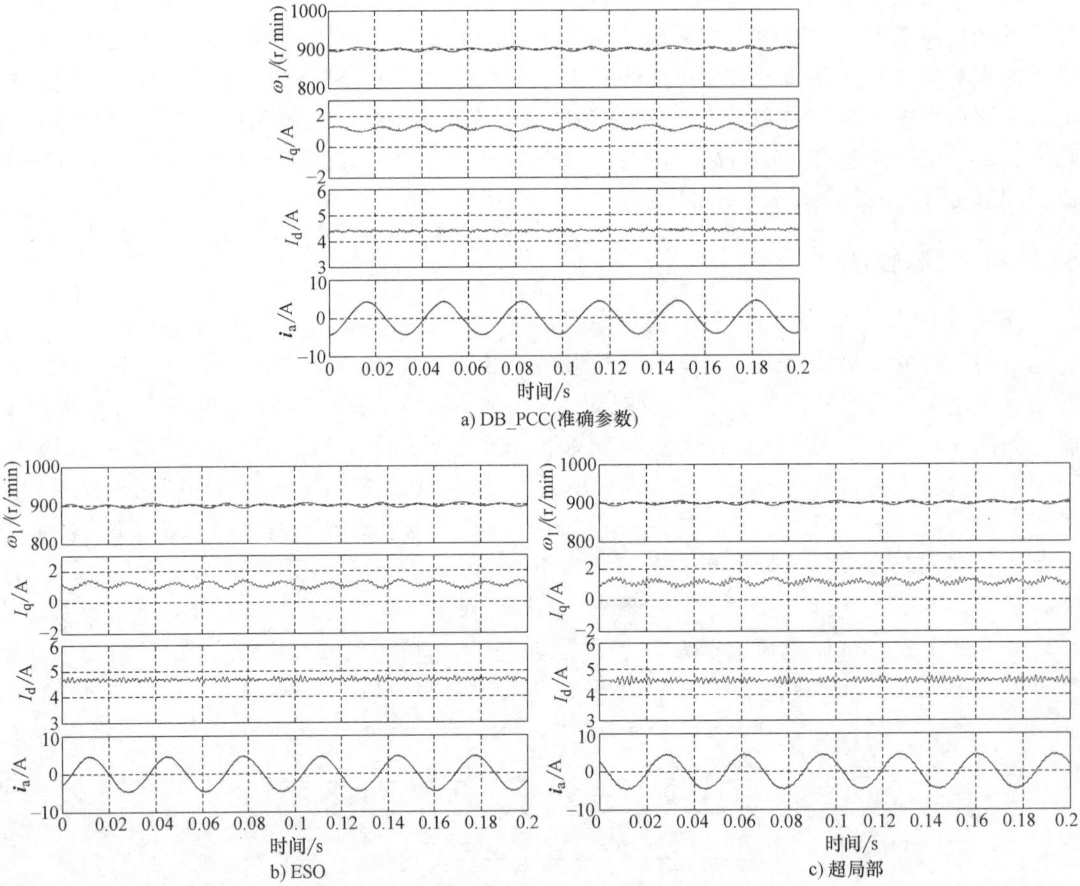

a) DB_PCC(准确参数)

b) ESO

c) 超局部

图 8.4　空载下 900r/min 中速波形对比

为更好地对比三种方法的稳态性能，如图 8.6 所示，对各速域空载及额定负载下的电流 THD 进行了详尽的对比。通过对比可以发现，在空载运行时，准确参数的 DB_PCC 拥有全速域较好的电流 THD，ESO 与其相近，超局部方法最差，尤其是在高速域段。而在带额定负载运行时，ESO 方法的电流 THD 在低速域最小，在中低速域都不超过 4%。而在高速域段，无模型方法受固定的调节参数影响，对 F 观测准确度下降，电流 THD 较大，尤其是超局部方法，其电流 THD 几乎为其他两种方法的两倍。整体来说，在电机参数准确的情况下 DB_PCC 方法电流 THD 最好，ESO 与其相近，而超局部方法受采样率及微分代数计算影响，控制效果较差。但是，相比于 DB_PCC，这两种无模型方法无需任何电机参数，因此，无模型预测电流控制拥有极为广阔的发展前景。

8.4.3　参数鲁棒性

最后，对 DB_PCC 在电机参数变化下在低速、中速、高速以及各速域额定负载下的情况与 ESO 及超局部方法进行全面对比。注意，由于实际实验中电机参数很难发生大幅变化，在此我们变更的电机参数为控制器中运算的电机参数，以模拟实际情况发生的现象。

图 8.7~图 8.9 所示分别为电机在 150r/min、750r/min、1500r/min 带额定负载运行下的电机参数变化实验波形对比。各通道分别为电机转速、q 轴电流、d 轴电流、一相定子电流。

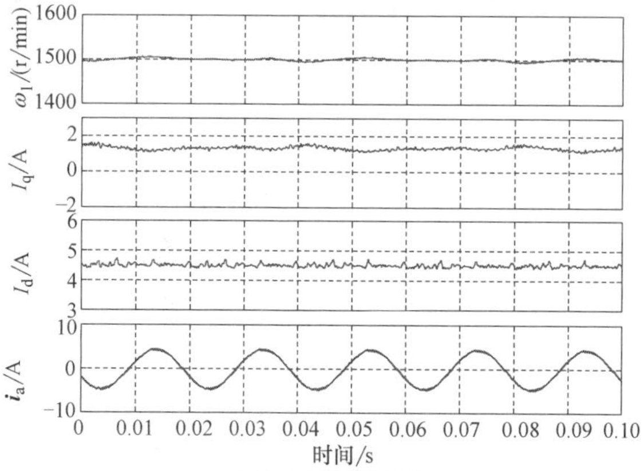

a) DB_PCC(准确参数)

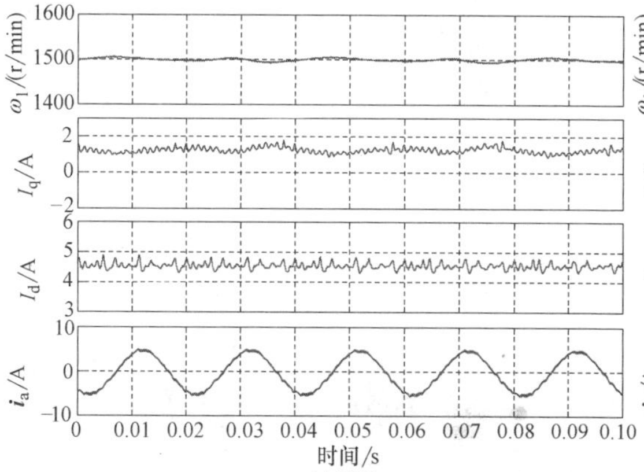

b) ESO

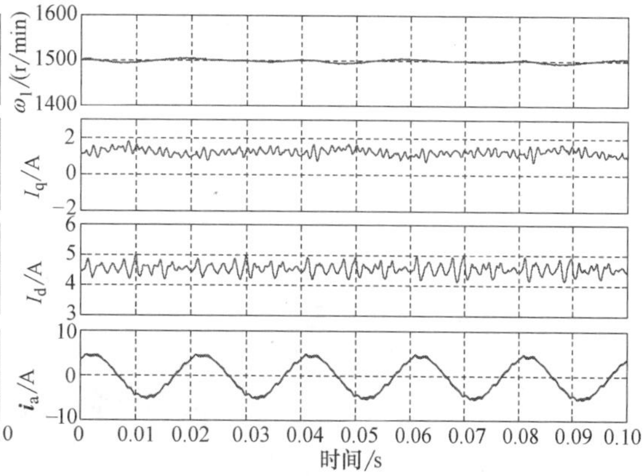

c) 超局部

图 8.5 空载下 1500r/min 高速波形对比

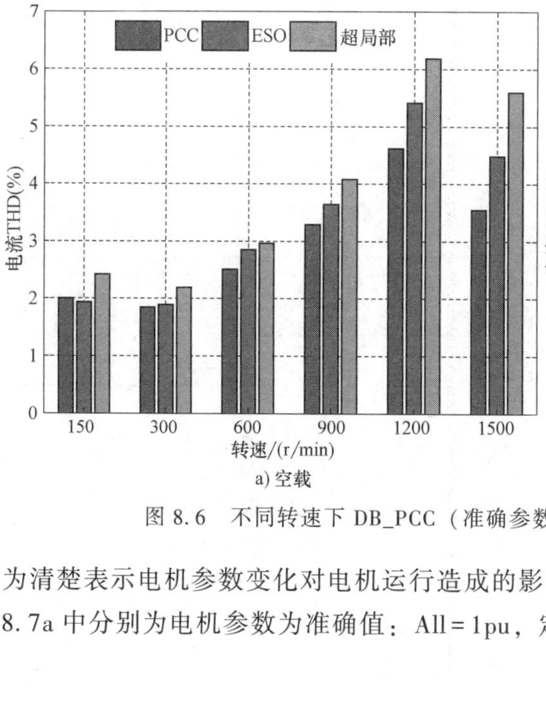

a) 空载

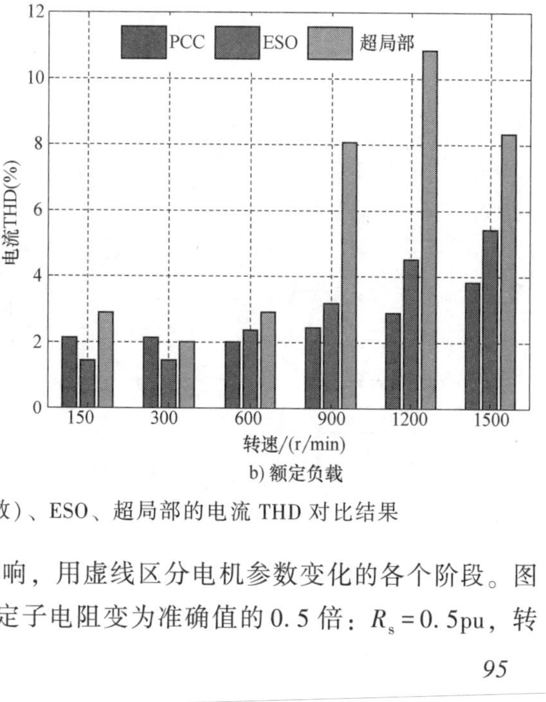

b) 额定负载

图 8.6 不同转速下 DB_PCC（准确参数）、ESO、超局部的电流 THD 对比结果

为清楚表示电机参数变化对电机运行造成的影响，用虚线区分电机参数变化的各个阶段。图 8.7a 中分别为电机参数为准确值：All = 1pu，定子电阻变为准确值的 0.5 倍：$R_s = 0.5$pu，转

子电阻变为准确值的 0.5 倍：$R_r=0.5$pu，互感变为准确值的 0.5 倍：$L_m=0.5$pu，以及所有电机参数同时变为 0.5 倍：All = 0.5pu。图 8.7b 中分别为 All = 1pu，$R_s=3$pu，$R_r=3$pu，$L_m=3$pu 及 All = 3pu。图 8.7c 中，$K=1$ 阶段为 All = 1pu；$K=2$ 阶段为 $R_s=3$pu，$R_r=0.5$pu，$L_m=3$pu；$K=3$ 阶段为 $R_s=3$pu，$R_r=3$pu，$L_m=0.5$pu；$K=4$ 阶段为 $R_s=0.5$pu，$R_r=0.5$pu，$L_m=3$pu；$K=5$ 阶段为 $R_s=0.5$pu，$R_r=3$pu，$L_m=0.5$pu。

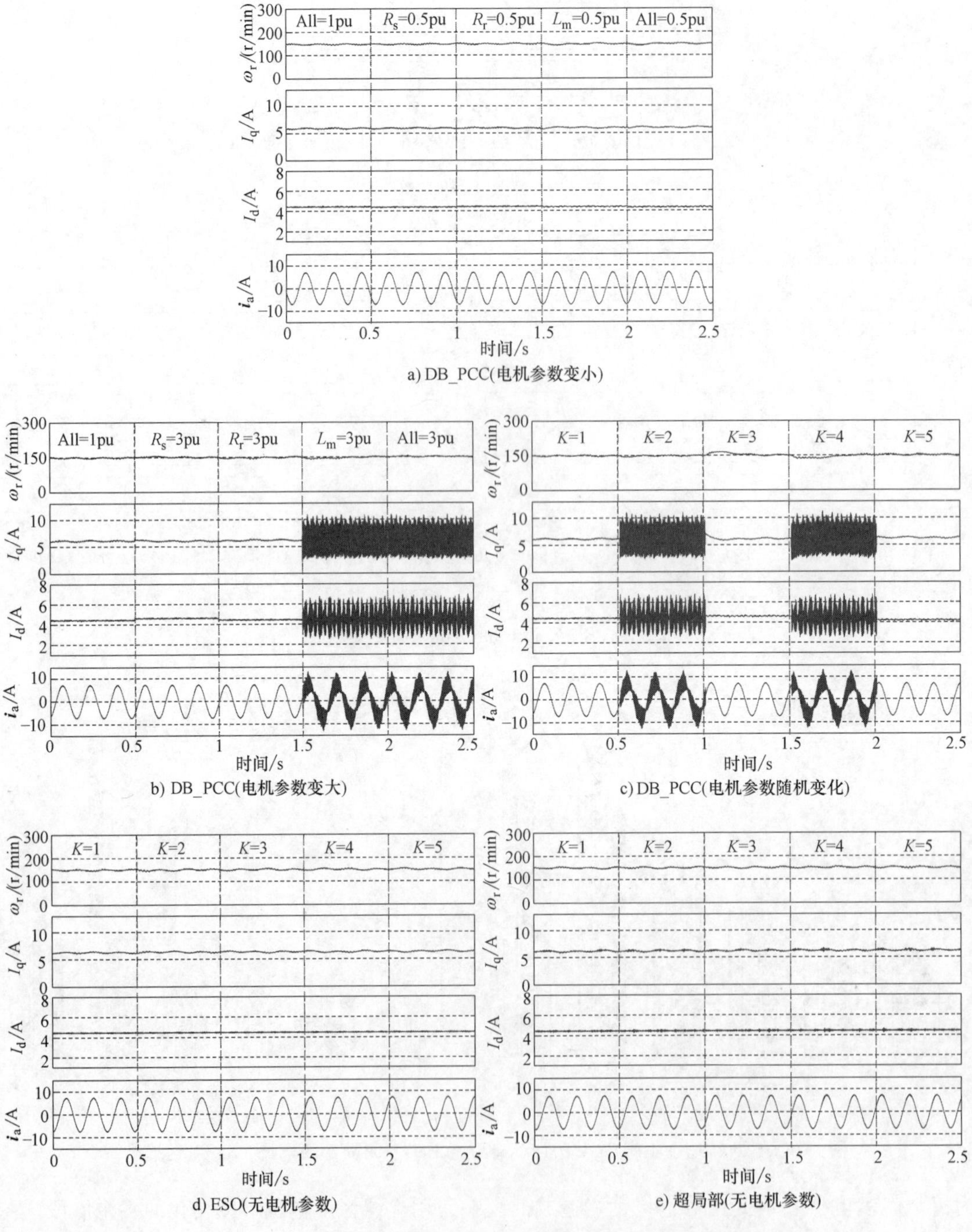

a) DB_PCC(电机参数变小)

b) DB_PCC(电机参数变大)

c) DB_PCC(电机参数随机变化)

d) ESO(无电机参数)

e) 超局部(无电机参数)

图 8.7　150r/min 低速额定负载下电机参数变换实验波形对比

由图 8.7a 可见，DB_PCC 在低速满载运行时，各电机参数变小及同时变小对电机的稳定运行及带载没有造成明显影响。只是在参数发生变化时，d 轴电流会略有偏差。而对电机参数变大的情况，如图 8.7b 所示。定子电阻变大会使 d 轴电流出现明显偏差，转子电阻变大对 dq 轴电流及电机运行影响不大，而当互感变大时 dq 轴电流出现很大的脉动，定子电流幅值变大，谐波含量明显。同样，当所有参数同时变大时，主要受互感参数变大影响，也会出现 dq 轴电流脉动较大、定子电流谐波含量明显的情况。在电机参数随机变化过程中，如图 8.7c 所示，$K=2$ 及 $K=4$ 阶段 dq 轴电流脉动很大，定子电流幅值变大且谐波明显，而 $K=3$ 及 $K=5$ 阶段电机运行受参数变化影响较小，这主要是由在 $K=2$ 及 $K=4$ 阶段互感参数变大造成的。而对于 ESO 及超局部方法，由于在电流控制中无需任何电机参数，故在整个参数变化过程中都表现出良好带载运行状态。其中 ESO 方法的 dq 轴电流及定子电流更为平滑。

当电机运行至中速域时，如图 8.8 所示。当电机参数变小时，互感参数的变化会对 dq 轴电流造成较为明显的偏差，而定子电阻与转子电阻的变化对电机运行影响较小。在电机参数变大时，定子电阻参数变大会使 d 轴电流略有偏差，互感参数变大会使 dq 轴电流脉动明显增大，定子电流幅值变大，谐波明显，甚至影响到转速出现波动。同样在所有参数同时变大时，主要受互感变大影响，电机运行处于较不稳定状态。在电机参数随机变化过程中，同低速运行时状况一样，受互感参数变大影响，在 $K=2$ 及 $K=4$ 阶段电机运行处于不稳定状

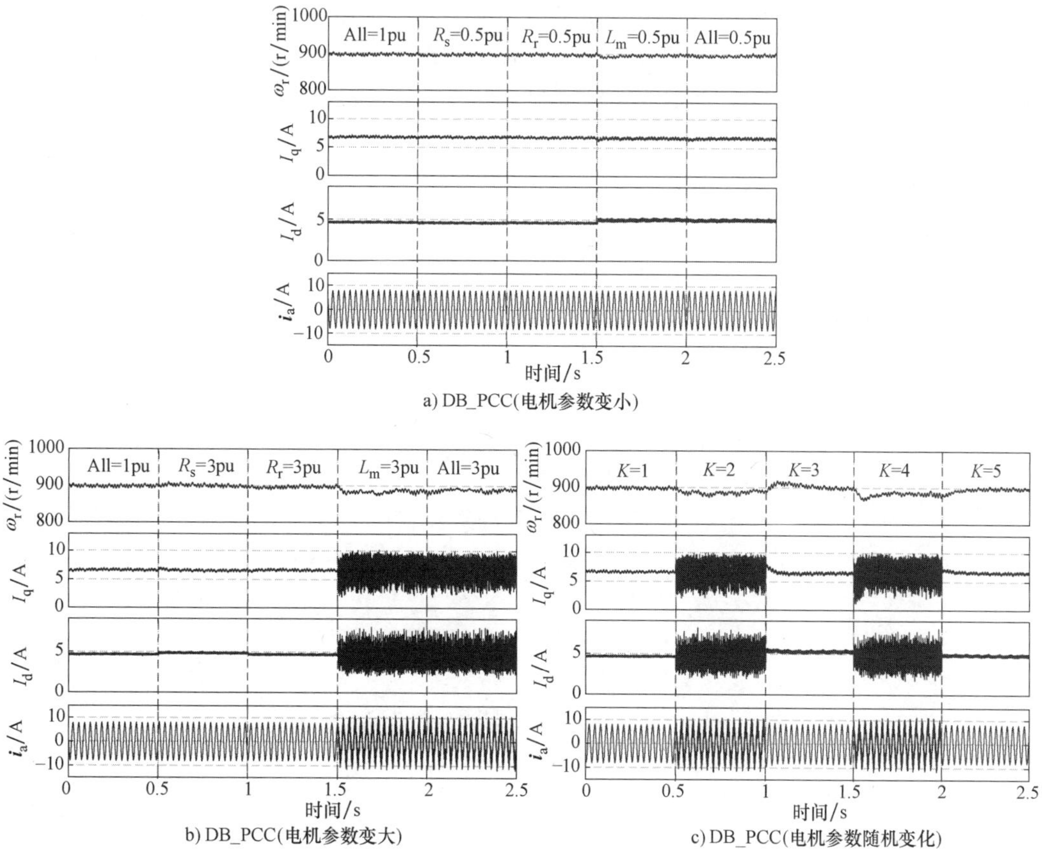

a) DB_PCC(电机参数变小)

b) DB_PCC(电机参数变大)

c) DB_PCC(电机参数随机变化)

图 8.8　900r/min 中速额定负载下电机参数变换实验波形对比

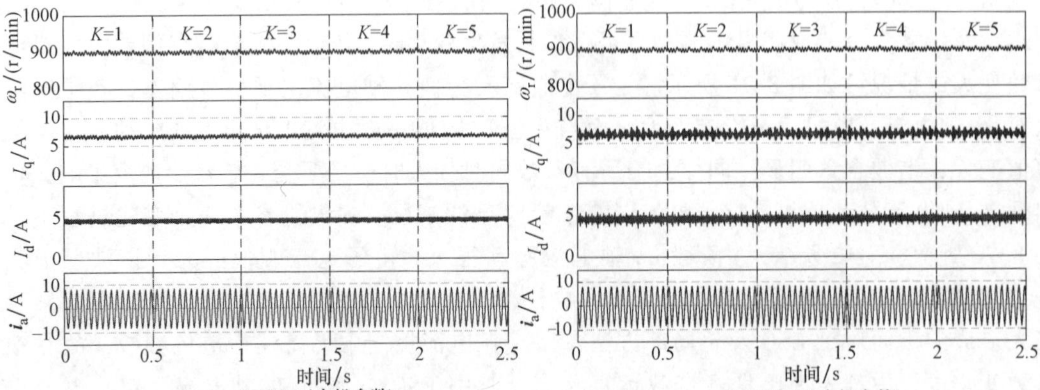

d) ESO(无电机参数)　e) 超局部(无电机参数)

图 8.8　900r/min 中速额定负载下电机参数变换实验波形对比（续）

态，略有失速现象发生。而对于 ESO 及超局部方法，在电机参数变化下电机带载运行稳定。其中 ESO 具有更为良好的控制性能。而超局部方法 dq 轴电流周期性鼓包现象明显，定子电流包含一定的谐波。

当电机运行至高速域时，如图 8.9 所示。当电机参数变小时，互感参数的变化会对 dq 轴电流造成较为明显的偏差，电机出现明显的失速现象。同样在所有参数同时变小时，由于互感参数变小，也会出现同样的现象。而定子电阻与转子电阻的变化对电机运行影响较小。在电机参数变大时，定子电阻参数变大会使 d 轴电流略有偏差，而互感参数变大时 dq 轴电流脉动明显增大，定子电流复制变大谐波明显，转速也出现波动。同样在所有参数同时变大时，主要受互感变大影响，电机运行处于较不稳定状态。在电机参数随机变化过程中，受互感参数变小影响在 $K=3$ 及 $K=5$ 阶段电机运行处于极不稳定状态，有明显的失速现象发生，dq 轴电流有明显偏差，电机带载能力下降。而在 $K=2$ 及 $K=4$ 阶段电机运行受互感参数变大影响也处于不稳定状态，电机转速波动明显。而对于 ESO 方法，在电机参数变化下电机带载运行稳定，并且具有更为良好的控制性能。而超局部方法，受微分噪声影响以及对 F 观测准确度低，dq 轴电流脉动较大，定子电流有一定的畸变现象，效果最差，但仍能保证电机的稳定带载运行能力。

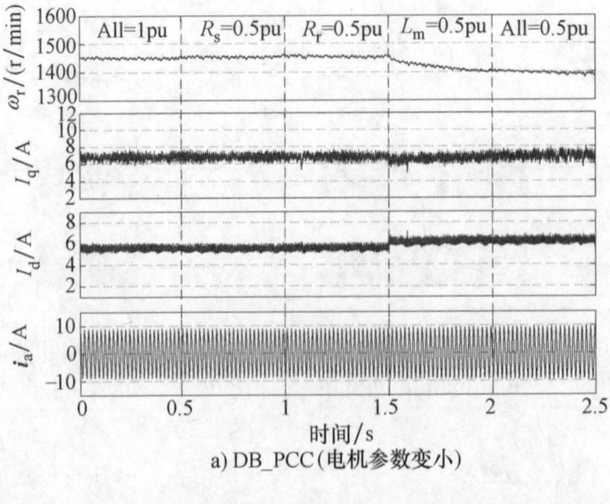

a) DB_PCC(电机参数变小)

图 8.9　1500r/min 高速额定负载下电机参数变换实验波形对比

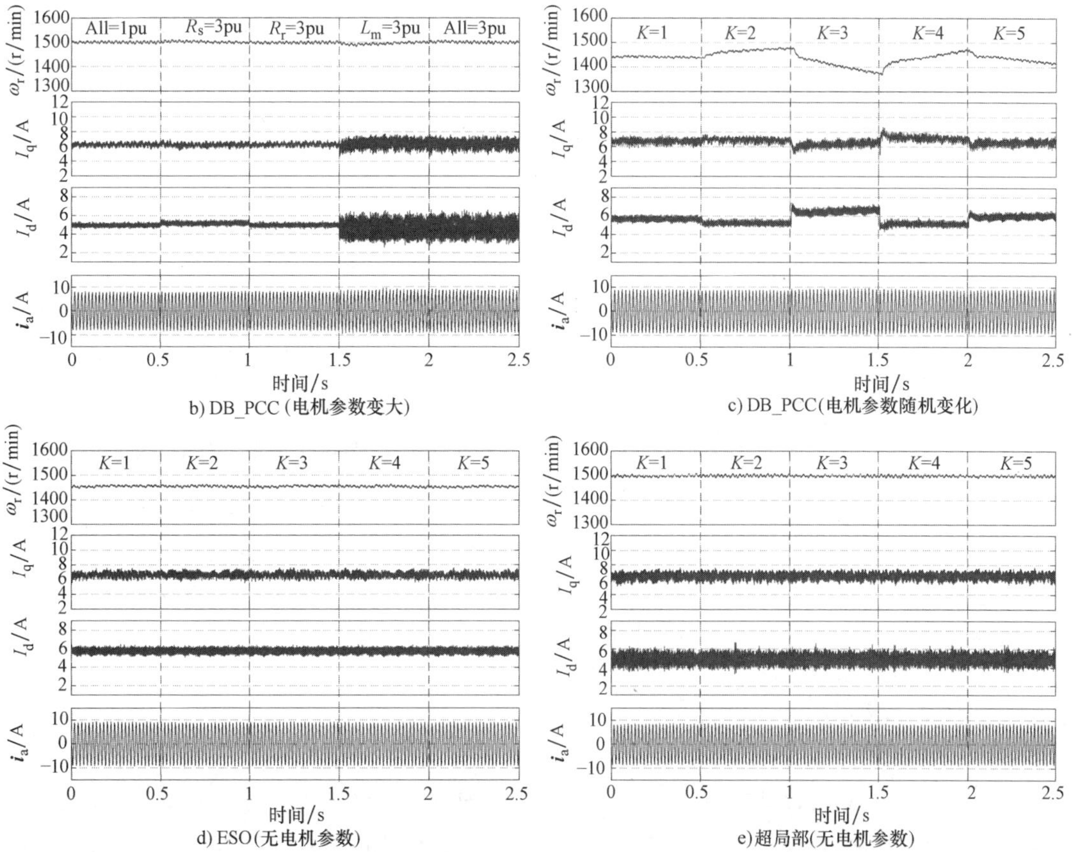

b) DB_PCC (电机参数变大)　c) DB_PCC(电机参数随机变化)

d) ESO(无电机参数)　e)超局部(无电机参数)

图 8.9　1500r/min 高速额定负载下电机参数变换实验波形对比（续）

同样，对 DB_PCC 在电机参数变化下的动态性能进行对比，如图 8.10 所示。参数变化情况分别为上述中所述的 $K=2$，$K=3$，$K=4$ 及 $K=5$ 这四种组合方式。可以看出，在 $K=2$ 及 $K=4$ 的情况下，电机起动过程中 dq 轴电流脉动很大，定子电流包含大量谐波，这主要是由互感参数变大造成的。在 $K=3$ 及 $K=5$ 的情况下，在电机起动过程中，dq 轴电流未能实现完全解耦，电机起动到额定速度所需时间较长。因此，当电机参数发生变化时，都会对电机的正常起动造成影响，使电机起动不稳定或者降低电机的起动的动态响应。

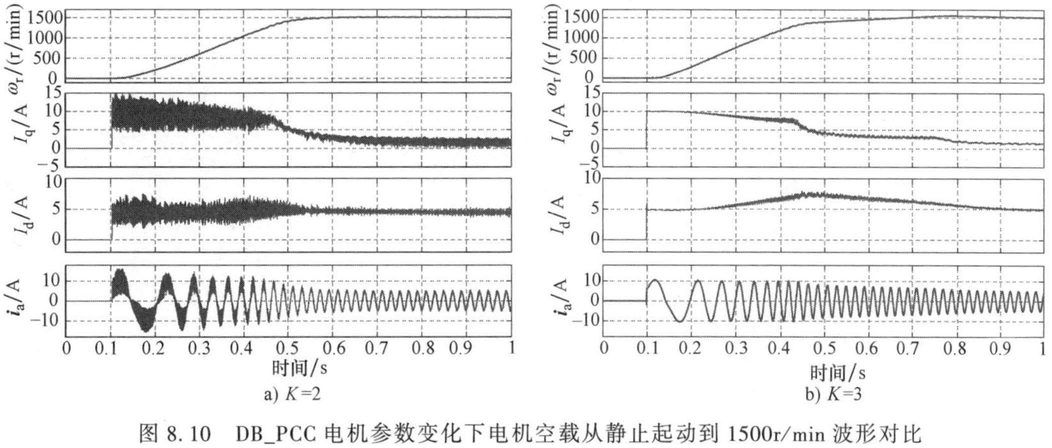

a) $K=2$　b) $K=3$

图 8.10　DB_PCC 电机参数变化下电机空载从静止起动到 1500r/min 波形对比

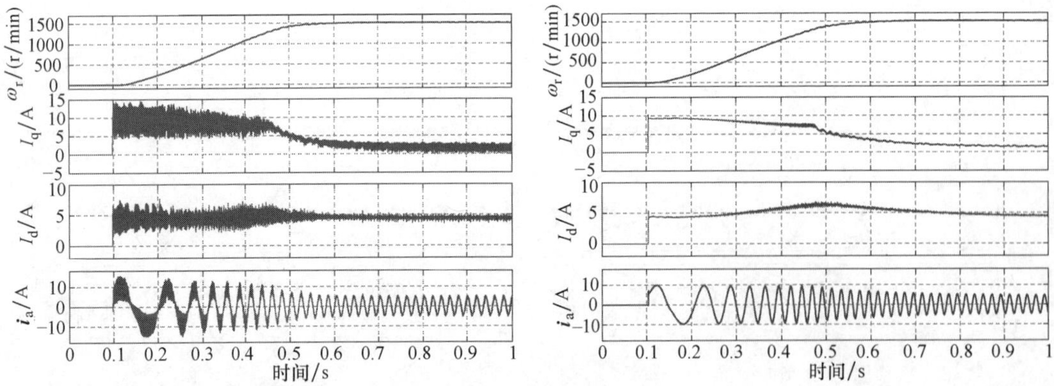

c) K=4　　d) K=5

图 8.10　DB_PCC 电机参数变化下电机空载从静止起动到 1500r/min 波形对比（续）

综上所述，传统的基于电机模型的无差拍预测电流控制很依赖电机参数准确性，当电机参数发生较大变化，尤其是互感参数的变化时会对系统的整体控制性能造成很大影响，甚至会造成电机运行不稳定。而基于超局部模型和扩张状态观测器的无模型预测电流控制无需任何电机参数信息即可实现全速域内良好的动态性能和稳态性能。

8.5　本章小结

针对模型预测控制容易受电机参数变化影响的问题，本章重点研究了对电机参数变化有鲁棒性的模型预测控制，包括基于超局部模型的无模型预测电流控制和基于扩张状态观测器的无模型预测电流控制算法。通过利用无模型思想，实现了无需任何电机参数的电流控制，极大地提高了 MPC 对电机参数的鲁棒性。通过实验对比，两种方法都能实现稳定的控制效果，性能优于传统的模型预测控制。

第 9 章　双矢量模型预测控制

同直接转矩控制类似，模型预测控制同样存在开关频率不固定以及稳态性能一般的问题，而且开关频率在整个速度域范围内不固定。为解决这个问题，可将双矢量 DTC 中占空比调节的概念引入 MPC。但是现有的一些方法[32,33] 依然采用非零矢量加零矢量的矢量组合方式，而实际上对于两电平逆变器来说，理论上共有 7×7=49 种矢量组合方式，因此在更广的范围内对矢量组合进行筛选无疑能获得更优异的控制性能。本章将重点对五种双矢量 MPC 方法进行研究，分别是传统双矢量预测转矩控制、改进双矢量预测转矩控制、广义双矢量预测转矩控制、广义双矢量预测磁链控制和开关点优化预测磁链控制，以下分别简称为 Duty-MPTC Ⅰ，Duty-MPTC Ⅱ，Duty-MPTC Ⅲ，Duty-MPFC Ⅰ和 Duty-MPFC Ⅱ。本章将对双矢量 MPC 的一拍数字延迟进行补偿，关于延迟补偿这部分内容可参考 6.2.3 节的相关内容，此处不再赘述。

9.1　双矢量模型预测控制介绍

9.1.1　传统双矢量预测转矩控制

第一类方法较为简单，其控制框图如图 9.1 所示[33,176]。基本原理与 5.3 节的双矢量 DTC 十分类似，称之为 Duty-MPIC Ⅰ。

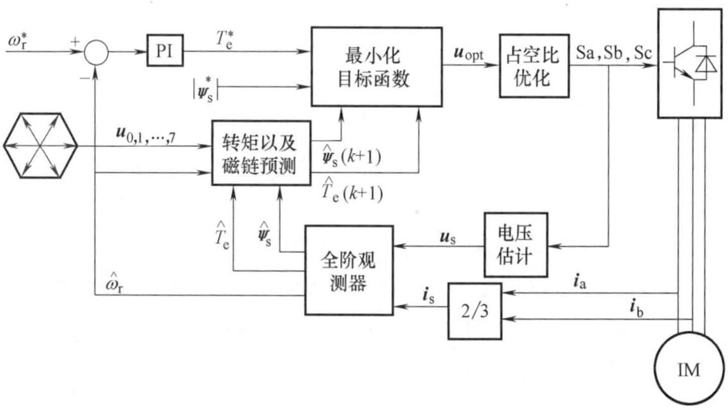

图 9.1　Duty-MPTC Ⅰ的控制框图

1）根据 6.2 节的单矢量 MPC 原理选择出最优电压矢量 $\boldsymbol{u}_{opt}$。值得注意的是，在此方法中第二段矢量始终固定为零矢量，因此为确保一个控制周期内有两段电压矢量，$\boldsymbol{u}_{opt}$ 只在有效电压矢量，也就是非零电压矢量范围内进行筛选。

2）根据选择的 $\boldsymbol{u}_{opt}$ 计算其优化作用时间，即根据式（5.7）、式（5.9）、式（5.11）或

式（5.12）求得该矢量的作用时间 t_{opt}。

3）根据所选择的电压矢量以及优化作用时间确定逆变器的驱动脉冲。

由于零矢量的引入，与传统 MPC 相比，Duty-MPTC Ⅰ的电压矢量幅值能实现自我调节，因而控制更加精细，所以能实现比传统 MPC 更好的控制性能。

9.1.2 改进双矢量预测转矩控制

从 Duty-MPTC Ⅰ可以看出其处理方式为先按单矢量 MPC 的方法选择矢量，再优化矢量作用时间。很明显这种串行优化的方式存在潜在的缺陷，因为单矢量 MPC 所选择的电压矢量只有在矢量作用完整周期时才是最优的，而经过占空比优化后所选择的电压矢量在一个控制周期内只作用一段时间，因此按照单矢量 MPC 方法所选择出的电压矢量在这种情况下可能并非最优。针对这一缺陷，提出了将矢量选择和矢量作用时间并行优化的方法称为 Duty-MPTC Ⅱ，其控制框图如图 9.2 所示。

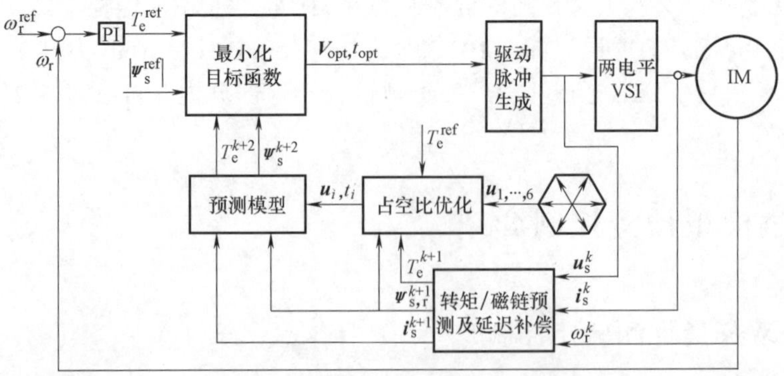

图 9.2 Duty-MPTC Ⅱ的控制框图

在这个方法中：①针对所有的非零电压矢量计算其优化作用时间 t_{opt}，根据不同的优化原则，求解公式可为式（5.7）、式（5.9）、式（5.11）或式（5.12）；②在此基础上利用 6.2 节的公式对转矩以及磁链进行预测；③基于预测的转矩以及磁链选择使目标函数式（6.11）最小的电压矢量以及对应的优化作用时间为 Duty-MPTC Ⅱ的最优选择。对于双矢量 MPC，在利用 6.2 节的公式对转矩以及磁链进行预测时，按照伏秒平衡的原则，输入电压为

$$\boldsymbol{u}_s = d\boldsymbol{u}_{opt} \tag{9.1}$$

式中 $d = t_{opt}/T_{sc}$，为有效电压矢量在一个控制周期内的占空比。

由于 Duty-MPTC Ⅱ在计算目标函数时就已经考虑了占空比优化的影响，因而能够选择出在双矢量意义上最优的电压矢量。从后面的仿真和实验可以看出采用 Duty-MPTC Ⅱ的并行优化处理方式，低速性能得到大幅度改善。

9.1.3 广义双矢量预测转矩控制

不难看出前面几种方法的矢量组合始终固定为非零矢量加零矢量的组合，但是目前为止并没有明确的证据表明零矢量是最佳的第二个电压矢量，这说明前面方法所确定的矢量组合只是某个范围内的局部最优解。因此，放开第二个电压矢量的选择范围有可能进一步提升系统的控制性能，这是因为该方法能够在全部的可行解范围内确定全局最优解，称之为 Duty-

MPTC Ⅲ。Duty-MPTC Ⅲ的控制框图如图 9.3 所示。可以看出图 9.2 和图 9.3 非常类似，只是在 Duty-MPTC Ⅲ中第二个电压矢量并没有固定为零矢量，而是在更广的范围内进行选择。对于两电平驱动的调速系统来说，可能的双矢量组合有 7×7 = 49 种，受限于数字处理器的运算能力，对这么多的矢量组合进行预测计算在实际应用中难以实施，因此有必要进一步研究不同矢量组合对系统性能的影响，以消除冗余矢量以及明显对控制系统不利的电压矢量组合。

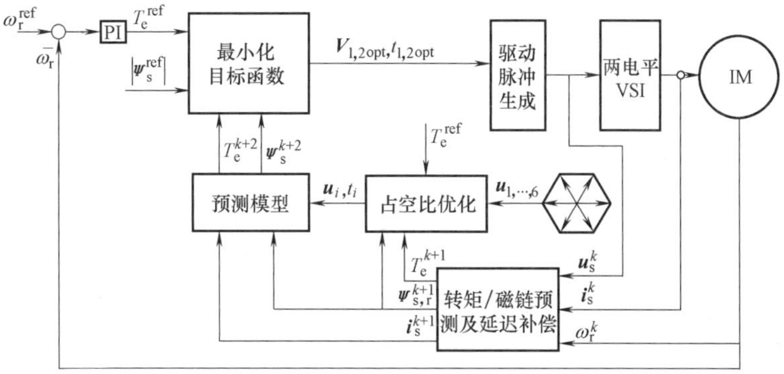

图 9.3　Duty-MPTC Ⅲ的控制框图

因为目标函数式（6.11）的目的在于尽量消除转矩以及磁链幅值的跟踪误差，所以为保持与式（6.11）的优化目标一致，在 Duty-MPTC Ⅲ中选择无差拍转矩控制的原则对占空比进行优化。由于在式（5.9）中需要对每个电压矢量作用下的转矩变化斜率进行计算，运算量较大，下文基于简化的转矩预测公式（6.9）重新推导占空比优化公式。假设所选择的两个电压矢量为 $\boldsymbol{u}_1$，$\boldsymbol{u}_2$，相应的作用时间分别为 t_1，$T_{sc}-t_1$，则根据式（9.2）以及式（6.10）可得

$$\begin{aligned} T_e^{k+1} &= 1.5n_p \boldsymbol{\psi}_s^{k+1} \otimes \boldsymbol{i}_{s0}^k \\ &= 1.5n_p[\boldsymbol{\psi}_s^k - R_s\boldsymbol{i}_s^k T_{sc} + t_1\boldsymbol{u}_1 + (T_{sc}-t_1)\boldsymbol{u}_2] \otimes \boldsymbol{i}_{s0}^k \end{aligned} \tag{9.2}$$

根据无差拍转矩控制的原则，令 $T_e^{k+1} = T_e^{ref}$ 可得 u_1 的作用时间为

$$t_1 = \frac{T_e^{ref}/(1.5n_p) - T_0 - T_{sc}(\boldsymbol{u}_2 \otimes \boldsymbol{i}_{s0}^k)}{(\boldsymbol{u}_1 - \boldsymbol{u}_2) \otimes \boldsymbol{i}_{s0}^k} \tag{9.3}$$

式中　$T_0 = (\boldsymbol{\psi}_s^k - R_s\boldsymbol{i}_s^k t_{sc}) \otimes \boldsymbol{i}_{s\lambda}^k$。相应地，$u_2$ 的作用时间为

$$t_2 = T_{sc} - t_1 = \frac{T_e^{ref}/(1.5n_p) - T_0 - T_{sc}(\boldsymbol{u}_1 \otimes \boldsymbol{i}_{s\lambda}^k)}{(\boldsymbol{u}_2 - \boldsymbol{u}_1) \otimes \boldsymbol{i}_{s0}^k} \tag{9.4}$$

从式（9.3）以及式（9.4）可以看出优化时间的计算已不需要借助中间的转矩斜率计算，因而更加简便。

调整两个矢量的作用顺序，即将矢量组合 $\boldsymbol{u}_1$，$\boldsymbol{u}_2$ 改为 $\boldsymbol{u}_2$，$\boldsymbol{u}_1$，并假设作用时间变为 t'_2，$T_{sc}-t'_2$，则式（9.2）变为

$$T_e^{k+1} = 1.5n_p[\boldsymbol{\psi}_s^k - R_s\boldsymbol{i}_s^k T_{sc} + t'_2\boldsymbol{u}_2 + (T_{sc}-t'_2)\boldsymbol{u}_1] \otimes \boldsymbol{i}_{s0}^k \tag{9.5}$$

同样令 $T_e^{k+1} = T_e^{ref}$，可以发现两个矢量的作用时间依旧保持不变，即 $t'_2 = t_2$。进一步对比式（9.5）和式（9.2）可知预测转矩 T_e^{k+1} 的值在两种情况下也保持不变。由于在改变作用顺序后，矢量的作用时间依旧保持不变，因此一个控制周期内的平均作用电压也保持不变，

这就说明定子磁链矢量在两种矢量组合下的预测值也相同。这意味着从转矩以及磁链矢量控制的角度来说，矢量组合 $\boldsymbol{u}_1$，$\boldsymbol{u}_2$ 与 $\boldsymbol{u}_2$，$\boldsymbol{u}_1$ 具有相同的效果，考虑到这一点，矢量筛选范围可以缩减为（$\boldsymbol{u}_i$，$\boldsymbol{u}_j$）（$i=1, 2, \cdots, 7, j=i, i+1, i+2, \cdots, 7$），一共有 $7+6+\cdots+1=28$ 种矢量组合。在这 28 种矢量组合中，（$\boldsymbol{u}_i$，$\boldsymbol{u}_{i+3}$）（i=1，2，3）这三种组合会导致较大的 du/dt，而且由于逆变器三相桥臂在一个开关周期内均至少动作一次，因此希望予以消除。实际上，因为 $\boldsymbol{u}_i$ 和 $\boldsymbol{u}_{i+3}$ 的方向相反，经过简单推导可以发现，（$\boldsymbol{u}_i$，$\boldsymbol{u}_{i+3}$）可以用（$\boldsymbol{u}_i$，$\boldsymbol{u}_0$）或者（$\boldsymbol{u}_0$，$\boldsymbol{u}_{i+3}$）的组合来代替。以（$\boldsymbol{u}_1$，$\boldsymbol{u}_4$）和（$\boldsymbol{u}_1$，$\boldsymbol{u}_0$）为例，假设矢量 $\boldsymbol{u}_1$ 在两种组合中的作用时间分别为 t_{14} 和 t_{10}，考虑到 $\boldsymbol{u}_1=-\boldsymbol{u}_4$，同样应用前面的转矩无差拍优化原则可推得

$$t_{14}=0.5(t_{10}+t_{sc}) \tag{9.6}$$

进一步根据式（9.6）可知

$$\boldsymbol{\psi}_s^{k+1}=\boldsymbol{\psi}_s^k-R_s\boldsymbol{i}_s^k t_{sc}+t_{14}\boldsymbol{u}_1+(t_{sc}-t_{14})\boldsymbol{u}_4 \tag{9.7}$$

$$=\boldsymbol{\psi}_s^k-R_s\boldsymbol{i}_s^k t_{sc}+t_{10}\boldsymbol{u}_1 \tag{9.8}$$

式（9.8）说明经过转矩无差拍作用时间优化后，若忽略中间过程，则矢量组合（$\boldsymbol{u}_1$，$\boldsymbol{u}_4$）和（$\boldsymbol{u}_1$，$\boldsymbol{u}_0$）对定子磁链矢量具有相同的控制效果，进一步根据式（6.9）可知两种矢量组合对转矩的控制效果也相同。需要说明的是如果计算出的 $t_{10}<0$，则说明（$\boldsymbol{u}_1$，$\boldsymbol{u}_4$）可以被（$\boldsymbol{u}_4$，$\boldsymbol{u}_0$）代替。总之，由于（$\boldsymbol{u}_1$，$\boldsymbol{u}_4$）对整个系统存在不利影响，而且它带来的控制效果可以用（$\boldsymbol{u}_1$，$\boldsymbol{u}_0$）或者（$\boldsymbol{u}_4$，$\boldsymbol{u}_0$）代替，因此在 Duty-MPTC Ⅲ中不予考虑。在去除这三种矢量组合后，矢量组合的筛选范围可以进一步由 28 个缩减为 25 个。相比原有的 49 种矢量组合已经缩减了近一半。虽然矢量筛选范围缩减一半，但是控制性能并未因此而有所降低，因为去除的矢量组合全被为冗余矢量组合。另外，如果占空比优化作用时间方式更改为其他方法，如转矩纹波最小[17] 等，则控制效果和矢量作用顺序息息相关，因此从减小计算量的角度考虑，转矩无差拍控制的占空比优化方式最适合 Duty-MPTC Ⅲ。下面将 Duty-MPTC Ⅲ算法流程总结如下：

1）根据式（9.3）计算待选矢量组合（$\boldsymbol{u}_i$，$\boldsymbol{u}_j$）对应的优化作用时间 t_{opt}；

2）在第 1 步的基础上利用电压模型式（6.10）对定子磁链 $\boldsymbol{\psi}_s^{k+1}$ 进行预测，如式（9.7）所示；

3）基于预测得到的 $\boldsymbol{\psi}_s^{k+1}$，根据式（6.9）预测下一时刻的电磁转矩 T_e^{k+1}，根据预测得到的 $\boldsymbol{\psi}_s^{k+1}$ 和 T_e^{k+1} 计算矢量组合（$\boldsymbol{u}_i$，$\boldsymbol{u}_j$）对应的目标函数值；

4）重复以上三个步骤，对所有 25 个矢量组合计算目标函数值，并选择其中使目标函数值最小的矢量组合作为最佳矢量组合。

最后需要说明的是，在 Duty-MPTC Ⅲ中，因为矢量作用顺序并不影响最终的控制性能，所以可以利用这个自由度来降低开关频率。例如，上一控制周期末段作用的电压矢量为 $\boldsymbol{u}_0$（000），而当前控制周期即将作用的电压矢量为 $\boldsymbol{u}_2$（110）和 $\boldsymbol{u}_3$（010），在这种情况下，将矢量作用顺序确定为 $\boldsymbol{u}_3$（010）在前 $\boldsymbol{u}_2$（110）在后能减少开关跳变次数。

9.1.4 广义双矢量预测磁链控制

前几种方法均在传统 MPTC 的基础上进行改进，本节在 6.2 节的 MPFC 的基础上提出一种改进的双矢量 MPC，称之为 Duty-MPFC Ⅰ，控制框图如图 9.4 所示。

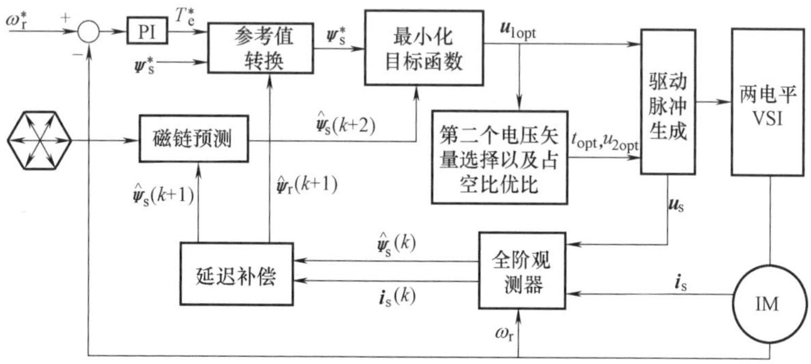

图 9.4　Duty-MPFC Ⅰ的控制框图

在 Duty-MPFC Ⅰ中，首先按照 7.1 节中的单矢量 MPFC 方法选择出最优电压矢量 $\boldsymbol{u}_{1opt}$（$\boldsymbol{u}_{1opt}$ 为非零电压矢量）。然后，按照一个控制周期内开关切换次数最多一次的原则，第二个电压矢量在 $\boldsymbol{u}_{1opt}$ 的两个相邻电压矢量以及零矢量共三个矢量之间进行选择，例如，若 $\boldsymbol{u}_1$ 被选择为第一个最优电压矢量，则第二个电压矢量的选择范围为 $\boldsymbol{u}_2$，$\boldsymbol{u}_6$ 和 $\boldsymbol{u}_0$。下面将具体介绍矢量组合的选择方式以及占空比优化方法。

假设所选择的第一个最优电压矢量为 $\boldsymbol{u}_{1opt}$，其优化作用时间为 t_{opt}，第二个待选电压矢量为 u_{2x}，则定子磁链矢量在 k+1 时刻的预测值可表示为

$$\boldsymbol{\psi}_s^{k+1}=\boldsymbol{\psi}_s^k-R_s\boldsymbol{i}_s^kT_{sc}+t_{opt}\boldsymbol{u}_{1opt}+(T_{sc}-t_{opt})\boldsymbol{u}_{2x} \tag{9.9}$$

由此可得跟踪误差的二次方为

$$G^2=|\boldsymbol{\psi}_s^{ref}-\boldsymbol{\psi}_s^{k+1}|^2 \tag{9.10}$$

根据式（9.9）以及式（9.10），最小化 G^2 等效为求解下述方程：

$$\frac{\partial(J_1^2)}{\partial t_{opt}}=0 \tag{9.11}$$

根据以上方程式，可得 $\boldsymbol{u}_{1opt}$ 的优化作用时间 t_{opt} 为

$$t_{opt}=\frac{(\boldsymbol{\psi}_{s0}^{err}-\boldsymbol{u}_{2x}T_{sc})\odot(\boldsymbol{u}_{1opt}-\boldsymbol{u}_{2x})}{|\boldsymbol{u}_{1opt}-\boldsymbol{u}_{2x}|^2} \tag{9.12}$$

式中　$\boldsymbol{\psi}_{s0}^{err}=\boldsymbol{\psi}_s^{ref}-\boldsymbol{\psi}_s^k-R_s\boldsymbol{i}_s^kT_{sc}$。当针对三个待选矢量 $\boldsymbol{u}_{2x}$ 均计算过 t_{opt} 后，即可根据式（9.9）以及式（9.10）计算出跟踪误差，经再次综合比较后从中选择中使式（9.10）最小的矢量组合作为系统的最优输出。

需要说明的是不同于 Duty-MPTC Ⅲ，在 Duty-MPFC Ⅰ中可以按照先选矢量再优化占空比的串行处理方式来确定全局最优的电压矢量组合，这一点可以通过后面的仿真来说明。通过后续的仿真和实验可以验证，Duty-MPFC Ⅰ和 Duty-MPTC Ⅲ的控制性能基本一致，但是 Duty-MPFC Ⅰ只需要对定子磁链矢量进行 9 次预测，而不需要像 Duty-MPTC Ⅲ那样对 25 个电压矢量组合进行预测计算，因此 Duty-MPFC 的计算量要小得多。另外，Duty-MPFC Ⅰ不需要权重系数调试，综上考虑，Duty-MPFC Ⅰ的实用性更佳。

9.1.5　开关点优化预测磁链控制

参考文献［177］基于 MPTC 介绍了一种基于开关切换时刻优化的 MPC 方法。本节将

该方法引入 MPFC，称之为 Duty-MPFC Ⅱ，其控制框图如图 9.5 所示。

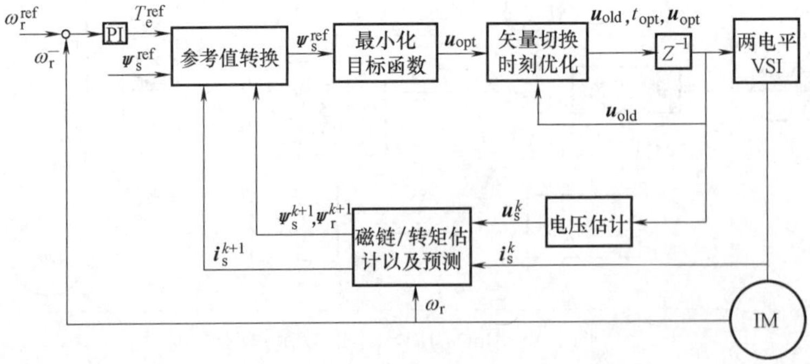

图 9.5　Duty-MPFC Ⅱ的控制框图

在传统的 MPC 中，所选择的电压矢量通常在每个控制周期的起始时刻即被更新输出，如果放开这个限制，对矢量切换时刻进行优化则有可能获取更优的控制性能，即在 Duty-MPFC Ⅱ中，上一个控制周期内的末段电压矢量 $\boldsymbol{u}_{old}$ 在当前控制周期将继续作用一段时间 t_{opt}，和 Duty-MPFC Ⅰ一样，占空比优化时间的计算可采用式（9.12）。对于当前控制周期内的最佳电压矢量可以按照下述方法来确定。

1）首先针对每个待选电压矢量 $\boldsymbol{u}_x$（$x=0$，1，…，7），根据式（9.12），为最小化磁链跟踪误差，$\boldsymbol{u}_{old}$ 的优化作用时间 t_{opt} 可计算为

$$t_{opt}=\frac{(\boldsymbol{\psi}_{s0}^{err}-\boldsymbol{u}_x T_{sc})\odot(\boldsymbol{u}_{old}-\boldsymbol{u}_x)}{|\boldsymbol{u}_{old}-\boldsymbol{u}_x|^2} \tag{9.13}$$

2）根据计算得到的 t_{opt} 可按式（9.14）预测 u_x 对应的定子磁链矢量

$$\boldsymbol{\psi}_{sx}^{k+1}=\boldsymbol{\psi}_s^k-R_s\boldsymbol{i}_s^k T_{sc}+t_{opt}\boldsymbol{u}_{old}+(T_{sc}-t_{opt})\boldsymbol{u}_x \tag{9.14}$$

3）当针对所有的待选矢量 $\boldsymbol{u}_x$ 均计算完 $\boldsymbol{\psi}_{sx}^{k+1}$ 后则可计算目标函数式（7.7）的值，最后选择使目标函数最小的 $\boldsymbol{u}_x$ 及其对应的 t_{opt} 生成逆变器驱动信号。

从上述步骤可以看出，对于 Duty-MPFC Ⅱ，一个控制周期内共有两段电压矢量，即 $\boldsymbol{u}_{old}$ 和 $\boldsymbol{u}_x$，因此也归结到本章的双矢量 MPC 中。

9.2　仿真和实验结果

9.2.1　仿真结果

由于本节介绍的方法非常多，所以为了突出各方法本身的特点以及它们之间的性能差异，本节在仿真测试中只选取典型的测试波形，更具体、更详细的测试波形可参见实验结果。仿真中的电机参数与之前各章相同，控制参数的设置在各方法中单独说明。

1. Duty-MPTC Ⅰ的仿真结果

Duty-MPC Ⅰ的采样率设置为 20kHz，磁链权重系数 $k_\psi=100$，占空比优化方式为转矩无差拍控制，即式（5.9）。图 9.6 所示为电机起动以及突加载过程中的仿真波形。为突出 Duty-MPTC Ⅰ的效果，图中加入了同样测试条件下的传统 MPTC 的仿真波形。从图中可以看

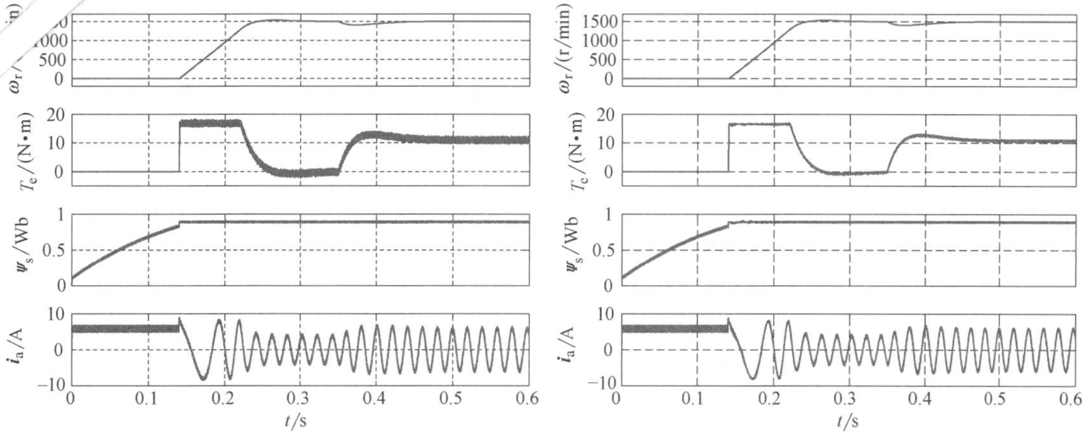

a) MPTC　　b) Duty-MPTC Ⅰ

图 9.6　电机起动以及突加载仿真测试

出，Duty-MPTC Ⅰ的动态性能与传统 MPTC 类似，但是 Duty-MPTC Ⅰ在动静态过程中的转矩纹波比传统 MPTC 要小得多，说明引入占空比优化确实能提高转矩控制性能。

2. Duty-MPTC Ⅱ的仿真结果

Duty-MPTC Ⅱ的采样率设置为 10kHz，只有 Duty-MPTC Ⅰ以及传统 MPTC 的一半。磁链权重系数 $k_{\psi}=100$，占空比优化方式为转矩无差拍控制，即式（5.9）。图 9.7 所示为系统在 150r/min 下带额定负载的稳态波形图，从图中可以看出虽然 Duty-MPTC Ⅱ的采样率只有 Duty-MPTC Ⅰ的一半，但是 Duty-MPTC Ⅱ在低速时的性能要比 Duty-MPTC Ⅰ好得多。正如 6.3.1 节所述，Duty-MPTC Ⅰ在矢量选择和矢量作用时间优化上采取串行的处理方式，所选择的电压矢量不一定是最优的，这是导致其低速性能变差的主要原因。图 9.8 所示为 Duty-MPTC Ⅰ和 Duty-MPTC Ⅱ在并行运行条件下所选择的最佳电压矢量，从图中可以看出两种方法所选择的电压矢量并非完全一致。由于 Duty-MPTC Ⅱ的性能优于 Duty-MPTC Ⅰ，因此可以得出结论：Duty-MPTC Ⅱ在矢量选择上比 Duty-MPTC Ⅰ更加有效，这一点与前面的理论分析一致。

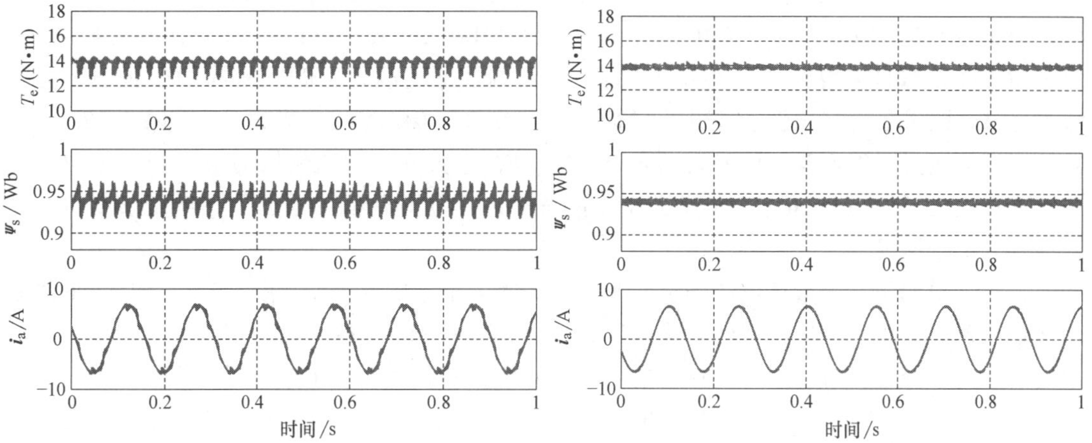

a) Duty-MPTC Ⅰ　　b) Duty-MPTC Ⅱ

图 9.7　转速为 150r/min 时带额定负载的仿真测试图

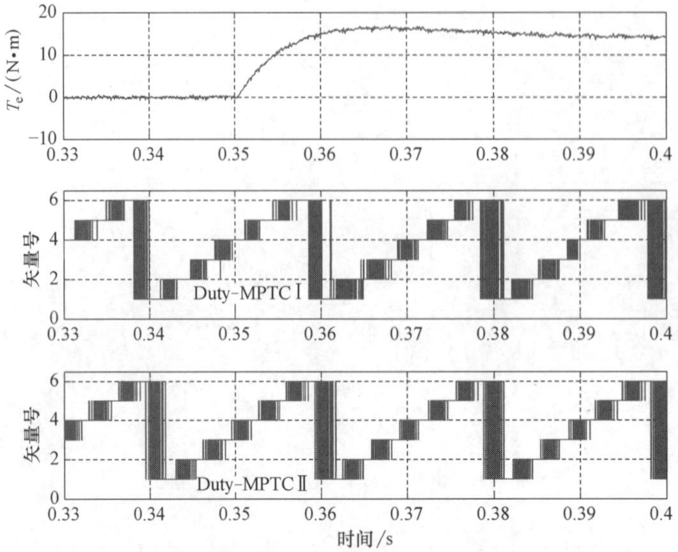

图 9.8 Duty-MPTC Ⅰ和 Duty-MPTC Ⅱ所选择的非零电压矢量

3. Duty-MPTC Ⅲ的仿真结果

Duty-MPTC Ⅱ的采样率设置为 10kHz，磁链权重系数 $k_{\psi}=100$，占空比优化方式为转矩无差拍控制式（9.3）。图 9.9 列出了 MPTC、Duty-MPTC Ⅰ以及 Duty-MPTC Ⅲ在转速为 1500r/min 时加载的实验波形以及它们在此过程中的平均开关频率对比。从图中可以看出，Duty-MPTC Ⅰ的转矩纹波经过占空比优化后小于传统 MPTC。但是磁链纹波在高速运行时和传统 MPTC 一样较大，而 Duty-MPC Ⅲ在采样率只有前二者一半的情况下不仅能减小转矩纹波还能有效控制磁链波动。在仿真过程中对平均开关频率 f_{av} 进行计算：在每个固定 0.05s 间隔内累计所有的开关跳变次数 N，即

$$f_{av}=N/6/0.05 \tag{9.15}$$

图 9.9d 对三种方法的平均开关频率进行了对比，在这段时间内，MPTC，Duty-MPTC Ⅰ以及 Duty-MPTC Ⅲ的平均开关频率分别为 4.97kHz，2.63kHz 和 2.41kHz。很明显看出，Duty-MPTC Ⅰ以显著增加开关频率为代价换来控制性能的改善，而 Duty-MPTC Ⅲ通过对方法本身进行改进，在带来性能提升的同时，开关频率与传统 MPTC 基本一致，略高 220Hz 左右，事实上通过后续实验可以发现 Duty-MPTC Ⅲ在绝大部分中速领域的平均开关频率比传统 MPTC 还要低，说明 Duty-MPTC Ⅲ在放宽矢量选择范围后虽然增加了计算复杂度，但是性能提升十分明显。

最后为说明第二个最优电压矢量并非一定是零矢量，图 9.10 绘制了 Duty-MPTC Ⅲ的起动波形以及在此过程中所选择的最优电压矢量组合。从图中可以看出，在 0.1s 附近到 0.12s 附近的低速区域运行时，第二个最优电压矢量始终为零矢量。这主要是因为低速运行时反电动势较低，且零矢量组合能提供较低的平均电压幅值，因此在低速运行时第二个矢量选择为零矢量能实现对转矩以及磁链更精准的调节。这与图 9.7 中 Duty-MPC Ⅱ具有良好的低速运行性能一致，因为此时零矢量即为第二个最优电压矢量。但是随着转速增加，第二个最优电

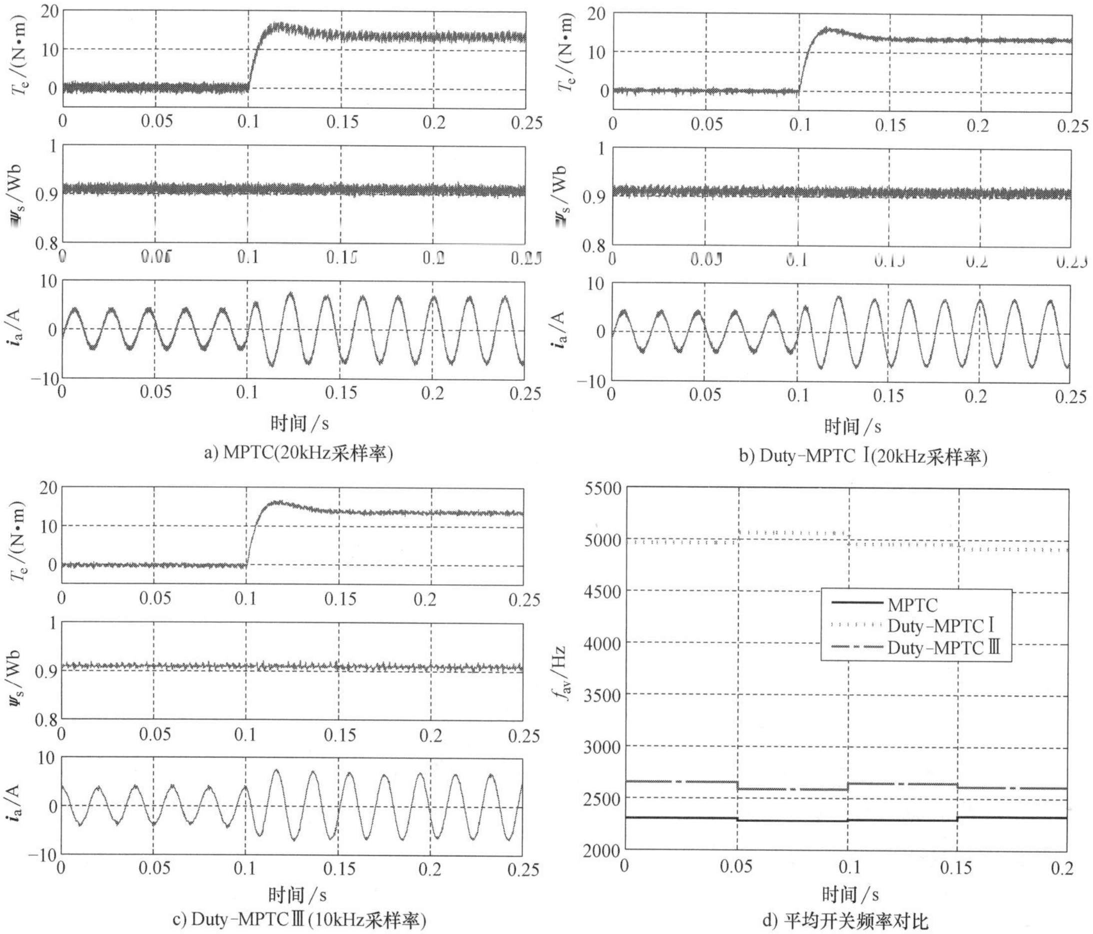

a) MPTC(20kHz采样率)　b) Duty-MPTC Ⅰ(20kHz采样率)

c) Duty-MPTC Ⅲ(10kHz采样率)　d) 平均开关频率对比

图 9.9　转速为 1500r/min 时突加载的仿真波形

压矢量的选择并非一定是零矢量，可以预见 Duty-MPC Ⅲ在中高速度域的性能要优于 Duty-MPC Ⅱ，这一点将在实验结果中予以说明。

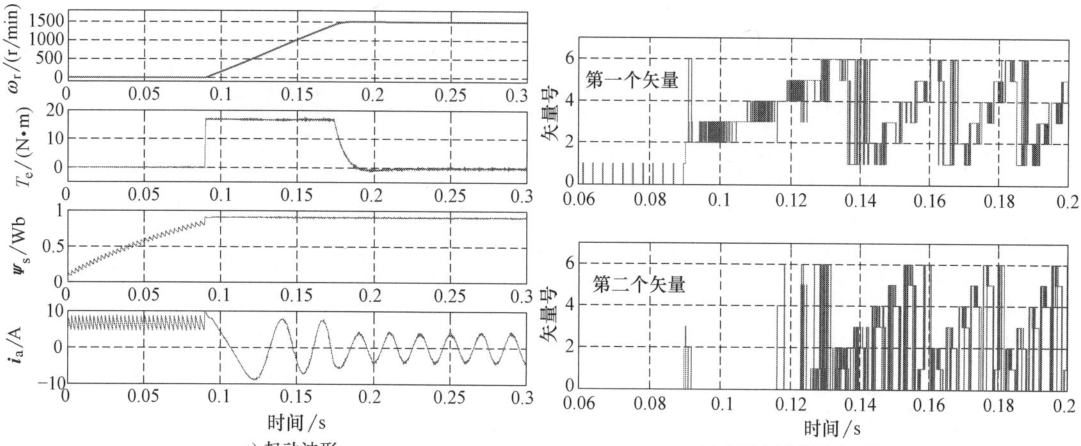

a) 起动波形　b) 所选择的最优电压矢量组合

图 9.10　Duty-MPTC Ⅲ在起动过程中的仿真测试波形

4. Duty-MPFC Ⅰ的仿真结果

Duty-MPFC Ⅰ的采样率设置为10kHz，矢量最优作用时间优化公式为式（9.12）。图9.11所示为Duty-MPFC Ⅰ与Duty-MPTC Ⅲ的仿真对比图，从图中可以看出二者性能相差不大，但是Duty-MPFC Ⅰ的计算复杂度更低而且不需要权重系数设计，是一种综合性能比较优良的双矢量MPC方法，后续将通过实验测试对Duty-MPFC Ⅰ进行更详细的分析。

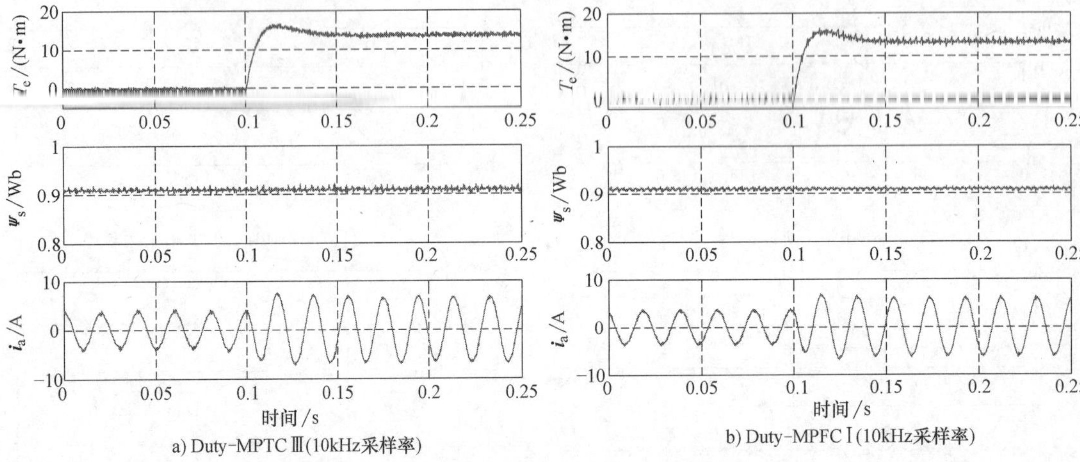

图9.11 转速为1500r/min时突加载的仿真波形

图9.12所示为Duty-MPFC Ⅰ在1500r/min时加载时的最优电压矢量选择。从图中可以清楚地看出，对于Duty-MPFC Ⅰ来说，不用像Duty-MPTC Ⅲ那样采用并行优化的方式即可以选择出最优的电压矢量。

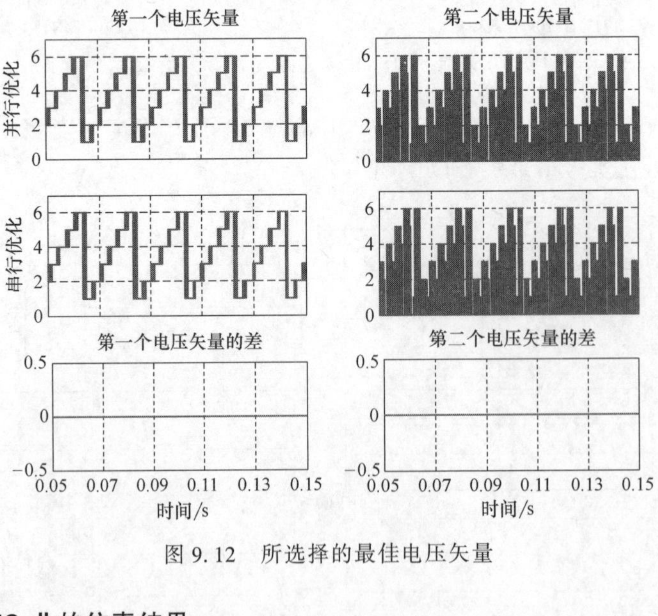

图9.12 所选择的最佳电压矢量

5. Duty-MPFC Ⅱ的仿真结果

Duty-MPFC Ⅱ的采样率设置为20kHz，矢量最优作用时间优化公式为式（9.12）。图9.13所示为MPFC和Duty-MPFC Ⅱ在电机起动以及突加载过程中的仿真测试波形，从图中

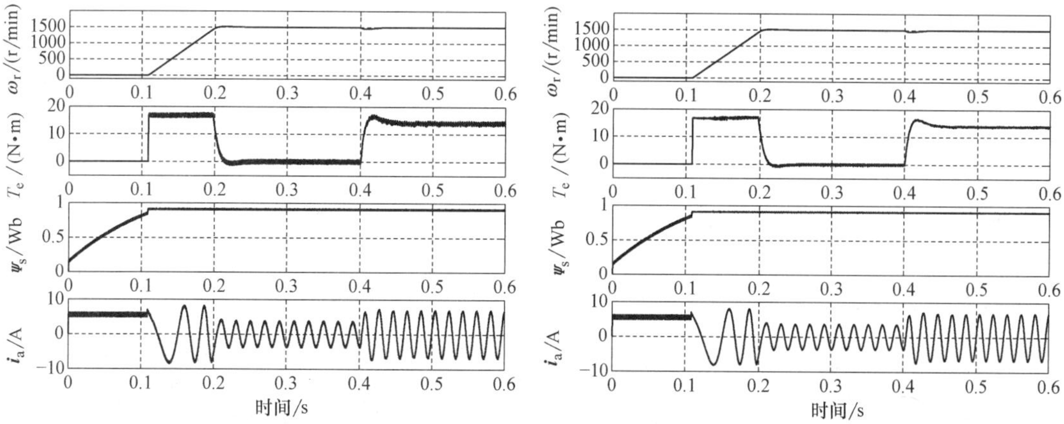

a) MPFC　　b) Duty-MPFC Ⅱ

图 9.13 起动以及突加载过程中的仿真波形

可以看出，在经过预励磁之后，电机迅速加速至额定速度，在突加负载后，电机转速略有下降但很快恢复至稳定，说明系统具有良好的抗干扰能力。但是 Duty-MPFC Ⅱ 的转矩纹波要比 MPFC 小得多，说明在 Duty-MPFC Ⅱ 中引入矢量切换时刻优化使得转矩控制性能更佳。

由于 MPC 的预测环节应用了大量的电机参数，所以本节将通过仿真对该方法的参数鲁棒性做简要说明。实际应用中由于温升等因素的影响，定转子阻值在长时间运行后均会增大，在仿真中为测试系统在电机参数变化时的性能，将电机定子电阻增大 50%并且转子电阻增大 100%。图 9.14 所示为参数变化后系统在 10%转速以及 100%转速带载的实验波形。从图中可以看出，由于采用了闭环全阶磁链观测器，即使在参数变化较大的情况下，系统依然能稳定运行，尤其是在高速运行时估计值与实际值之间的差异几乎可以忽略不计。在低速时虽然定子磁链矢量以及转矩的估计值与实际值有所区别，但影响并不大。虽然该实验针对 Duty-MPFC Ⅱ，但其他方法一样在参数存在一定变化时仍然能保持可接受的控制性能，限于篇幅，不再一一列出。

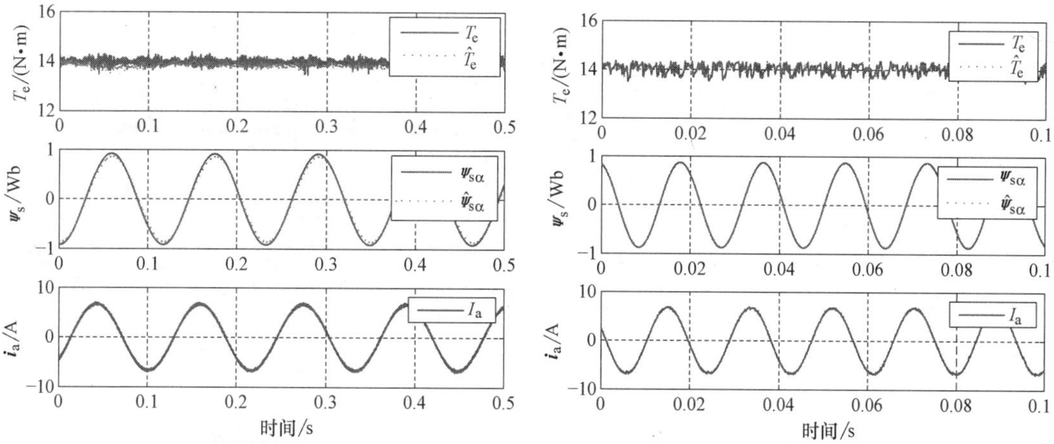

a) 运行转速：150r/min　　b) 运行转速：1500r/min

图 9.14 Duty-MPFC Ⅱ 在电机参数变化时的仿真波形图
（实际电机定子电阻增大 50%，转子电阻增大 100%）

9.2.2 实验结果

除了仿真测试，对各方法在实验室 2.2kW 感应电机调速平台上进行了实验验证。电机参数以及控制参数与仿真中的设置相同。首先对系统的稳态性能进行测试。图 9.15 所示为

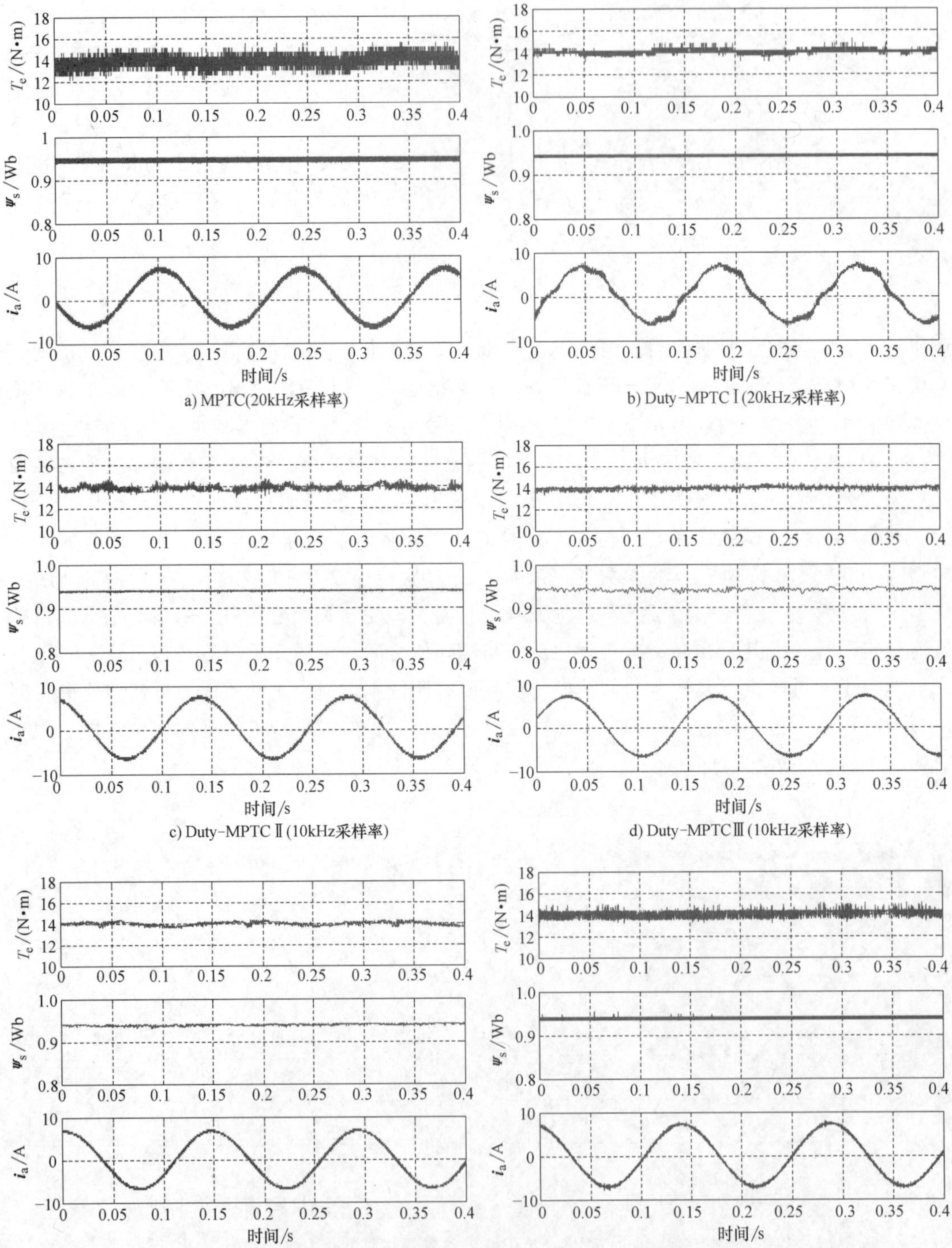

a) MPTC(20kHz采样率)　b) Duty-MPTC Ⅰ(20kHz采样率)

c) Duty-MPTC Ⅱ(10kHz采样率)　d) Duty-MPTC Ⅲ(10kHz采样率)

e) Duty-MPFC Ⅰ(10kHz采样率)　f) Duty-MPFC Ⅱ(20kHz采样率)

图 9.15　转速为 150r/min 时带额定负载的实验波形图

电机在 10%转速（150r/min）下的满载实验波形。从图中可以很明显地看出，各种改进双矢量 MPC 的转矩性能相比传统 MPTC 均有提升。根据 6.3.1 节的分析，由于 Duty-MPTC Ⅰ采用串行的方式处理矢量选择和矢量作用时间优化，其所选择的电压矢量不一定是最优电压矢量，因此其低速性能较差，电流波形存在一定畸变，这与 6.3.2 节的仿真结果一致。当采用并行处理方式后（图 9.15c 中的 Duty-MPTC Ⅱ），即使采样率降低一半，电流波形也明显比 Duty-MPTC Ⅰ更加光滑正弦，验证了 Duty-MPTC Ⅱ采用并行方式处理矢量选择和矢量作用时间优化的正确性。在 Duty-MPTC Ⅰ和 Duty-MPTC Ⅱ中，第二个电压矢量始终固定为零矢量，当消除这一限制，即采用 Duty-MPTC Ⅲ和 Duty-MPFC Ⅰ后，可以发现转矩控制性能得到进一步提升。Duty-MPFC Ⅱ的转矩纹波相对其他几种双矢量 MPC 要大，但是比传统 MPTC 要小，这是因为在 Duty-MPFC Ⅱ中第一个电压矢量固定为上一时刻的末段电压矢量，这种固化选择使得性能优化受到一定限制。另外，虽然 Duty-MPTC Ⅲ和 Duty-MPFC Ⅰ的性能基本一致，但是 Duty-MPFC Ⅰ无需权重系数设计，而且算法更为简单。

图 9.16 所示为电机在 100%转速（1500r/min）下的满载实验波形。在高速运行时各方法之间的性能差异与低速基本一致。不过随着转速的增加，Duty-MPTC Ⅰ的性能有所改善，与 Duty-MPTC Ⅱ比较类似，考虑到 Duty-MPTC Ⅱ的采样率只有 Duty-MPTC Ⅰ的一半，总体

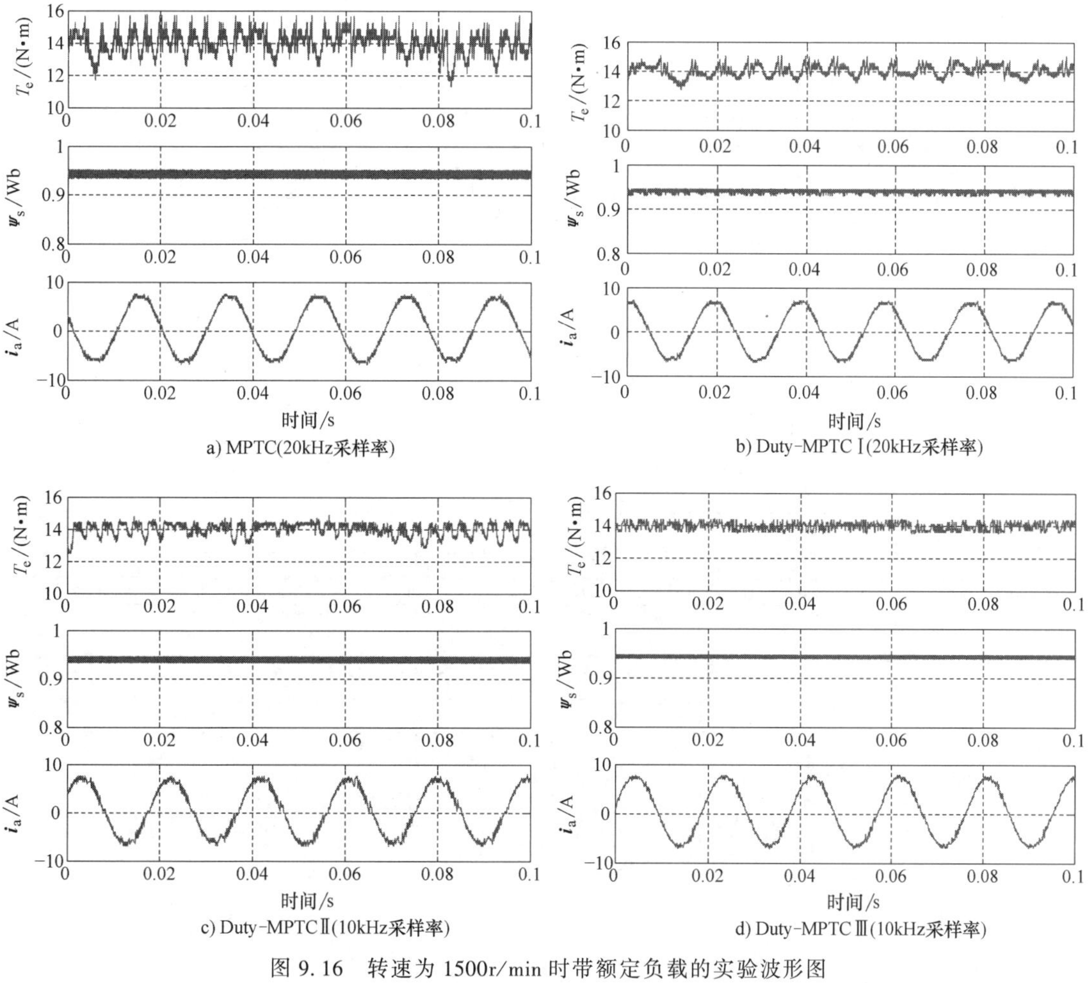

图 9.16　转速为 1500r/min 时带额定负载的实验波形图

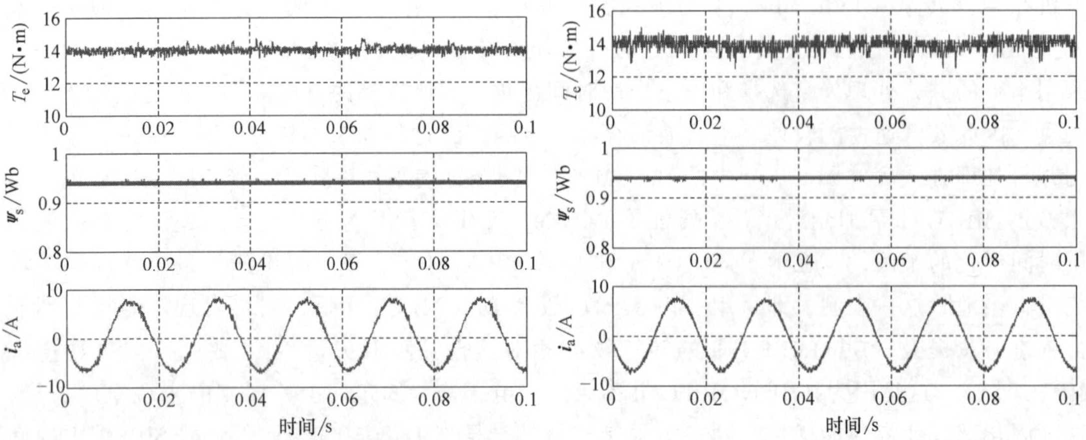

e) Duty-MPFC Ⅰ(10kHz采样率)

f) Duty-MPFC Ⅱ(20kHz采样率)

图 9.16 转速为 1500r/min 时带额定负载的实验波形图（续）

上来说 Duty-MPTC Ⅱ 依然优于 Duty-MPTC Ⅰ。另外，可以很明显发现 Duty-MPTC Ⅲ 以及 Duty-MPFC Ⅰ 的转矩波形更加平稳，进一步验证了零矢量并非双矢量组合的最优选择。

图 9.17 和图 9.18 所示为系统的动态性能测试。图 9.17 所示为电机起动至 1500r/min 的

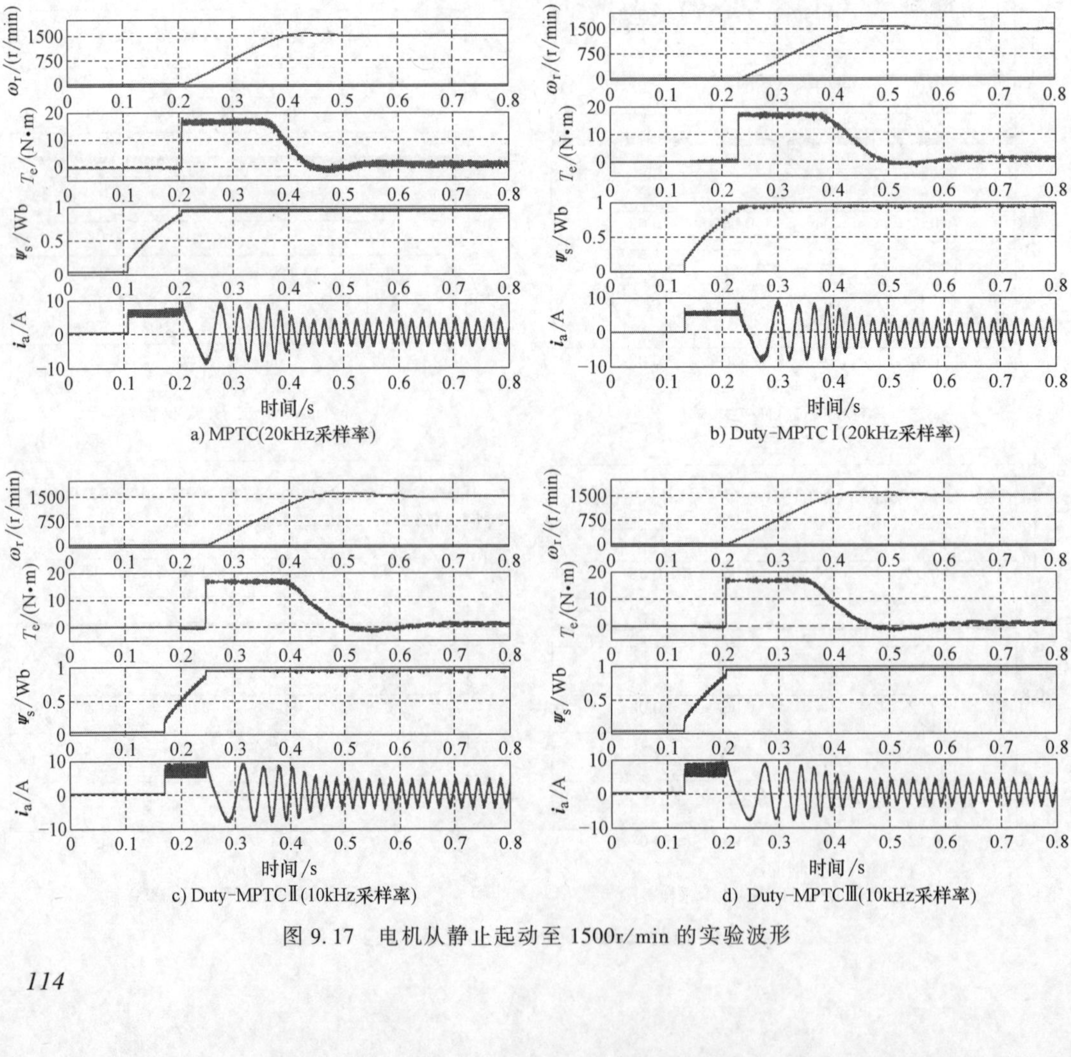

a) MPTC(20kHz采样率)

b) Duty-MPTC Ⅰ(20kHz采样率)

c) Duty-MPTC Ⅱ(10kHz采样率)

d) Duty-MPTC Ⅲ(10kHz采样率)

图 9.17 电机从静止起动至 1500r/min 的实验波形

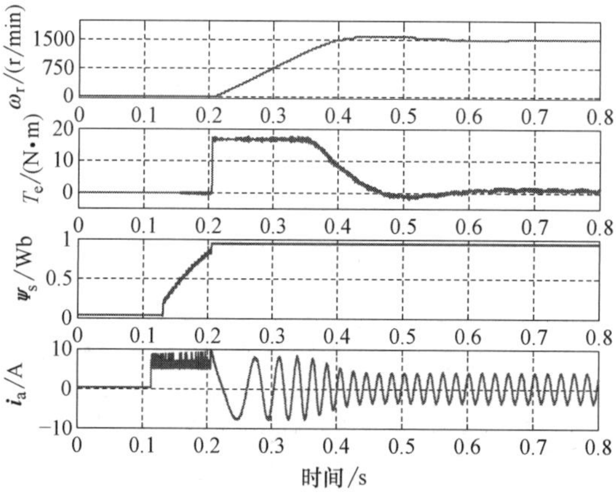

e) Duty-MPFC Ⅰ(10kHz采样率)

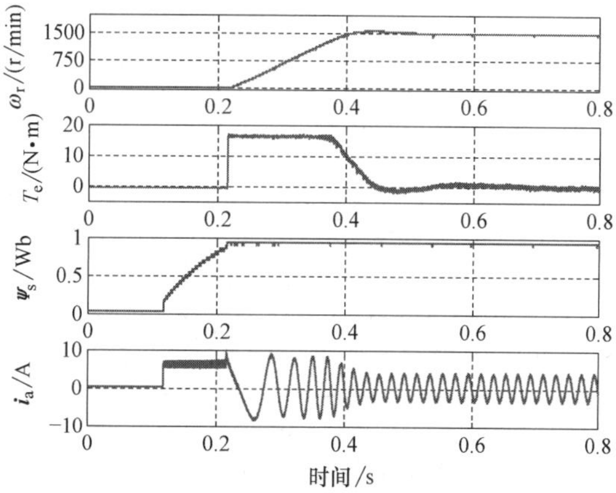

f) Duty-MPFC Ⅱ(20kHz采样率)

图 9.17　电机从静止起动至 1500r/min 的实验波形（续）

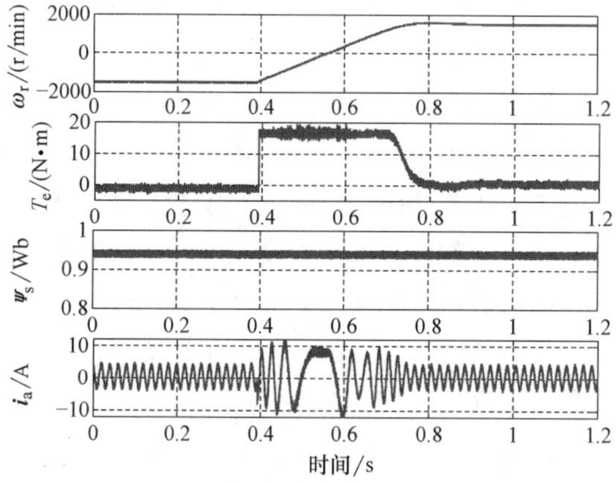

a) MPTC(20kHz采样率)

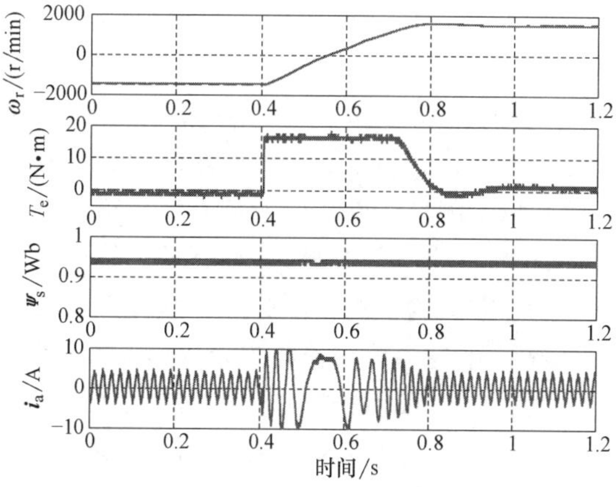

b) Duty-MPTC Ⅰ(20kHz采样率)

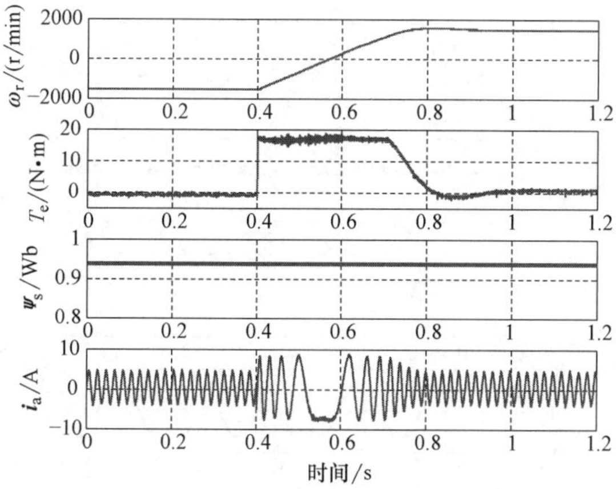

c) Duty-MPTC Ⅱ(10kHz采样率)

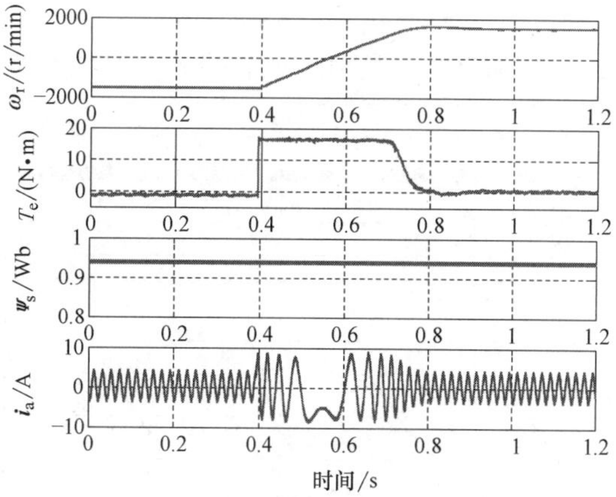

d) Duty-MPTC Ⅲ(10kHz采样率)

图 9.18　转速为 1500r/min 时的正反转实验波形

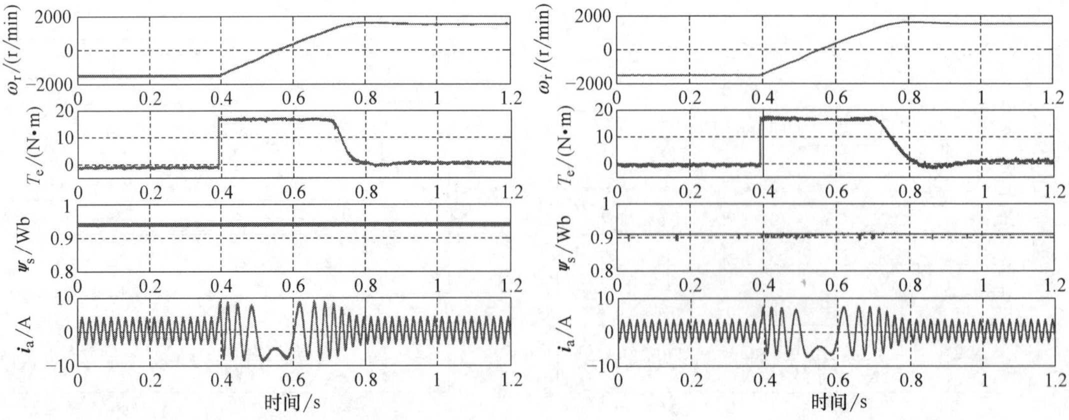

e) Duty-MPFC Ⅰ(10kHz采样率)　　f) Duty-MPFC Ⅱ(20kHz采样率)

图 9.18　转速为 1500r/min 时的正反转实验波形（续）

测试波形，可以看出预励磁后，各方法均能快速加速至额定速度，而且电流最大幅值不超过 10A。所有的方法在动态过程中均能维持磁链恒定，实现了磁链与转矩的解耦控制。各方法的动态性能类似，但是很明显双矢量 MPC 方法即使在动态过程中的转矩纹波也比传统 MPTC 要小。图 9.18 所示为电机在 1500r/min 正反转的测试波形，可以看出电机能迅速从 -1500r/min 减速至 0 然后再加速至 1500r/min，过零时切换平稳，定子磁链幅值均能维持在参考值不变，表明系统具有良好的动态性能。

从以上测试可以发现，各方法在实验中的性能表现与理论分析一致，总体上来说 Duty-MPTC Ⅲ以及 Duty-MPFC Ⅰ具有最优的控制性能。众所周知，直接转矩控制类方法的低速性能一般较差，为了进一步验证这两种方法在低速区域的表现，图 9.19 和图 9.20 所示为二者在 6r/min 下的空载和带载实验波形。可以发现，两种方法在极低速域依然有着良好的表现。由于在实验中采用磁粉制动器加载，其加载准确度有限存在一定的波动，再加上受 DA 噪声的影响，因此绘制的速度曲线有所波动，但是总体而言系统运行稳定，电流波形光滑正弦，系统表现出了良好的控制性能。

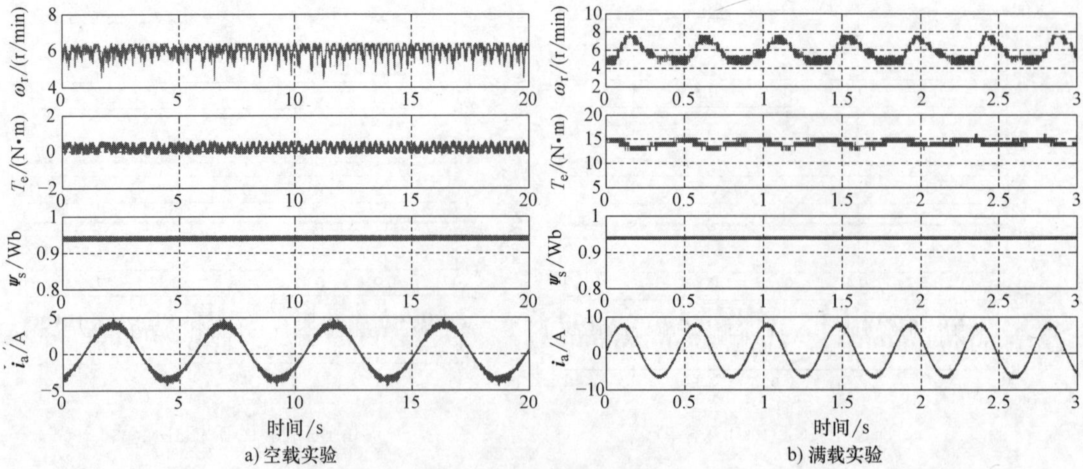

a) 空载实验　　b) 满载实验

图 9.19　Duty-MPTC Ⅲ在转速为 6r/min 时的测试波形

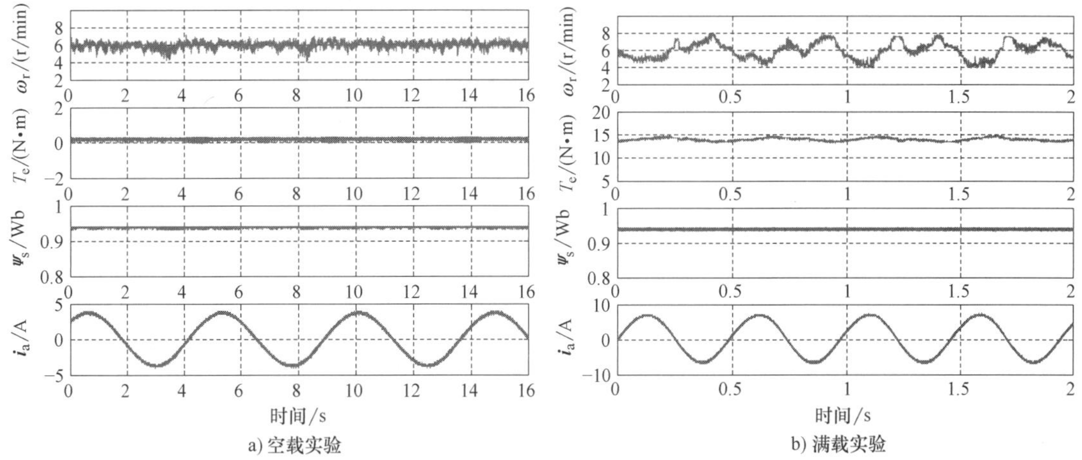

图 9.20　Duty-MPFC Ⅰ在转速为 6r/min 时的测试波形

9.3 性能比较和量化分析

9.3.1 双矢量 MPC 之间的对比

首先对几种 MPC 方法进行简单回顾：Duty-MPTC Ⅰ是对传统 MPTC 的改进，Duty-MPTC Ⅱ在 Duty-MPTC Ⅰ的基础上将矢量选择以及优化作用时间的串行处理方式改进为并行处理方式。而 Duty-MPTC Ⅲ进一步拓展了最优矢量的选择范围。Duty-MPFC Ⅰ是在单矢量 MPFC 框架下提出的一种改进的双矢量 MPC 方法，它和 Duty-MPTC Ⅲ一样，所选择的两个矢量并不限定为非零矢量加零矢量的组合。最后，Duty-MPFC Ⅱ在单矢量 MPFC 的基础上通过引入矢量切换点优化方法来提升系统的控制性能。图 9.21 所示为调速系统在不同速度满载情况下的电流 THD 以及转矩纹波的对比。从左至右分别为传统 MPTC，Duty-MPTC Ⅰ，Duty-MPTC Ⅱ，Duty-MPTC Ⅲ，Duty-MPFC Ⅰ以及 Duty-MPFC Ⅱ。从图中可以看出 Duty-MPTC Ⅲ和 Duty-MPFC Ⅰ无论在电流谐波还是转矩纹波方面都要比其他方法小，总体性能明显优于其他方法。下面对各方法在满载情况下的平均开关频率 f_{av} 进行说明，f_{av} 按照式 (9.15) 计算。从图 9.22 中可以看出，Duty-MPTC Ⅰ和 Duty-MPFC Ⅱ虽然在转矩性能上有

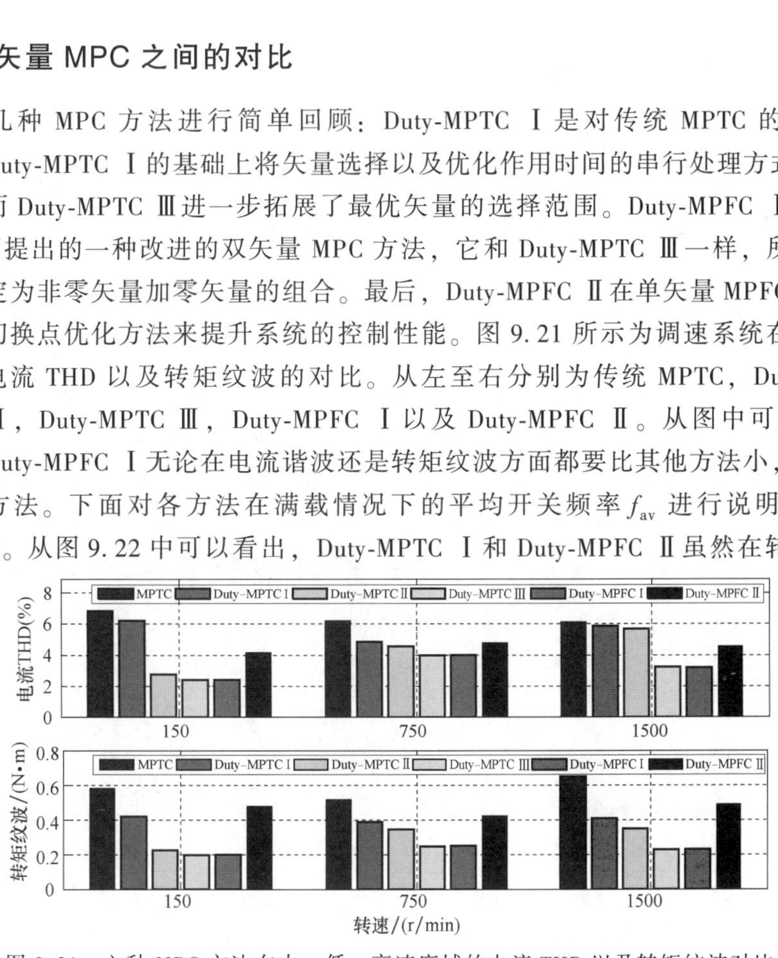

图 9.21　六种 MPC 方法在中、低、高速度域的电流 THD 以及转矩纹波对比

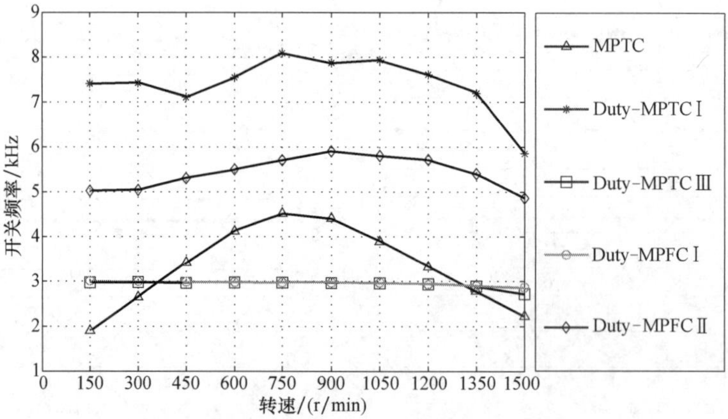

图 9.22 平均开关频率比较

所提高，但是开关频率远比传统 MPTC 要高，而且在整个速度域内的变化范围较大。对于 Duty-MPTC Ⅲ和 Duty-MPFC Ⅰ的开关频率基本一致，在很宽的速度域范围内变化很小，而且在中速度域范围内比传统 MPTC 还要小，说明采用这两种优化控制方法后，控制系统甚至能以更低的开关频率实现更优的控制性能。

9.3.2 双矢量 MPC 与传统方法的对比

由上节可知 Duty-MPTC Ⅲ以及 Duty-MPFC Ⅰ与其他 MPC 算法相比具有更优的控制性能。这两种算法的性能基本一致，但是 Duty-MPFC Ⅰ算法更加简单而且无需权重系数设计，因此后文着重将此方法与第 4 章介绍的矢量控制以及第 5 章介绍的直接转矩控制进行综合性能对比。

1. 动态性能对比

众所周知，而从图 9.23 所示的转矩阶跃响应中可以发现，传统 MPTC 以及 Duty-MPFC Ⅰ与 DTC 在动态性能上不相上下，均具有极快的响应速度。另外，很明显的是 FOC 的动态响应速度明显低于其他方法，这主要是由于 FOC 的内环 PI 调节器响应速度有限，使得调速系统的动态性能劣于图 9.23 中的其他方法。从此图亦可以发现 DTC 的转矩纹波在这几种方

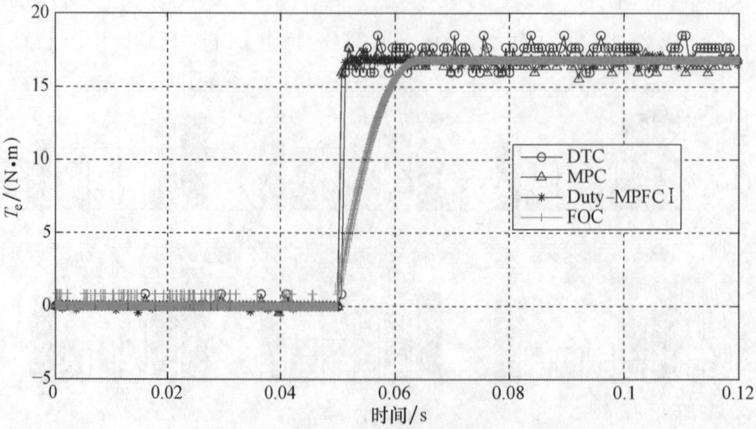

图 9.23 动态性能比较

法当中最大，稳态性能最差，因此下文只将稳态性能较好的 FOC 作为比较对象来验证文中双矢量算法的有效性。

2. 稳态性能对比

从图 9.22 可以看出在 10kHz 采样率下，Duty-MPFC Ⅰ的平均开关频率在 3kHz 左右。为了实现公平比较，在本节的对比中，将 Duty-MPFC 采样率设置为 15kHz，这样其平均开关频率在 5kHz 左右，和基于 7 段式 SVM 的 FOC 的开关频率基本一致，如图 9.24 所示。

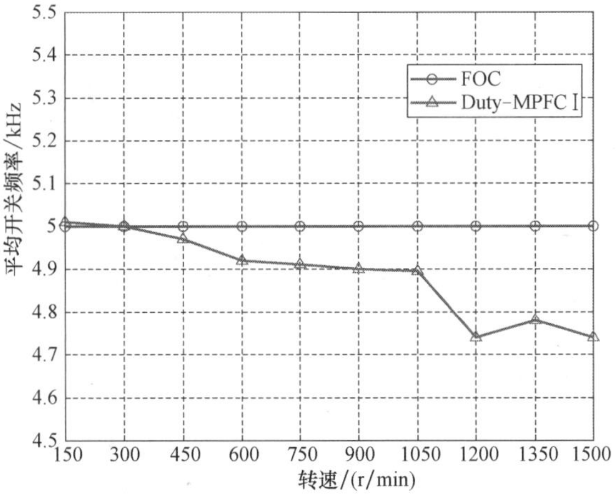

图 9.24　平均开关频率比较（FOC：5kHz 采样率，Duty-MPFC：15kHz 采样率）

首先，对稳态时的电流谐波进行分析（计算到 25kHz），为了避免计算转差频率带来的误差，电流 THD 在空载情况下测得。对于本实验平台，空载转矩基本可以忽略不计，因此电流的电角频率 $f_e = n_p \cdot f_r$，f_r 为转子的机械角频率的，n_p 为测试电机的极对数。由于相电流直接通过电流卡钳测量得到，因此直接对比电流 THD 最能客观反映两种算法的稳态性能。两种算法在 5%，50%，100% 转速的电流 THD 对比如图 9.25 所示。从图 9.25 可以看出，Duty-MPFC Ⅰ的电流谐波主要集中在采样率 15kHz，但是存在一定的低频分量。FOC 的电流谐波主要集中在 5kHz 的整数倍上，而其他频段的谐波分量很少。更详细的对比如柱状图 9.26 所示，从图中可以发现，两种方法在低速时的电流谐波较为接近，但是随着转速增加，虽然 Duty-MPFC Ⅰ的开关频率已略低于 FOC（见图 9.24），但是 Duty-MPFC Ⅰ的电流谐波已明显低于 FOC。另外，对转矩纹波亦进行了数字量化对比，如图 9.27 所示。从图中可以看出，MPTC 的转矩纹波明显大于 FOC 以及 Duty-MPFC Ⅰ，FOC 的转矩纹波与 Duty-MPFC Ⅰ比较接近，但是总体上来说 Duty-MPFC Ⅰ的转矩纹波仍然低于 FOC，尤其当转速较高时。

通过以上对比，可以得出结论，在基本一致的平均开关频率下，第 6 章节所提出的优化双矢量控制策略 Duty-MPFC Ⅰ在动态性能不差于 DTC 的情况下还具有优于 FOC 的稳态性能，从而进一步验证了双矢量 MPC 的有效性和实用性。

3. 极低速稳态性能测试

众所周知，DTC 类控制方法的低速性能一般较差，而现有文献中的 MPC 算法也大都未给出低速实验（<10%）。在第 6 章节的实验部分给出了双矢量 MPC 算法在 6r/min 的测试波形，本节将进一步降低运行转速至 1.5r/min（0.05Hz 给定频率，调速比 1∶1000）。由于极低速下，调速系统的性能受逆变器非线性特性、参数准确度等影响较大，因此极低速运行测

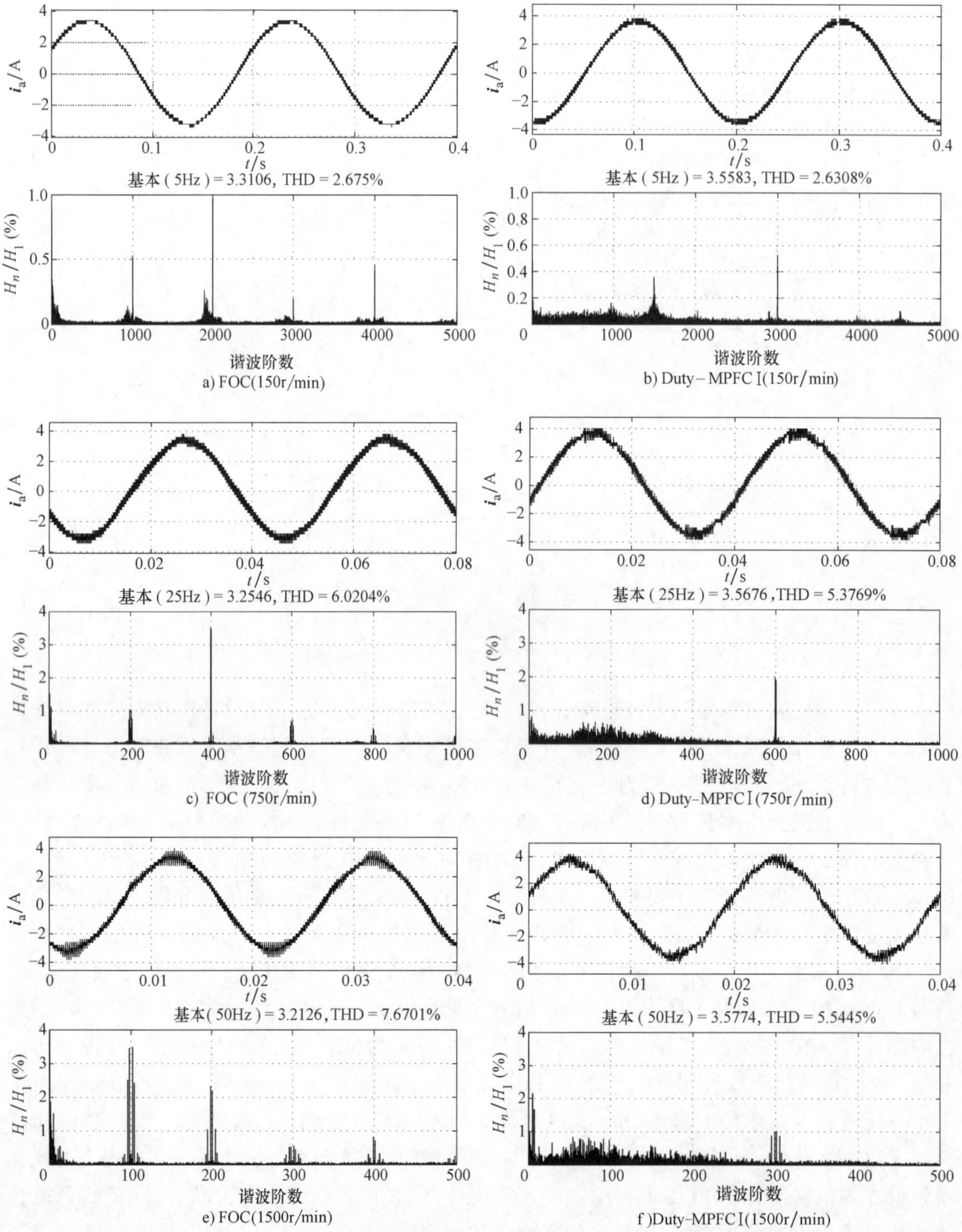

图 9.25　电流 THD 对比

试较能反映系统的综合性能，由于极低速下转速信号非常微弱，易受噪声干扰，因此图 9.28 和图 9.29 中的测试波形未给出转速信号，而是直接给出经增量式光电编码器测量得到的机械角度。从以上两图可以看出测量得到的机械角度平滑上升，表明实际转速非常稳定。另外可以看出，由电流卡钳直接测量得到的电流波形光滑正弦，这也间接验证了本书中的算

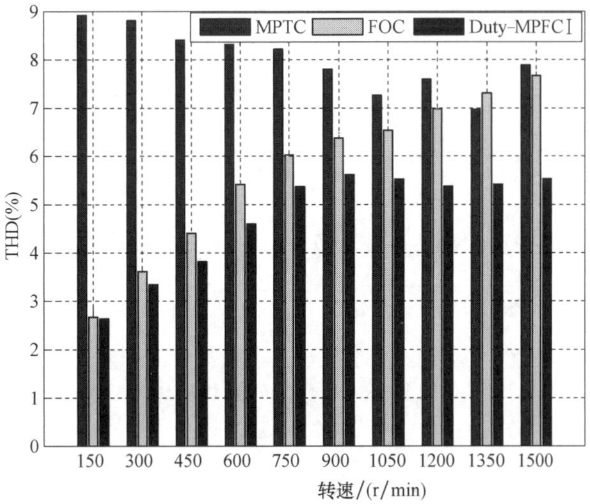

图 9.26　不同转速下的 THD 对比

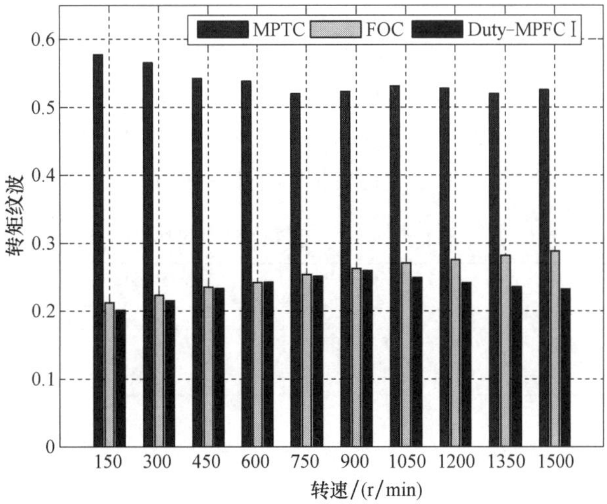

图 9.27　不同转速下的转矩纹波对比

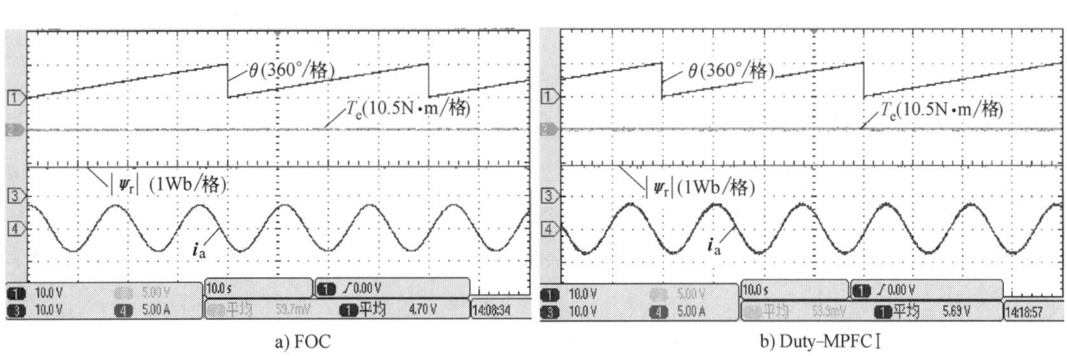

图 9.28　1.5r/min 空载试验

法在极低速下具有良好的控制性能。由本节的极低速测试可以证明，本书中的高性能双矢量算法在极低速下依然具有良好的控制性能，显示出较好的综合性能。

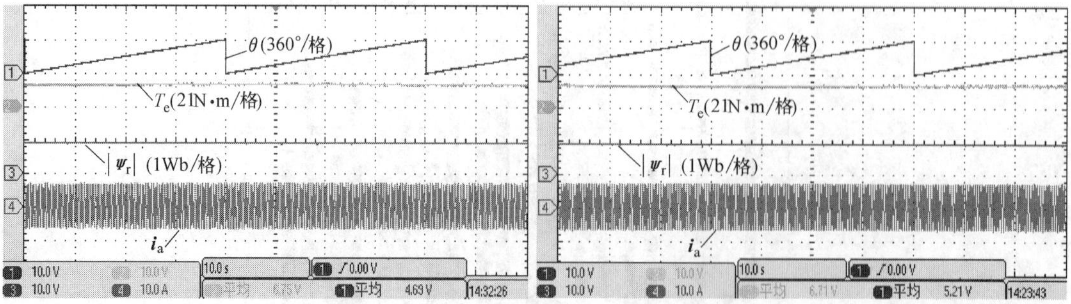

a) FOC　　b) Duty-MPFC Ⅰ

图 9.29　1.5r/min 满载试验

4. 计算复杂度对比

为了衡量不同算法的计算复杂度，在基于 TI 公司 F28335DSP 芯片的控制平台上测量了各算法总的执行时间，A-D 转换、观测器、控制算法等均包括在内。从表 9.1 可以看出，DTC 的执行时间最短，只需 36.72μs，其次是传统 MPTC 算法（41.51μs）。由于 FOC 需要坐标转换环节，三角函数计算以及延迟补偿中的指数函数计算均消耗较多时间，因此程序执行时间较长，达 51.01μs。在双矢量 MPC 算法中，Duty-MPTC Ⅲ 的执行时间最长，为 89.18μs，而与之具有类似性能的 Duty-MPFC Ⅰ 则只需 49.87μs。值得注意的是，Duty-MPFC Ⅰ与 FOC 的计算复杂度相近，但是在同样的开关频率下其动、静态性能均优于 FOC。

表 9.1　各算法执行时间对比

方法	MPTC	Duty-MPTC Ⅰ	Duty-MPTC Ⅱ	Duty-MPTC Ⅲ
时间/μs	41.51	46.76	54.8	89.18
方法	Duty-MPFC Ⅰ	Duty-MPFC Ⅱ	FOC	DTC
时间/μs	49.87	44.86	51.01	36.72

9.4　本章小结

本章对各种双矢量模型预测控制算法进行了详细对比。结果表明，文中的 Duty-MPTC Ⅲ和 Duty-MPFC Ⅰ具有最优的控制性能，但 Duty-MPFC Ⅰ计算复杂度更小，无需权重系数设计，具有更好的实用性。进一步与传统的高性能算法对比可以发现，文中的 MPC 算法具有与 DTC 类似的快速响应能力。由于双矢量 Duty-MPFC Ⅰ稳态性能优，算法执行时间与 FOC 类似，因此进一步将其和 FOC 的稳态性能进行了详细对比分析，并给出了 1.5r/min 极低转速下的空载与满载实验波形。从对比结果可知，在接近一致的开关频率下，Duty-MPFC Ⅰ的动静态性能均优于 FOC。本节的对比结果表明，文中的高性能双矢量算法的控制性能优于传统 DTC 以及 FOC。

第 10 章　三矢量模型预测控制

10.1　三矢量模型预测控制概述

在第 9 章的双矢量 MPC 基础上进一步对三矢量 MPC 进行相关研究，即在一个控制周期内作用三个基本电压矢量。从第 9 章的实验和仿真可以发现 MPFC 具有计算复杂度低、无需权重系数调试的优点，而且综合性能与基于 MPTC 的方法类似，因此本章的研究框架主要基于 MPFC 展开。

为了提高 MPFC 的稳态性能，占空比优化的概念被应用到 MPFC 中，在整个控制周期作用多个电压矢量[44]，然后采用磁链无差拍或者磁链脉动最小的方法来优化占空比[16]，但是这种方法的开关频率较高且不固定。为了解决这个问题，一些学者提出了一种新型的多矢量选择方法，其控制周期中第一个电压矢量仍然选择上一时刻最后作用的电压矢量，然后再从基本电压矢量中选择一个最优的电压矢量[178]，这种方法能够有效降低系统的开关频率与程序计算时间，同时也能改善系统的稳态性能。为了进一步提高系统的稳态性能，可以在整个控制周期内作用三个电压矢量，但是这种方法在矢量选择以及占空比优化方面增加了算法的复杂度，同时系统的开关频率也会增加。两电平逆变器有七个不同的电压矢量，对于三矢量来说矢量组合共有 $7^3=343$ 种，从这些矢量组合中选择最优的一组电压矢量组合将导致巨大的计算量，在实际应用中难以在一般的数字处理器上实现。

为了解决上面三矢量方法中所存在的一些问题，本章提出一种新型的三矢量 MPFC，这种方法的第一个矢量仍然选择上一个控制周期最后作用的电压矢量，第二个矢量选择零电压矢量，第三个矢量则从六个不同的非零电压矢量中选取，只需要枚举六次就能选择出最优的电压矢量组合。这种新型三矢量 MPFC 显著降低了控制算法的复杂度。另外，本章还研究了一种无扇区判断空间矢量脉宽调制 MPFC，由于采用 SVM 合成定子磁链矢量能够实现完全无静差控制，因此这种新型的 MPFC 具有良好的稳态性能以及较低的采样频率，从而提高了 MPFC 在实际中的应用价值。最后，在总结现有各种多矢量 MPC 的基础上，本章还提出一种统一多矢量 MPC，指出以控制变量误差最小为目标函数的 FCS-MPC、双矢量 MPC 和广义双矢量 MPC 等都是对 SVM 无差拍控制的离散化逼近，可以在统一的框架下从 SVM 无差拍控制的电压占空比推演得到，从本质上揭示了现有各种多矢量 MPC 的统一性。该研究成果不仅显著减小了多矢量 MPC 实现的难度和计算量，而且为多矢量 MPC 提供了一种新的研究视角。

10.2　开关点优化模型预测磁链控制

10.2.1　整体框图

图 10.1 所示为感应电机新型三矢量 MPFC 的整体控制框图，包括以下几部分：转

速外环、定子磁链等效转换、目标函数、全阶观测器、矢量选择及占空比优化。由于本章不考虑弱磁运行，因此定子磁链幅值的参考值设为额定值。下面对各部分进行详细介绍。

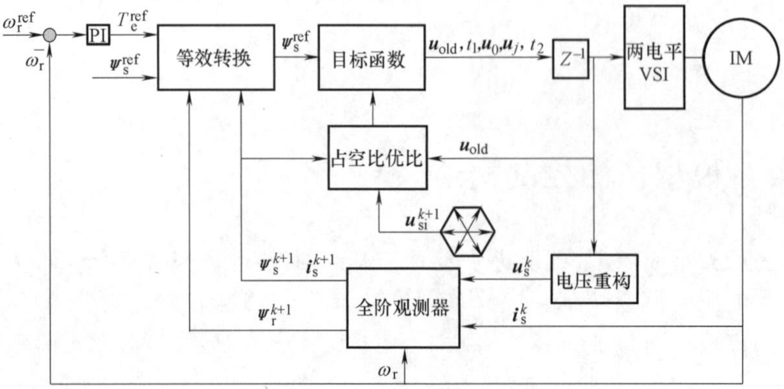

图 10.1　感应电机新型三矢量 MPFC 框图

10.2.2　矢量选择

为了使 MPFC 获得更好的稳态性能，本文在一个控制周期内使用两个有效电压矢量以及一个零矢量，类似于 SVM 的矢量选择，但与 SVM 不同的是第一段电压矢量为上一个控制周期末段的电压矢量，因此只需要在每个控制周期确定另外两个电压矢量。假设在每个控制内的作用电压矢量为 $\boldsymbol{u}_{\mathrm{old}}$，$\boldsymbol{u}_i$，$\boldsymbol{u}_j$，显然零矢量的位置决定了算法的计算量，因此需要研究三个矢量的作用顺序。分析如下：

1）如果 $\boldsymbol{u}_{\mathrm{old}}$ 为零矢量，那么 $\boldsymbol{u}_i$，$\boldsymbol{u}_j$ 均为有效电压矢量，对于两电平逆变器驱动的调速系统来说一共有 6×6＝36 种组合，其计算量较大。这说明零矢量不适合安排在三个电压矢量的末段位置，否则会导致下一控制周期的计算量显著增加。

2）如果 $\boldsymbol{u}_i$ 为零矢量，则意味着 $\boldsymbol{u}_{\mathrm{old}}$，$\boldsymbol{u}_j$ 为有效电压矢量，由于 $\boldsymbol{u}_{\mathrm{old}}$ 已经确定为上一个控制周期末段的电压矢量，只需要确定 $\boldsymbol{u}_j$，因此一共只有六次预测计算。而且由于 $\boldsymbol{u}_j$ 为有效电压矢量，下一控制周期重复此步顺序依然只需要六次预测计算。

3）如果 $\boldsymbol{u}_j$ 为零矢量，根据 1）所述，则会导致下一控制周期有 36 种组合，其计算量较大。

综上所述，零矢量安排在中间位置时计算量最小，因此将三个电压矢量表述为 $\boldsymbol{u}_{\mathrm{old}}$，$\boldsymbol{u}_0$，$\boldsymbol{u}_j$，其中 $\boldsymbol{u}_{\mathrm{old}}$ 为上一时刻的最优电压矢量，$\boldsymbol{u}_j$ 为待选电压矢量。为了方便描述，本节称之为 MPFC_3VV。

10.2.3　矢量占空比优化

如前所述，将零矢量安排在中间位置最为合适，在这种情况下计算量最小。不失一般性，将三个矢量表述为 $\boldsymbol{u}_{\mathrm{old}}$，$\boldsymbol{u}_0$，$\boldsymbol{u}_x$，其中 $\boldsymbol{u}_x$ 代表待选矢量。在确定矢量作用顺序后，另外一个难点在于如何确定各矢量的作用时间，根据电压方程可得

$$\boldsymbol{\psi}_{\mathrm{s}}^{k+1}=\boldsymbol{\psi}_{\mathrm{s0}}^{k}+t_1\boldsymbol{u}_{\mathrm{old}}+t_2\boldsymbol{u}_x \tag{10.1}$$

$$\boldsymbol{\psi}_{s0}^{k}=\boldsymbol{\psi}_{s}^{k}-R_{s}\boldsymbol{i}_{s}^{k}T_{sc} \tag{10.2}$$

式中　t_1，t_2 分别为 $\boldsymbol{u}_{old}$ 和 $\boldsymbol{u}_x$ 的作用时间。由于只有个三个电压矢量，因此零矢量的作用时间为 $t_0=T_{sc}-t_1-t_2$。

磁链矢量跟踪误差的二次方为

$$\boldsymbol{\psi}_{err}^{2}=|\boldsymbol{\psi}_{s}^{ref}-\boldsymbol{\psi}_{s}^{k+1}|^{2}=\mathrm{Re}[(\boldsymbol{\psi}_{s}^{ref}-\boldsymbol{\psi}_{s}^{k+1})^{*}\odot(\boldsymbol{\psi}_{s}^{ref}-\boldsymbol{\psi}_{s}^{k+1})] \tag{10.3}$$

式中　$\boldsymbol{\psi}_{s}^{ref}$ 可根据式（7.4）得到。

将式（10.1）代入式（10.3），对 t_1，t_2 分别求偏导并求解下述方程组：

$$\frac{\partial(\boldsymbol{\psi}_{err}^{2})}{\partial t_1}=0 \tag{10.4}$$

$$\frac{\partial(\boldsymbol{\psi}_{err}^{2})}{\partial t_2}=0 \tag{10.5}$$

可得

$$t_1=\frac{(\boldsymbol{\psi}_{s}^{ref}-\boldsymbol{\psi}_{s0}^{k})\otimes\boldsymbol{u}_x}{\boldsymbol{u}_{old}\otimes\boldsymbol{u}_x} \tag{10.6}$$

$$t_2=\frac{\boldsymbol{u}_{old}\otimes(\boldsymbol{\psi}_{s}^{ref}-\boldsymbol{\psi}_{s0}^{k})}{\boldsymbol{u}_{old}\otimes\boldsymbol{u}_x} \tag{10.7}$$

基于上述分析，可以将 MPFC_3VV 的算法流程介绍如下：

1）根据待选矢量 $\boldsymbol{u}_x$（$x=1$，2，…，6），利用式（10.6）和式（10.7）确定矢量的作用时间；

2）根据确定的矢量作用时间，利用式（10.1）预测下一时刻的定子磁链 $\boldsymbol{\psi}_{s}^{k+1}$；

3）根据预测得到的 $\boldsymbol{\psi}_{s}^{k+1}$ 利用式（10.3）计算跟踪误差；

4）针对六个所有的待选矢量重复以上步骤，并从中选择出使跟踪误差最小的 $\boldsymbol{u}_x$ 及其对应的矢量作用时间为控制器的最优选择。

10.2.4　仿真结果

为了验证本节所提出的新型三矢量 MPFC 的有效性，首先在一套 2.2kW 感应电机仿真平台上进行相应的仿真验证，感应电机参数见表 2.1，系统采样率设置为 5kHz。图 10.2 所示为电机从静止起动到额定转速 1500r/min 的仿真波形，从上到下依次为转速、电磁转矩、定子磁链以及定子电流。首先定子磁链通过直流预励磁的方式建立起磁场，然后以最大加速度运行到额定转速，在 $t=0.35$s 时突然施加一个额定转矩大小的外部负载到电机，尽管电机转速稍有跌落但迅速恢复到设定值。从整个仿真波形上看 MPFC_3VV 具有良好的稳态和动态性能以及对负载扰动的强鲁棒性。图 10.3 所示为转速为 1500r/min 时的正反转仿真波形，在整个动态过程中定子磁链始终保持恒定不变，说明 MPFC_3VV 实现了电磁转矩和定子磁链的解耦控制。

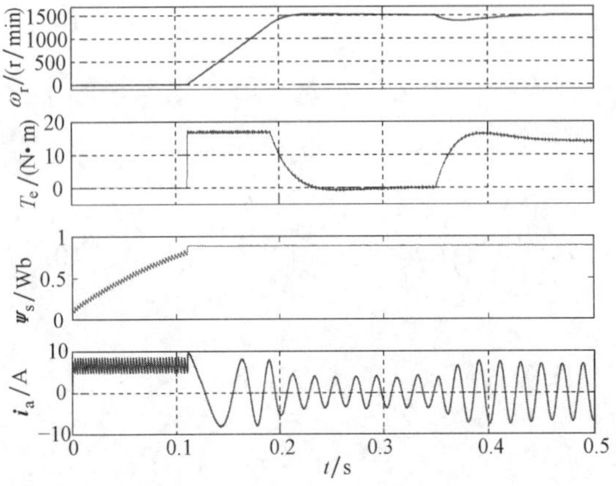

图 10.2　从静止起动到额定转速 1500r/min 时的仿真波形

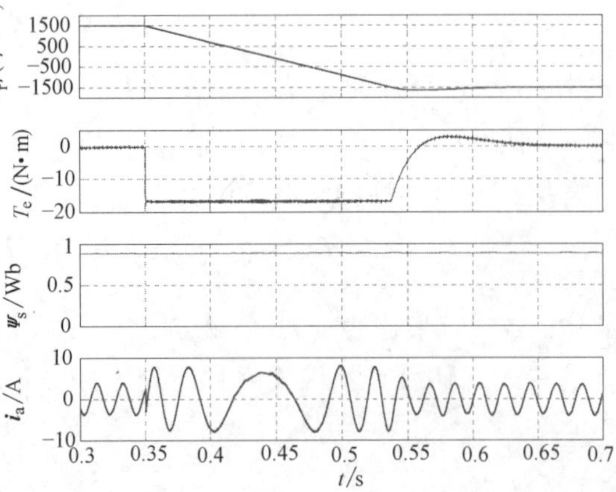

图 10.3　转速为 1500r/min 时的正反转仿真波形

10.2.5　实验结果

除了仿真验证，在两电平交流调速实验平台验证本节提出的新型三矢量 MPFC 的有效性。实验装置如图 4.12 所示，电机参数和系统采样频率与仿真一致。实验中采用 DSPTMS320F28335 来执行主算法，负载转矩通过磁粉制动器来加负载，示波器的 1 通道为实际测量转速，2 通道为电磁转矩，3 通道为定子磁链幅值，4 通道为实测的 A 相电流。

图 10.4 所示为 MPFC_3VV 从静止起动到额定转速 1500r/min 时的实验，首先是直流预励磁，然后电机迅速加速至额定转速，整过启动过程非常平稳且电流没有冲击。图 10.5 所示为额定转速下的正反转实验，在整个动态过程中定子磁链的幅值保持恒定，说明此算法能够实现电磁转矩与定子磁链之间的解耦控控制。图 10.6 所示为突加负载实验，转速跌落后迅速恢复到给定值，验证了控制算法对负载扰动的鲁棒性。

除了动态实验的验证，本节还测试了此算法的稳态性能，图 10.7 与图 10.8 所示分别为电机在额定转速以及 15r/min 时带额定负载运行的实验波形。在整个过程中系统运行平稳，定子电流为正弦且光滑，证明此算法在高速和低速系均有良好的带载能力。

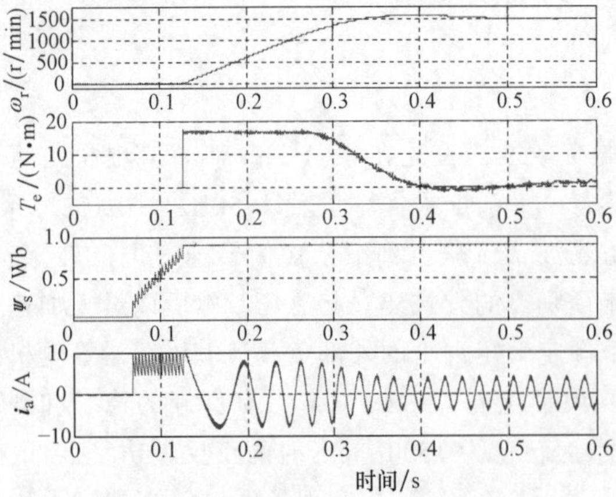

图 10.4　MPFC_3VV 从静止起动到额定转速 1500r/min 时的实验波形

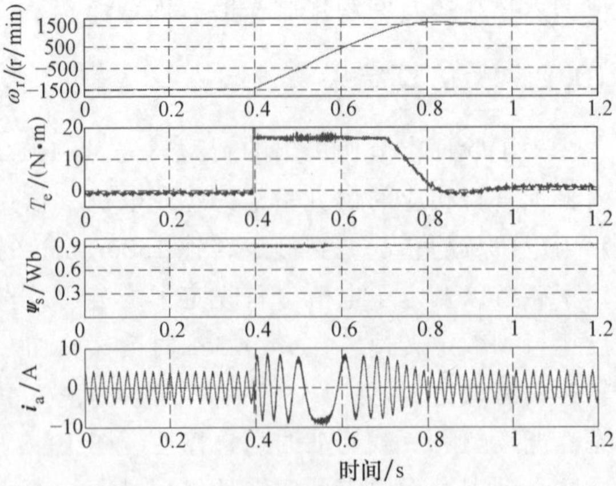

图 10.5　MPFC_3VV 在转速为 1500r/min 时的正反转实验波形

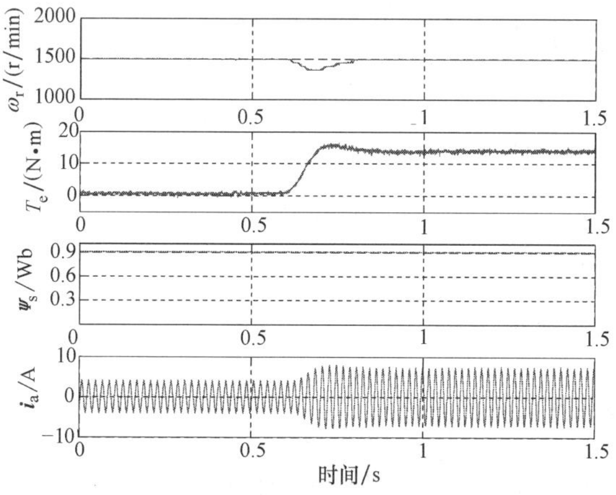

图 10.6　MPFC_3VV 在转速为 1500r/min 时突加额定负载实验波形

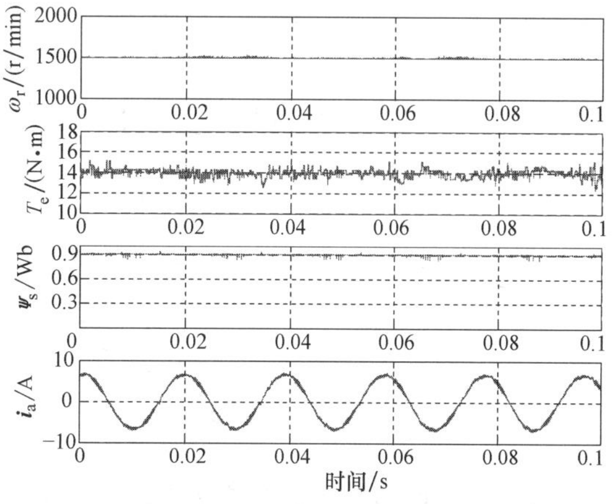

图 10.7　MPFC_3VV 在转速为 1500r/min 时的带额定负载实验波形

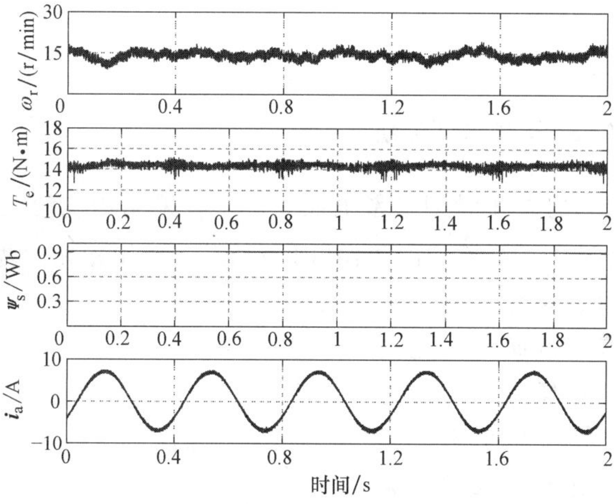

图 10.8　MPFC_3VV 在转速为 15r/min 时的带额定负载实验波形

10.3　基于 SVM 的模型预测磁链控制

10.3.1　整体框图

图 10.9 所示为感应电机的基于 SVM 的 MPFC 整体控制框图，包括以下部分：全阶观测器、等效定子磁链矢量计算、定子磁链无差拍控制和基于固定矢量合成的 SVM。其中转矩参考值通过转速外环采用 PI 调节器得到。本章不考虑弱磁控制，因此定子磁链幅值的参考值设为额定值。下面对各部分进行详细介绍。

10.3.2　电压参考值计算

传统模型预测控制中需要对各个电压矢量进行枚举预测，通过在线滚动优化选出使目标函数式（7.8）最小的电压矢量。由于在每个控制周期中只作用一个电压矢量，因此稳态性

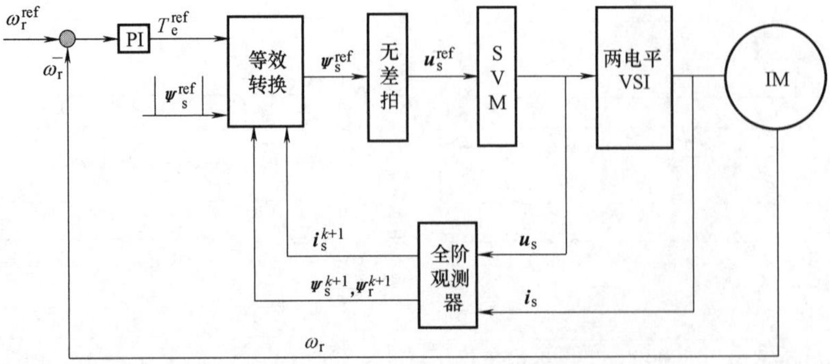

图 10.9 基于 SVM 的模型预测磁链控制框图

能相对较差且计算量大。本章通过式（7.4）得到定子磁链矢量在 $k+2$ 时刻的参考值，进而通过定子磁链无差拍控制来获得 $k+1$ 时刻的参考定子电压矢量，其表达式如下：

$$\boldsymbol{u}_{s}^{ref}=\frac{\boldsymbol{\psi}_{s}^{ref}-\boldsymbol{\psi}_{s}^{k+1}}{T_{sc}}+R_{s}\boldsymbol{i}_{s}^{k+1} \tag{10.8}$$

式中 $\boldsymbol{\psi}_{s}^{k+1}$ 和 $\boldsymbol{i}_{s}^{k+1}$ 根据式（3.32）得到。

10.3.3 基于固定矢量合成的 SVM

根据式（10.8）得到的 $k+1$ 时刻参考电压矢量一般采用传统的 SVM 来合成 $\boldsymbol{u}_{s}^{ref}$。这种方法需要判断电压矢量所在的扇区，如图 10.10 所示，然后用相邻的两个电压矢量以及零矢量来合成参考电压矢量。这种方法计算量大且程序繁琐，本章通过研究电压矢量之间的等效转化，发现任意一个参考电压矢量都可以由两个不共线的电压矢量来合成，因此可以选择两个任意不共线且固定的电压矢量来合成 $\boldsymbol{u}_{s}^{ref}$，从而简化 SVM 算法，无需参考电压矢量扇区判断，简化了电压矢量选择。

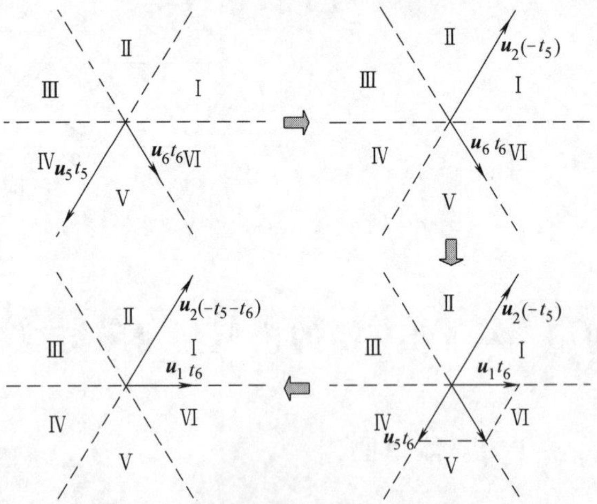

图 10.10 两电平电压矢量以及开关状态

以参考电压矢量位于第Ⅴ扇区为例，如图 10.10 所示，根据传统的空间矢量脉宽调制选择 $\boldsymbol{u}_5$ 与 $\boldsymbol{u}_6$ 作为两个有效的电压矢量可得

$$\boldsymbol{u}_{s}^{ref}=\boldsymbol{u}_5t_5+\boldsymbol{u}_6t_6+\boldsymbol{u}_0t_0 \tag{10.9}$$

通过研究发现 $\boldsymbol{u}_6t_6$ 可以被与之相邻的两个电压矢量合成，如式（10.10）所示，因此可以得到式（10.11），由于 $\boldsymbol{u}_5$ 和 $\boldsymbol{u}_2$ 互反可以得到式（10.12），最终可以得到式（10.13）。

$$\boldsymbol{u}_6t_6=\boldsymbol{u}_1t_6+\boldsymbol{u}_5t_6 \tag{10.10}$$

$$\boldsymbol{u}_5t_5+\boldsymbol{u}_6t_6=\boldsymbol{u}_5(t_5+t_6)+\boldsymbol{u}_1t_6 \tag{10.11}$$

$$\boldsymbol{u}_5(t_6+t_5)=\boldsymbol{u}_2(-t_5-t_6) \tag{10.12}$$

$$\boldsymbol{u}_5 t_5+\boldsymbol{u}_6 t_6=\boldsymbol{u}_1 t_6+\boldsymbol{u}_2(-t_5-t_6) \tag{10.13}$$

显然 $\boldsymbol{u}_5 t_5$ 和 $\boldsymbol{u}_6 t_6$ 的整体控制效果与 $\boldsymbol{u}_1 t_6$ 和 $\boldsymbol{u}_2(-t_5-t_6)$ 等价，这也意味着当参考电压矢量位于第Ⅴ扇区时，可以选择 $\boldsymbol{u}_1$ 和 $\boldsymbol{u}_2$ 来代替 $\boldsymbol{u}_5$ 和 $\boldsymbol{u}_6$，其对电压矢量合成效果完全等效。因此，无论参考电压矢量位于第几扇区，都可以固定选择 $\boldsymbol{u}_1$ 和 $\boldsymbol{u}_2$ 来合成参考电压矢量，从而简化了扇区判断和电压矢量选择。

为了简化处理，假设 t_1' 和 t_2' 分别为电压矢量 $\boldsymbol{u}_1$ 和 $\boldsymbol{u}_2$ 的作用时间，不同的电压矢量组合都可以由 $\boldsymbol{u}_1$，$\boldsymbol{u}_2$，t_1'，t_2' 来合成如下所示：

$$\begin{aligned}\boldsymbol{u}_1 t_1'+\boldsymbol{u}_2 t_2' &=\boldsymbol{u}_2(t_1'+t_2')+\boldsymbol{u}_3(-t_1')\\ &=\boldsymbol{u}_3 t_2'+\boldsymbol{u}_4(-t_1'-t_2')\\ &=\boldsymbol{u}_4(-t_1')+\boldsymbol{u}_5(-t_2')\\ &=\boldsymbol{u}_5(-t_1'-t_2')+\boldsymbol{u}_6 t_1'\\ &=\boldsymbol{u}_6(-t_2')+\boldsymbol{u}_1(t_1'+t_2')\end{aligned} \tag{10.14}$$

这意味着在六个扇区中，不同的有效电压矢量组合以及作用时间都能够被 $\boldsymbol{u}_1$，$\boldsymbol{u}_2$，t_1'，t_2' 等效替代。因此无论 $\boldsymbol{u}_s^{\mathrm{ref}}$ 位于何处，都可以固定选择电压矢量 $\boldsymbol{u}_1$ 和 $\boldsymbol{u}_2$ 来合成，其作用时间 t_1' 和 t_2' 可以按照传统 SVM 得到，也可以按照本章介绍的电压矢量跟踪误差最小来计算得到相应的作用时间，具体原理如下所示。

假设选择固定的矢量 $\boldsymbol{u}_1$ 和 $\boldsymbol{u}_2$ 作为有效矢量来合成 $\boldsymbol{u}_s^{\mathrm{ref}}$，即可以得到电压矢量跟踪误差的二次方如式（10.15）所示：

$$\boldsymbol{u}_{\mathrm{err}}^2=|\boldsymbol{u}_s^{\mathrm{ref}}-t_1\boldsymbol{u}_1-t_2\boldsymbol{u}_2|^2=\mathrm{Re}[(\boldsymbol{u}_s^{\mathrm{ref}}-t_1\boldsymbol{u}_1-t_2\boldsymbol{u}_2)^*\odot(\boldsymbol{u}_s^{\mathrm{ref}}-t_1\boldsymbol{u}_1-t_2\boldsymbol{u}_2)] \tag{10.15}$$

式中　t_1 与 t_2 分别为矢量 $\boldsymbol{u}_1$ 与 $\boldsymbol{u}_2$ 的作用时间；

零矢量的作用时间为 $t_0=T_{\mathrm{sc}}-t_1-t_2$。

对式（10.15）中的 t_1，t_2 分别求偏导，可以得到方程式（10.16）和式（10.17）如下所示：

$$\frac{\partial(\boldsymbol{u}_{\mathrm{err}}^2)}{\partial t_1}=0 \tag{10.16}$$

$$\frac{\partial(\boldsymbol{u}_{\mathrm{err}}^2)}{\partial t_2}=0 \tag{10.17}$$

求解式（10.16）和式（10.17），可以得到矢量 $\boldsymbol{u}_1$ 和 $\boldsymbol{u}_2$ 的作用时间 t_1 与 t_2 如下：

$$t_1=\frac{\boldsymbol{u}_s^{\mathrm{ref}}\otimes\boldsymbol{u}_2}{\boldsymbol{u}_1\otimes\boldsymbol{u}_2} \tag{10.18}$$

$$t_2=\frac{\boldsymbol{u}_1\otimes\boldsymbol{u}_s^{\mathrm{ref}}}{\boldsymbol{u}_1\otimes\boldsymbol{u}_2} \tag{10.19}$$

通过式（10.18）和式（10.19）得到有效矢量 $\boldsymbol{u}_1$ 和 $\boldsymbol{u}_2$ 的作用时间 t_1 和 t_2，可以使得合成的参考电压矢量实现无差拍控制，然后根据作用时间 t_1 和 t_2 可以得到三相逆变器的开关状态，其关系式见表 10.1[179]，其中 d_{a}，d_{b}，d_{c} 分别代表三相占空比。

众所周知，三相占空比 d_{a}，d_{b}，d_{c} 应该大于 0 小于 1，但是表 10.1 所构造的三相占空比有可能会超过这个范围，所以需要对上面的三相占空比进行修改。假设 $d_{\max}$ 为根据表 10.1 得到的三相占空比 d_{a}，d_{b}，d_{c} 的最大值，$d_{\min}$ 为三相占空比最小值，可以得到零矢量

表 10.1 三相占空比的计算

三相占空比	计算表达式	三相占空比	计算表达式
d_a	$(1+t_1+t_2)/2$	d_c	$(1-t_1-t_2)/2$
d_b	$(1-t_1+t_2)/2$		

的作用的占空比为 $d_0=1-d_{max}+d_{min}$，从而可得修改后的三相占空比如下：

$$\begin{cases} d_a=d_a-d_{min}+0.5d_0 \\ d_b=d_b-d_{min}+0.5d_0 \\ d_c=d_c-d_{min}+0.5d_0 \end{cases} \tag{10.20}$$

基于上述讨论可得，基于固定矢量合成的 SVM 相比传统 SVM 实现起来更加简单，因为其无需计算参考电压矢量的角度来判断参考电压矢量所在的扇区、相应的有效电压矢量组合以及作用时间。

10.3.4 仿真结果

为了验证本节所提出的基于固定矢量合成 SVM 的模型预测磁链控制的有效性，在 MATLAB/Simulink 中进行相应的仿真验证，电机参数见表 2.1，控制算法采样频率设置为 5kHz，为了方便描述，本节称之为 MPFC_SVM。图 10.11a 和 b 所示分别为电机从静止起动到额定转速 1500r/min 以及 50Hz 时的正反转仿真波形，仿真波形从上到下分别为转速、电磁转矩、定子磁链以及定子电流。在整个动态过程中定子磁链始终保持恒定不变，说明 MPFC_SVM 具有良好的动态解耦性能。图 10.11a 在 $t=0.35s$ 时突然施加一个额定转矩大小的外部负载到电机，尽管电机转速稍有跌落但迅速恢复到设定值。从整个仿真波形上看 MPFC_SVM 对于负载扰动具有良好的稳态性能、动态性能以及强鲁棒性。

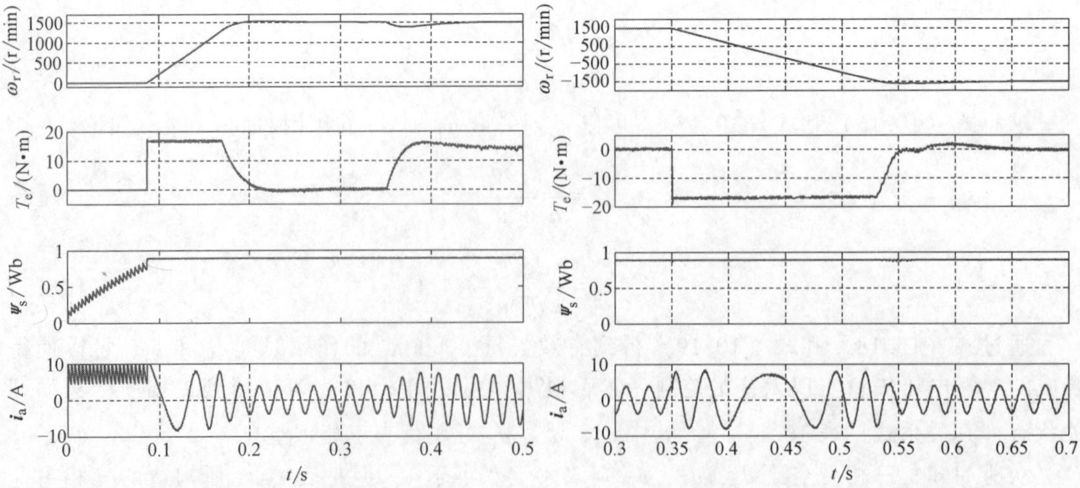

a) 从静止状态起动到额定转速1500r/min

b) 额定转速1500r/min时的正反转波形

图 10.11 仿真波形

10.3.5 实验结果

除了仿真验证，本节也在两电平实验装置上验证了本章所提出的基于 SVM 的模型预测磁链控制（MPFC_SVM）的有效性。实验装置如图 4.12 所示，电机参数和系统采样频率与仿真一样。实验中采用 TMS320F28335 来执行主算法，通过磁粉制动器给电机加负载，在整个实验过程中，所用的输出变量都是通过控制板上的 DA 芯片输出到示波器进行显示的，而定子电流通过电流钳实际测量得到，最终这些数据被传到电脑并通过 MATLAB 来进行分析。

图 10.12a 所示为 MPFC_SVM 从静止起动到额定转速 1500r/min 的实验，首先通过直流斩波的方式来建立定子磁链，然后电机加速至额定转速，整个起动过程非常平稳，电流正弦且光滑。图 10.12b 所示为 50Hz 下的正反转试验，在整个过程中定子磁链幅值保持恒定，说明 MPFC_SVM 能够实现电磁转矩和定子磁链的转矩控制。图 10.13 在 50Hz 时突加和突减额定转矩负载，尽管在突加减载过程中电机转速存在波动但迅速恢复到给定值，证明 MPFC_SVM 对外部负载扰动具有很强的鲁棒性。

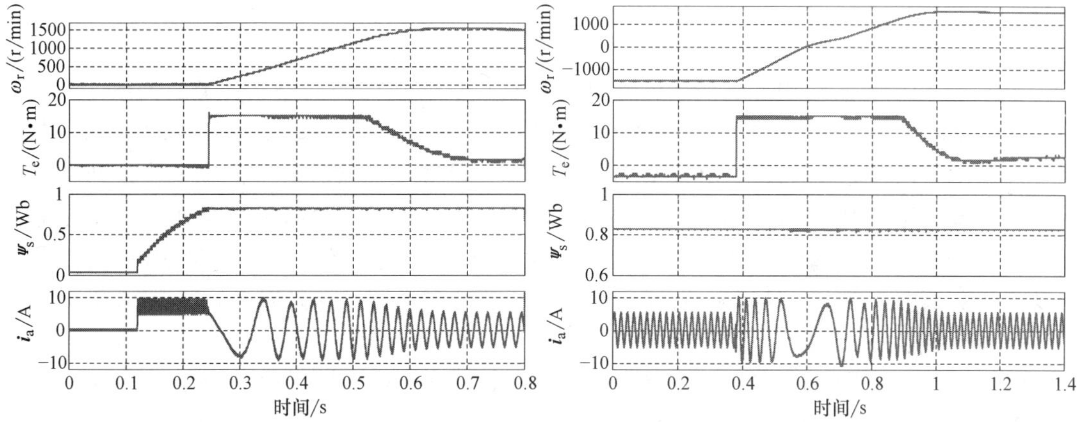

a) 起动实验　　b) 正反转实验

图 10.12　MPFC_SVM 动态实验

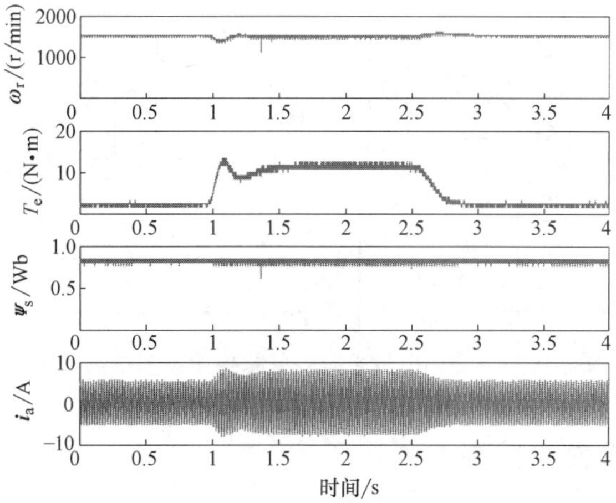

图 10.13　50Hz 突加减负载实验

10.4 统一多矢量模型预测控制

10.4.1 控制框图

传统的 MPC 在一个控制周期作用一个电压矢量[148,180]，其稳态性能较差，随后有许多学者提出了各种改进型 MPC 控制算法[36,41,181]，其主要的控制思想是在一个控制周期施加多个电压矢量来让其更加逼近控制目标，如定子磁链矢量、定子电流以及转矩与磁链的幅值等，而多个电压矢量的占空比优化通常采用无差拍控制、转矩/磁链脉动或者平均值最小等方法[16]，尽管这些改进型控制算法能够获得比传统 MPC 更好的稳态性能，但是这些控制算法必须经过复杂的计算来获得各个电压矢量的占空比，另外各种多矢量 MPC 在电压选择之间存在的区别与联系仍待深入研究。

本节通过深入研究基于无差拍控制单矢量 MPC 以及各种多矢量 MPC 在电压矢量选择上的联系，提出一种基于 SVM 无差拍控制的统一多矢量 MPC。这种控制算法首先通过 SVM 合成目标电压矢量，从而得到各个电压矢量及其占空比，然后通过电压矢量之间的组合可以得到各种改进型无差拍 MPC 算法所需要的电压矢量组合及其占空比。本节提出的这种统一多矢量 MPC 在控制算法结构上更加简单，同时揭示了各种 MPC 在矢量选择上的关系。为了证明统一多矢量 MPC 与各种 MPC 算法的等效性，本节以传统的广义双矢量 MPC 为例，首先从理论上证明它与统一多矢量 MPC 所选择的电压矢量等效，然后通过仿真来验证两种控制算法在不同工况下所作用的电压矢量与时间一样，最终通过实验结果同样证明两种多矢量 MPC 的控制效果完全等效。本节提出的这种基于 SVM 无差拍的统一多矢量 MPC 可以看成是以控制变量误差最小为目标函数的各种 MPC 的总结和推广，为研究多矢量 MPC 提供了一个新的视角。

图 10.14 所示为感应电机统一多矢量模型预测控制整体框图，包括如下部分：全阶观测器、等效定子磁链矢量计算、定子磁链无差拍控制和矢量选择与占空比优化。其中，转矩参考值通过转速外环得到，采用 PI 调节器。本章不考虑弱磁控制，因此定子磁链幅值的参考值设为额定值。下面对各部分进行详细介绍。

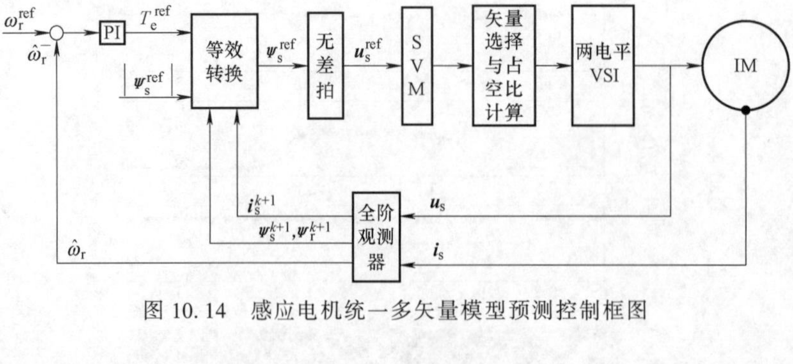

图 10.14　感应电机统一多矢量模型预测控制框图

10.4.2 定子磁链无差拍控制

通过式（7.4）可得 k+1 时刻的定子磁链矢量，然后基于定子磁链无差拍的原理[150]，

可以得到 k 时刻的定子电压矢量，如式（10.21）所示：

$$\boldsymbol{u}_{\mathrm{s}}^{\mathrm{ref}}=\frac{\boldsymbol{\psi}_{\mathrm{s}}^{\mathrm{ref}}-\boldsymbol{\psi}_{\mathrm{s}}^{k}}{T_{\mathrm{sc}}}+R_{\mathrm{s}}\boldsymbol{i}_{\mathrm{s}}^{k} \tag{10.21}$$

对于两电平感应电机装置，共有八个电压矢量（六个有效电压矢量以及两个零电压矢量）可供选择，如图 10.15 所示。在两电平逆变装置中，基于空间矢量脉宽调制原理，$\boldsymbol{u}_{\mathrm{s}}^{\mathrm{ref}}$ 可以通过两个有效矢量与一个零矢量来合成参考电压，可得到 $\boldsymbol{u}_1$，$\boldsymbol{u}_2$，$\boldsymbol{u}_0$ 的作用时间分别为 t_1，t_2，t_0，其满足以下关系式：

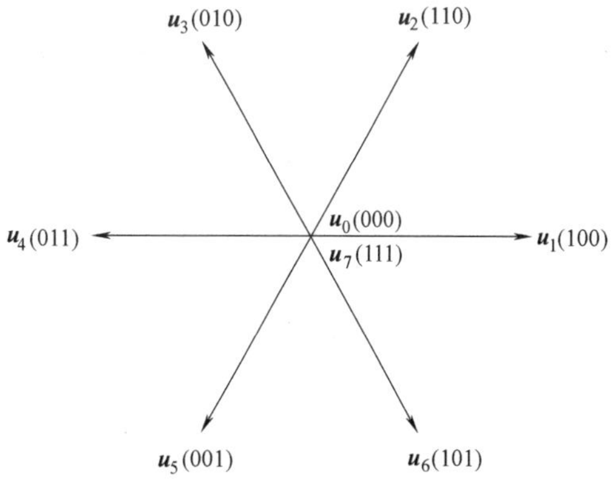

图 10.15　两电平电压矢量选择以及开关状态

$$\boldsymbol{u}_{\mathrm{s}}^{\mathrm{ref}}T_{\mathrm{sc}}=\boldsymbol{u}_1t_1+\boldsymbol{u}_2t_2+\boldsymbol{u}_0t_0 \tag{10.22}$$

式中　T_{sc} 为控制算法的控制周期。

10.4.3　单矢量 MPC

通过 10.4.2 节可以得到合成参考电压矢量的各个有效电压矢量与零电压矢量的作用时间。由于单矢量方法在整个周期内仅作用单个矢量，因此三个备选矢量（$\boldsymbol{u}_1$，$\boldsymbol{u}_2$ 和 $\boldsymbol{u}_0$）所造成的伏秒误差（$\boldsymbol{\varepsilon}_1$，$\boldsymbol{\varepsilon}_2$ 和 $\boldsymbol{\varepsilon}_0$）可以表示为

$$\begin{cases}\boldsymbol{\varepsilon}_1=\boldsymbol{u}_{\mathrm{s}}^{\mathrm{ref}}T_{\mathrm{s}}-\boldsymbol{u}_1T_{\mathrm{s}}=\boldsymbol{u}_1(t_1-T_{\mathrm{s}})+\boldsymbol{u}_2t_2\\ \boldsymbol{\varepsilon}_2=\boldsymbol{u}_{\mathrm{s}}^{\mathrm{ref}}T_{\mathrm{s}}-\boldsymbol{u}_2T_{\mathrm{s}}=\boldsymbol{u}_1t_1+\boldsymbol{u}_2(t_2-T_{\mathrm{s}})\\ \boldsymbol{\varepsilon}_0=\boldsymbol{u}_{\mathrm{s}}^{\mathrm{ref}}T_{\mathrm{s}}-\boldsymbol{u}_0T_{\mathrm{s}}=\boldsymbol{u}_1t_1+\boldsymbol{u}_2t_2\end{cases} \tag{10.23}$$

考虑到 $|\boldsymbol{u}_1|=|\boldsymbol{u}_2|$，求取伏秒误差 ε_0 幅值的二次方

$$\begin{aligned}|\boldsymbol{\varepsilon}_0|^2&=\boldsymbol{\varepsilon}_0^*\boldsymbol{\varepsilon}_0=(\boldsymbol{u}_1t_1+\boldsymbol{u}_2t_2)^*(\boldsymbol{u}_1t_1+\boldsymbol{u}_2t_2)\\&=|\boldsymbol{u}_1|^2t_1^2+|\boldsymbol{u}_2|^2t_2^2+(\boldsymbol{u}_1^*\boldsymbol{u}_2+\boldsymbol{u}_2^*\boldsymbol{u}_1)t_1t_2\\&=|\boldsymbol{u}_1|^2t_1^2+|\boldsymbol{u}_2|^2t_2^2+2|\boldsymbol{u}_1||\boldsymbol{u}_2|\cos\left(\frac{\pi}{3}\right)t_1t_2\\&=|\boldsymbol{u}_1|^2(t_1^2+t_2^2+t_1t_2)\end{aligned} \tag{10.24}$$

同样地，伏秒误差 $\boldsymbol{\varepsilon}_1$ 和 $\boldsymbol{\varepsilon}_2$ 幅值的二次方分别为

$$\begin{cases}|\varepsilon_1|^2=|\boldsymbol{u}_1|^2(t_1^2+t_2^2+T_{\mathrm{s}}^2+t_1t_2-2t_1T_{\mathrm{s}}-t_2T_{\mathrm{s}})\\ |\varepsilon_2|^2=|\boldsymbol{u}_1|^2(t_1^2+t_2^2+T_{\mathrm{s}}^2+t_1t_2-t_1T_{\mathrm{s}}-2t_2T_{\mathrm{s}})\end{cases} \tag{10.25}$$

为了比较三个伏秒误差的大小，将三者相互作差

$$\begin{cases}|\boldsymbol{\varepsilon}_1|^2-|\boldsymbol{\varepsilon}_0|^2=|\boldsymbol{u}_1|^2T_{\mathrm{s}}(t_0-t_1)\\ |\boldsymbol{\varepsilon}_2|^2-|\boldsymbol{\varepsilon}_0|^2=|\boldsymbol{u}_1|^2T_{\mathrm{s}}(t_0-t_2)\\ |\boldsymbol{\varepsilon}_2|^2-|\boldsymbol{\varepsilon}_1|^2=|\boldsymbol{u}_1|^2T_{\mathrm{s}}(t_1-t_2)\end{cases} \tag{10.26}$$

从式（10.26）可以发现，如果 $t_0=\max(t_0, t_1, t_2)$，那么可以得到 $|\boldsymbol{\varepsilon}_1|^2-|\boldsymbol{\varepsilon}_0|^2>0$ 和 $|\boldsymbol{\varepsilon}_2|^2-|\boldsymbol{\varepsilon}_0|^2>0$，也就意味着 $|\boldsymbol{\varepsilon}_0|$ 要比 $|\boldsymbol{\varepsilon}_1|$ 和 $|\boldsymbol{\varepsilon}_2|$ 都小。根据式（10.23），$\boldsymbol{\varepsilon}_0$ 是零矢量 $\boldsymbol{u}_0$ 与参考电压矢量 $\boldsymbol{u}_{\mathrm{s}}^{\mathrm{ref}}$ 之间的伏秒误差，也就是说零矢量 $\boldsymbol{u}_0$ 是最接近参考电压矢量 $\boldsymbol{u}_{\mathrm{s}}^{\mathrm{ref}}$ 的最

优电压矢量。同样地，可以得到当 t_1 和 t_2 是最大作用时间时，最优电压矢量分别为 v_1 和 v_2。因此可以得到一个结论：初始作用时间最长的电压矢量单独作用时造成的伏秒误差最小，将被确定为最优电压矢量，作用在接下来的整个周期内。

假设参考电压矢量位于第Ⅰ扇区，以各个边的中点位置作垂线可以把第Ⅰ扇区分成三个小区域 R_0，R_1，R_2，如图 10.16 所示。因此可以根据参考电压位于图中区域的位置来选择最优电压矢量。对于整个复平面，MPC1 的电压矢量选择如图 10.17 所示，当参考电压矢量位于内六边形区域时选择零矢量，区域外时选择有效电压矢量，所有可能的情况总结在表 10.2 中。为了描述方便，该方法以下简称为 MPC1。

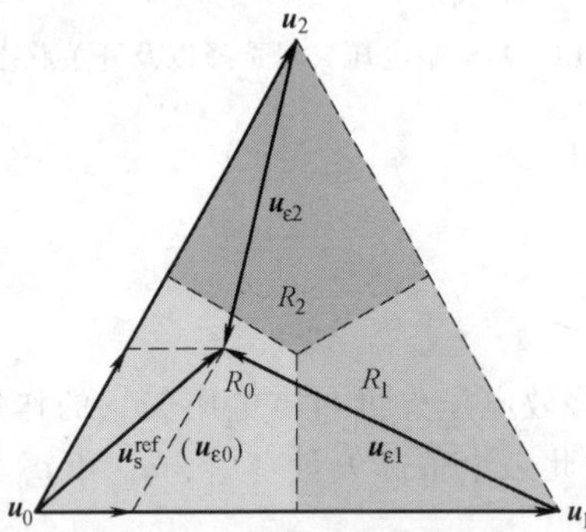

图 10.16　单矢量 MPC 的矢量选择原理

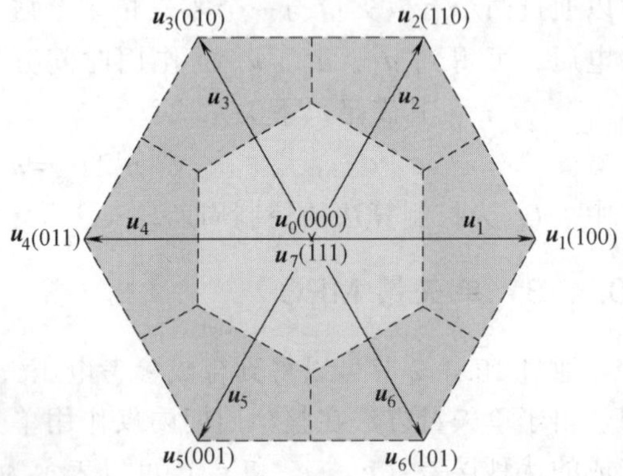

图 10.17　单矢量 MPC 的优化矢量选择

表 10.2　MPC1 最优电压矢量选择与作用时间

电压矢量和作用时间	$t_k>\max(t_{k+1},t_0)$	$t_{k+1}>\max(t_k,t_0)$	$t_0>\max(t_k,t_{k+1})$
最优电压矢量 $\boldsymbol{u}_x$	$\boldsymbol{u}_k$	$\boldsymbol{u}_{k+1}$	$\boldsymbol{u}_0$
最优作用时间 t_x	T_{sc}	T_{sc}	T_{sc}

注：k 代表扇区编号。

10.4.4　双矢量 MPC

普通双矢量 MPC 方法在一个控制周期内作用两个电压矢量（一个有效矢量和一个零矢量）来实现更好的稳态性能。该方法在整体思路上与单矢量 MPC 保持一致，同样是通过比较备选矢量组合与参考电压矢量 $\boldsymbol{u}_s^{ref}$ 之间的伏秒误差进行矢量选择的。在接下来的推导中，沿用 10.4.3 节的假设，参考电压矢量 $\boldsymbol{u}_s^{ref}$ 仍然位于第Ⅰ扇区，所以备选基本电压矢量 $\boldsymbol{u}_1$，$\boldsymbol{u}_2$，$\boldsymbol{u}_0$ 同样也没有发生变化。根据普通双矢量的基本原则，（$\boldsymbol{u}_1$，$\boldsymbol{u}_0$）和（$\boldsymbol{u}_2$，$\boldsymbol{u}_0$）成为两个备选的基本电压矢量组合。以电压矢量组合（$\boldsymbol{u}_1$，$\boldsymbol{u}_0$）为例，当在整个控制周期内作用电压矢量组合（$\boldsymbol{u}_1$，$\boldsymbol{u}_0$）时，伏秒误差 $\boldsymbol{\varepsilon}_{10}$ 可以表示为

$$\begin{aligned}\boldsymbol{\varepsilon}_{10}&=\boldsymbol{u}_s^{ref}T_s-\boldsymbol{u}_1t_1'=\boldsymbol{u}_1t_1+\boldsymbol{u}_2t_2-\boldsymbol{u}_1t_1'\\&=\boldsymbol{u}_1t_1+\boldsymbol{u}_2t_2-\boldsymbol{u}_1(t_1+nt_2)\\&=t_2(\boldsymbol{u}_2-nv_1)\end{aligned}\tag{10.27}$$

式中　$t_1'=t_1+nt_2$ 表示电压矢量 v_1 的最优作用时间；

n 表示有效矢量 $\boldsymbol{u}_2$ 初始作用时间 t_2 中冗余部分的比例系数。

伏秒误差幅值的二次方 $|\boldsymbol{\varepsilon}_{10}|^2$ 可以表示为

$$|\boldsymbol{\varepsilon}_{10}|^2 = |\boldsymbol{u}_1|^2 t_2^2(n^2-n+1) \tag{10.28}$$

这样，求取电压误差幅值最小值的问题就转换成了求取多项式 n^2-n+1 的最小值。当 $n=0.5$ 时，多项式取得最小值，所以伏秒误差幅值二次方 $|\boldsymbol{\varepsilon}_{10}|^2$ 的最小值为 $0.75|\boldsymbol{u}_1|^2 t_0$，换句话说，最小伏秒误差幅值为

$$|\boldsymbol{\varepsilon}_{10}|_{\min} = \frac{\sqrt{3}}{2}|\boldsymbol{u}_1|t_2 = \frac{\sqrt{3}}{2}|\boldsymbol{u}_1|(T_s-t_1-t_0) \tag{10.29}$$

同样地，由矢量组合（$\boldsymbol{u}_2$，$\boldsymbol{u}_0$）造成的最小伏秒误差幅值为

$$|\boldsymbol{\varepsilon}_{20}|_{\min} = \frac{\sqrt{3}}{2}|\boldsymbol{u}_1|t_2 = \frac{\sqrt{3}}{2}|\boldsymbol{u}_1|(T_s-t_2-t_0) \tag{10.30}$$

分析式（10.29）和式（10.30），可以得到一个结论，在两个备选基本矢量组合中，初始作用时间之和较大的电压矢量组成的矢量组合被确定为最优矢量组合，与此同时，被舍弃的电压矢量的初始作用时间平均分配给两个被选择的电压矢量。推广到整个复平面上，可以得到相同的结论，所有可能的情况总结在表 10.3 中。如图 10.18 所示为整个复平面上最优电压矢量组合的分布情况。

表 10.3　双矢量 MPC 的最优电压矢量和最优作用时间

电压矢量和作用时间	$t_k>t_{k+1}$	$t_k<t_{k+1}$
最优电压矢量组合($\boldsymbol{u}_{\text{opt}}$,$\boldsymbol{u}_0$)	($\boldsymbol{u}_k$,$\boldsymbol{u}_0$)	($\boldsymbol{u}_{k+1}$,$\boldsymbol{u}_0$)
最优作用时间组合(t_{opt},t_0)	($t_k+0.5t_{k+1}$,$t_0+0.5t_{k+1}$)	($t_{k+1}+0.5t_k$,$t_0+0.5t_k$)

10.4.5　广义双矢量 MPC

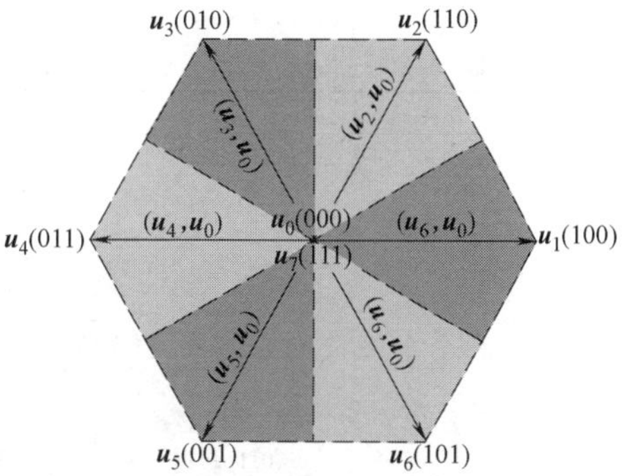

图 10.18　双矢量 MPC 在复平面上的最优电压矢量组合分布

广义双矢量 MPC 同样在一个控制周期内作用两个电压矢量来实现更好的稳态性能，但是此时电压矢量组合不再局限于一个有效矢量和一个零矢量，该方法在整体思路上与双矢量 MPC 保持一致，同样是通过比较备选矢量组合与参考电压矢量 $\boldsymbol{u}_s^{\text{ref}}$ 之间的伏秒误差进行矢量选择的。沿用 10.4.4 节的假设，参考电压矢量 $\boldsymbol{u}_s^{\text{ref}}$ 仍然位于第 I 扇区，所以备选基本电压矢量 $\boldsymbol{u}_1$，$\boldsymbol{u}_2$，$\boldsymbol{u}_0$ 同样也没有发生变化。与双矢量 MPC 不同，根据广义双矢量 MPC 的基本原则，基本电压矢量组合变成了三个，分别是（$\boldsymbol{u}_1$，$\boldsymbol{u}_0$），（$\boldsymbol{u}_2$，$\boldsymbol{u}_0$）和（$\boldsymbol{u}_1$，$\boldsymbol{u}_2$）。伏秒误差 $\boldsymbol{\varepsilon}_{10}$ 和 $\boldsymbol{\varepsilon}_{20}$ 在 10.4.4 节中已经得到求解，这里给出由于矢量组合（$\boldsymbol{u}_1$，$\boldsymbol{u}_2$）作用造成的伏秒误差 $\boldsymbol{\varepsilon}_{12}$

$$\begin{aligned}\boldsymbol{\varepsilon}_{12} &= \boldsymbol{u}_1 t_1+\boldsymbol{u}_2 t_2-\boldsymbol{u}_1 t_1'-\boldsymbol{u}_2 t_2' \\ &= \boldsymbol{u}_1 t_1+\boldsymbol{u}_2 t_2-\boldsymbol{u}_1(t_1+nt_0)-\boldsymbol{u}_2[t_2+(1-n)t_0] \\ &= -t_0[n\boldsymbol{u}_1+\boldsymbol{u}_2(1-n)]\end{aligned} \tag{10.31}$$

式中　$t_1'=t_1+nt_0$ 和 $t_2'=t_2+nt_0$ 分别表示电压矢量 $\boldsymbol{u}_1$ 和 $\boldsymbol{u}_2$ 的最优作用时间；

n 表示零矢量 $\boldsymbol{u}_0$ 作用时间 t_0 中冗余部分的比例系数。

伏秒误差幅值二次方 $|\boldsymbol{\varepsilon}_{12}|^2$ 可以表示为

$$|\boldsymbol{\varepsilon}_{12}|^2=|\boldsymbol{u}_1|^2t_2^2(n^2-n+1) \tag{10.32}$$

与双矢量 MPC 相同，当 $n=0.5$ 时，多项式 n^2-n+1 取得最小值，进而可以得到三个最小伏秒误差幅值 $|\boldsymbol{\varepsilon}_{10}|$，$|\boldsymbol{\varepsilon}_{12}|$和$|\boldsymbol{\varepsilon}_{12}|$

$$\begin{cases}|\boldsymbol{\varepsilon}_{10}|=\dfrac{\sqrt{3}}{2}|\boldsymbol{u}_1|(T_s-t_1-t_0)\\|\boldsymbol{\varepsilon}_{20}|=\dfrac{\sqrt{3}}{2}|\boldsymbol{u}_1|(T_s-t_2-t_0)\\|\boldsymbol{\varepsilon}_{12}|=\dfrac{\sqrt{3}}{2}|\boldsymbol{u}_1|(T_s-t_1-t_2)\end{cases} \tag{10.33}$$

根据式（10.33），可以得到一个结论：三个备选基本电压矢量组合中，初始作用时间之和较大的电压矢量组成的矢量组合被确定为最优矢量组合，与此同时，被舍弃的电压矢量的初始作用时间平均分配给两个被选择的电压矢量。推广到整个复平面上，可以得到相同的结论，所有可能的情况总结在表 10.4 中。图 10.19 所示为整个复平面上最优电压矢量组合的分布情况。当定子电压矢量参考值 $\boldsymbol{u}_s^{ref}$ 位于内部阴影区时，最优电压矢量组合为一个有效电压矢量与零电压矢量的组合。当 $\boldsymbol{u}_s^{ref}$ 位于外部阴影区时，最优电压矢量组合为相邻的两个有效电压矢量组合。

表 10.4　广义双矢量 MPC 最优电压矢量和最优作用时间

电压矢量和作用时间	$t_0<\min(t_k,t_{k+1})$	$t_k<\min(t_0,t_{k+1})$	$t_{k+1}<\min(t_0,t_k)$
最优电压矢量组合($\boldsymbol{u}_{opt1},\boldsymbol{u}_{opt2}$)	$(\boldsymbol{u}_k,\boldsymbol{u}_{k+1})$	$(\boldsymbol{u}_{k+1},\boldsymbol{u}_0)$	$(\boldsymbol{u}_k,\boldsymbol{u}_0)$
最优作用时间组合(t_{opt1},t_{opt2})	$(t_k+0.5t_0,t_{k+1}+0.5t_0)$	$(t_{k+1}+0.5t_k,t_0+0.5t_k)$	$(t_k+0.5t_{k+1},t_0+0.5t_{k+1})$

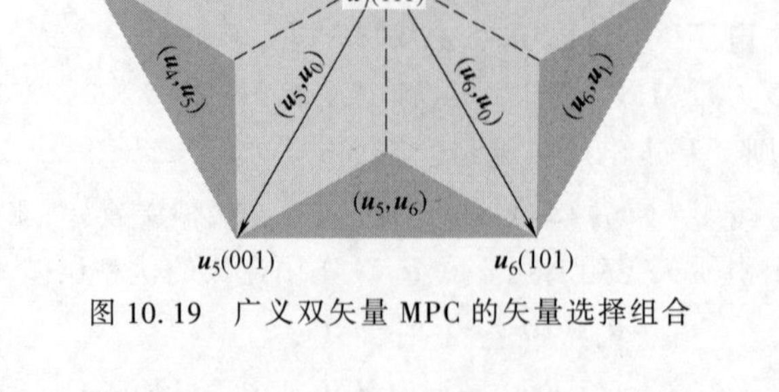

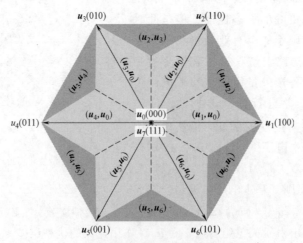

图 10.19　广义双矢量 MPC 的矢量选择组合

10.4.6　仿真结果

为了证明本章提出统一多矢量方法的有效性，本节对其进行了仿真验证，同时为了证明统一多矢量与传统广义双矢量模型预测磁链控制[41] 的等效性。本节在一个仿真框架中对两种控制算法的电压矢量占空比作差来证明其等效性，其采样频率均设为 15kHz，本节的电机参数见表 2.1。为了方便描述，本文把统一多矢量中 MPC 的广义双矢量 MPC 和参考文献［41］中的广义双矢量模型预测磁链控制分别称为 MPFC_UMV 和 MPFC_DCC。图 10.20 所示为两种方法分别从静止起动到 1500r/min 的起动仿真波形。首先通过直流预励磁来建立电机中的磁场，然后再起动电机运行到 1500r/min，在 $t=0.2$s 时突然加额定负载 14N·m，虽然转速稍有跌落但迅速恢复到设定值。图中从上到下的波形依次为转速（参考转速与实际转速）、电磁转矩（参考转矩、估计转矩与实际转矩）、定子磁链（参考磁链、估计磁链与实际磁链）和电子电流。从图 10.20 整体动态以及稳态仿真过程来看两种算法控制效果完全一样。

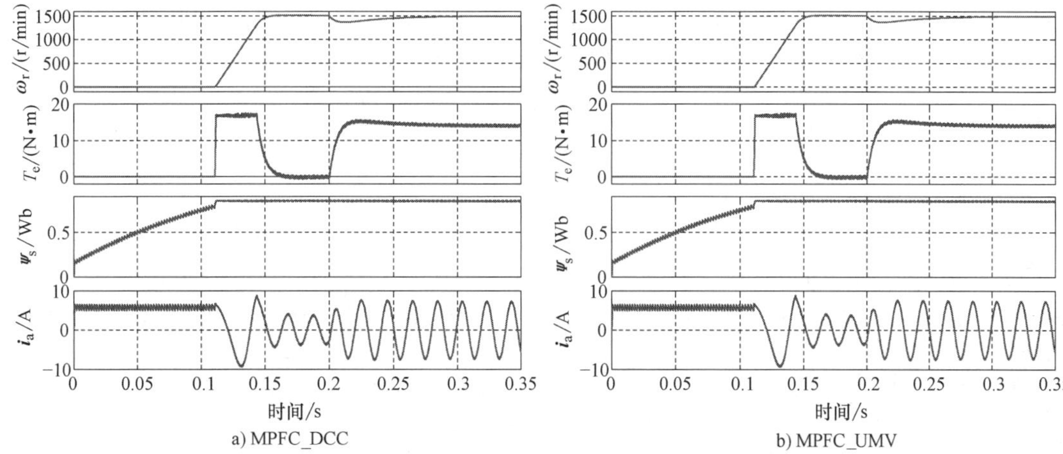

图 10.20　从静止起动到 1500r/min 及带额定负载的仿真波形

图 10.21a 和 b 所示分别为 MPFC_UMV 与 MPFC_DCC 两种控制算法在起动以及突加载瞬间的电压矢量选择以及矢量作差图，图中从上到下依次为 MPFC_UMV 和 MPFC_DCC 中选择的第一个电压矢量以及两者第一个电压矢量的差值、MPFC_UMV 和 MPFC_DCC 中选择的第二电压矢量以及两者矢量选择的差值。从图 10.21 可以看出当电机运行在动态过程时，MPFC_UMV 中的两个电压矢量基本上选择的全是有效电压矢量，因此广义双矢量相比传统

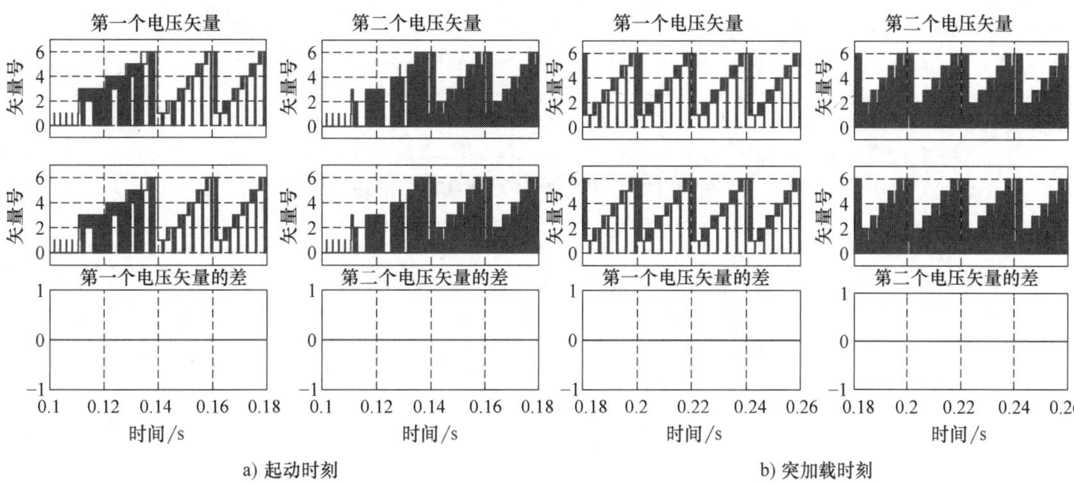

图 10.21　两种方法的矢量选择以及做差比较

的双矢量能进一步提高系统在转矩脉动以及电流谐波等方面的控制性能。从图 10.21 中两个选择的电压矢量作差输出信号来看，无论是动态还是稳态过程，统一多矢量 MPC 在按照广义双矢量运行时其选择的电压矢量与传统广义双矢量 MPC 完全一致。

10.4.7 实验结果

除了仿真验证，本章也在两电平交流调速平台通过实验来验证了提出的统一多矢量 MPC（MPFC_UMV）的有效性。实验装置如图 4.12 所示，电机参数和系统采样频率与仿真一样，见表 2.1。实验中采用 DSP TMS320F28335 来执行主算法，负载转矩通过磁粉制动器来加负载，示波器的 1 通道为实际测量转速，2 通道为电磁转矩，3 通道为定子磁链幅值，4 通道为实测 A 相电流。本章实验分为两大部分，第一部分为 MPFC_UMV 和 MPFC_DCC 中实验的等效证明，第二部分为稳态对比实验，其中又分为相同采样频率下的对比与相同开关频率下对比。为了进一步的量化分析实验数据，本章引入前期研究成果中的模型预测磁链控制中的单矢量 MPC（MPFC）[182]、双矢量 MPC（MPFC_I）[178] 以及前面提出的基于 SVM 的模型预测磁链控制（MPFC_SVM）作为对比。

由于实验过程中无法对两种不同方法在同一时刻所选择的电压矢量进行直接对比，本章首先通过 MPFC_DCC 和 MPFC_UMV 的稳态实验来分析转矩脉动、磁链脉动以及定子电流 THD 等数据，通过数据来证明两种算法的等效性。图 10.22 所示分别为 MPFC_DCC，

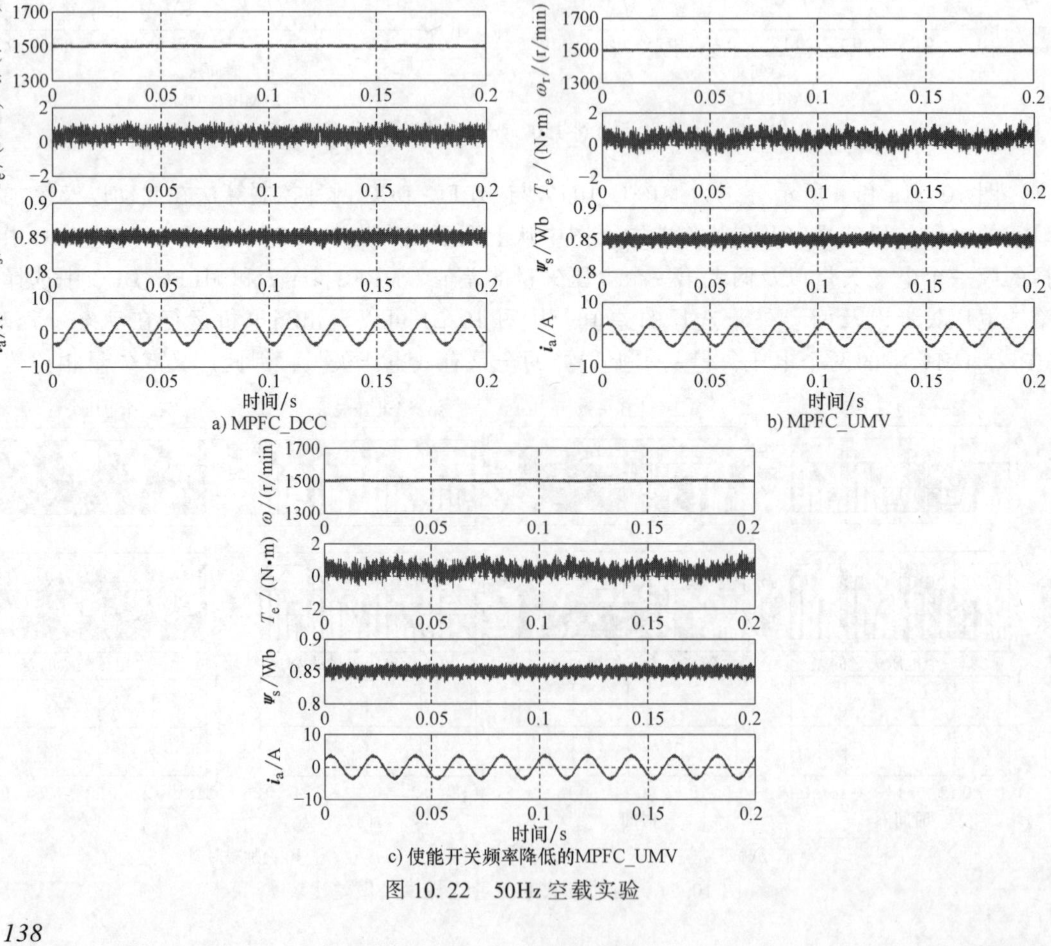

图 10.22 50Hz 空载实验

MPFC_UMV 以及 **MPFC_UMV** 中使能开关频率降低的 50Hz 空载实验，从图 10.22b 和 c 中数据结果可得，**MPFC_UMV** 中有无开关频率降低对控制算法的性能影响几乎不大，所以在实际应用中应该尽可能地使能开关频率降低，从而降低开关损耗。从图 10.22a 和 b 的实验结果可以看出二者的转矩以及磁链脉动非常接近。

除了稳态实验，本节还对这两种控制算法进行了动态实验。图 10.23 所示为两种算法从静止起动到 1500r/min 的实验波形，图 10.24 所示为 50Hz 正反转实验波形。从动态波形整体来看，在整个动态过程中两种控制算法对磁链幅值与转矩的控制效果几乎一样，因此从实验上证实了基于磁链无差拍的广义双矢量 MPC 是本节所提出的统一多矢量 MPC 的一种特例。

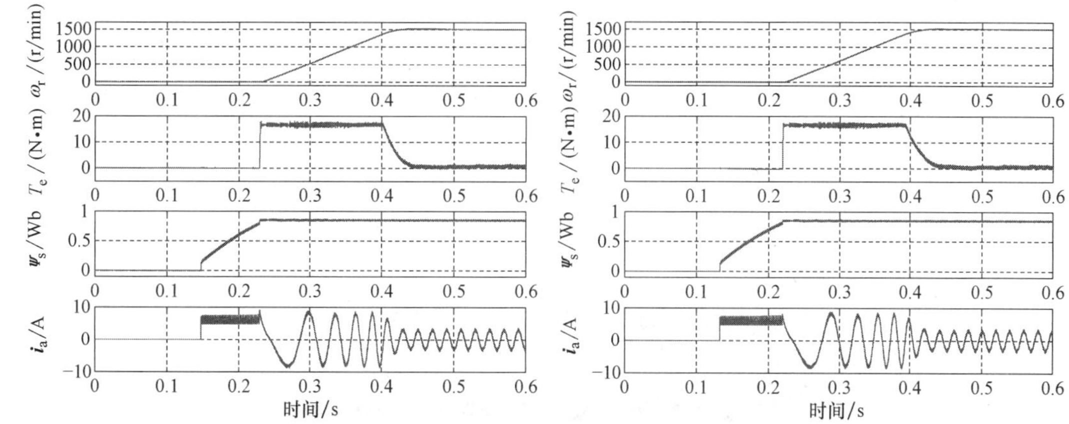

a) MPFC_DCC　　b) MPFC_UMV

图 10.23　从静止起动到 1500r/min 的实验波形

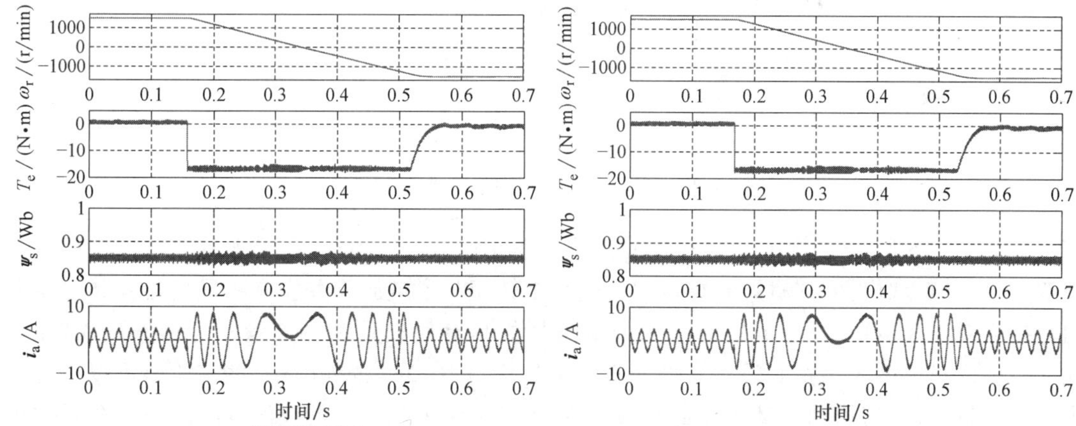

a) MPFC_DCC　　b) MPFC_UMV

图 10.24　50Hz 正反转实验

为了验证统一多矢量 MPC 的有效性，本节在一个程序中在线同时实现统一多矢量 MPC 中的单矢量 MPC、双矢量 MPC、广义双矢量 MPC 以及基于 SVM 的 MPFC。本节让以上四种方法都处在 10kHz 的相同采样频率。图 10.25 所示分别为四种方法在相同工况下 5Hz，25Hz 以及 50Hz 空载稳态实验，图中从上到下依次为实际转速、电磁转矩、定子磁链幅值、定子电流以及标识不同方法的标志，其中 flag=0，1，2 和 3 分别表示 MPFC，MPFC_I，MPFC_UMV 以及 MPFC_SVM。可以看出，在相同的采样频率下四种控制方法的控制性能也越来越

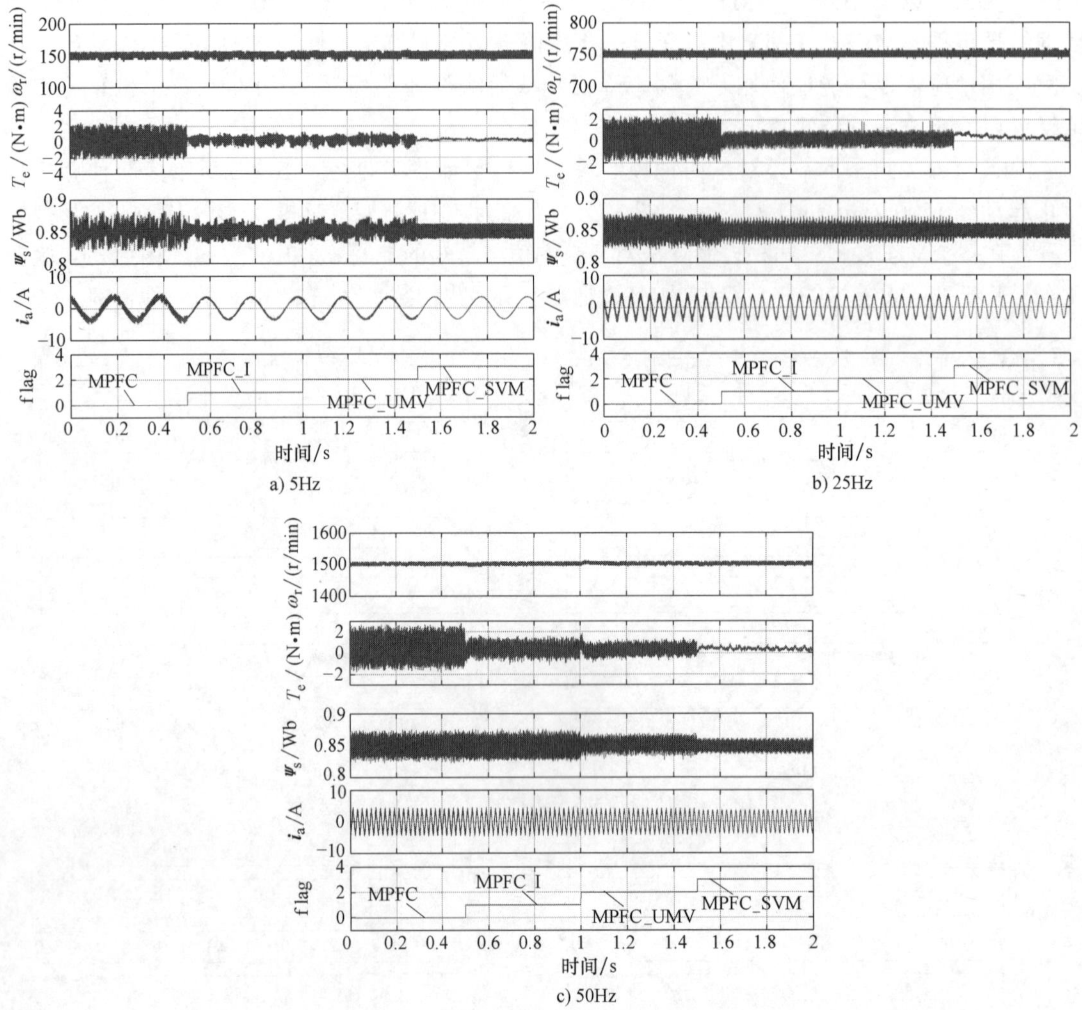

图 10.25 相同的采样频率下空载稳态实验

好，如图 10.25 所示。图 10.25a 和 b 分别是处在 5Hz 以及 25Hz 的空载实验，从图中可以看出双矢量 MPC 和广义双矢量 MPC 在切换过程中转矩与磁链脉动并没有明显变化，其主要原因是广义双矢量 MPC 在中低速时电压矢量选择的是有效矢量和零矢量，与双矢量 MPC 一致，因此以至于两者的控制效果几乎一样。但是从图 10.25c 的 50Hz 空载实验时可以明显看出，双矢量 MPC 切换到广义双矢量 MPC 时定子磁链和电磁转矩的纹波有所减小，两者的控制效果明显不同，其主要原因是广义双矢量 MPC 在一个控制周期中选择的是两个有效电压矢量，而非一个有效矢量+零矢量，所以广义双矢量 MPC 在高速时的控制效果要明显优于双矢量 MPC，并且开关频率更低。

在第 9 章对双矢量 MPC 和单矢量 MPC 进行了详细对比，发现在相同开关频率下，双矢量 MPC 在转矩脉动、磁链脉动以及定子电流 THD 等方面的控制性能要优于单矢量 MPC[182]，所以本节将详细比较 MPFC_I，MFPC_UMV 和 MPFC_SVM 等三种控制算法在相同开关频率下的控制性能。由于这三种算法在开关频率一样的情况下其采样频率相差很大，所以在比较电磁转矩以及定子磁链的幅值脉动时会带来较大误差，但是定子电流是通过高采样率的电流钳测得的，因此比较三种算法的电流 THD 能够客观反映其控制性能的优劣。图 10.25 在 10kHz 的采样频率下比较上面四种控制算法的控制性能不够客观。为了实现公平比较，在本节的控制性能对比中，将 MPFC_I 的采样频率设置为 15kHz，其平均开关频率为 6.5kHz 左右，同时将 MPFC_UMV 的采样率设置为 15kHz，使得其平均开关频率在 5kHz 左右，与基于七段式采样频率为 5kHz 的 MPFC_SVM 中开关频率一致。

首先对各种算法稳态的电流谐波进行分析，每种方法的谐波计算到 25kHz。为了避免计算转差频率带来的误差，本节三种算法都是在空载下进行实验，然后通过高采样率的电流钳测得定子电流，最终通过分析定子电流的 THD 来客观评价算法稳态性能的优劣。图 10.26

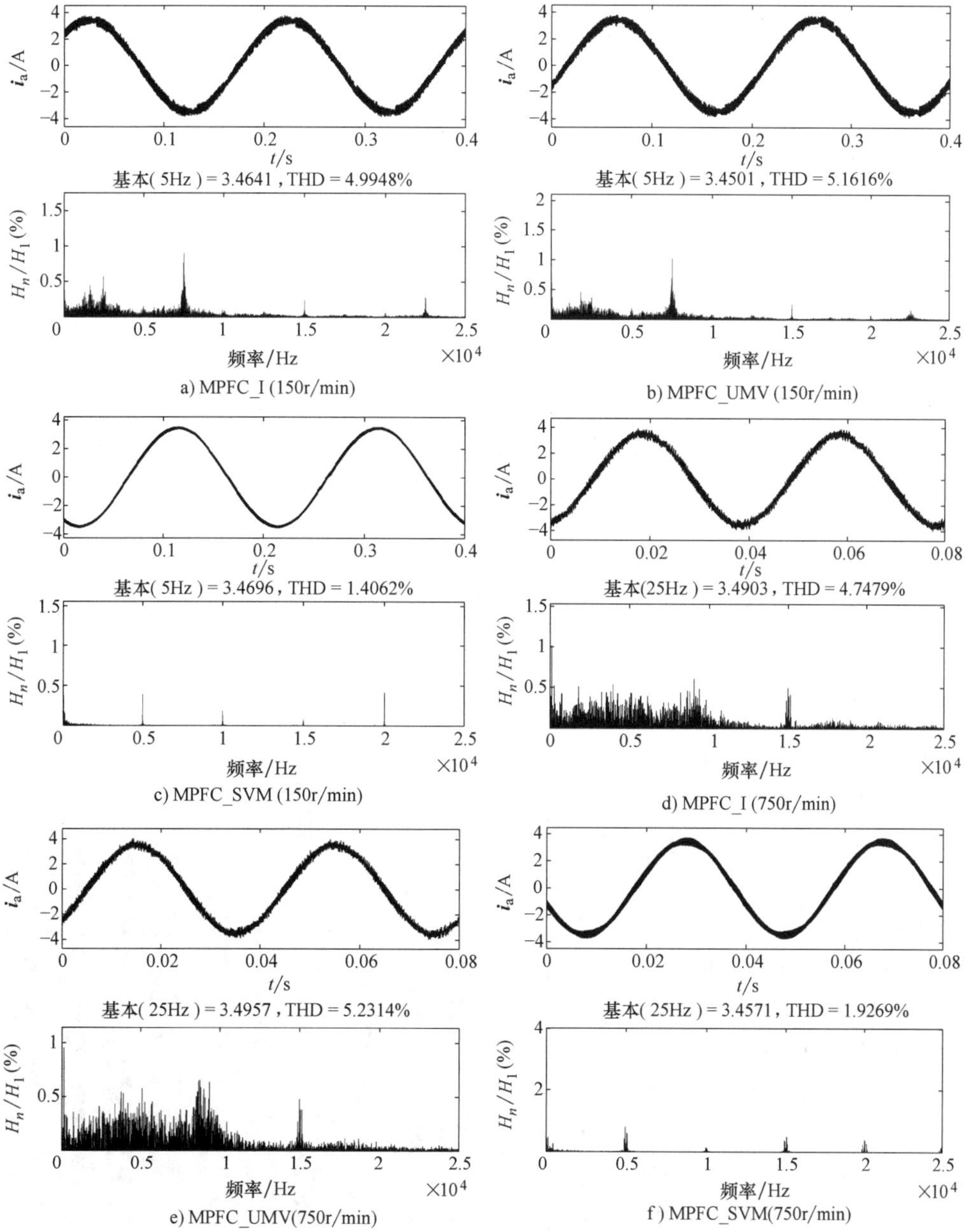

a) MPFC_I (150r/min)　b) MPFC_UMV (150r/min)

c) MPFC_SVM (150r/min)　d) MPFC_I (750r/min)

e) MPFC_UMV(750r/min)　f) MPFC_SVM(750r/min)

图 10.26　三种算法中低速电流 THD 对比

所示为三种控制算法分别在 5% 和 50% 额定转速下的电流 THD 对比分析，在中低速工况下 MPFC_I，MPFC_UMV 的电流 THD 几乎相等，而 MPFC_SVM 电流 THD 最小，主要原因是前两种算法在中低速时选择的电压矢量几乎一样，而 MPFC_SVM 在中低速时理论上可以完全消除电压矢量误差。图 10.27 所示为三种算法在额定转速下的电流 THD 对比分析，从数据

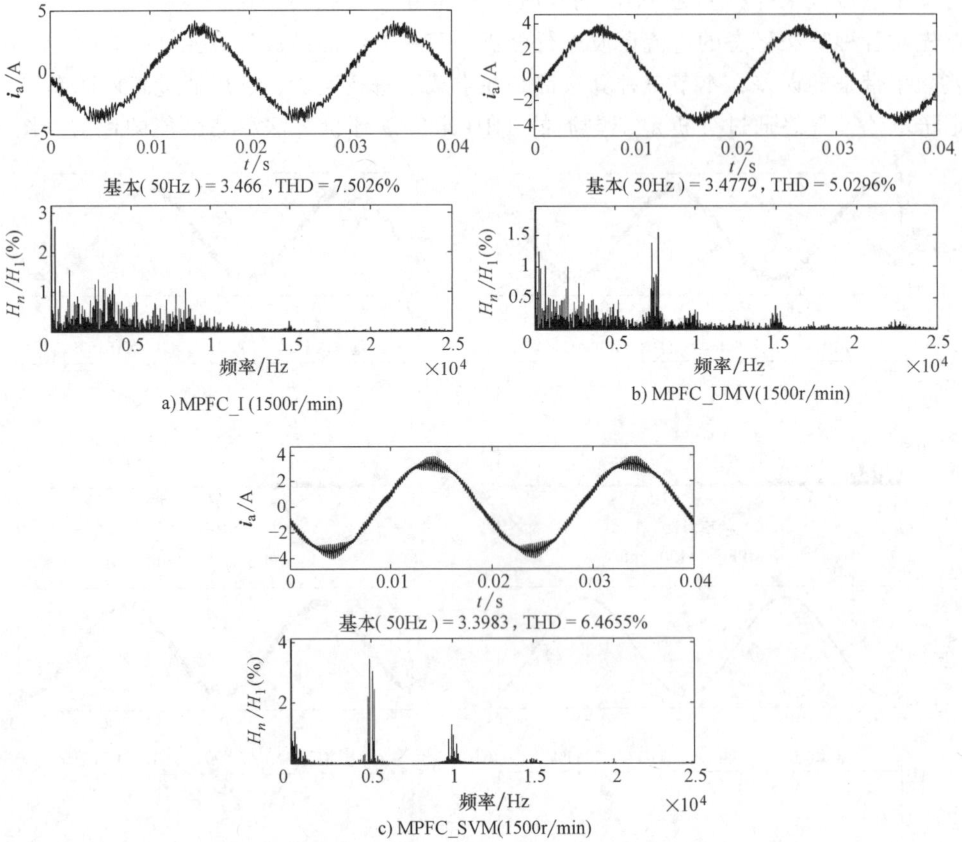

图 10.27　三种算法高速电流 THD 对比

结果可知，MPFC_UMV 在高速时电流谐波含量比 MPFC_I 和 MPFC_SVM 更少，其主要原因是 MPFC_I 此时选择的有效电压矢量与零电压矢量组合不再适合高速运行，而 MPFC_SVM 此时可能已经进入到过调制区，使得其合成的参考电压矢量与实际作用的电压矢量存在误差。

三种方法在不同转速下的空载电流 THD 详细对比如图 10.28 所示。从图 10.28 中可以发现，在中低速时 MPFC_I 和 MPFC_UMV 两者的电流谐波较为接近，随着转速增加，MPFC_UMV 的电流 THD 值比 MPFC_I 要更小。另外 MPFC_

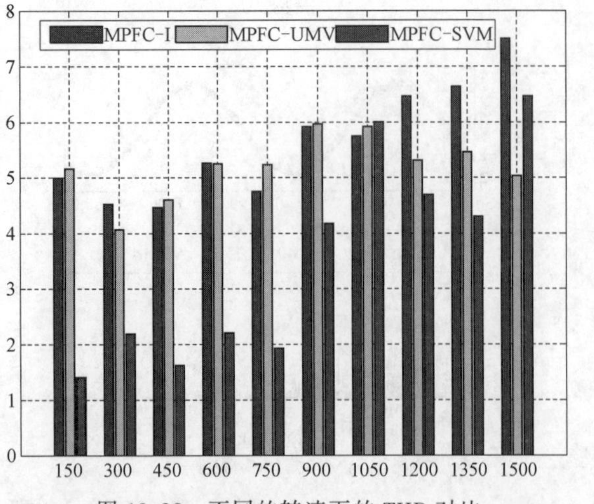

图 10.28　不同的转速下的 THD 对比

SVM 比 MPFC_I 和 MPFC_UMV 在中低速时的电流谐波含量更少，但是高速时 MPFC_SVM 的电流谐波比 MPFC_UMV 略差。

10.5　本章小结

通过对各种 MPC 算法的电压矢量选择进行深入研究，本章提出了一种基于 SVM 无差拍的统一多矢量 MPC，其电压矢量的选择更加简单且实用性更强。这种统一多矢量 MPC 基于磁链无差拍控制，能够在线实现单矢量 MPC 与多矢量 MPC 之间任意切换。为了揭示统一多矢量 MPC 与传统 MPC 的联系与区别，本章以广义双矢量 MPC 与统一多矢量 MPC 为例，首先从理论上证明了这两种 MPC 在电压矢量选择上的等效性，然后通过仿真与实验来证明这两种 MPFC 的控制效果等价。针对单矢量 MPC、广义双矢量 MPC 与基于 SVM 的 MPC 进行了深入比较，在相同采样频率下，基于 SVM 的无差拍控制稳态性能最好，在相同开关频率下，广义双矢量 MPC 与 SVM 无差拍控制的稳态性能比较相近。

第 11 章　无速度传感器运行及弱磁控制

11.1　无速度传感器控制

感应电机宽速度范围无速度传感器技术已经被国内外学者广泛研究[2,180]，目前速度估计的方法主要有反电动势法[183]、卡尔曼滤波[65,66]、滑模观测器[68]、模型参考自适应[50,103] 以及全阶观测器[107,184,185]。全阶观测器由于采用了电流估计误差反馈，在较宽的速度域范围内具有较好的观测准确度和参数鲁棒性[103]。全阶观测器目前的主要研究方向是提升极低速区运行的稳定性以及参数鲁棒性[50,61,64,112,186]。由于无速度传感器控制技术具有降低硬件成本，增强系统环境适应性和提高系统可靠性等优点，在现代交流调速系统中得到了广泛应用，包括 FOC[60,187] 和 DTC[3,53]，但是将无速度传感器技术和 MPC 结合在一起的相对较少。为了促进 MPC 在电机传动控制系统的实用性，有必要研究适用于 MPC 的无速度传感器控制技术。

目前大部分无速度传感器控制方案均默认从零速起动电机，较少有文献研究电机的初始值不为零时直接起动电机。而在很多应用场合需要解决这种带速重投的问题，如机车惰行后起动[188]、风力发电[189] 以及瞬时掉电后重启等应用中。参考文献［190］中提出了四种方法来估计电机的初始转速，但是文中方法的流程较为复杂，耗时较长，不适合对重启动时间有严格要求的场合。另外，部分方法需要配合 PI 调节器来实现，难以直接与模型预测控制相结合。参考文献［191］采用全阶观测器来实现带速重起动。文中将电机的初始转速设置为最大值来搜索实际转速，但是没有相应的理论分析说明这种方法在任何时候都能保证估计转速可以收敛至实际转速。另外，这种方法的一个缺点是得预先确认电机的旋转方向，以确保设定的最大初始转速和实际旋转方向一致。为了解决这些问题，本章介绍一种基于全阶观测器的新型方法来实现带速重投的功能。首先通过理论分析得到一组新型反馈增益矩阵。采用该增益矩阵，可以不需要判断电机的旋转方向，而且能从理论上确保任何时候估计转速都能收敛至实际转速。最终通过让其与模型预测磁链控制相结合来验证这种新型增益矩阵的有效性。从相关实验可以验证本节提出的新型增益矩阵能够快速跟踪到电机的实际转速。为了统一正常模式与带速重投过程中的反馈增益矩阵，最终得到一组新型增益矩阵，既能够满足带速重投又能够满足正常模型下运行，从而极大地简化了增益矩阵在不同模式下之间的切换问题。

基于 3.3 节介绍的速度自适应全阶观测器可实现转速辨识和磁链观测，从而实现正常控制模式下的 MPC 无速度传感器运行[180]。本节通过对全阶观测器进一步深入研究，推导出满足全速范围内从任意初始转速起动的一类新型增益矩阵。这种新型增益矩阵可以与目前各种交流电机高性能控制算法相结合，如矢量控制、直接转矩控制以及模型预测控制。本节将模型预测磁链控制与这种新型重投增益矩阵相结合，其整个控制框图如图 11.1 所示，主要

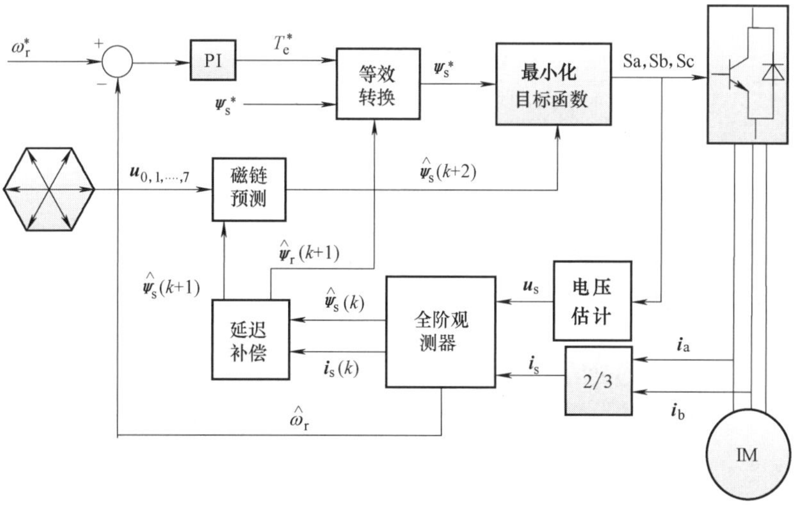

图 11.1　无速度传感器模型预测磁链控制框图

包括以下几部分：转速外环、定子磁链等效转换、目标函数优化、全阶观测器、一拍延时补偿等，其中定子磁链等效变换在 7.1.1 节已经详细说明，本节不再赘述。本节将着重介绍初始转速辨识收敛条件、非零初始转速下的起动方法以及与模型预测磁链控制的结合。

11.1.1　基本原理

1. 初始估计转速的收敛性分析

在感应电机中当选择定子电流 $\boldsymbol{i}_s$ 与定子磁链 $\boldsymbol{\psi}_s$ 为状态变量时，其在静止坐标系下的状态方程如下：

$$p\boldsymbol{x}=\boldsymbol{A}\boldsymbol{x}+\boldsymbol{B}\boldsymbol{u} \tag{11.1}$$

式中　$\boldsymbol{x}=[\boldsymbol{i}_s\boldsymbol{\psi}_s]^T$，$\boldsymbol{A}=\begin{bmatrix}-\lambda(R_sL_r+R_rL_s)+j\omega_r & \lambda(R_r-jL_r\omega_r)\\ -R_s & 0\end{bmatrix}$，$\boldsymbol{B}=\begin{bmatrix}\lambda L_r\\ 1\end{bmatrix}$。

基于感应电机其在静止坐标系下的状态方程式（11.1），可以构造全阶观测器如下：

$$p\hat{\boldsymbol{x}}=\hat{\boldsymbol{A}}\hat{\boldsymbol{x}}+\boldsymbol{B}\boldsymbol{u}+\boldsymbol{G}(\boldsymbol{i}_s-\hat{\boldsymbol{i}}_s) \tag{11.2}$$

式中　$\boldsymbol{G}$ 为反馈增益矩阵，表达式如下：

$$\boldsymbol{G}=\begin{bmatrix}g_1\\ g_2\end{bmatrix}=\begin{bmatrix}g_{1r}+jg_{1i}\\ g_{2r}+jg_{2i}\end{bmatrix} \tag{11.3}$$

通过式（11.1）减去式（11.2）可得其误差状态方程如下：

$$\begin{bmatrix}s\boldsymbol{e}_i\\ s\boldsymbol{e}_\psi\end{bmatrix}=\boldsymbol{F}\begin{bmatrix}\boldsymbol{e}_i\\ \boldsymbol{e}_\psi\end{bmatrix}+\boldsymbol{H}\begin{bmatrix}\hat{\boldsymbol{i}}_s\\ \hat{\boldsymbol{\psi}}_s\end{bmatrix} \tag{11.4}$$

$$\boldsymbol{F}=\begin{bmatrix}a_1+j\omega_r-g_1 & a_2-j\lambda L_r\omega_r\\ -R_s-g_2 & 0\end{bmatrix},\quad \boldsymbol{H}=\begin{bmatrix}j\Delta\omega_r & -j\lambda L_r\omega_r\\ 0 & 0\end{bmatrix}$$

式中　$\boldsymbol{e}_i=\boldsymbol{i}_s-\hat{\boldsymbol{i}}_s$，$\boldsymbol{e}_\psi=\boldsymbol{\psi}_s-\hat{\boldsymbol{\psi}}_s$，$\Delta\omega_r=\omega_r-\hat{\omega}_r$，$a_1=-\lambda(R_sL_r+R_rL_s)$，$a_2=\lambda R_r$。

根据式（11.4）可得如下所示的传递函数：

$$G(s)=\frac{\boldsymbol{e}_{\mathrm{i}}(s)}{(\lambda L_{\mathrm{r}}\hat{\boldsymbol{\psi}}_{\mathrm{s}}-\hat{\boldsymbol{i}}_{\mathrm{s}})(s)}=\frac{-\mathrm{j}\Delta\omega_{\mathrm{r}}s}{s^2+ms+n} \tag{11.5}$$

式中

$$m=\lambda(R_{\mathrm{s}}L_{\mathrm{r}}+R_{\mathrm{r}}L_{\mathrm{s}})+g_{1\mathrm{r}}-\mathrm{j}(\omega_{\mathrm{r}}-g_{1\mathrm{i}})$$
$$n=\lambda R_{\mathrm{r}}(R_{\mathrm{s}}+g_{2\mathrm{r}})+\lambda L_{\mathrm{r}}\omega_{\mathrm{r}}g_{2\mathrm{i}}-\mathrm{j}y$$
$$y=\lambda L_{\mathrm{r}}\omega_{\mathrm{r}}(R_{\mathrm{s}}+g_{2\mathrm{r}})-\lambda R_{\mathrm{r}}g_{2\mathrm{i}}$$

由于在带速重投区域内转矩参考值给定设置为零，因此转差频率为零，即注入的频率为 $\hat{\omega}_{\mathrm{r}}$，据此可求得 $G(s)$ 的频率响应如下：

$$G(\mathrm{j}\omega_{\mathrm{r}})=\frac{\boldsymbol{e}_{\mathrm{i}}(\mathrm{j}\omega_{\mathrm{r}})}{(\lambda L_{\mathrm{r}}\hat{\boldsymbol{\psi}}_{\mathrm{s}}-\hat{\boldsymbol{i}}_{\mathrm{s}})\mathrm{j}\omega_{\mathrm{r}}}=\frac{\Delta\omega_{\mathrm{r}}\hat{\omega}_{\mathrm{r}}(d_1-\mathrm{j}d_2)}{d_1{}^2+d_2{}^2} \tag{11.6}$$

式中

$$d_1=\hat{\omega}_{\mathrm{r}}(\Delta\omega_{\mathrm{r}}-g_{1\mathrm{i}})+\lambda R_{\mathrm{r}}(R_{\mathrm{s}}+g_{2\mathrm{r}})+\lambda L_{\mathrm{r}}\omega_{\mathrm{r}}g_{2\mathrm{i}}$$
$$d_2=\hat{\omega}_{\mathrm{r}}[\lambda(R_{\mathrm{s}}L_{\mathrm{r}}+R_{\mathrm{r}}L_{\mathrm{s}})+g_{1\mathrm{r}}]-y$$

另外，式（3.38）所示的转速自适应率可以改写成如下表达式：

$$\frac{\mathrm{d}\hat{\omega}_{\mathrm{r}}}{\mathrm{d}t}=|\boldsymbol{i}_{\mathrm{s}}-\hat{\boldsymbol{i}}_{\mathrm{s}}|\cdot|\lambda L_{\mathrm{r}}\hat{\boldsymbol{\psi}}_{\mathrm{s}}-\hat{\boldsymbol{i}}_{\mathrm{s}}|\cdot\sin\theta \tag{11.7}$$

式中　θ 为矢量 $\boldsymbol{i}_{\mathrm{s}}-\hat{\boldsymbol{i}}_{\mathrm{s}}$ 与矢量 $\lambda L_{\mathrm{r}}\hat{\boldsymbol{\psi}}_{\mathrm{s}}-\hat{\boldsymbol{i}}_{\mathrm{s}}$ 中的角度差，其表达式如下：

$$\theta=\angle(\lambda L_{\mathrm{r}}\hat{\boldsymbol{\psi}}_{\mathrm{s}}-\hat{\boldsymbol{i}}_{\mathrm{s}})-\angle(\boldsymbol{i}_{\mathrm{s}}-\hat{\boldsymbol{i}}_{\mathrm{s}}) \tag{11.8}$$

为了使观测器中的估计转速能够收敛到实际转速，当 $\Delta\omega_{\mathrm{r}}$ 不为零时，只需要满足式（11.9）就可以保证系统中的估计转速一定能够收敛到实际转速，且不需要判断当前电机的旋转方向。

$$\mathrm{sign}(\omega_{\mathrm{r}}-\hat{\omega}_{\mathrm{r}})\cdot\frac{\mathrm{d}\hat{\omega}_{\mathrm{r}}}{\mathrm{d}t}>0 \tag{11.9}$$

式中　sign 为符号函数。

由式（11.7）可知$\frac{\mathrm{d}\omega_{\mathrm{r}}}{\mathrm{d}t}$的符号与 $\sin\theta$ 中的符号一样，所以式（11.9）可以进一步等效如下：

$$\mathrm{sign}(\omega_{\mathrm{r}}-\hat{\omega}_{\mathrm{r}})\cdot\mathrm{sign}(\sin\theta)>0 \tag{11.10}$$

基于式（11.5）和式（11.6），可以得到 $\sin\theta$ 的值如下所示：

$$\sin\theta=\frac{\Delta\omega_{\mathrm{r}}\hat{\omega}_{\mathrm{r}}\cdot d_2}{|\Delta\omega_{\mathrm{r}}\hat{\omega}_{\mathrm{r}}|\sqrt{(d_1)^2+(d_2)^2}} \tag{11.11}$$

根据式（11.10）和式（11.11）可知，要使式（11.10）恒成立，满足式（11.12）即可。

$$\mathrm{sign}(\hat{\omega}_{\mathrm{r}})\cdot d_2>0 \tag{11.12}$$

通过求解式（11.12）可推导出满足无速度传感器带速重投的反馈增益矩阵，当反馈增益矩阵为零时，由式（11.12）可得

$$|\hat{\omega}_{\mathrm{r}}|>\frac{L_{\mathrm{r}}R_{\mathrm{s}}}{R_{\mathrm{s}}L_{\mathrm{r}}+R_{\mathrm{r}}L_{\mathrm{s}}}|\omega_{\mathrm{r}}| \tag{11.13}$$

从式（11.13）可得当电机处于高速运行，而 $\hat{\omega}_r$ 的初始值设定为零时，将会使得估计转速不能收敛到实际转速。为保证估计转速能收敛到实际转速，可以将电机初始估计转速设定为与实际转速方向一致的可能的最高转速。实际中电机可能正向旋转或逆向旋转，因此需要提前且准确地判断电机当前的旋转方向来设定估计转速的初始值。当估计转速的旋转方向判断错误时，估计转速将会收敛到零而不是实际转速，使得带速重投过程失败。其主要的原因是当转速过零时，式（11.11）中的 $\sin\theta$ 将会反向，从而使得式（11.9）得不到满足。

为了避免需要判断电机转速方向的问题，可以通过式（11.11）让表达式中电机实际转速相关项都为零，因此可以得到一个新型反馈增益矩阵，其 g_2 可以解得

$$g_2=-R_s \tag{11.14}$$

基于式（11.14），将式（11.6）进一步简化可得

$$G(j\omega_r)=\frac{\boldsymbol{e}_i(s)}{(\lambda L_r\hat{\boldsymbol{\psi}}_s-\hat{\boldsymbol{i}}_s)(s)}=\frac{\Delta\omega_r}{(\Delta\omega_r-g_{1i})+jd} \tag{11.15}$$

式中　$d=\lambda(R_sL_r+R_rL_s)+g_{1r}$。

类似于前面的推导过程，基于式（11.15）可以推导出只需要满足式（11.16），即可保证估计转速能在任意初始转速条件下收敛至实际转速。

$$d=\lambda(R_sL_r+R_rL_s)+g_{1r}>0 \tag{11.16}$$

从式（11.16）可得收敛条件不再与实际转速有关，为了保证在任意旋转方向下都能较快地收敛至实际转速，实际应用中可以把初始估计转速设置为零，通过式（11.16）可以解得 g_{1r} 的表达式为

$$\begin{cases}g_{1r}=h\cdot\lambda(R_sL_r+R_rL_s)\\h>-1\end{cases} \tag{11.17}$$

综上所述，本节提出的可保证估计转速收敛至任意初始实际转速的新型增益矩阵为

$$G=\begin{bmatrix}h\cdot\lambda(R_sL_r+R_rL_s)\\-R_s\end{bmatrix} \tag{11.18}$$

2. 带速重投控制方法

在带速重投过程中，由于估计转速、磁链等信息可能存在较大误差，因此定子磁链矢量的参考值并没有像式（7.3）那样基于观测的转子磁链以及电磁转矩来计算，而是采用简单的开环计算方法，如式（11.19）和式（11.20）所示。

$$\theta_e^{ref}=\int\hat{\omega}_r dt \tag{11.19}$$

$$\boldsymbol{\psi}_s^{ref}=\boldsymbol{\psi}^{ref}e^{j\theta_e^{ref}} \tag{11.20}$$

由于定子磁链幅值的参考值设为额定值，而感应电机在起动前通常尚未建立磁通，起动瞬间很容易过电流。为了抑制过电流情况，可在目标函数中增加过电流抑制项。另外，考虑到数字处理器中的一拍延时补偿，目标函数可设计如下：

$$J=|\boldsymbol{\psi}_s^{ref}-\boldsymbol{\psi}_s^{k+2}|+I_{oc} \tag{11.21}$$

$$I_{oc}=\begin{cases}k_{inf}+k_{inf}(|\boldsymbol{i}_s^{k+2}|-I_{max}) & ,|\boldsymbol{\psi}_s^{k+2}|>I_{max}\\0 & ,|\boldsymbol{\psi}_s^{k+2}|<I_{max}\end{cases} \tag{11.22}$$

式中　$\boldsymbol{i}_s^{k+2}$ 可以采用全阶观测器中 $k+1$ 时刻的值来预测得到；

I_{max} 为控制系统所允许的最大电流幅值；

$k_{inf}>0$ 为一个较大的增益，其作用在于当某一电压矢量导致预测电流超过最大允许值之后增大相应的目标函数值，从而使得该矢量被排除在最优矢量选择之外。

虽然采用新型增益矩阵能够保证估计转速快速收敛到实际转速，但在实际应用中还需要判断估计转速何时收敛到实际转速。本节基于定转子磁链幅值与估计转速偏差之间的关系，推导出一种较为可靠的判断方法。

通过式（2.21）和式（2.29）可以得到带速重投过程中定转子磁链矢量之间的表达式如下：

$$\boldsymbol{\psi}_r=\frac{\lambda L_m R_r \boldsymbol{\psi}_s}{j(\hat{\omega}_r-\omega_r)+\lambda L_s R_r} \tag{11.23}$$

通过式（11.23）可以发现当估计转速与实际转速偏差很大时，转子磁链幅值远小于定子磁链幅值。当辨识转速收敛到实际转速时，转子磁链幅值与定子磁链幅值将满足以下表达式：

$$|\boldsymbol{\psi}_r|=\frac{L_m}{L_s}|\boldsymbol{\psi}_s| \tag{11.24}$$

由此可知，转子磁链幅值越接近式（11.24），估计转速误差越小。在实际应用中，可由式（11.25）判断估计转速是否已经收敛到实际转速。

$$|\hat{\boldsymbol{\psi}}_r|>f\frac{L_m}{L_s}\boldsymbol{\psi}_s^{ref} \tag{11.25}$$

式中　$0<f<1$，在本章实验测试中 $f=0.8$。

在实际应用中为了提高对噪声、电机参数误差的鲁棒性，用参考值 ψ_s^{ref} 来替代估计的定子磁链幅值。由式（2.29）可知转子磁链幅值的估计准确度由定子磁链矢量决定，而定子磁链的估计值可以通过全阶观测器状态方程中的第二行计算得到，如式（11.2）所示。定子磁链估计计算式中并不含有辨识转速，而且由于全阶观测器引入了电流估计误差反馈，因此参数误差对定子磁链估计值的影响较小。综上所述，通过式（11.25）来判断辨识转速是否收敛到实际转速的方法具有较高的可靠性。

在无速度传感器运行工况下，前文中已经基于全阶观测器推导出一个新型增益矩阵，其可以保证感应电机在全速范围内带速重投成功。图 11.2 所示为随着电角频率变化，采用新型增益矩阵的观测器以及电机模型本身的极点分布图。由图 11.2 可知这种新型增益矩阵会一直有一组极点位于零点，使得这种新型增益矩阵处于临界稳定状态且动态响应较慢。当感应电机处于正常模式运行时不宜采用这种新型增益矩阵。因此当估计转速收敛到实际转速之后，此时的反馈增益矩阵应该要切换到其他增益

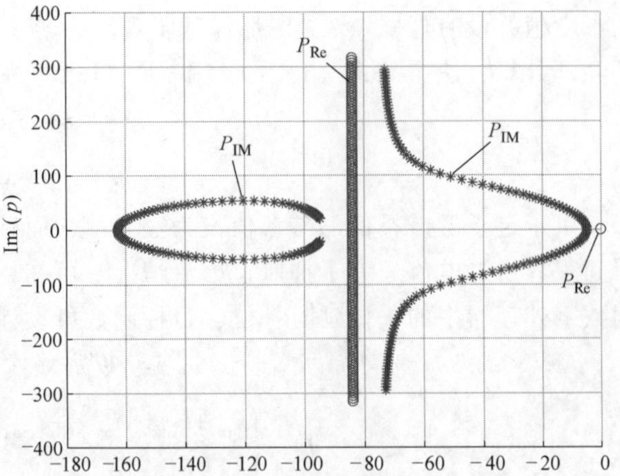

图 11.2　新型增益矩阵极点分布

矩阵，来保证系统在正常模式下可靠运行如参考文献［185］中所描述的。在正常模型运行工况下，本节采用式（3.47）所示的增益矩阵。所以在全速范围内运行时首先采用带速重投新型增益矩阵来实现无速度传感器任意转速跟踪，然后再采用正常模式下运行的增益矩阵。

11.1.2　仿真结果

为了验证本节介绍的带速重投控制的有效性，首先在 MATLAB/Simulink 仿真环境中对算法进行测试。电机参数见表 2.1，主算法的采样频率设置为 20kHz。图 11.3 所示为新型增益矩阵与 MPFC 相结合在电机初始转速不为零时的起动波形。图中的曲线依次为转速、定子磁链幅值、估计转矩、三相电流以及状态标志位，其中状态标志位 flag 为 0 和 1 时分别表示初始转速辨识阶段和正常模式运行。在电机正常模式起动之前，电机自由运行在 1300r/min。逆变器起动后开始辨识电机的初始转速，然后再从 1300r/min 加速到参考转速 2100r/min，在整个过程中转速、磁链幅值与电磁转矩都非常平滑，同时三相电流也非常正弦且无过电流现象（最大电流 10A）。从结果可见，初始转速辨识阶段耗时较少，整个过程时间不超过 0.1s。从而说明了采用这种新型增益矩阵能够平稳快速地起动高速旋转电机。

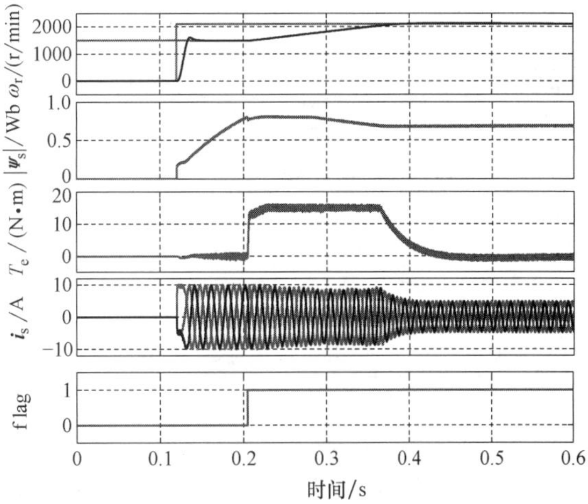

图 11.3　基于新型增益矩阵的带速起动测试波形

图 11.4 所示为反馈增益矩阵为零时的带速重投仿真波形，其中图 11.4a 和 b 分别为初始估计转速设为 0 和反向最大值时的重投结果。从仿真可以得到当采用零增益矩阵时，因初始转速设计不满足式（11.13），使得整个起动过程一直处在初始转速辨识阶段，从而导致

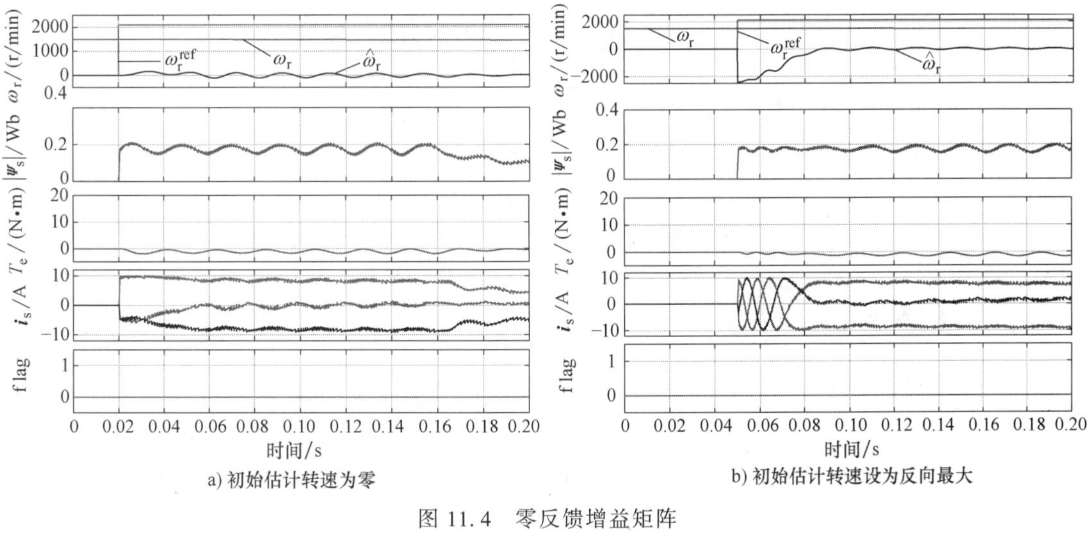

a) 初始估计转速为零

b) 初始估计转速设为反向最大

图 11.4　零反馈增益矩阵

重投失败。

图 11.5a、b、c 所示分别为采用反馈矩阵式（3.47）时，在初始估计转速设为零、反向最大值以及同向最大值的带速重投仿真波形。从仿真可以看出，当电机初始估计转速设为零与反向最大时都将会导致重投失败，只有当初始估计转速设为同向最大值时可以保证重投成功，从而也验证了以上理论分析的正确性，其主要原因为当初始估计转速设为同向最大时能够满足重投成功的条件。但是当初始转速为同向最大值时，初始转速辨识阶段与正常模式中的转速以及电流过渡都非常平滑，同时初始转速辨识过程极快，不到 0.1s。但是该方法的最大缺点在于需要明确电机的初始转向，不适用于电机可能反转的应用场合。

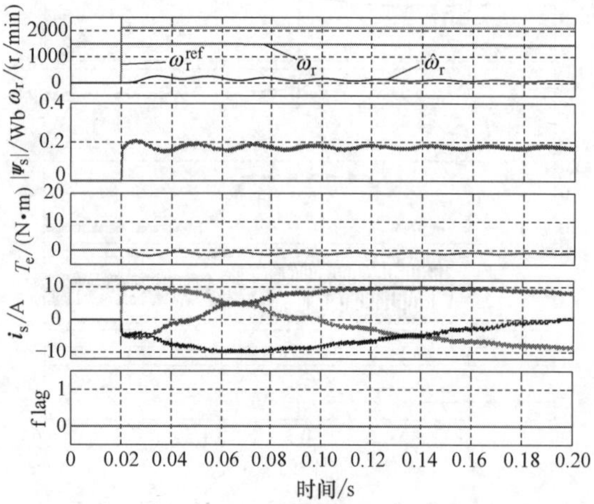

a) 初始估计转速设为零

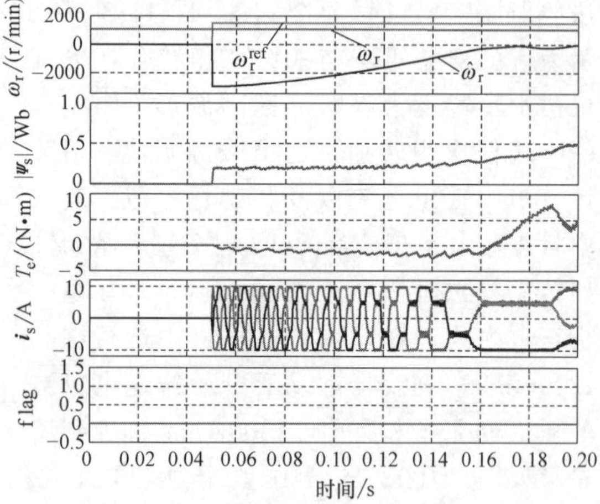

b) 初始估计转速设为反向最大

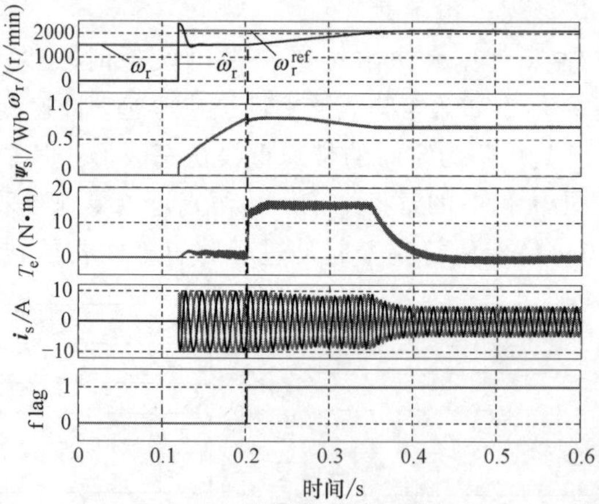

c) 初始估计转速设为同向最大

图 11.5　基于增益矩阵式（3.47）的带速起动测试波形

11.1.3　实验结果

除了仿真验证，本节还在两电平装置，如图 4.12 上进行实验验证，其电机参数与控制和仿真一样。图 11.6 所示为新型重投增益矩阵从静止状态起动到 2250r/min 的实验波形，图中曲线依次为实际转速、估计转速、定子磁链幅值与 a 相电流。这种新型增益矩阵起动过程转速平滑且无过电流现象，从而说明了本节介绍的新型增益矩阵具有良好的起动性能。

图 11.7a 和 b 所示分别为电机处在正向与反向旋转时采用这种新型重投增益矩阵的实验，当估计转速设为零来辨识实际转速时，整个过程电流正弦且无过电流现象发生。从而说明这种新型重投增益矩阵不需要判断电机的旋转方向也能够平稳重启成功。整个带速重投过程中磁链幅值与电流无明显振荡，从而说明这种新型增益矩阵具有良好的任意转速跟踪性能。

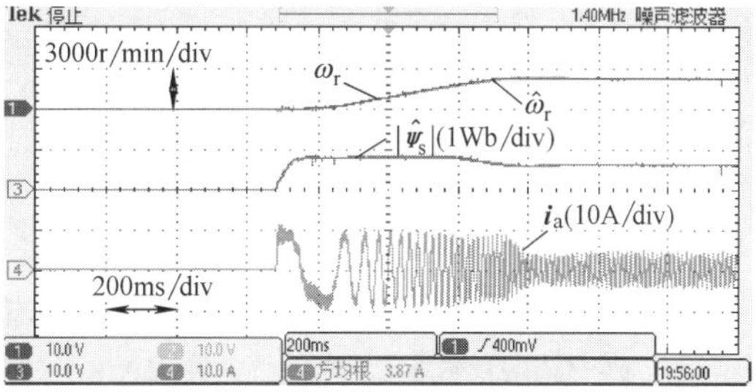

图 11.6　新型增益矩阵起动实验

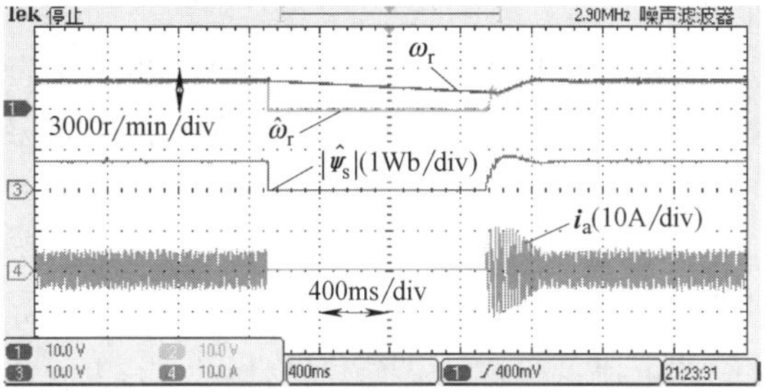

a) 正向重投

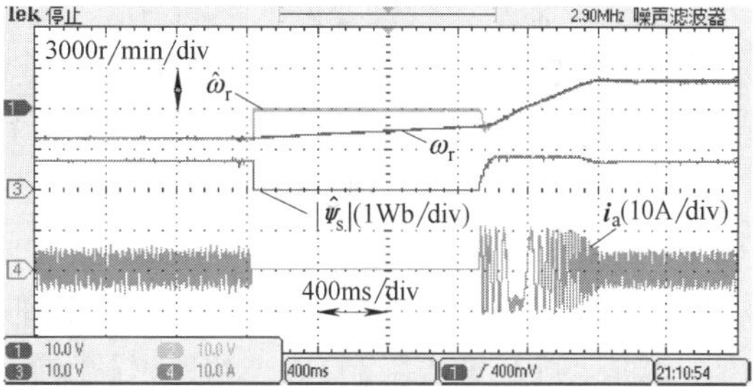

b) 反向重投

图 11.7　新型增益矩阵带速重投实验

图 11.8a、b、c 所示分别为初始估计转速设为零、反向最大值与同向最大值时，基于增益矩阵式（3.47）的带速重投实验波形。从实验波形可以看出当估计初始转速为零与反向最大值时，如果不采用特殊设计的益矩阵则不能够保证重投成功。此时，只有把初始估计转速设为同向最大值时才能够保证电机重投成功。

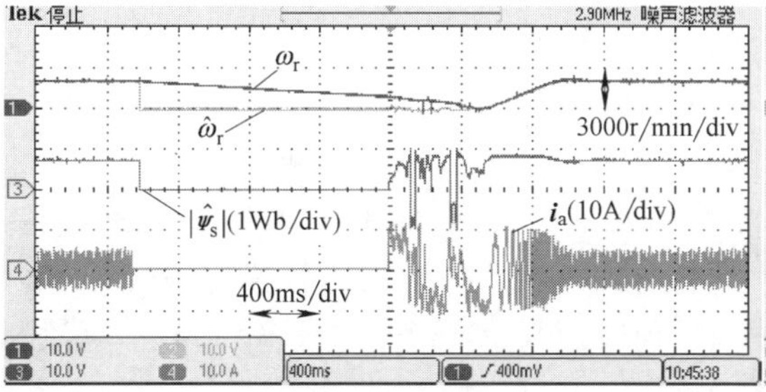

a) 初始估计转速设为零

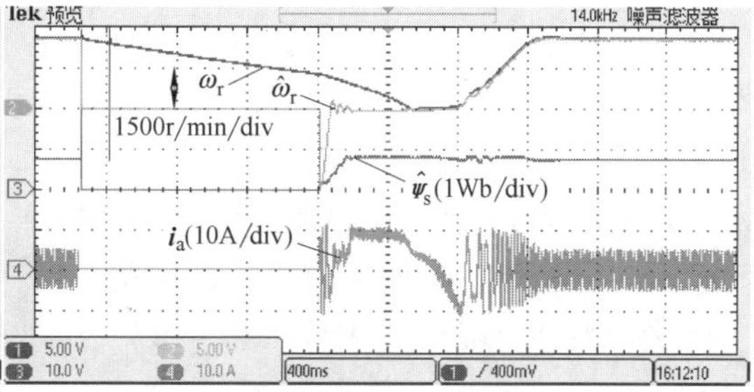

b) 初始估计转速设为反向最大

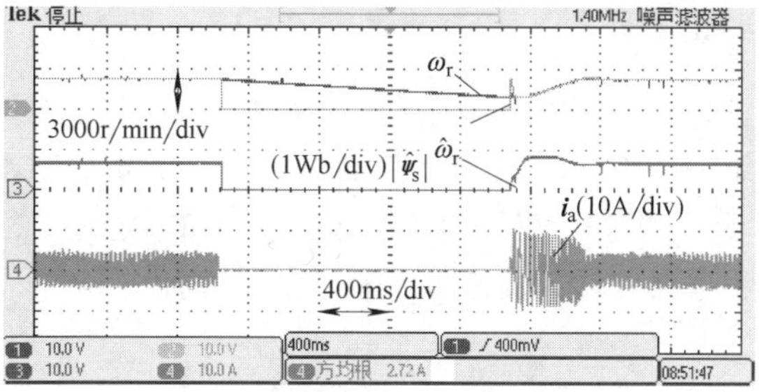

c) 初始估计转速设为同向最大

图 11.8　基于增益矩阵式（3.47）的带速重投实验

11.2 弱磁区模型预测控制

11.2.1 弱磁控制概述

感应电机的弱磁控制具有很大的实用价值，特别是在需要高速运行的牵引驱动装置和电池容量有限的电动车驱动装置。当感应电机在弱磁区运行时，其目标是充分利用电机和逆变器的性能并产生最大转矩。

目前，较为常见的弱磁方法有以下三种：①励磁电流或定子磁链幅值与转速成反比的$1/\omega_r$方法；②基于电机模型的解析计算法；③电压闭环反馈控制法[192,193]。根据不同的电机转速，电机运行区域可分为恒转矩区、恒功率区和恒电压区。其中，恒转矩区为电机运行在额定转速及其以下时的运行区域。在此运行区间，电机输出最大转矩不受电压电流极限限制，可以使电机以最快加速度加速。当电机转速超过额定转速后，首先进入恒功率区。此时电机输出转矩受电机和逆变器的电压极限和电流极限的限制，最大转矩点始终运行在电压极限和电流极限的交界点上，电机输出功率理论上恒定，为恒功率区。当电机转速继续升高时，电机运行受电压限制，此时最大输出转矩对应的电流低于电流极限值。此时，电压矢量恒定，电机运行进入恒电压区。在不同运行区域都期望电机能以最大转矩输出，从而充分利用电机和逆变器性能。

对 MPC 而言，当前的大部分研究尚未充分考虑弱磁区的运行情况。传统的 MPC 弱磁方法是当电机转速高于额定转速时，使定子磁链的参考值与电机转速成反比进行弱磁[194-196]，且多为基于模型预测电流控制方法进行弱磁[197]。而且较少有研究针对 MPC 进入恒电压弱磁区后输出转矩是否能够达到45°的理论最大负载角[193]，使电机在全速域内都有最佳的转矩性能。

本节通过深入推导恒电压区感应电机定子电流和定子磁链以及定、转子磁链之间的关系，得到了两种等效的恒电压区最大转矩输出表达式。通过对转矩指令的优化，使电机进入恒电压区后可以达到45°的理论最大负载角。并结合恒功率区弱磁控制策略，使电机在整个弱磁区域内都有最佳的转矩输出性能。并且，本章所提出的 MPC 弱磁控制算法针对转矩参考值和定子磁链参考值进行了在线优化，可以与本书前面章节中所述的传统的 MPC、统一多矢量模型预测控制（UMV-MPC）以及级联模型预测控制（GSMPC）等多种 MPC 算法相结合。

11.2.2 恒功率区弱磁控制

本节在广义级联模型预测控制的基础上进行弱磁控制的研究，通过在线调整定子磁链参考值和转矩参考值，介绍一种恒功率区模型预测弱磁控制策略，其整个控制框图如图 11.9 所示。其中，由转速外环 PI 调节器获得的转矩输出 T_e^{PI} 和额定定子磁链 $\boldsymbol{\psi}_s^{rated}$ 经过弱磁模块得到新的参考值。该段程序仅在转速高于额定转速时起作用。

1. 基本原理

在参考文献［194］中已经表明，对于定子磁链定向系统，$1/\omega_r$ 方法可以在整个速度范围内产生几乎最佳的转矩性能。因此，本章采用 $1/\omega_r$ 方法对定子磁链参考值进行设计。除

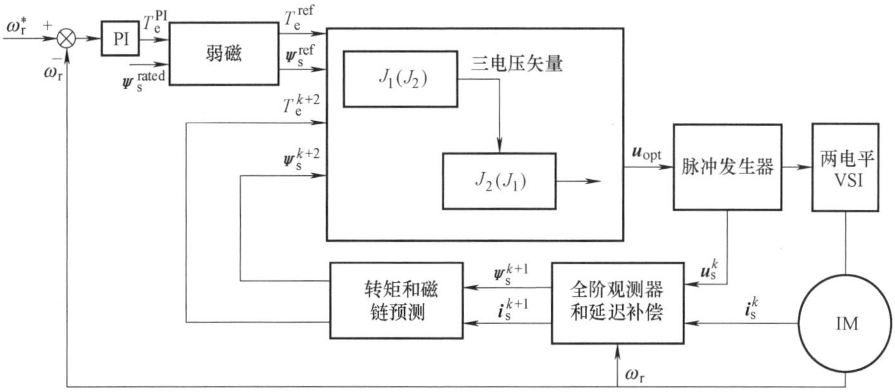

图 11.9　广义级联模型预测弱磁控制（FW_GMPC）框图

了磁链参考值的变化之外，转矩参考值也应该进行合理的设计，在获得尽可能大的输出转矩的同时避免过大的输出电流。在恒功率区，电机受电压极限和电流极限的限制，因此需要获知精确的恒功率区转矩限制值。

（1）定子磁链参考值设计　定子磁链参考值设计为当转速高于额定转速时，磁链参考值与同步电角速度成反比，即

$$\boldsymbol{\psi}_s^{ref}=\boldsymbol{\psi}_s^{rated}\frac{\omega_{rated}}{\omega_r} \tag{11.26}$$

式中　ω_{rated} 为额定同步转速。

（2）转矩参考值设计　从矢量控制的基本原理可知，定子电流可以分解成转矩电流分量 $\boldsymbol{I}_{sq}$ 和磁链电流分量 $\boldsymbol{I}_{sd}$。由于在恒功率区受最大定子电流 $\boldsymbol{I}_{max}$ 限制，因此有以下关系：

$$\boldsymbol{I}_{sq}^2=\boldsymbol{I}_{max}^2-\boldsymbol{I}_{sd}^2 \tag{11.27}$$

根据式（2.29）转子磁链和定子磁链之间关系可以计算得到转子磁链，在稳态时有 $\boldsymbol{I}_{sd}=\boldsymbol{\psi}_r/L_m$。电磁转矩公式（2.19）可变换成式（11.28）

$$T_e=\frac{3}{2}n_p\frac{L_m}{L_r}\boldsymbol{\psi}_r\boldsymbol{I}_{sq} \tag{11.28}$$

在满足最大电磁转矩电流限制条件下，根据式（11.27）和式（11.28）可得在恒功率区的转矩限制值为

$$T_{m1}=\frac{3}{2}n_p\frac{L_m}{L_r}\boldsymbol{\psi}_r\sqrt{\boldsymbol{I}_{max}^2-\left(\frac{\boldsymbol{\psi}_r}{L_m}\right)^2} \tag{11.29}$$

根据式（11.29）的转矩限制值，转矩参考值可被设为

$$T_e^{ref}=\min(T_e^{PI},T_{m1}) \tag{11.30}$$

若 T_e^{PI} 值为负，意味着转速高于额定转速，则转矩参考值应被设为

$$T_e^{ref}=\max(T_e^{PI},-T_{m1}) \tag{11.31}$$

2. 仿真结果

为验证本节介绍的恒功率区弱磁控制的有效性，在额定母线电压条件下将电机弱磁升速至 3 倍基速，电机参数见表 2.1。本节分别采用广义级联模型预测控制算法中的 GSMPC_T_e 和 GSMPC_ψ_s 方法与提出的弱磁控制策略相结合进行验证，采样率为 15kHz，电流限幅值

为 8A。

图 11.10 所示为电机从静止加速到 3 倍基速的起动波形，四个通道由上到下分别为电机转速、电磁转矩、定子磁链幅值以及一相电流，可以看出 GSMPC_T_e 和 GSMPC_ψ_s 具有非常相似的动态响应过程。在电机达到 1500r/min 的基速之前，电机在额定转矩下以最快加速度加速，之后进入恒功率弱磁区定子磁链幅值随速度增加而减小。在进入恒功率弱磁区后电机以最大电流极限输出，整个过程电机运行平滑，未出现超出电流限幅现象。可见广义级联模型预测控制的两种方法与所提恒功率区弱磁方法结合都能实现稳定平滑的弱磁性能。

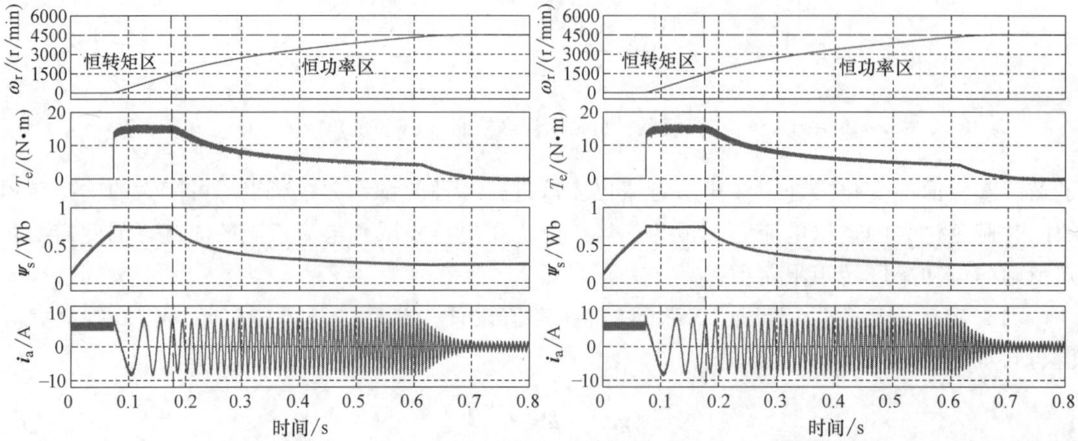

a) GSMPC_T_e　　b) GSMPC_ψ_s

图 11.10　广义级联模型预测控制从静止起动至 3 倍额定速度的仿真波形

图 11.11 所示为电机在 4500r/min 运行状态下突加减载的波形。0.1s 电机突加载，转速有小幅下跌，此时电机快速响应负载的变化情况，定子磁链幅值减小并以最大电流极限输出转矩使电机升速。在转速恢复到 4500r/min 后，电机平稳输出转矩，电机带载运行稳定。在 0.6s 后电机突减载，转速略有上升，电机输出电流快速减小定子磁链幅值略有上升，转速很快恢复到原转速。可以看出 GSMPC_T_e 和 GSMPC_ψ_s 具有非常相似的突加减载的响应过程，且都可以在电机突加减载过程中保证电机的稳定运行，验证了广义级联模型预测控制中各算法与提出的恒功率区弱磁控制策略相结合的有效性。

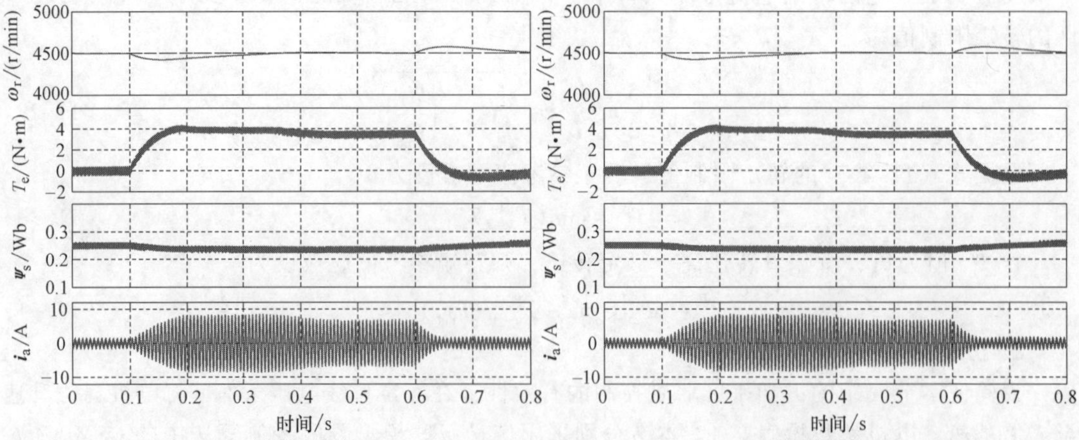

a) GSMPC_T_e　　b) GSMPC_ψ_s

图 11.11　广义级联模型预测控制在 3 倍额定速度运行时突加减载仿真波形

3. 实验结果

为实验验证本节所提出算法的有效性，同仿真验证一致，采用广义级联模型预测方法与本节提出的弱磁方法结合。为实验的安全起见，将直流母线电压降为额定母线电压的 50%，此时基速为 750r/min。电机参数见表 2.1，采样率为 12kHz，电流限幅值为 8A。

图 11.12 所示为电机由静止起动到 1800r/min 的实验波形，此时电机实现弱磁运行至 2.4 倍额定速度。四个通道由上到下分别为电机转速、电磁转矩、定子磁链幅值以及一相电流。由图可见，GSMPC_T_e 和 GSMPC_ψ_s 具有相似的动态升速过程。当在恒转矩区运行时，磁链保持恒定，转矩以限幅转矩值恒定输出。当转速超过基速后进入恒功率区，此时磁链幅值随转速上升逐渐减小，电机电流以最大电流极限输出使电机快速升速，整个升速过程平滑，电机电流保持电流极限输出，未出现超过电流限幅值现象。实验现象基本与仿真一致，验证了所提恒功率区弱磁算法的有效性。

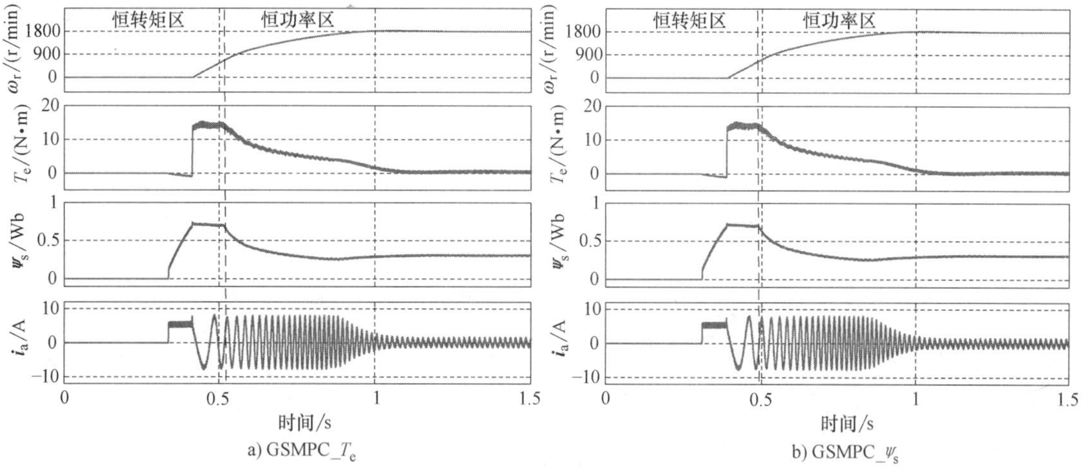

图 11.12　广义级联模型预测控制从静止起动至 2.4 倍额定速度的实验波形

同样，对电机在恒功率区稳定运行下突加减载的情况也进行了实验验证。如图 11.13 所示，为电机在 1800r/min（2.4 倍额定速度）稳定运行下突加减载的动态响应实验波形。在

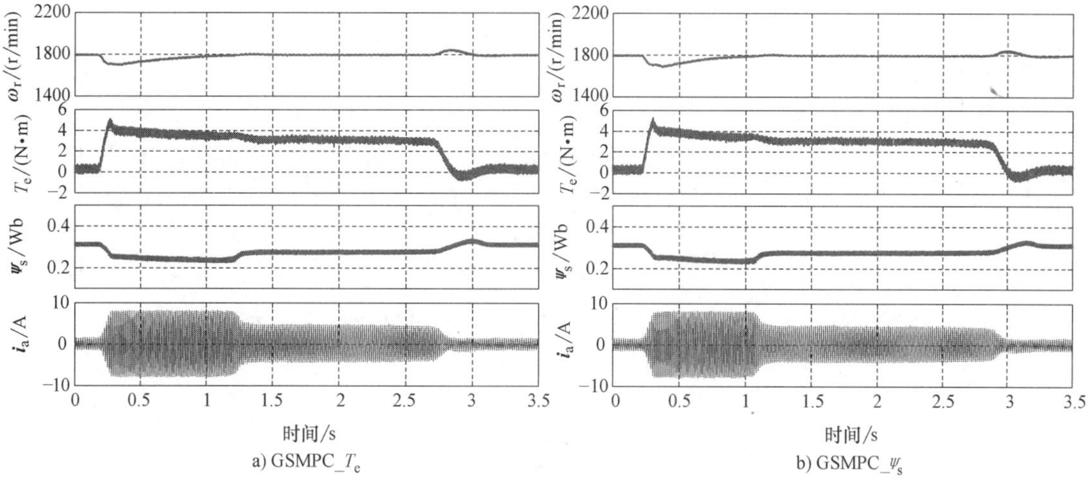

图 11.13　广义级联模型预测控制 2.4 倍弱磁突加减载实验波形

突加载时，受突加转矩扰动影响转速略有下降，为快速恢复到原转速电机以最大电流极限输出电流，转矩输出最大。此时受输出转矩影响，磁链略有下降。很快转速恢复到1800r/min，电机带载稳定运行，转矩输出保持恒定，磁链幅值较不带载情况下降。当突减载时，转速受扰动转矩消失影响略有上升，电机输出电流快速减小磁链幅值上升，很快转速恢复到原转速。可以看出，广义级联模型预测控制的两种方法具有相似的突加减载的响应过程，且都可以在电机突加减载过程中保证电机的稳定运行。

11.2.3 恒电压区弱磁控制

本节在11.2.2节研究基础之上，介绍一种恒功率区模型预测弱磁控制策略。

1. 基本原理

在进入恒电压弱磁区后，为能够实现达到45°最大负载角（即定子磁链矢量和转子磁链矢量之间的角度）的转矩输出能力，需要对转矩参考值进一步优化，获知精确的恒电压区转矩限制值[198]。

定子磁链和转子磁链关系为

$$\frac{\mathrm{d}\boldsymbol{\psi}_{\mathrm{r}}}{\mathrm{d}t}+(\lambda L_{\mathrm{s}}R_{\mathrm{r}}-\mathrm{j}\omega_{\mathrm{r}})\boldsymbol{\psi}_{\mathrm{r}}=\lambda L_{\mathrm{m}}R_{\mathrm{r}}\boldsymbol{\psi}_{\mathrm{s}} \tag{11.32}$$

在稳态情况下，式（11.32）可以简化为

$$\boldsymbol{\psi}_{\mathrm{r}}=\frac{\lambda L_{\mathrm{m}}R_{\mathrm{r}}}{\lambda L_{\mathrm{s}}R_{\mathrm{r}}+\mathrm{j}\omega_{\mathrm{sl}}}\boldsymbol{\psi}_{\mathrm{s}} \tag{11.33}$$

式中　ω_{sl} 为转差。

由式（11.33），电磁转矩可表示为

$$\begin{aligned}T_{\mathrm{e}}&=\frac{3}{2}n_{\mathrm{p}}\lambda L_{\mathrm{m}}\mathrm{Im}(\boldsymbol{\psi}_{\mathrm{r}}^{*}\boldsymbol{\psi}_{\mathrm{s}})\\&=\frac{3}{2}n_{\mathrm{p}}\lambda L_{\mathrm{m}}\mathrm{Im}\left(\frac{\lambda L_{\mathrm{m}}R_{\mathrm{r}}}{\lambda L_{\mathrm{s}}R_{\mathrm{r}}-\mathrm{j}\omega_{\mathrm{sl}}}\right)|\boldsymbol{\psi}_{\mathrm{s}}|^{2}\\&=\frac{3}{2}n_{\mathrm{p}}(\lambda L_{\mathrm{m}})^{2}R_{\mathrm{r}}\frac{\omega_{\mathrm{sl}}}{(\lambda L_{\mathrm{s}}R_{\mathrm{r}})^{2}+\omega_{\mathrm{sl}}^{2}}|\boldsymbol{\psi}_{\mathrm{s}}|^{2}\end{aligned} \tag{11.34}$$

式中　Im（·）为复矢量的虚部。

当满足式（11.35）时

$$\omega_{\mathrm{sl}}=\lambda L_{\mathrm{s}}R_{\mathrm{r}} \tag{11.35}$$

电磁转矩可以达到最大值

$$T_{\mathrm{emax}}=\frac{3}{4}n_{\mathrm{p}}\lambda\frac{L_{\mathrm{m}}^{2}}{L_{\mathrm{s}}}|\boldsymbol{\psi}_{\mathrm{s}}|^{2} \tag{11.36}$$

由式（11.33）和式（11.35）可得转子磁链和定子磁链之间的关系如下：

$$\boldsymbol{\psi}_{\mathrm{r}}=\frac{L_{\mathrm{m}}/L_{\mathrm{s}}}{1+\mathrm{j}}\boldsymbol{\psi}_{\mathrm{s}}=\frac{1}{\sqrt{2}}\frac{L_{\mathrm{m}}}{L_{\mathrm{s}}}\mathrm{e}^{-\mathrm{j}\frac{\pi}{4}}\boldsymbol{\psi}_{\mathrm{s}} \tag{11.37}$$

由式（11.37）可以清晰地看出，转子磁链滞后于定子磁链45°，此时已达到理论的最大转矩。因此，最大转矩应被限制为

$$T_{m2}=\frac{3\sqrt{2}}{4}n_p\lambda L_m|\boldsymbol{\psi}_r|\boldsymbol{\psi}_s^{ref} \tag{11.38}$$

另外，由定子电流和定、转子磁链关系式（2.31）以及式（11.37）可推导出定子电流和定子磁链之间的关系为

$$\boldsymbol{i}_s=\lambda\frac{L_rL_s-L_m^2+jL_rL_s}{L_s(1+j)}\boldsymbol{\psi}_s \tag{11.39}$$

假设定、转子电感与互感基本相等，即 $L_rL_s-L_m^2\approx 0$，式（11.39）可简化为

$$\boldsymbol{i}_s=\lambda L_r\frac{1}{\sqrt{2}}e^{j\frac{\pi}{4}}\boldsymbol{\psi}_s \tag{11.40}$$

这意味着，当定子电流超前定子磁链 45°时，可以达到理论最大转矩。

根据式（6.9）和式（11.40），最大转矩应被限制为

$$T_{m2}=\frac{3\sqrt{2}}{4}n_p|\boldsymbol{i}_{s0}|\boldsymbol{\psi}_s^{ref} \tag{11.41}$$

式中　$\boldsymbol{i}_{s0}$ 可由式（6.8）计算得到。

由式（11.36）和式（11.38）或式（11.41），转矩参考值可被设为

$$T_e^{ref}=\min(T_e^{PI},T_{m1},T_{m2}) \tag{11.42}$$

若 T_e^{PI} 值为负，则意味着转速高于额定转速，转矩参考值应被设为

$$T_e^{ref}=\max(T_e^{PI},-T_{m1},-T_{m2}) \tag{11.43}$$

通过式（11.26）、式（11.29）、式（11.42）或式（11.43），定子磁链的参考值和转矩参考值都可实现线调整，有助于电机转速在进入恒电压区时达到最佳转矩性能。

2. 仿真结果

为验证本节介绍的恒电压区弱磁控制的有效性，在额定母线电压条件下对电机进行弱磁至 4 倍基速，电机参数见表 2.1。本节采用广义级联模型预测控制算法与提出的弱磁控制策略相结合进行验证，采样率为 15kHz，电流限幅值为 8A。

图 11.14 所示为电机由静止到 4 倍基速（6000r/min）的起动响应波形。可以看出

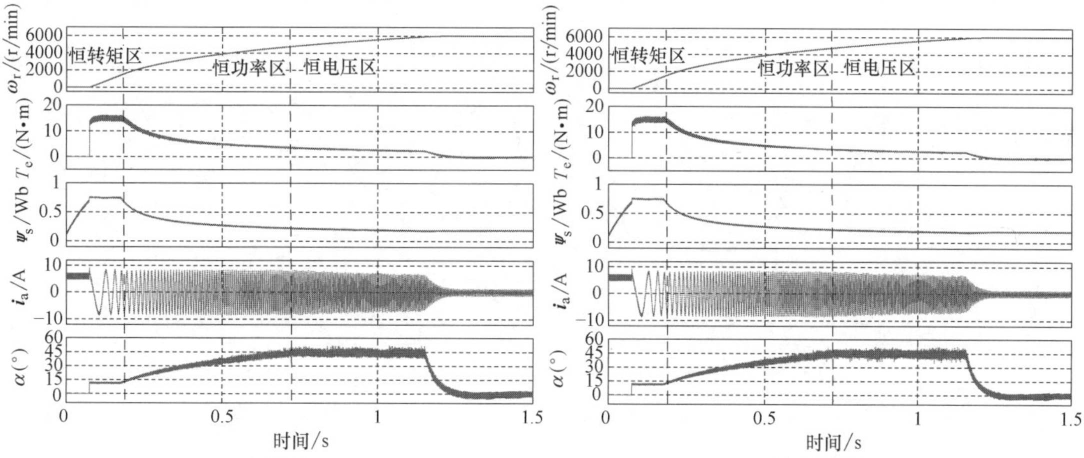

图 11.14　广义级联模型预测控制弱磁运行至 4 倍基速的仿真波形

GSMPC_T_e 和 GSMPC_ψ_s 有非常相似的升速过程。为了清楚地显示所提出的弱磁算法的有效性，图 11.14 中的最后一条曲线是定子磁链和转子磁链之间的负载角。当电机运行在 4500r/min 以下时，与图 11.10 中电机升速过程响应基本一致。进入恒电压区后最大负载角非常接近理论值 45°，此时电机以最大转矩极限输出转矩，电机以最快速度升速。仿真结果证实，当所提出的弱磁算法与广义级联模型预测控制算法相结合可以实现最佳转矩性能。

图 11.15 所示为电机在 6000r/min 运行状态下突加减载的波形。0.1s 在电机突加载时，转矩以转矩极限值输出，定子磁链幅值略下降，电机快速升速响应突加负载造成的扰动。在恢复原转速后，转矩输出保持恒定，电机在恒电压区带载运行稳定。0.7s 突减载，由于转矩扰动消失，转速略有上升，为快速响应突减载造成的影响，电流输出快速减小，磁链幅值回升。可以看出两种方法具有非常相似的突加减载的响应，且在整个过程中电机运行非常平稳。验证了提出的弱磁算法与广义级联模型预测控制相结合能使电机在高速运行下表现出良好的带载性能。

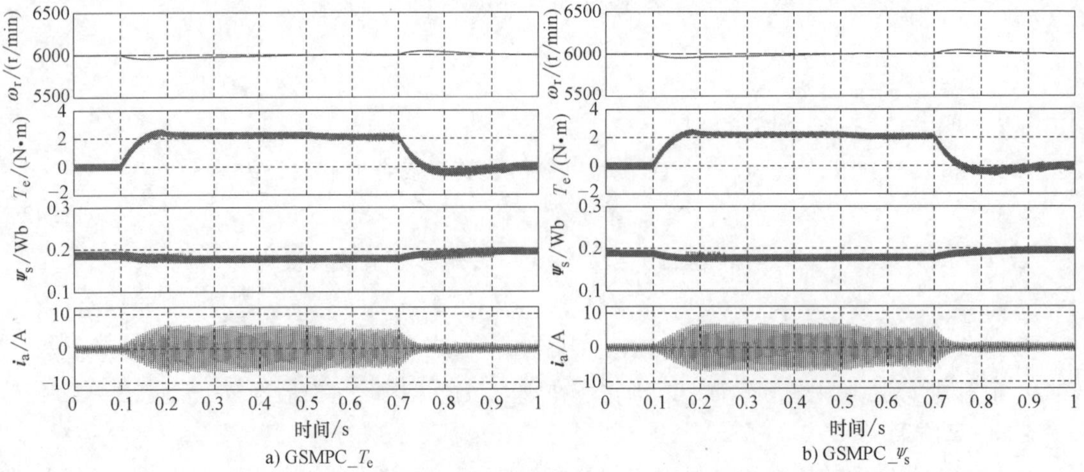

图 11.15 广义级联模型预测控制弱磁至 4 倍基速突加减载仿真波形

3. 实验结果

本节实验条件与 11.2.2 节 3. 保持一致。为验证所提算法有效性，电机弱磁运行到 3.2 倍额定基速（2400r/min）。图 11.16 所示为电机由静止起动到 2400r/min 的实验波形。四个

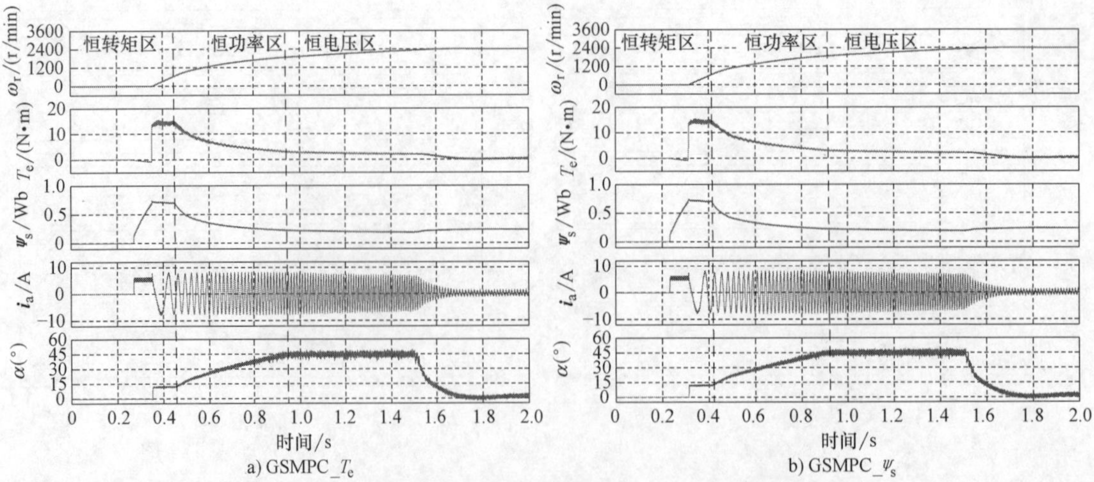

图 11.16 广义级联模型预测控制起动至 3.2 倍基速的实验波形

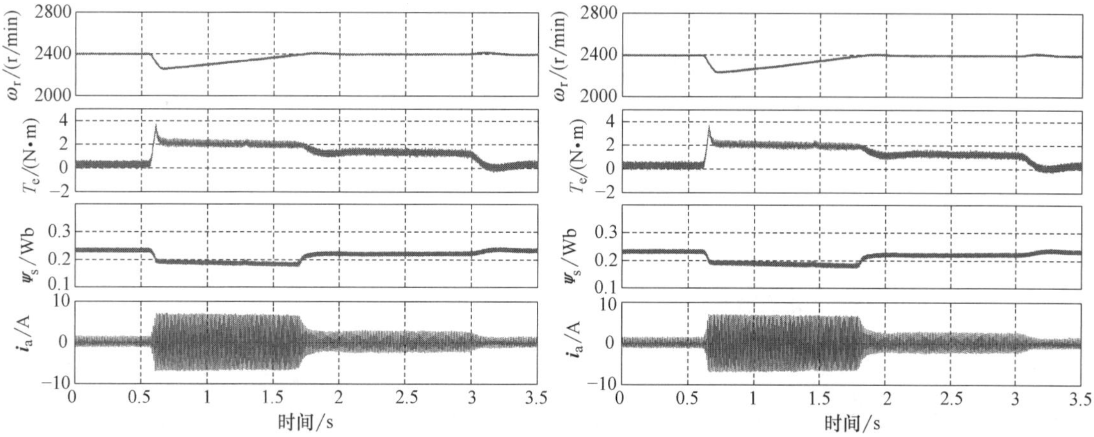

a) GSMPC_T_e　　b) GSMPC_ψ_s

图 11.17　广义级联模型预测控制运行在 3.2 倍基速时突加减载实验波形

通道由上到下分别为电机转速、电磁转矩、定子磁链幅值、一相电流以及定子磁链和转子磁链之间的负载角。在恒转矩区和恒功率区电机升速过程与图 11.12 保持一致，在恒功率区电机电流以最大电流极限输出，保障了在此区域转速加速最快。当进入恒电压区后，负载角非常接近理论值 45°，此时电机以最大转矩极限输出转矩，转速以最快加速度升速至指令转速。可见，GSMPC_T_e 和 GSMPC_ψ_s 具有相似的动态升速过程，并且与所提恒电压区弱磁控制策略结合和以实现最佳转矩性能。

同样，对电机在恒电压区稳定运行下突加减载的情况也进行了实验验证。图 11.17 所示为电机在 2400r/min 稳定运行下突加减载的实验波形。当突加载时，受转矩突增的扰动影响，转速出现小幅跌落。为快速响应转矩扰动，电机以转矩极限输出转矩快速升速，同时定子磁链幅值略有下降。当转速恢复到原转速后，转矩输出保持恒定，电机带载运行稳定。由于所加负载转矩较最大转矩输出值略小，电流较电机升速时减小，定子磁链幅值略有上升。当负载转矩突减为零时，转速略有上升，为快速响应突减载造成的影响，电流快速减小磁链幅值进一步回升。在整个突加减载过程中，广义级联模型预测控制的两种方法的相应过程及运行状态都十分相似，并且电机运行状态十分稳定，表现出良好的带载及对负载扰动的响应性能。

11.3　本章小结

本章首先概述了无速度传感器模型预测控制策略，着重介绍了如何利用全阶观测器实现无速度传感器平稳带速重投。从辨识转速的收敛性条件出发推导了一种可保证估计转速能在任意初始条件下收敛至实际转速的新型增益矩阵，并将该方法与 MPFC 结合，介绍了一种在没有转速传感器的情况下快速平稳起动旋转电机的方法，而且不需要判断转速方向。最后针对模型预测控制介绍了弱磁控制方法。该弱磁方法简单易实施，可在电压以及电流限制下实现最大转矩输出。仿真和实验结果均验证了本章节所述方法的有效性。

第 12 章　三电平模型预测控制

12.1　三电平逆变器原理

12.1.1　数学模型

对于 3L-NPC 逆变器的建模，本书做如下理想化假设：

1）电路中所有开关元器件的开关转换瞬时完成；

2）直流电源无纹波，直流母线无分布电感；

3）直流母线的两个电容值相等。

图 12.1 所示为三电平逆变器的电路拓扑[199]。根据 x 相（$x=\{a, b, c\}$）半导体器件接收到的控制信号的情况，逆变器可以输出三个不同等级的电压 $U_{dc}/2$，0，$-U_{dc}/2$，同时又因为逆变器采用二极管钳位结构，因此这种逆变器被称为三电平中点钳位式电压源逆变器（3L-NPC VSI）。

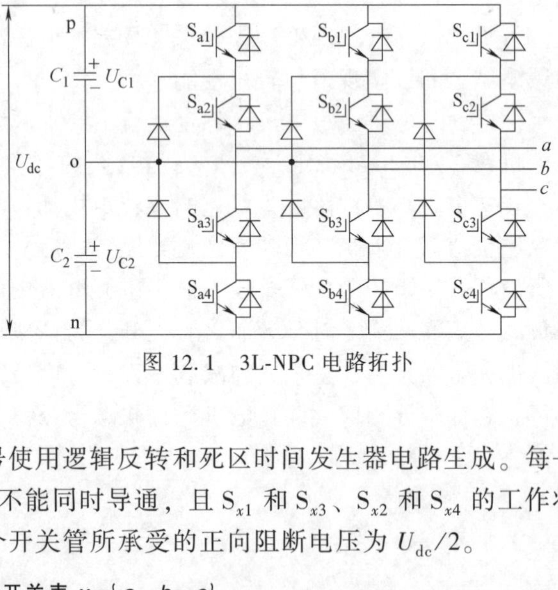

图 12.1　3L-NPC 电路拓扑

x 相上侧的两个开关状态 S_{x1} 和 S_{x2} 可以是逻辑"1"或"0"，分别代表开和关。下侧两个开关信号 S_{x3} 及 S_{x4} 与上侧两个开关信号互补。因此，在实际应用中，只有每相上侧的两个开关信号由控制器直接产生。随后，其他两个开关信号使用逻辑反转和死区时间发生器电路生成。每一相的开关表见表 12.1，主开关管 S_{x1} 和 S_{x4} 不能同时导通，且 S_{x1} 和 S_{x3}、S_{x2} 和 S_{x4} 的工作状态恰好相反，即工作在互补状态，平均每个开关管所承受的正向阻断电压为 $U_{dc}/2$。

表 12.1　一相开关表 $x=\{a, b, c\}$

直流母线	状态标识 S_x	开关状态				输出电压
		S_{x1}	S_{x2}	S_{x3}	S_{x4}	
p	2	开	开	关	关	$U_{dc}/2$
o	1	关	开	开	关	0
n	0	关	关	开	开	$-U_{dc}/2$

表 12.1 还给出了不同开关状态下输出端与直流母线间的连接情况，本章用数字"2"代表连接正直流母线 p，此时输出电压 $U_{dc}/2$；用数字"1"代表连接母线电容中点 o，此时

输出电压为 0；用数字 “0” 代表连接负直流母线 n，此时输出电压 $-U_{dc}/2$。需要指出的是，拓扑中的钳位二极管只在状态 1 工作，且每相桥臂中间的两个功率器件导通时间最长，即发热量较大，实际系统的散热设计应以这两个器件为准[200]。

需要注意的是，在 NPC 逆变器的整个工作过程中均不存在电力电子器件的动态均压问题。同时，严格禁止在状态 0 和状态 2 之间直接切换[75,201]，原因在于：

1）输出电压在 $U_{dc}/2$ 与 $-U_{dc}/2$ 间直接跳变，类似于传统两电平逆变器，失去了三电平逆变器电压输出平滑的优点；

2）一相桥臂的四个开关器件全部参与动作，开关损耗加倍；

3）每个开关器件的动态电压可能无法保持一致，可能出现四个器件均未关断导致直通短路。

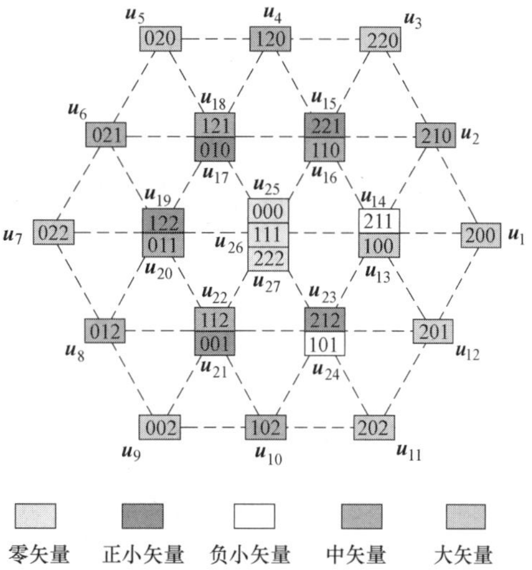

图 12.2　三电平矢量表

由于每一相可以输出三个不同的电压，所以整个三相共有 $3^3=27$ 个电压组合。图 12.2 所示为 3L-NPC VSI 的矢量表，共有 27 个电压矢量，其中包括 19 个不重复的电压组合。表 12.2 给出了每一个电压矢量对应的开关状态及其在 $\alpha\beta$ 坐标系中的复数表示，它们可以被分成四大类，分别是大矢量、中矢量、小矢量和零矢量。从表中可以看出，小矢量成对出现，这对小矢量所表示的电压矢量相同，因此这对小矢量被称为冗余小矢量。进一步，这 6 对 12 个小矢量可以根据对于中点 o 电位的影响进一步分为正小矢量和负小矢量，这将在下一章中展开论述。

表 12.2　3L-NPC VSI 的电压矢量表及其复数表示

$\boldsymbol{u}_n$	开关状态	类型	$\boldsymbol{u}=\boldsymbol{u}_\alpha+\mathrm{j}\boldsymbol{u}_\beta$
$\boldsymbol{u}_1$	200	大矢量	$2/3U_{dc}$
$\boldsymbol{u}_2$	210	中矢量	$1/2U_{dc}+\mathrm{j}\sqrt{3}/6U_{dc}$
$\boldsymbol{u}_3$	220	大矢量	$1/3U_{dc}+\mathrm{j}\sqrt{3}/3U_{dc}$
$\boldsymbol{u}_4$	120	中矢量	$\mathrm{j}\sqrt{3}/3U_{dc}$
$\boldsymbol{u}_5$	020	大矢量	$-1/3U_{dc}+\mathrm{j}\sqrt{3}/3U_{dc}$
$\boldsymbol{u}_6$	021	中矢量	$-1/2U_{dc}+\mathrm{j}\sqrt{3}/6U_{dc}$
$\boldsymbol{u}_7$	022	大矢量	$-2/3U_{dc}$
$\boldsymbol{u}_8$	012	中矢量	$-1/2U_{dc}-\mathrm{j}\sqrt{3}/6U_{dc}$
$\boldsymbol{u}_9$	002	大矢量	$-1/3U_{dc}-\mathrm{j}\sqrt{3}/3U_{dc}$
$\boldsymbol{u}_{10}$	102	中矢量	$-\mathrm{j}\sqrt{3}/3U_{dc}$
$\boldsymbol{u}_{11}$	202	大矢量	$1/3U_{dc}-\mathrm{j}\sqrt{3}/3U_{dc}$
$\boldsymbol{u}_{12}$	201	中矢量	$1/2U_{dc}-\mathrm{j}\sqrt{3}/6U_{dc}$
$\boldsymbol{u}_{13}$	100	正小矢量	$1/3U_{dc}$
$\boldsymbol{u}_{14}$	211	负小矢量	$1/3U_{dc}$

（续）

$\boldsymbol{u}_n$	开关状态	类型	$\boldsymbol{u}=\boldsymbol{u}_\alpha+\mathrm{j}\boldsymbol{u}_\beta$
$\boldsymbol{u}_{15}$	221	正小矢量	$1/6U_{dc}+j\sqrt{3}/6U_{dc}$
$\boldsymbol{u}_{16}$	110	负小矢量	$1/6U_{dc}+j\sqrt{3}/6U_{dc}$
$\boldsymbol{u}_{17}$	010	正小矢量	$-1/6U_{dc}+j\sqrt{3}/6U_{dc}$
$\boldsymbol{u}_{18}$	121	负小矢量	$-1/6U_{dc}+j\sqrt{3}/6U_{dc}$
$\boldsymbol{u}_{19}$	122	正小矢量	$-1/3U_{dc}$
$\boldsymbol{u}_{20}$	011	负小矢量	$-1/3U_{dc}$
$\boldsymbol{u}_{21}$	001	正小矢量	$-1/6U_{dc}-j\sqrt{3}/6U_{dc}$
$\boldsymbol{u}_{22}$	112	负小矢量	$-1/6U_{dc}-j\sqrt{3}/6U_{dc}$
$\boldsymbol{u}_{23}$	212	正小矢量	$1/6U_{dc}-j\sqrt{3}/6U_{dc}$
$\boldsymbol{u}_{24}$	101	负小矢量	$1/6U_{dc}-j\sqrt{3}/6U_{dc}$
$\boldsymbol{u}_{25}$	000	零矢量	0
$\boldsymbol{u}_{26}$	111	零矢量	0
$\boldsymbol{u}_{27}$	222	零矢量	0

12.1.2 中点电位波动原因

三电平中点钳位式电压源逆变器（3L-NPC VSI）的电路拓扑如图 12.1 所示，两个容值相等的直流母线电容 C_1，C_2 作为电压分压器承担着全部的直流母线电压 U_{dc}，两个电容的连接点被称为 3L-NPC VSI 的中点（Neutral Point，NP）。NP 通过开关器件与负载相连，但通常不与有助于稳定电容电压的母线电源中点相连，因此 NP 的电位可能会随着上下电容的充放电而产生偏移和波动，这就是 3L-NPC VSI 的中点电位波动问题。逆变器的直流母线上通常装有电压传感器，可以直接测得两个电容各自的电压 U_{C1}，U_{C2}，本文定义中点电压偏移 ΔU_{mid} 为直流母线上下两电容所承受的电压 U_{C1}，U_{C2} 之差，即

$$\Delta U_{mid}=U_{C1}-U_{C2} \tag{12.1}$$

一般而言，ΔU_{mid} 必须被控制在 0V 附近。如果偏移过多，则会造成电压分布不均，导致逆变器输出电压 THD 增大及开关器件过早损坏。通常，根据电压等级的不同，中点电压波动的大小不能超过直流母线电压的 5%[75,202]。

ΔU_{mid} 的变化与流过 NP 的电流 $\boldsymbol{i}_{NP}$ 存在以下关系[203]：

$$\frac{d\Delta U_{mid}}{dt}=\frac{1}{C}i_{NP} \tag{12.2a}$$

$$\boldsymbol{i}_{NP}=\frac{1}{C}\left[\,|S_a-1|\ \ |S_b-1|\ \ |S_c-1|\,\right]\begin{bmatrix}\boldsymbol{i}_a\\ \boldsymbol{i}_b\\ \boldsymbol{i}_c\end{bmatrix} \tag{12.2b}$$

式中 S_a，S_b，S_c 表示三相开关状态，取值为表 12.1 所示的 0，1，2。

从式（12.2）可以看出，中点电流的值与开关状态和电机的三相电流有关，控制 ΔU_{mid} 可以通过控制 $\boldsymbol{i}_{NP}$ 来实现。为方便分析，本节以电流流出逆变器至电机为正方向。

接下来对各类矢量对中点电位的影响进行分析[201]：

如图 12.3a 所示，当使用六个大矢量时，abc 三相均连接在正母线或者负母线上，与中

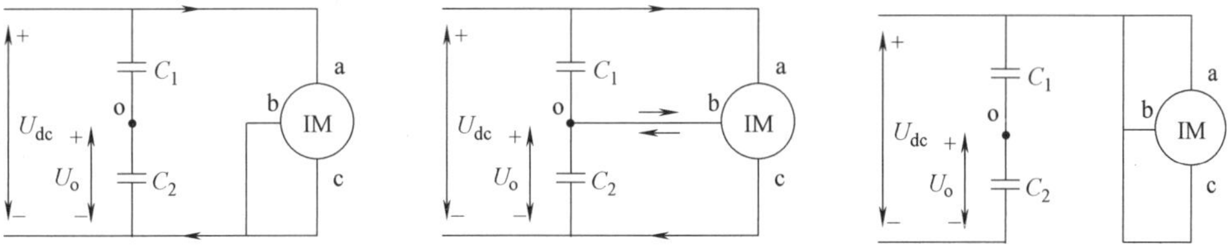

a) u_1(200)，U_o不受影响　　b) u_2(210)，U_o变化未知　　c) u_{27}(222)，U_o不受影响

图 12.3　电压矢量对中点电位的影响

点没有连接，没有流过中点的电流，因此大矢量不影响中点电位。

如图 12.3b 所示，当使用中矢量时，负载的 abc 三相分别连接在正母线、中点和负母线上，中点与正负母线形成电流回路，两个电容将会充放电，中点电位将发生变化。根据电机工作状态的不同，电流可能流进也可能流出中点，因此中矢量对于中点电位的影响是不可控的，中矢量也是中点电位波动的最主要原因[204]。

如图 12.3c 所示，当逆变器输出任意一个零矢量时，负载的 abc 三相连接在一起，电位相等，不会产生流过中点的电流，因此零矢量不会影响中点电位。

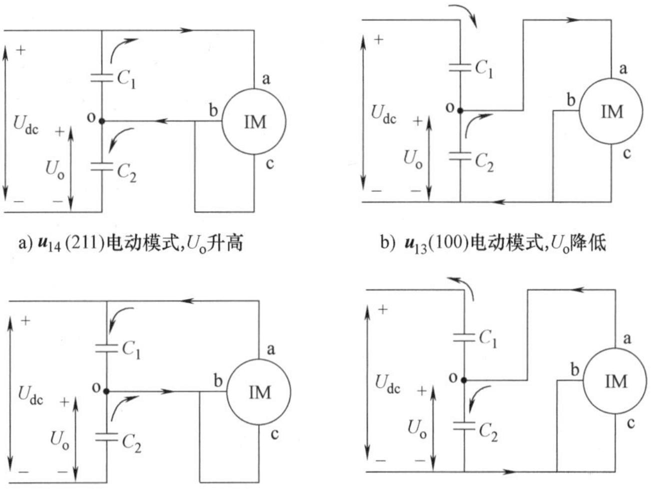

a) u_{14}(211)电动模式，U_o升高　　b) u_{13}(100)电动模式，U_o降低

c) u_{14}(211)再生模式，U_o降低　　d) u_{13}(100)再生模式，U_o升高

图 12.4　小矢量对中点电位的影响

如图 12.4 所示，小矢量对于中点电位的影响比较复杂。本节以一对冗余小矢量 $\boldsymbol{u}_{13}$（100）和 $\boldsymbol{u}_{14}$（211）为例进行分析。

当电机处在电动模式时，能量从逆变器流向电机。如图 12.4a 所示，当作用小矢量 $\boldsymbol{u}_{14}$（211）时，因为三相负载连接在正直流母线和中点 o 之间，流入中点 o 的电流使上电容 C_1 放电，下电容 C_2 充电，中点电位 U_o 上升，ΔU_{mid} 向负无穷方向变化；与此相反，如图 12.4b 所示，当作用小矢量 $\boldsymbol{u}_{13}$（100）时，电流流出中点，上电容 C_1 充电，下电容 C_2 放电，中点电位 U_o 下降，ΔU_{mid} 向正无穷方向变化。

当电机处在再生模式时，能量从电机流向逆变器，如图 12.4c 和图 12.4d 所示，电流方向与电动模式相反，矢量 $\boldsymbol{u}_{14}$（211）使中点电位 U_o 下降，$\boldsymbol{u}_{13}$（100）使中点电位 U_o 上升。

进一步分析可以发现不论是电动模式还是再生模式，$\boldsymbol{u}_{14}$（211）产生的中点电流均为

$-i_a$，即与 a 相电流相反；$\boldsymbol{u}_{13}$（100）产生的中点电流均为 i_a，即与 a 相电流相同。以此为依据可以对冗余小矢量进行分类。

如表 12.3 所示，根据小矢量产生的中点电流与相电流的符号关系，可以将一对冗余小矢量中的两个矢量分别定义为正小矢量和负小矢量，正小矢量产生的中点电流与某相电流相同，负小矢量的电流与某相电流相反[73]。

表 12.3 中还给出了各个中矢量对应的中点电流，也就是说，只要知道三相电流和作用的电压矢量，就可以推测出中点电流的大小和方向，不需要在中点处安装额外的电流传感器。

表 12.3　不同空间矢量对应的中点电流[73]

正小矢量	中点电流	负小矢量	中点电流	中矢量	中点电流
$\boldsymbol{u}_{13}$(100)	i_a	$\boldsymbol{u}_{14}$(211)	$-i_a$	$\boldsymbol{u}_2$(210)	i_b
$\boldsymbol{u}_{15}$(221)	i_c	$\boldsymbol{u}_{16}$(110)	$-i_c$	$\boldsymbol{u}_4$(120)	i_a
$\boldsymbol{u}_{17}$(010)	i_b	$\boldsymbol{u}_{18}$(121)	$-i_b$	$\boldsymbol{u}_6$(021)	i_c
$\boldsymbol{u}_{19}$(122)	i_a	$\boldsymbol{u}_{20}$(011)	$-i_a$	$\boldsymbol{u}_8$(012)	i_b
$\boldsymbol{u}_{21}$(001)	i_c	$\boldsymbol{u}_{22}$(112)	$-i_c$	$\boldsymbol{u}_{10}$(102)	i_a
$\boldsymbol{u}_{23}$(212)	i_b	$\boldsymbol{u}_{24}$(101)	$-i_b$	$\boldsymbol{u}_{12}$(201)	i_c

一对冗余小矢量对负载侧的输出相同，即对负载等效，产生中点电流的方向相反，即对中点电位的影响相反，这一特性使得小矢量成为控制中点电位的主要工具，由此派生出了一系列的调制策略，将在后续章节进行讨论。

需要指出的是，冗余小矢量的分类方法并不唯一，有些文献根据小矢量连接的直流母线的不同将其分为 p 型小矢量（连接正母线）和 n 型小矢量（连接负母线）[203]，在设计控制算法时应当注意区分。

除了小矢量和中矢量会影响中点电位之外，还有许多其他非理想因素会影响中点电位[205]：

1）电路的分布参数及制造误差引起的电容不平衡；

2）开关器件特性不一致；

3）三相不对称运行。

为了使中点电压偏移 ΔU_{mid} 最小，可以从硬件和软件算法两个角度实现系统控制。常见的硬件方法是采用串联的 12 脉波整流器作为直流母线的电源，将整流器的中点直接与逆变器电容的中点相连，采用这种拓扑时中点电位由整流侧控制，优点是逆变器侧的调制算法大幅简化，缺点是增加了额外的硬件成本。采用软件算法的共同特征是对中点电压进行实时监测，设计合适的反馈控制律对中点偏移进行抑制，这类方法的优点是没有额外的硬件成本，缺点是增加了控制算法的复杂度，且在电机快速大范围转矩变化时中点电位不一定能得到有效控制。本节由于实验条件的限制仅采用软件算法控制中点平衡。

12.1.3　调制策略

在电力电子传动系统中使用脉冲宽度调制（Pulse Width Modulation，PWM）技术的原因是为了在逆变器的输出端获得具有不同幅值和频率的基波电压波形。其基本思想是用 PWM

调制算法将直流电压转化为三相开关电压波形，电压波形基波分量的幅值和频率与电机控制算法产生的电压参考值相等。因此在使用 PWM 技术后，可以利用直流电压源实现交流电机的变频调速。近年来，PWM 技术获得了广泛的研究和应用，研究者们提出了多种不同的调制方式，如同步 PWM（Synchronised PWM）[206,207]、特定谐波消除 PWM（Selective Harmonic Elimination PWM，SHEPWM）[208,209]、不连续空间矢量调制（Discontinuous Space Vector PWM，DSVM）[201] 等，其中空间矢量调制（Space Vector Modulation，SVM）和正弦波脉宽调制（Sinusoidal Pulse Width Modulation，SPWM）是应用最为广泛的两种调制策略[211]。

尽管这两种策略基于完全不同的出发点，但已有许多文献指出了两者的内在联系。参考文献［212］给出了使三电平 SPWM 与 SVM 等效的零序分量注入公式，并指出与两电平的等效零序分量注入公式[213] 相比，三电平的注入公式是一个分段函数。参考文献［214］研究了多电平 SPWM 与 SVM 之间的本质联系，并讨论了中点电位平衡控制的思路。参考文献［211，215］对三电平 SVM 与 SPWM 间的内在联系进行了深入讨论，并推导了使 SPWM 与 SVM 等效的零序分量注入公式，但均基于十分复杂的扇区、三角形划分，且在复平面内没有统一的表达式。

本节将首先介绍 SPWM 和 SVM 的基本原理，然后从调制波等效的角度分析两者的内在联系，给出整个复平面内分段函数形式的零序分量表达式，分段函数的选取基于三相调制波的大小、逻辑关系，调制策略实现简单，最后将讨论中点电位平衡控制的一种方法。

1. 正弦波载波调制

首先介绍调制比 m，其主要作用是将参考电压矢量归一化，不同文献中有不同的调制比定义，归纳起来主要有以下两种：

1）线性调制区对应调制比 m 的取值为 0~1[210]。

$$m=\frac{\sqrt{3}\,|\boldsymbol{u}^{*}|}{U_{\mathrm{dc}}} \tag{12.3}$$

这种定义方式是以逆变器能够输出的最大不失真圆形旋转电压矢量的幅值为基值的，这个幅值的大小为$\frac{\sqrt{3}}{2}\times\frac{2}{3}U_{\mathrm{dc}}=\frac{\sqrt{3}}{3}U_{\mathrm{dc}}$，对应复平面正六边形的内切圆。

2）线性调制区对应调制比 m_1 的取值为 0~0.907[216]。

$$m_1=\frac{|\boldsymbol{u}^{*}|}{\frac{2}{\pi}U_{\mathrm{dc}}} \tag{12.4}$$

这种定义方式是以逆变器工作在方波状态时输出电压的基波幅值为基值的，$m_1\in[0,\ 0.907]$ 对应线性调制区，$m_1\in(0.907,\ 1]$ 对应过调制区[217,218]。

对于同一个参考电压矢量，根据数学关系，可以得到上述两种不同调制比之间的比例关系为

$$\frac{m}{m_1}=\frac{2\sqrt{3}}{\pi}=1.1027 \tag{12.5}$$

本节内容不涉及过调制，逆变器只工作在线性调制区，为简单起见，后文均采用式（12.3）所示的调制比定义。

根据式（12.3），三相归一化参考电压可表示为

$$\begin{cases}\boldsymbol{u}_{a}=(2m/\sqrt{3})\cos\theta \\ \boldsymbol{u}_{b}=(2m/\sqrt{3})\cos(\theta-2\pi/3) \\ \boldsymbol{u}_{c}=(2m/\sqrt{3})\cos(\theta+2\pi/3)\end{cases} \tag{12.6}$$

式中　θ 为参考电压矢量 $\boldsymbol{u}^*$ 与 $\alpha\beta$ 坐标系 α 轴的夹角。

根据式（12.6）得到归一化调制波后，三电平 SPWM 的基本原理如图 12.5 所示。分别将各相（图中只画出了 a 相）归一化调制波与上下两个同向且幅值为 1 的三角载波进行比较。当调制波大于上载波时表示该相应连接图 12.1 中的上母线 p，输出表 12.1 中电平“2”；当调制波小于下载波时连接下母线 n，输出电平“0”；否则连接中点 o，输出电平“1”。之后将得到的电平信号转化为逆变器的开关信号作用至开关器件即可。

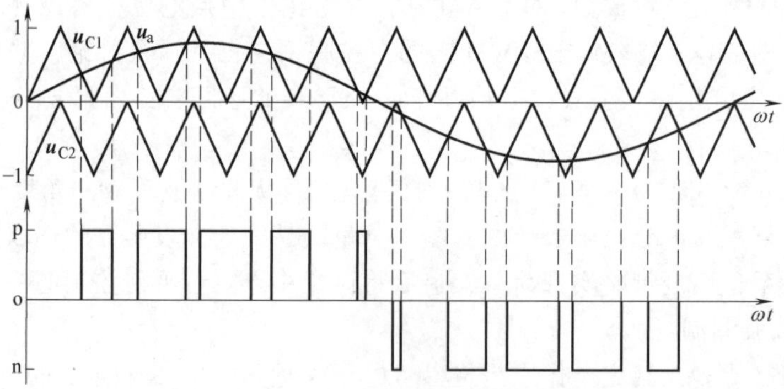

图 12.5　三电平 SPWM 策略

2. 空间矢量调制

如前文所述，三电平包含 27 个空间矢量，整个平面被划分为多个区域，因此传统的三电平 SVM 算法较为复杂，涉及大量的扇区判断和查表计算。近年来，研究者们提出了许多简化算法，如基于 60°坐标系的简化算法[73]，基于两电平 SVM 的三电平 SVM 算法[219]，基于 FPGA 的适用于碳化硅等超高开关频率器件的调制算法[220]等。由于篇幅限制，本节仅对三电平 SVM 原理做简单介绍，具体细节可参考上述文献。

逆变器运行时，参考电压矢量 $\boldsymbol{u}^*$ 会在如图 12.6a 所示的复平面内旋转，当采用 SVM 法进行调制时，逆变器能够输出的最大不失真圆形旋转电压矢量为正六边形的内切圆，其幅值为$\sqrt{3}/3U_{dc}$，若采用传统的三相 SPWM 调制，则逆变器能输出的不失真最大正弦相电压幅值为 $U_{dc}/2$，它们的直流利用率之比为 1.1547，即 SVM 法直流电压利用率较传统 SPWM 法提高了 15.47%。

以 $\boldsymbol{u}^*$ 运行至如图 12.6b 所示的扇区 Ⅰ 内区域Ⅵ为例。此时，$\boldsymbol{u}^*$ 一般采用最近三矢量法进行合成，也可以用其他空间矢量来合成，不过，这样会使逆变器输出电压产生较高的谐波畸变，在大多数情况下不宜采用[201]。由三个矢量组成包含四种开关状态的典型七段式 SVM，其开关序列为 $\boldsymbol{u}_{16}$（110）-$\boldsymbol{u}_2$（210）-$\boldsymbol{u}_3$（220）-$\boldsymbol{u}_{15}$（221）-$\boldsymbol{u}_3$（220）-$\boldsymbol{u}_2$（210）-$\boldsymbol{u}_{16}$（110），其中 $\boldsymbol{u}_{16}$（110）和 $\boldsymbol{u}_{15}$（221）为一对冗余小矢量，它们对负载完全等效，但对中点电位的影响相反。

在一个控制周期 T_{sc} 中，设三个矢量的占空比为 d_1［$\boldsymbol{u}_{16}$（110）和 $\boldsymbol{u}_{15}$（221）两种开关

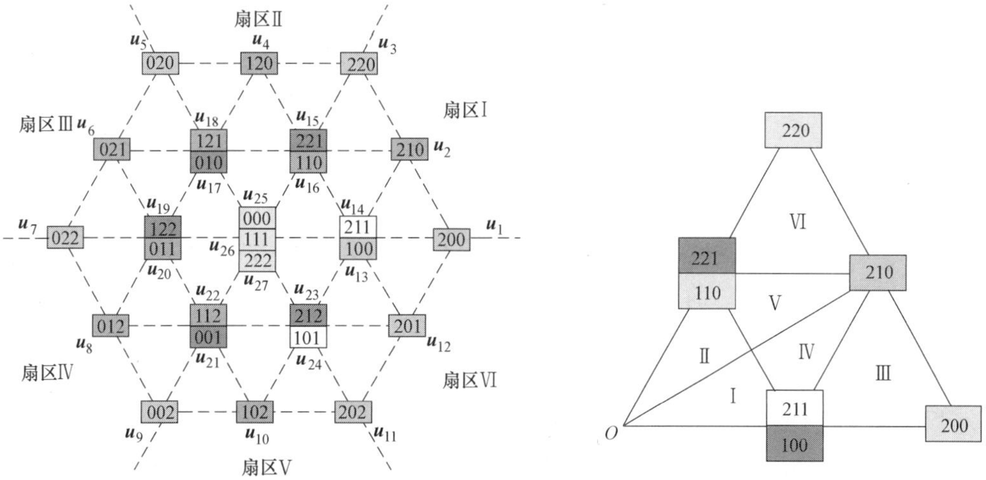

a) 复平面的扇区划分　　b) 第一扇区

图 12.6　复平面的扇区划分及第一扇区

状态占空比之和]、d_2 [开关状态 $\boldsymbol{u}_2$（210）的占空比之和]、d_3 [开关状态 $\boldsymbol{u}_3$（220）的占空比之和]，并且设 k 为一对冗余小矢量的占空比权重，对于当前区域，若开关状态 $\boldsymbol{u}_{15}$（221）的占空比为 kd_1，状态 $\boldsymbol{u}_{16}$（110）作用时间为 $(1-k)d_1$，$k\in(0,\ 1)$，则该周期内三相调制波可表示为[211]

$$\begin{cases}\boldsymbol{u}_\text{a}=kd_1+d_2+d_3\\ \boldsymbol{u}_\text{b}=kd_1+d_3\\ \boldsymbol{u}_\text{c}=kd_1-1\end{cases}\tag{12.7}$$

根据式（12.7）可求得各矢量的占空比分别为

$$\begin{cases}d_2=\boldsymbol{u}_\text{a}-\boldsymbol{u}_\text{b}\\ d_3=\boldsymbol{u}_\text{b}-\boldsymbol{u}_\text{c}-1\\ d_1=1-d_2-d_3\end{cases}\tag{12.8}$$

根据控制周期 T_sc 和式（12.8）所求占空比，即可控制各开关管的开通关断状态，实现 SVM 调制。

传统两电平逆变器由六个开关器件构成，采用标准七段式 SVM 调制策略时，一个周期有六次开关动作，平均每个器件动作一次，因此开关频率 f_sw 与采样频率 f_sc 相同，即 $f_\text{sw}=f_\text{sc}$。而 3L-NPC VSI 由 12 个开关器件构成，七段式 SVM 调制策略在一个周期也是六次开关动作，平均每个器件动作半次，因此一般可以认为采用 SVM 调制时，开关频率是采样率的一半，即 $f_\text{sw}=f_\text{sc}/2=1/(2T_\text{sc})$。但实际上在参考电压经过每个扇区的角分线时会有两个器件产生额外的开关动作，也就是在每个基波周期会产生额外的六次开关动作，因此平均开关频率增加到 $f_\text{sw}=f_\text{sc}/2+f_\text{fun}/2$，式中，$f_\text{fun}$ 为电机电流的基波频率。为了表述简洁，本节在后文的表述中认为开关频率是采样率的一半。

3. 基于零序分量注入的载波调制方法

参考文献［212-215］已经证明通过注入适当的零序分量（有文章称之为三次谐波），

SPWM 策略与 SVM 策略完全等效。对传统两电平逆变器而言，采用双极性调制及规则采样的载波方法，且 PWM 脉冲关于采样周期中心对称时，注入零序分量，可以得到对应的 SVM 调制波，零序分量的表达式为

$$\boldsymbol{U}_{\mathrm{z}}=-k_1\boldsymbol{u}_{\max}-(1-k_1)\boldsymbol{u}_{\min}+(2k_1-1) \tag{12.9}$$

式中　k_1 为零序分量分配比例系数，$k_1=0.5$ 对应电平为 010 或 101 的七段式 SVM，$k_1=1$ 对应电平为 101 的对称五段式 SVM，$k_1=0$ 对应电平为 010 的对称五段式 SVM。

上述论文中对三电平 SPWM 和 SVM 等效性的推导均基于十分复杂的扇区、三角形划分，且在复平面内没有统一的表达式。本节从调制波等效的角度，分析了 SVM 与 SPWM 的内在联系，给出了整个复平面内分段函数形式的零序分量表达式，分段函数的选取基于三相调制波的大小、逻辑关系，调制策略实现更为简单。

本节首先以图 12.6b 所示第一扇区为例，对三电平的零序分量注入公式进行推导。当 $\boldsymbol{u}^*$ 位于扇区Ⅵ时，由于零序分量 $\boldsymbol{U}_{\mathrm{z}}$ 为式（12.7）中 SVM 的三相调制波与式（12.6）中 SPWM 策略调制波的差值，所以有

$$\begin{cases}\boldsymbol{u}_{\mathrm{a}}=\boldsymbol{u}_{\mathrm{a}}+\boldsymbol{U}_{\mathrm{z}}\\ \boldsymbol{u}_{\mathrm{b}}=\boldsymbol{u}_{\mathrm{b}}+\boldsymbol{U}_{\mathrm{z}}\\ \boldsymbol{u}_{\mathrm{c}}=\boldsymbol{u}_{\mathrm{c}}+\boldsymbol{U}_{\mathrm{z}}\end{cases} \tag{12.10}$$

考虑到 $\boldsymbol{u}_{\mathrm{a}}+\boldsymbol{u}_{\mathrm{b}}+\boldsymbol{u}_{\mathrm{c}}=0$，根据式（12.8）和式（12.10）可得

$$\begin{cases}d_2=\boldsymbol{u}_{\mathrm{a}}-\boldsymbol{u}_{\mathrm{b}}\\ d_3=\boldsymbol{u}_{\mathrm{b}}-\boldsymbol{u}_{\mathrm{c}}-1\\ d_1=1-d_2-d_3\end{cases} \tag{12.11}$$

$$\boldsymbol{U}_{\mathrm{z}}=(\boldsymbol{u}_{\mathrm{a}}+\boldsymbol{u}_{\mathrm{b}}+\boldsymbol{u}_{\mathrm{c}})/3 \tag{12.12}$$

根据式（12.7）、式（12.11）以及式（12.12）可得

$$\boldsymbol{U}_{\mathrm{z}}=-k\boldsymbol{u}_{\mathrm{a}}+(k-1)\boldsymbol{u}_{\mathrm{c}}+2k-1 \tag{12.13}$$

当 $\boldsymbol{u}^*$ 位于其他区域时，由上述方法亦可推导出各自的零序分量表达式，总结为表 12.4。

表 12.4　第一扇区各区域内零序分量表达式

区域	零序分量 $\boldsymbol{U}_{\mathrm{z}}$	区域	零序分量 $\boldsymbol{U}_{\mathrm{z}}$
Ⅰ	$(2k-1)\boldsymbol{u}_{\mathrm{a}}+k\boldsymbol{u}_{\mathrm{c}}$	Ⅳ	$k\boldsymbol{u}_{\mathrm{a}}+(2k-1)\boldsymbol{u}_{\mathrm{c}}+k-1$
Ⅱ	$(1-k)\boldsymbol{u}_{\mathrm{a}}+(1-2k)\boldsymbol{u}_{\mathrm{c}}$	Ⅴ	$(1-k)\boldsymbol{u}_{\mathrm{c}}+(1-2k)\boldsymbol{u}_{\mathrm{a}}+k$
Ⅲ	$-k\boldsymbol{u}_{\mathrm{a}}+(k-1)\boldsymbol{u}_{\mathrm{c}}+2k-1$	Ⅵ	$-k\boldsymbol{u}_{\mathrm{a}}+(k-1)\boldsymbol{u}_{\mathrm{c}}+2k-1$

图 12.7 所示为 SVM 的六个扇区与 SPWM 基波调制信号间的关系。基于图中所示规律，只要知道 SPWM 三相归一化调制波之间的大小关系，即可快速判断参考电压矢量所在扇区。同时，从图 12.7 中可以发现，每个扇区内都会有一相调制波过零，且过零点位于每个扇区的角平分线位置。根据此规律，对三相调制波进行简单的逻辑运算后，即可找到各扇区内区域的判定标准。

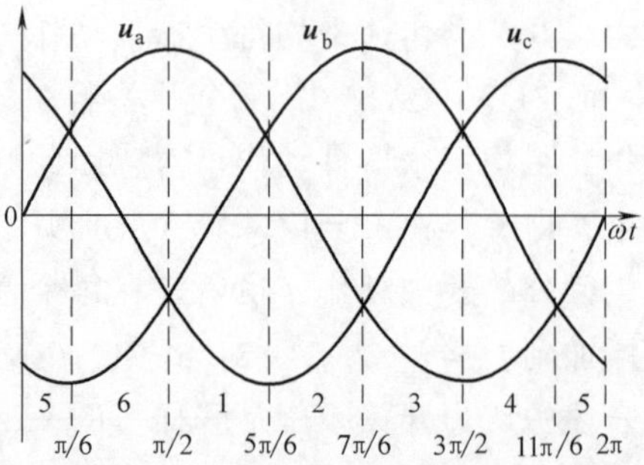

图 12.7　SVM 扇区与 SPWM 基波调制信号的关系

根据上文的分析，对整个复平面各个扇区和各

个区域进行推导，考虑三相调制波的大小、逻辑关系，可以得到统一的零序分量表达式，见表 12.5，其中 u_{max}，u_{mid}，u_{min} 分别是 SPWM 三相归一化调制波 $\boldsymbol{u}_a$，$\boldsymbol{u}_b$，$\boldsymbol{u}_c$ 中的最大值、中间值和最小值，k 为一对冗余相同矢量的占空比权重，取值范围为 0~1，当 $k=0.5$ 时，一对冗余小矢量在当前控制周期内的占空比相同。

表 12.5　判定条件及统一零序分量表达式

判定条件	零序分量 $\boldsymbol{U}_z$
$u_{mid}<0$　$u_{max}-u_{mid}<1$	$kv_{min}+(2k-1)v_{max}$
$u_{mid}>0$　$u_{max}-u_{mid}<1$	$(1-2k)v_{min}+(1-k)v_{max}$
$u_{mid}<0$　$u_{max}-u_{min}>1$　$u_{max}-u_{mid}<1$	$(2k-1)v_{min}+kv_{max}+k-1$
$u_{mid}>0$　$u_{max}-u_{min}>1$　$u_{mid}-u_{min}<1$	$(1-k)v_{min}+(1-2k)v_{max}+k$
其他	$(k-1)v_{min}-kv_{max}+2k-1$

从表 12.4 可以看出，零序分量是分段的，并且表达式不再由具体的某一相给出，而是取决于三相调制波中的最大值和最小值。零序分量的选择也不再依赖于扇区或者区域的判断，而是被统一于判定条件之中。判定条件中仅包含三相调制波的大小、逻辑关系，不包含三角函数等较复杂的运算。

当 $k=0.5$ 时，注入表 12.4 所示零序分量后的三电平 SPWM 与传统三电平七段式 SVM 完全等效。图 12.8 所示为在取不同调制系数 m 时，与 SVM 等效的 SPWM 的调制函数。可以看到波形与两电平常见的马鞍状波形不同，其原因是零序表达式为分段形式，而不是两电平，如式（12.9）所示的统一形式。造成表达式分段的原因在于，当参考电压矢量 $\boldsymbol{u}^*$ 位于如图 12.6b 所示的三角形区域中时，三电平调制策略将用零矢量、小矢量、中矢量、大矢量等不同类型的矢量综合参考电压，而两电平调制策略相当于只使用零矢量和大矢量进行合成。

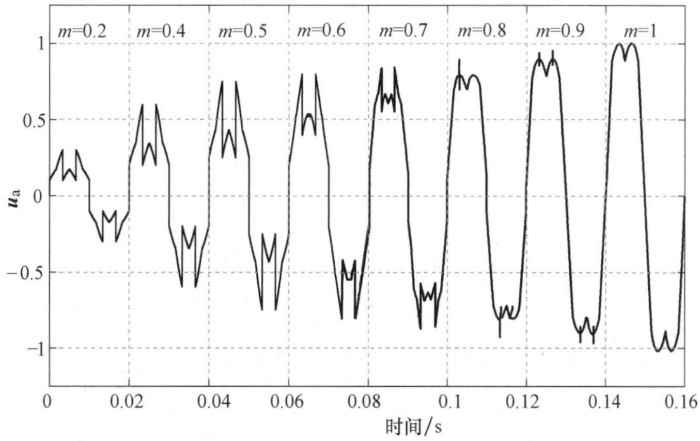

图 12.8　不同调制比时，与 SVM 等效的 SPWM 的调制函数

4. 中点电位平衡策略

中点电位波动是 3L-NPC VSI 的固有问题。参考文献［204，221，222］分析了调制方式、调制比、功率因数、电容大小对中点电位波动幅值的影响，给出了波动幅值与其他因素间的解析解，具有重要的理论意义，同时，文中也对如何选择母线电容的容量给出了一些建

议。参考文献［223］深入分析了中点电位3倍频波动的原因，参考文献［224］提出了一种中点电位主动控制方案，取得了良好的效果，但由于补偿量基于系统参数直接计算而来，故对系统参数的变化较为敏感。目前调整占空比法[225]、PI控制、滞环控制等均是实际控制系统中的主流方案[199]。

前文中提出的新型基于零序分量注入的三电平载波调制策略采用了调整占空比法控制中点电位。当参考电压矢量在线性调制区内时，一对冗余相同矢量总是作为SVM的首发矢量和中间段矢量[214]，它们对负载完全等效，但对中点电位的影响恰好相反。表12.5中的 $k \in (0, 1)$ 为这一对冗余相同矢量的占空比权重，只要调整 k 的大小即可改变这一开关周期对中点电位的影响，实现中点平衡控制。当中间段矢量对中点电位平衡有利时适当增大 k，反之则减小。k 变化的范围可以设定为定值，也可以动态调整，取决于控制系统的实际需要。

基于以上分析，本节提出的与SVM等效的载波调制算法可以概括为以下步骤：

1）根据式（12.6）计算出SPWM的三相归一化调制波；

2）根据图12.7中三相调制波的大小关系判断参考电压矢量所在扇区，进而获得小矢量对应的中点电流；

3）根据中点电流是否使 ΔU_{mid} 趋近于0V来调整 k 值；

4）按照表12.5左列的判定条件，选择右列的零序分量并与归一化调制波相加；

5）根据图12.5描述的载波调制原理，得到各相的开关状态。

5. 仿真和实验结果

为验证本节的理论分析，作者搭建了仿真和实验平台对上述算法进行验证。逆变器和电机参数见表2.1，感应电机的闭环控制方法为前文所述的模型预测磁链控制，采样率为5kHz，开关频率为2.5kHz，感应电机工作在空载状态。当开关状态的中间段矢量对中点电位平衡有利时 k 取固定值0.65，不利时取0.35。

图12.9所示为逆变器中点电位突变时的仿真波形，从上至下各通道依次为a相电流、a相b相间线电压、中点电压偏移 ΔU_{mid}。0.1s时在逆变器中点突加10V的电压偏移。可以看到，中点电位在调制策略的作用下逐步恢复平衡，整个过程耗时约0.4s。如果希望更快的恢复速度，则可将 k 改为更接近0或1的数，或者改为动态调整。

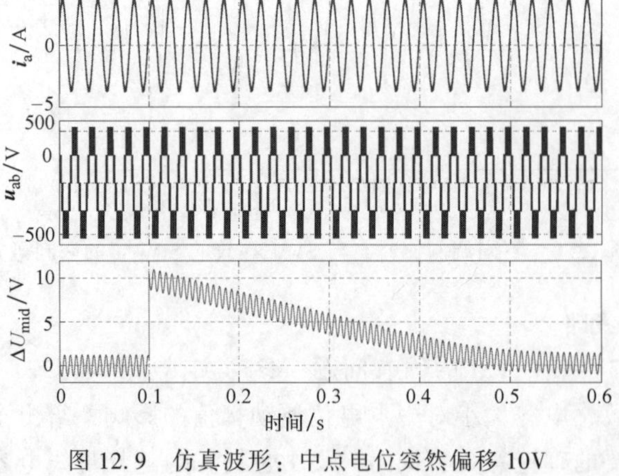

图12.9　仿真波形：中点电位突然偏移10V

图 12.10 所示为感应电机空载条件下的实验波形，电机运行在 600r/min 时调制比 m 约为 0.37，1200r/min 时 m 约为 0.74。图中各通道由上至下依次为 a 相电流 $\boldsymbol{i}_a$、中点偏移 ΔU_{mid}、b 相电压 $\boldsymbol{u}_b$、a 相 b 相线电压 $\boldsymbol{u}_{ab}$。图中电流波形为正弦且对称，线电压波形与仿真波形相似，由于实验平台存在杂散电感，所以在开关动作时电压波形上会产生一些尖峰。由于感应电机运行在空载条件下，功率因数较低，故中点电位有轻微波动，波动频率是相电流频率的 3 倍[223]，ΔU_{mid} 波形上的毛刺是由于录波仪同时测量 IGBT 输出的强电信号和控制器输出的弱电信号而产生的干扰。在各种转速条件下，逆变器中点电位均能保持在平衡值附近，波动幅度不超过 2V（直流母线电压的 0.5%）。采用本调制算法的更多仿真和实验结果将在后续章节给出。

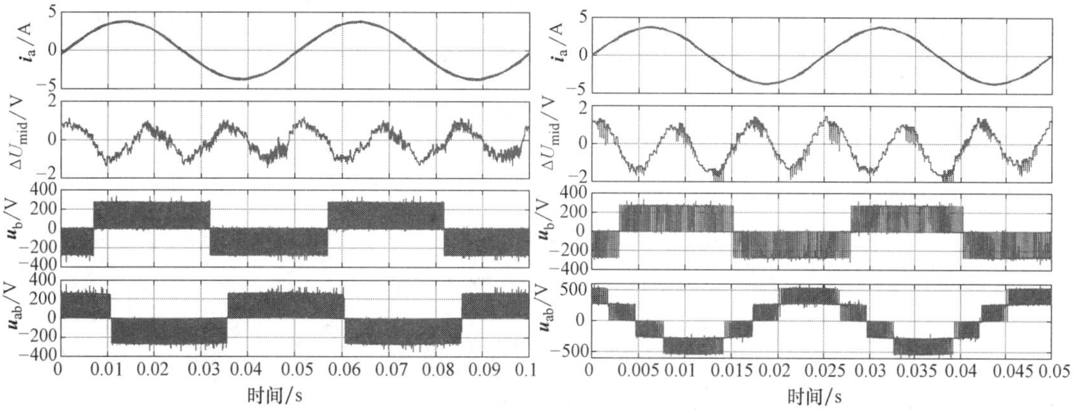

a) 电机转速600r/min稳定波形

b) 电机转速1200r/min稳态波形

图 12.10　实验波形

12.2　三电平模型预测转矩控制

三电平逆变器驱动感应电机模型预测转矩控制（MPTC）的控制框图如图 12.11 所示[226,227]，其具体步骤如下：

1）由于电机驱动系统通常没有输出电压传感器，所以需要根据上一时刻 DSP 发出的开

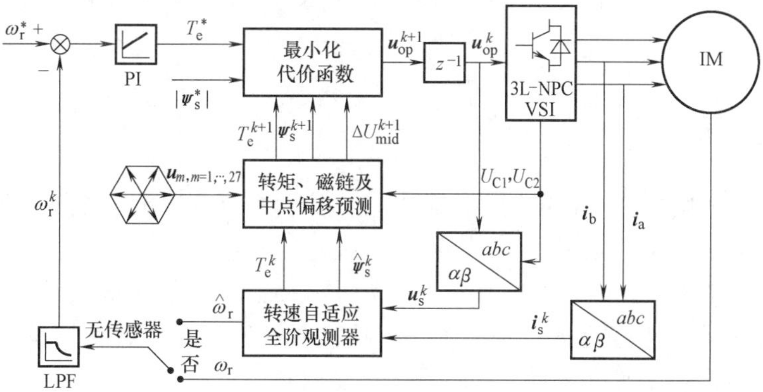

图 12.11　模型预测转矩控制（MPTC）控制框图

关信号和传感器采集到的母线电压重构出当前时刻作用在电机上的定子电压 $\boldsymbol{u}_s^k$；

2）将传感器实测的定子电流 $\boldsymbol{i}_s^k$ 和重构的定子电压 $\boldsymbol{u}_s^k$ 作为 AFO 的输入，用来估计定子磁链 $\hat{\psi}_s^k$、转矩 T_e^k 和转速 $\hat{\omega}_r$；

3）枚举全部 27 个电压矢量 $\boldsymbol{u}_{m,m=1,\cdots,27}$，将它们分别带入预测公式中，对下一时刻的转矩 T_e^{k+1}、磁链 $\boldsymbol{\psi}_s^{k+1}$、中点偏移 $\Delta U_{\mathrm{mid}}^{k+1}$ 进行预测；

4）利用目标函数对所有预测值进行评估，确定使目标函数值最小的电压矢量为最优矢量 $\boldsymbol{u}_{\mathrm{op}}^{k+1}$；

5）基于图 12.2 和表 12.1 将最优电压矢量 $\boldsymbol{u}_{\mathrm{op}}^{k+1}$ 转化为开关信号送往逆变器。

从控制流程可以看出，整个控制系统仅有用于产生转矩参考值 T_e^* 的一个 PI 调节器，没有电流内环 PI 设计及整定工作，控制思想简单直接。关于 AFO 对于状态的估计已在 3.3 节中进行了讨论，本节将对状态预测和目标函数的相关内容进行介绍。

12.2.1 状态预测

为了在数字控制系统中对下一时刻的定子磁链及转矩进行预测，首先需要对感应电机的状态方程式（3.31）进行离散化。如 3.3.4 节所述，本节使用 Heun 法进行离散

$$\begin{cases} \boldsymbol{x}_p^{k+1}=\boldsymbol{x}^k+t_{sc}(\boldsymbol{A}\boldsymbol{x}^k+\boldsymbol{B}\boldsymbol{u}_s^{k+1}) \\ \boldsymbol{x}^{k+1}=\boldsymbol{x}_p^{k+1}+\dfrac{t_{sc}}{2}\boldsymbol{A}(\boldsymbol{x}_p^{k+1}-\boldsymbol{x}^k) \end{cases} \tag{12.14}$$

式中　$\boldsymbol{x}^{k+1}=[\boldsymbol{i}_s^{k+1}\quad \boldsymbol{\psi}_s^{k+1}]^{\mathrm{T}}$ 表示预测的下一时刻变量。

在预测得到定子电流以及定子磁链幅值以后，即可利用式（2.19）预测电磁转矩 T_e^{k+1}。

不同于两电平逆变器，三电平在控制电机的磁链和转矩时还需要对中点电压偏移进行抑制。由于对准确度要求不高，且真实值每个控制周期都进行更新，不存在收敛性问题，所以本节基于式（12.2）采用前向欧拉法预测下一时刻的电压偏移

$$\Delta U_{\mathrm{mid}}^{k+1}=\frac{T_{sc}}{C}[\,|S_a^{k+1}-1|\quad |S_b^{k+1}-1|\quad |S_c^{k+1}-1|\,]\begin{bmatrix} \boldsymbol{i}_a^{k+1} \\ \boldsymbol{i}_b^{k+1} \\ \boldsymbol{i}_c^{k+1} \end{bmatrix}+\Delta U_{\mathrm{mid}}^k \tag{12.15}$$

三电平逆变器通常应用于中压大容量场合，由于系统散热能力的限制，驱动系统一般对器件的平均开关频率有一定的限制。一个周期内开关动作的次数可以利用式（12.16）计算

$$n_{sw}=\sum_{x=\{a,b,c\}}|S_x^{k+1}-S_x^k| \tag{12.16}$$

12.2.2 目标函数

为了在保证电机响应快速性的同时抑制暂态电流，本节控制定子磁链幅值恒定[228]，构造目标函数（Cost Function）如下[226,227]：

$$J_1=|T_e^*-T_e^{k+1}|+K_\psi\,|\,|\boldsymbol{\psi}_s^*|-|\boldsymbol{\psi}_s^{k+1}|\,|+K_{\mathrm{mid}}|\Delta U_{\mathrm{mid}}^{k+1}|+K_n n_{sw} \tag{12.17}$$

式中　K_ψ 为磁链幅值的权重系数，K_{mid} 为中点偏移的权重系数，K_n 为开关频率抑制权重系数，这三个系数通常需要通过仿真和实验进行反复调制。

式（12.17）由四项组成，即转矩参考值与预测值的误差，磁链幅值参考值与预测值的

误差，中点电位偏移，开关动作次数。其中转矩参考值 T_e^* 由外环 PI 调节器得到，定子磁链幅值参考 $|\boldsymbol{\psi}_s^*|$ 可设定为额定值或由额外的弱磁算法给定。本节不考虑弱磁区运行，为简单起见，设定 $|\boldsymbol{\psi}_s^*|=0.9\text{Wb}$。

如表 12.2 所示，三电平逆变器共有 27 个电压矢量，基于 12.2.1 节中介绍的方法，枚举这 27 个电压矢量可以得到 27 组预测值，将其分别带入式（12.17）中可求得 27 个 J_1 值。这 27 个 J_1 值中最小的 J_1 所对应的电压矢量即为最优电压矢量，该矢量将生成开关信号，通过逆变器作用到电机。

通过选择令目标函数 J_1 最小的电压矢量，可以同时实现转矩参考值跟踪、磁链幅值跟踪、中点电压偏移抑制和开关频率抑制，这就是 MPTC 的基本思想。通过最小化目标函数，MPC 可以轻易实现多变量控制。需要指出的是，实际的控制效果是所有控制目标的折中，每一项的重要程度可以通过调节目标函数式（12.17）中的权重系数实现。例如如果希望获得更低的开关频率，则可以适当增大 K_n。

MPTC 并不直接控制电机的电流，为了抑制感应电机在起动和运行过程中可能出现的较大电流，参考文献［227］提出在式（12.17）中再增加一项

$$I_m=\begin{cases}\infty, & |\boldsymbol{i}_s^{k+1}|>I_{max}\\ 0, & \text{其他}\end{cases} \tag{12.18}$$

式中　I_{max} 是人为设置的系统允许的最大电流，即使用目标函数

$$J_2=J_1+I_m \tag{12.19}$$

代替 J_1，值得注意的是，I_m 项没有权重系数，它可以去除所有会导致系统过电流的电压矢量。

12.2.3　仿真结果

本节将对前文所述的 MPTC 算法进行仿真研究，采用有速度传感器算法，即转速由感应电机模块直接反馈，电机参数见表 2.1，采样率为 10kHz。经过大量的仿真调试，取权重系数 $K_\psi=100$，$K_{mid}=1$，$K_n=0.7$，电流限幅 $I_{max}=10\text{A}$。

图 12.12a 所示为电机从零速至 1500r/min 的空载起动波形，图中各通道从上至下依次为电机转速、电磁转矩、定子磁链幅值、a 相电流、中点电位偏移。可以看到起动过程中在目标函数式（12.19）的约束下，电流被严格控制在 10A 以内。图 12.12b 所示为电机从 1500r/min 将转速切换至-1500r/min 的正反转仿真，可以看到减速及加速过程中转速平滑、对称，电机基本维持在恒定输出转矩，在电机速度降至 0 开始反向加速的过程中，定子磁链幅值有轻微跌落，这可能是为了实现更快的加速而产生的弱磁现象[229]。在起动和正反转等大动态过程中，中点偏移呈波动状态，幅值可以被抑制在 5V（约为直流母线 540V 的 1%）左右，不会产生向某一极性的偏移。

图 12.13a 对电机的低速稳态性能进行了评估，给出了在 5Hz（150r/min）时电机的空载转矩和电流谐波频谱，可以看到电机在低速时能够正常运行，此时电机输出的转矩在 0N·m 上下波动，相电流几乎全部是励磁电流，用来产生定子磁场，电流频率与电机转速频率一致，转差几乎为 0。电流谐波广泛分布在低频段，主要集中在 2kHz 以下，从频谱中可以看出 MPTC 的开关频率并不固定。

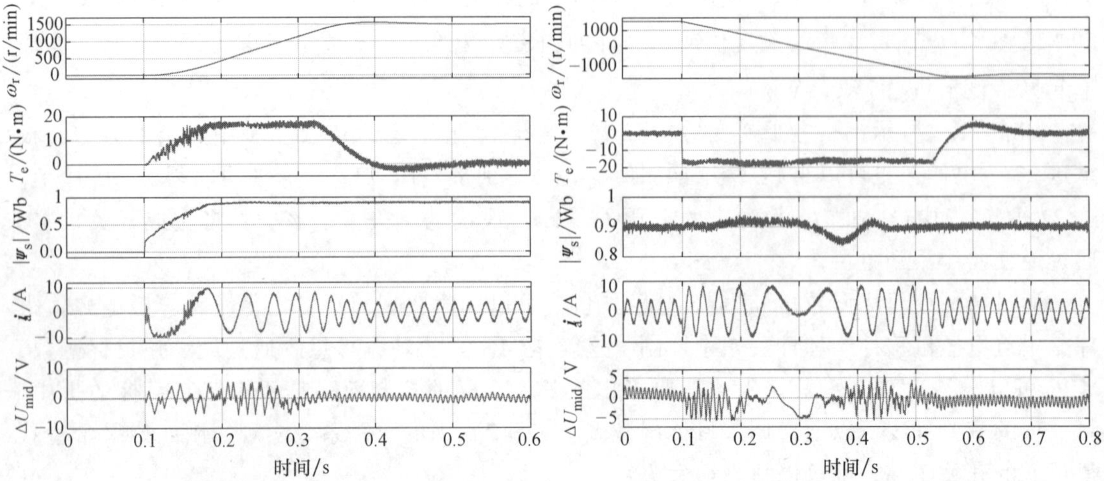

a) 电机空载从静止起动至1500r/min　b) 电机空载±1500r/min正反转

图 12.12　仿真波形

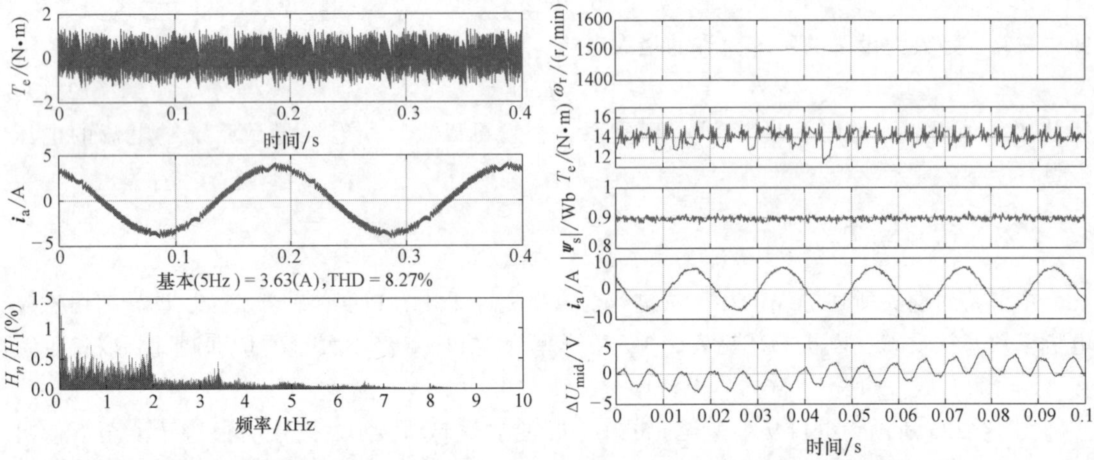

a) 5Hz空载转矩及电流THD　b) 50Hz带额定负载

图 12.13　仿真波形

图 12.13b 所示为电机运行在 50Hz 时带额定负载的仿真波形，电机转速为 1500r/min，略高于额定转速 1410r/min，此时接近逆变器电压输出的极限，故转矩有一定程度的脉动。磁链幅值在稳态时可以维持恒定，相电流维持正弦，中点电位存在波动，但可以控制在 5V 以内，不会单纯向一侧偏移。

通过上述仿真研究可以看出，传统 MPTC 方法具有优秀的动态性能和较好的稳态性能，转矩和磁链能够跟踪参考值，得到有效控制，中点电位偏移得到有效抑制。但该方法还存在一些缺点，概括如下：

1）权重系数调试困难。传统 MPTC 需要调试三个权重系数，这三个权重系数可以实现不同控制目标的折中，但不同控制目标间会相互影响，调试工作量大。

2）计算量很大。在一个控制周期内 MPTC 需要进行 27 次转矩和磁链的预测，远远超过了现在通用 DSP 的计算能力，需采用 dSPACE 等运算能力更强的控制器才能满足需求。由于本节所搭建的实验平台不具备足够的运算能力，故仅对 MPTC 进行仿真研究。

3）电压矢量任意切换不符合实际情况。3L-NPC VSI 在实际应用中需要考虑电压幅值过高跳变的问题，矢量间不能任意切换，需要设计合适的矢量表。

12.3　三电平模型预测磁链控制

第 7 章介绍了一种适用于两电平感应电机驱动系统的模型预测磁链控制（Model Predictive Flux Control，MPFC）策略，使用的目标函数为

$$J_3 = |\boldsymbol{\psi}_s^* - \boldsymbol{\psi}_s^{k+1}| \tag{12.20}$$

即以定子磁链矢量为控制目标，这种方法相对于传统 MPTC 有着更加优秀的性能[36]。

本节将对上述方法进行改进，将其引入到三电平逆变器的控制中，提出一种低开关频率 MPFC 策略[230]。

12.3.1　基本原理

MPFC 的控制框图如图 12.14 所示，这种控制策略的核心思想是将转矩参考值 T_e^* 和定子磁链幅值参考 $\boldsymbol{\psi}_s^*$ 转化为一个等效的磁链矢量参考值 $\boldsymbol{\psi}_s^*$，这种控制方法是在静止坐标系下实现的，不涉及坐标变换，具体步骤概述如下：

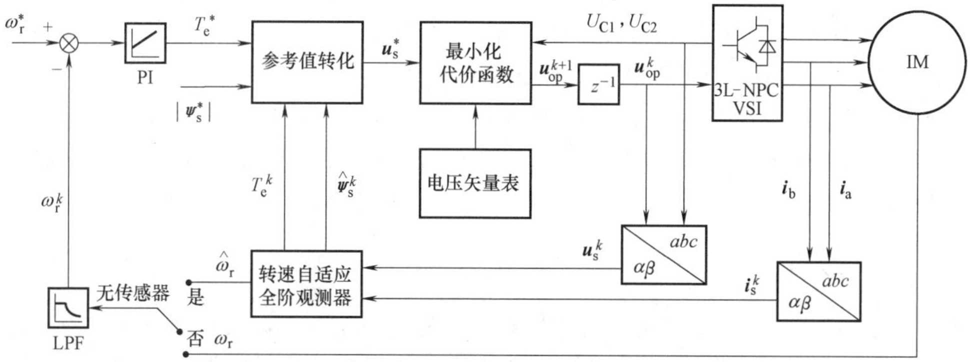

图 12.14　低开关频率模型预测磁链控制（MPFC）框图

1）将传感器实测的定子电流 $\boldsymbol{i}_s^k$ 和重构的定子电压 $\boldsymbol{u}_s^k$ 作为 AFO 的输入，用来估计当前时刻（k 时刻）的定子磁链 $\hat{\boldsymbol{\psi}}_s^k$、转矩 T_e^k 和转速 $\hat{\omega}_r$。

2）考虑到在当前控制周期内，电压矢量 $\boldsymbol{u}_{op}^k$ 正作用在电机上，而采样值均在 $\boldsymbol{u}_{op}^k$ 开始作用之前获得，因此整个控制系统存在一拍延迟[138]。利用式（3.31）和 $\boldsymbol{u}_{op}^k$ 可以预测得到下一时刻（k+1 时刻）的定子电流 $\boldsymbol{i}_s^{k+1}$ 和定子磁链 $\boldsymbol{\psi}_s^{k+1}$，实现对一拍延迟的补偿。

3）根据式（3.30a）和预测得到的 $\boldsymbol{i}_s^{k+1}$ 和 $\boldsymbol{\psi}_s^{k+1}$ 计算转子磁链 $\boldsymbol{\psi}_r^{k+1}$，并进一步根据电压方程式（2.15）预测 $\boldsymbol{\psi}_r^{k+2}$

$$\boldsymbol{\psi}_{\mathrm{r}}^{k+2}=\boldsymbol{\psi}_{\mathrm{r}}^{k+1}+T_{\mathrm{sc}}\left[R_{\mathrm{r}}\frac{L_{\mathrm{m}}}{L_{\mathrm{r}}}\boldsymbol{i}_{\mathrm{s}}^{k+1}-\left(\frac{R_{\mathrm{r}}}{L_{\mathrm{r}}}-\mathrm{j}\omega_{\mathrm{r}}^{k}\right)\boldsymbol{\psi}_{\mathrm{r}}^{k+1}\right] \tag{12.21}$$

4）根据式（2.19）将 T_{e}^{*} 和 $\boldsymbol{\psi}_{\mathrm{s}}^{*}$ 这两个参考值转化为一个磁链矢量参考值 $\boldsymbol{\psi}_{\mathrm{s}}^{*}$

$$\angle\psi_{\mathrm{s}}^{*}=\angle\psi_{\mathrm{r}}^{k+2}+\arcsin\left(\frac{T_{\mathrm{e}}^{*}}{\frac{3}{2}n_{\mathrm{p}}\lambda L_{\mathrm{m}}\left|\boldsymbol{\psi}_{\mathrm{r}}^{k+2}\right|\boldsymbol{\psi}_{\mathrm{s}}^{*}}\right) \tag{12.22a}$$

$$\boldsymbol{\psi}_{\mathrm{s}}^{*}=\boldsymbol{\psi}_{\mathrm{s}}^{*}\mathrm{e}^{\mathrm{j}\angle\psi_{\mathrm{s}}^{*}} \tag{12.22b}$$

5）使用无差拍策略，假设定子磁链矢量在控制周期结束时达到其参考值 $\boldsymbol{\psi}_{\mathrm{s}}^{*}$，根据电压方程式（2.15）求得静止坐标系（$\omega_{\mathrm{k}}=0$）下的定子电压参考值为

$$\boldsymbol{u}_{\mathrm{s}}^{*}=R_{\mathrm{s}}\boldsymbol{i}_{\mathrm{s}}^{k+1}+\frac{\boldsymbol{\psi}_{\mathrm{s}}^{*}-\boldsymbol{\psi}_{\mathrm{s}}^{k+1}}{T_{\mathrm{sc}}} \tag{12.23}$$

6）根据矢量表枚举电压矢量，使用与 MPTC 中相同的方法预测中点偏移 $\Delta U_{\mathrm{mid}}^{k+1}$ 和开关动作次数 n_{sw}。

7）利用目标函数对所有预测值进行评估，确定使目标函数值最小的电压矢量为最优矢量 $\boldsymbol{u}_{\mathrm{op}}^{k+1}$，基于图 12.2 和表 12.1 将 $\boldsymbol{u}_{\mathrm{op}}^{k+1}$ 转化为开关信号送往逆变器。

为了实现对参考电压矢量 $\boldsymbol{u}_{\mathrm{s}}^{*}$ 的跟踪，本节设计的目标函数为

$$J_{4}=\left|\boldsymbol{u}_{\mathrm{s}}^{*}-\boldsymbol{u}^{k+1}\right|+K_{\mathrm{mid}}\left|\Delta U_{\mathrm{mid}}^{k+1}\right|^{2}+K_{\mathrm{n}}n_{\mathrm{sw}} \tag{12.24}$$

得益于参考值 T_{e}^{*} 和 $\boldsymbol{\psi}_{\mathrm{s}}^{*}$ 被等效转化为参考电压矢量 $\boldsymbol{u}_{\mathrm{s}}^{*}$，目标函数 J_3 只包含两个权重系数，即中点偏移的权重系数 K_{mid} 和为开关频率抑制权重系数 K_{n}，调试的工作量减少了 1/3。同时，虽然引入了参考值转化的步骤，但因为消除了转矩和磁链的预测，直接代入表 12.2 中的电压矢量表达式即可计算，计算量大幅减少。

传统的 MPTC 需要枚举全部 27 个电压矢量，本节为提出的 MPFC 设计了优化矢量表，仅矢量表中的电压矢量需要参与枚举计算，这再一次减少了计算量，使得普通的 DSP 芯片即可完成控制任务。关于矢量表的设计，将在下一节中讨论。

12.3.2 优化矢量表

对于 3L-NPC 拓扑，逆变器两个相邻控制周期输出的相电压幅值和线电压幅值不应超过母线电压的一半[231,232]，$U_{\mathrm{dc}}/2$，即相电压不能在开关状态“0”和“2”之间直接变化，线电压对应的两相不能同时由“1”状态向相反的方向变化。否则可能由于开关器件动态均压的问题导致逆变器损坏，或在负载侧产生较大的谐波，丧失三电平拓扑的优越性[205]。除了电压幅值跳变的限制，逆变器的硬件结构还给矢量间的切换提出了其他要求。比如在实际应用中，三相电路常共用一个缓冲电路[3]，这就要求尽可能避免三相电路同时出现开关动作。

上述对于开关动作的限制可以通过建立合适的矢量表来解决。通常矢量表的形式与硬件电路的设计水平有关，更宽松的矢量表一般意味着更严苛的硬件电路需求。本节设计两组不同类型的优化矢量表（类型Ⅰ和类型Ⅱ），并进行验证，具体分析如下。

首先讨论类型Ⅰ，这种矢量表的特点是每次只允许一相开关动作。如图 12.15 中的实线箭头所示，假设当前时刻（k 时刻）正在发出的电压矢量是 $\boldsymbol{u}_1$（200），那么需要参加目标

函数预测和枚举的候选矢量共有四种，即 a 相动作切换至 $\boldsymbol{u}_{13}$（100），b 相动作切换至 $\boldsymbol{u}_2$（210），c 相动作切换至 $\boldsymbol{u}_{12}$（201），维持自身不变 $\boldsymbol{u}_1$（200）。其余的电压矢量由于产生幅值超过 $U_{dc}/2$ 的电压跳变或者多于一相动作而被舍弃。

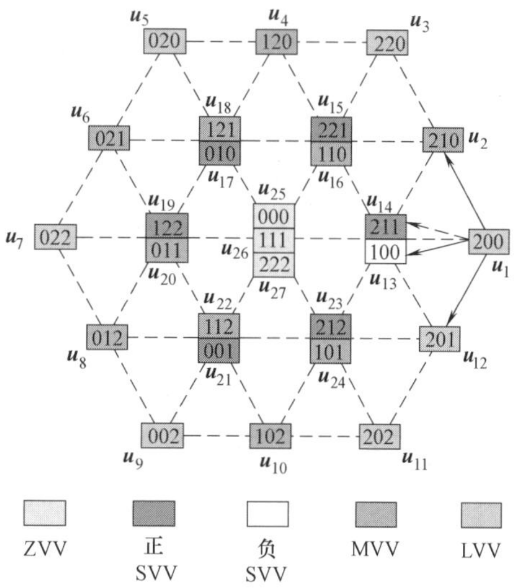

图 12.15　矢量切换示意图

对于类型Ⅱ，这种矢量表的特点是每次允许一相或两相开关动作。这种矢量表的限制比类型Ⅰ宽松，相较于类型Ⅰ，候选电压矢量更多。如图 12.5 中的虚线箭头所示，$\boldsymbol{u}_1$（200）不仅可以切换至类型Ⅰ中的所有矢量，还可以 b 相和 c 相同时动作切换至 $\boldsymbol{u}_{14}$（211），即候选矢量共有五种：$\boldsymbol{u}_1$（200），$\boldsymbol{u}_2$（210），$\boldsymbol{u}_{12}$（201），$\boldsymbol{u}_{13}$（100），$\boldsymbol{u}_{14}$（211）。需要指出的是，虽然类型Ⅱ允许两相同时动作，但不允许在线电压或相电压产生幅值超过 $U_{dc}/2$ 的电压跳变。例如 $\boldsymbol{u}_1$（200）不能切换至 $\boldsymbol{u}_3$（220），因为 b 相由“0”变化至“2”，对应负母线到正母线的直接切换；$\boldsymbol{u}_{26}$（111）不能直接切换至 $\boldsymbol{u}_6$（021），原因在于 a 相 b 相切换至极性相反的母线，a 相 b 相间线电压由 0V 变化至 $-U_{dc}$，幅值超过了 $U_{dc}/2$。

值得注意的是，不论是类型Ⅰ还是类型Ⅱ，冗余小矢量间均不允许切换，原因在于会出现三相同时动作。两种矢量表的具体规则总结在表 12.6 中。

表 12.6　将在目标函数中枚举的候选电压矢量

k 时刻矢量	$(k+1)$ 时刻候选矢量(类型Ⅰ)	$(k+1)$ 时刻候选矢量(类型Ⅱ)
$\boldsymbol{u}_1$	$\boldsymbol{u}_1,\boldsymbol{u}_2,\boldsymbol{u}_{12},\boldsymbol{u}_{13}$	$\boldsymbol{u}_1,\boldsymbol{u}_2,\boldsymbol{u}_{12},\boldsymbol{u}_{13},\boldsymbol{u}_{14}$
$\boldsymbol{u}_2$	$\boldsymbol{u}_1,\boldsymbol{u}_2,\boldsymbol{u}_3,\boldsymbol{u}_{14},\boldsymbol{u}_{16}$	$\boldsymbol{u}_1,\boldsymbol{u}_2,\boldsymbol{u}_3,\boldsymbol{u}_{13},\boldsymbol{u}_{14},\boldsymbol{u}_{15},\boldsymbol{u}_{16}$
$\boldsymbol{u}_3$	$\boldsymbol{u}_2,\boldsymbol{u}_3,\boldsymbol{u}_4,\boldsymbol{u}_{15}$	$\boldsymbol{u}_2,\boldsymbol{u}_3,\boldsymbol{u}_4,\boldsymbol{u}_{15},\boldsymbol{u}_{16}$
$\boldsymbol{u}_4$	$\boldsymbol{u}_3,\boldsymbol{u}_4,\boldsymbol{u}_5,\boldsymbol{u}_{16},\boldsymbol{u}_{18}$	$\boldsymbol{u}_3,\boldsymbol{u}_4,\boldsymbol{u}_5,\boldsymbol{u}_{15},\boldsymbol{u}_{16},\boldsymbol{u}_{17},\boldsymbol{u}_{18}$
$\boldsymbol{u}_5$	$\boldsymbol{u}_4,\boldsymbol{u}_5,\boldsymbol{u}_6,\boldsymbol{u}_{17}$	$\boldsymbol{u}_4,\boldsymbol{u}_5,\boldsymbol{u}_6,\boldsymbol{u}_{17},\boldsymbol{u}_{18}$
$\boldsymbol{u}_6$	$\boldsymbol{u}_5,\boldsymbol{u}_6,\boldsymbol{u}_7,\boldsymbol{u}_{18},\boldsymbol{u}_{20}$	$\boldsymbol{u}_5,\boldsymbol{u}_6,\boldsymbol{u}_7,\boldsymbol{u}_{17},\boldsymbol{u}_{18},\boldsymbol{u}_{19},\boldsymbol{u}_{20}$
$\boldsymbol{u}_7$	$\boldsymbol{u}_6,\boldsymbol{u}_7,\boldsymbol{u}_8,\boldsymbol{u}_{19}$	$\boldsymbol{u}_6,\boldsymbol{u}_7,\boldsymbol{u}_8,\boldsymbol{u}_{19},\boldsymbol{u}_{20}$
$\boldsymbol{u}_8$	$\boldsymbol{u}_7,\boldsymbol{u}_8,\boldsymbol{u}_9,\boldsymbol{u}_{20},\boldsymbol{u}_{22}$	$\boldsymbol{u}_7,\boldsymbol{u}_8,\boldsymbol{u}_9,\boldsymbol{u}_{19},\boldsymbol{u}_{20},\boldsymbol{u}_{21},\boldsymbol{u}_{22}$
$\boldsymbol{u}_9$	$\boldsymbol{u}_8,\boldsymbol{u}_9,\boldsymbol{u}_{10},\boldsymbol{u}_{21}$	$\boldsymbol{u}_8,\boldsymbol{u}_9,\boldsymbol{u}_{10},\boldsymbol{u}_{21},\boldsymbol{u}_{22}$
$\boldsymbol{u}_{10}$	$\boldsymbol{u}_9,\boldsymbol{u}_{10},\boldsymbol{u}_{11},\boldsymbol{u}_{22},\boldsymbol{u}_{24}$	$\boldsymbol{u}_9,\boldsymbol{u}_{10},\boldsymbol{u}_{11},\boldsymbol{u}_{21},\boldsymbol{u}_{22},\boldsymbol{u}_{23},\boldsymbol{u}_{24}$
$\boldsymbol{u}_{11}$	$\boldsymbol{u}_{10},\boldsymbol{u}_{11},\boldsymbol{u}_{12},\boldsymbol{u}_{23}$	$\boldsymbol{u}_{10},\boldsymbol{u}_{11},\boldsymbol{u}_{12},\boldsymbol{u}_{23},\boldsymbol{u}_{24}$
$\boldsymbol{u}_{12}$	$\boldsymbol{u}_1,\boldsymbol{u}_{11},\boldsymbol{u}_{12},\boldsymbol{u}_{14},\boldsymbol{u}_{24}$	$\boldsymbol{u}_1,\boldsymbol{u}_{11},\boldsymbol{u}_{12},\boldsymbol{u}_{13},\boldsymbol{u}_{14},\boldsymbol{u}_{23},\boldsymbol{u}_{24}$
$\boldsymbol{u}_{13}$	$\boldsymbol{u}_1,\boldsymbol{u}_{13},\boldsymbol{u}_{16},\boldsymbol{u}_{24},\boldsymbol{u}_{25}$	$\boldsymbol{u}_1,\boldsymbol{u}_2,\boldsymbol{u}_{12},\boldsymbol{u}_{13},\boldsymbol{u}_{16},\boldsymbol{u}_{24},\boldsymbol{u}_{25}$
$\boldsymbol{u}_{14}$	$\boldsymbol{u}_2,\boldsymbol{u}_{12},\boldsymbol{u}_{14},\boldsymbol{u}_{15},\boldsymbol{u}_{23},\boldsymbol{u}_{26}$	$\boldsymbol{u}_1,\boldsymbol{u}_2,\boldsymbol{u}_{12},\boldsymbol{u}_{14},\boldsymbol{u}_{15},\boldsymbol{u}_{16},\boldsymbol{u}_{23},\boldsymbol{u}_{24},\boldsymbol{u}_{26}$
$\boldsymbol{u}_{15}$	$\boldsymbol{u}_3,\boldsymbol{u}_{14},\boldsymbol{u}_{15},\boldsymbol{u}_{18},\boldsymbol{u}_{27}$	$\boldsymbol{u}_2,\boldsymbol{u}_3,\boldsymbol{u}_4,\boldsymbol{u}_{14},\boldsymbol{u}_{15},\boldsymbol{u}_{18},\boldsymbol{u}_{27}$
$\boldsymbol{u}_{16}$	$\boldsymbol{u}_2,\boldsymbol{u}_4,\boldsymbol{u}_{13},\boldsymbol{u}_{16},\boldsymbol{u}_{17},\boldsymbol{u}_{26}$	$\boldsymbol{u}_2,\boldsymbol{u}_3,\boldsymbol{u}_4,\boldsymbol{u}_{13},\boldsymbol{u}_{14},\boldsymbol{u}_{16},\boldsymbol{u}_{17},\boldsymbol{u}_{18},\boldsymbol{u}_{26}$
$\boldsymbol{u}_{17}$	$\boldsymbol{u}_5,\boldsymbol{u}_{16},\boldsymbol{u}_{17},\boldsymbol{u}_{20},\boldsymbol{u}_{25}$	$\boldsymbol{u}_4,\boldsymbol{u}_5,\boldsymbol{u}_6,\boldsymbol{u}_{16},\boldsymbol{u}_{17},\boldsymbol{u}_{20},\boldsymbol{u}_{25}$
$\boldsymbol{u}_{18}$	$\boldsymbol{u}_4,\boldsymbol{u}_6,\boldsymbol{u}_{15},\boldsymbol{u}_{18},\boldsymbol{u}_{19},\boldsymbol{u}_{26}$	$\boldsymbol{u}_4,\boldsymbol{u}_5,\boldsymbol{u}_6,\boldsymbol{u}_{15},\boldsymbol{u}_{16},\boldsymbol{u}_{18},\boldsymbol{u}_{19},\boldsymbol{u}_{20},\boldsymbol{u}_{26}$

（续）

k时刻矢量	$(k+1)$时刻候选矢量(类型Ⅰ)	$(k+1)$时刻候选矢量(类型Ⅱ)
$\boldsymbol{u}_{19}$	$\boldsymbol{u}_7,\boldsymbol{u}_{18},\boldsymbol{u}_{19},\boldsymbol{u}_{22},\boldsymbol{u}_{27}$	$\boldsymbol{u}_6,\boldsymbol{u}_7,\boldsymbol{u}_8,\boldsymbol{u}_{18},\boldsymbol{u}_{19},\boldsymbol{u}_{22},\boldsymbol{u}_{27}$
$\boldsymbol{u}_{20}$	$\boldsymbol{u}_6,\boldsymbol{u}_8,\boldsymbol{u}_{17},\boldsymbol{u}_{20},\boldsymbol{u}_{21},\boldsymbol{u}_{26}$	$\boldsymbol{u}_6,\boldsymbol{u}_7,\boldsymbol{u}_8,\boldsymbol{u}_{17},\boldsymbol{u}_{18},\boldsymbol{u}_{20},\boldsymbol{u}_{21},\boldsymbol{u}_{22},\boldsymbol{u}_{26}$
$\boldsymbol{u}_{21}$	$\boldsymbol{u}_9,\boldsymbol{u}_{20},\boldsymbol{u}_{21},\boldsymbol{u}_{24},\boldsymbol{u}_{25}$	$\boldsymbol{u}_8,\boldsymbol{u}_9,\boldsymbol{u}_{10},\boldsymbol{u}_{20},\boldsymbol{u}_{21},\boldsymbol{u}_{24},\boldsymbol{u}_{25}$
$\boldsymbol{u}_{22}$	$\boldsymbol{u}_8,\boldsymbol{u}_{10},\boldsymbol{u}_{19},\boldsymbol{u}_{22},\boldsymbol{u}_{23},\boldsymbol{u}_{26}$	$\boldsymbol{u}_8,\boldsymbol{u}_9,\boldsymbol{u}_{10},\boldsymbol{u}_{19},\boldsymbol{u}_{20},\boldsymbol{u}_{22},\boldsymbol{u}_{23},\boldsymbol{u}_{24},\boldsymbol{u}_{26}$
$\boldsymbol{u}_{23}$	$\boldsymbol{u}_{11},\boldsymbol{u}_{14},\boldsymbol{u}_{22},\boldsymbol{u}_{23},\boldsymbol{u}_{27}$	$\boldsymbol{u}_{10},\boldsymbol{u}_{11},\boldsymbol{u}_{12},\boldsymbol{u}_{14},\boldsymbol{u}_{22},\boldsymbol{u}_{23},\boldsymbol{u}_{27}$
$\boldsymbol{u}_{24}$	$\boldsymbol{u}_{10},\boldsymbol{u}_{12},\boldsymbol{u}_{13},\boldsymbol{u}_{21},\boldsymbol{u}_{24},\boldsymbol{u}_{26}$	$\boldsymbol{u}_{10},\boldsymbol{u}_{11},\boldsymbol{u}_{12},\boldsymbol{u}_{13},\boldsymbol{u}_{14},\boldsymbol{u}_{21},\boldsymbol{u}_{22},\boldsymbol{u}_{24},\boldsymbol{u}_{26}$
$\boldsymbol{u}_{25}$	$\boldsymbol{u}_{13},\boldsymbol{u}_{17},\boldsymbol{u}_{21},\boldsymbol{u}_{25}$	$\boldsymbol{u}_{13},\boldsymbol{u}_{16},\boldsymbol{u}_{17},\boldsymbol{u}_{20},\boldsymbol{u}_{21},\boldsymbol{u}_{24},\boldsymbol{u}_{25}$
$\boldsymbol{u}_{26}$	$\boldsymbol{u}_{14},\boldsymbol{u}_{16},\boldsymbol{u}_{18},\boldsymbol{u}_{20},\boldsymbol{u}_{22},\boldsymbol{u}_{24},\boldsymbol{u}_{26}$	$\boldsymbol{u}_{13},\boldsymbol{u}_{14},\boldsymbol{u}_{15},\boldsymbol{u}_{16},\boldsymbol{u}_{17},\boldsymbol{u}_{18},\boldsymbol{u}_{19},\boldsymbol{u}_{20},\boldsymbol{u}_{21},\boldsymbol{u}_{22},\boldsymbol{u}_{23},\boldsymbol{u}_{24},\boldsymbol{u}_{26}$
$\boldsymbol{u}_{27}$	$\boldsymbol{u}_{15},\boldsymbol{u}_{19},\boldsymbol{u}_{23},\boldsymbol{u}_{27}$	$\boldsymbol{u}_{14},\boldsymbol{u}_{15},\boldsymbol{u}_{18},\boldsymbol{u}_{19},\boldsymbol{u}_{22},\boldsymbol{u}_{23},\boldsymbol{u}_{27}$

12.3.3 权重系数调试

MPC 的核心思想是通过目标函数对每一个电压矢量进行评估，目标函数不仅可以对电压电流等传统控制目标进行约束，还可以考虑其他控制方法所不能考虑的开关频率、温度、谐波畸变等问题[233]，实现多变量控制。但为了实现多变量，各个控制目标间的折中，也就是权重系数调试，常常是 MPC 无法回避的问题。调试过程依赖于仿真和实验的不断尝试，但也有一些基本技巧，本节将对本书中所涉及的调试问题进行简要介绍。

调试的主要思路为首先考虑主要因素，保证电机运行，然后考虑附加条件。以 MPTC 的目标函数式（12.17）为例，三个权重系数中第一步可首先调试 K_ψ，将 K_{mid} 与 K_{n} 设为 0。K_ψ 在参考文献［146，234］中讨论了设计方法，但只能作为初值使用，还需做细微调整，通过不断仿真确保电机在动态过程及稳态状态工作良好即可。第二步需逐渐增大 K_{mid}，确保在各种工况中 ΔU_{mid} 可以被控制在 0V 附近。第三步逐渐增大 K_{n}，可以观察到系统的开关频率逐渐下降，直到电机的动态及稳态性能受到影响。最后需要对三个权重系数同时在小范围内调整，实现电机控制、中点电位偏移、开关频率三者的折中。

对于本节提出的两种新型 MPFC 策略，目标函数中只有两个权重系数，不需要进行 K_ψ 的调试即可保证电机正常运行，这是本节所提方案的一个优势。其他两个参数的调试方法与 MPTC 相同，本节使用的所有权重系数总结在表 12.7 中。

表 12.7　本节所使用的相关系数

控制策略	矢量表	磁链权重	中点权重	开关权重
MPTC	全部 27 个	$K_\psi=100$	$K_{\text{mid}}=1$	$K_{\text{n}}=0.7$
低开关频率 MPFC1	类型Ⅰ	—	$K_{\text{mid}}=35$	$K_{\text{n}}=30$
低开关频率 MPFC2	类型Ⅱ	—	$K_{\text{mid}}=35$	$K_{\text{n}}=50$
低开关频率 MPFC20	类型Ⅱ	—	$K_{\text{mid}}=35$	$K_{\text{n}}=0$

12.3.4 实验验证

本节在有速度传感器的条件下对提出的低开关频率 MPFC 进行实验验证，采样率统一为 10kHz，电机参数见表 2.1，磁链观测器的反馈增益矩阵使用 3.3.5 节 1. 中提出的新型增益矩阵。同时，本节还将对比矢量表类型Ⅰ和类型Ⅱ的性能。

为表述方便，后文中称使用矢量表类型Ⅰ的低开关频率 MPFC 为 MPFC1，使用矢量表类型Ⅱ的低开关频率 MPFC 为 MPFC2，同时为了对比开关频率抑制的效果，称矢量表类型Ⅱ且令权重系数 $K_n = 0$（这时相当于不对开关频率进行抑制）的 MPFC 为 MPFC20。上述各种方法的权重系数设置可以参考 12.3.3 节中的表 12.7。

1. 动态性能

与 MPTC 策略相同，MPFC 也不直接控制电流，为了抑制感应电机的起动电流，本节使用直流预励磁先建立磁场，再起动电机。实现方法是在零矢量和某一固定小矢量之间进行切换，当电流超过设定值时切换到零矢量，否则使用小矢量，使用这种策略后可以产生直流电，建立感应电机的磁场。由于在预励磁过程中也需要控制中点电位平衡，故本节使用零矢量 $\boldsymbol{u}_{26}$（111）和一对冗余小矢量 $\boldsymbol{u}_{13}$（100）、$\boldsymbol{u}_{14}$（211），在使用小矢量时优先选择对中点电压偏移有利的一个。

图 12.16 所示为电机的空载起动波形，从上到下各通道的波形依次为转子转速、电磁转矩、定子磁链幅值、a 相电流、中点电压偏移。如图所示，逆变器起动之后，逆变器输出直流电，定子磁链在直流斩波控制方式下逐步建立，电机静止不动，整个预励磁过程中点电位可以得到有效控制，变化幅值很小；而后定子磁链幅值达到参考值时预励磁过程结束，电机瞬间以可输出的最大转矩进行加速，并达到参考值。特别地，图 12.16a 中在逆变器起动之前中点电位存在轻微偏移，这是由于实验平台的直流母线电容和分压电阻参数有轻微的不同。

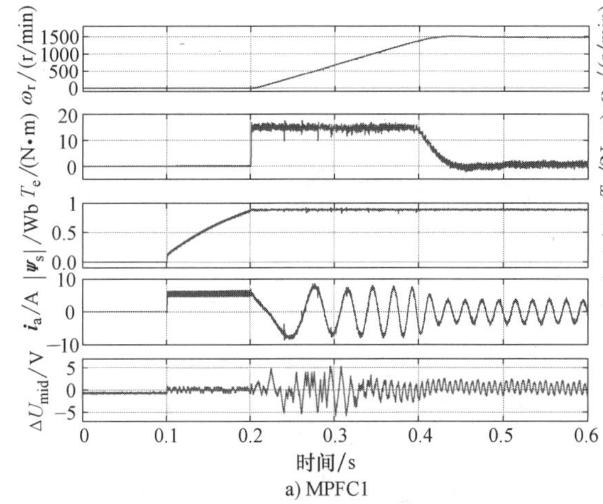

a) MPFC1

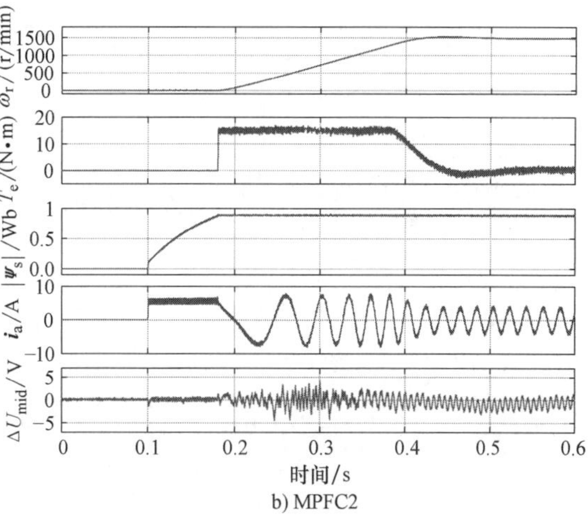

b) MPFC2

图 12.16　实验波形：电机空载从静止起动到 1500r/min

图 12.16a 中使用的矢量表是类型Ⅰ，可以看到在加速过程中转矩和电流存在一些尖峰，这是由于中点电位偏移较大，目标函数式（12.24）认为中点偏移需要优先控制造成的。而矢量表的限制要求只能有一相开关动作，故算法无法快速切换至对中点电位有利的矢量上。与此相对，图 12.16b 中使用的矢量表是类型Ⅱ，中点波动较小，转矩和电流也比较光滑。类型Ⅱ每次允许至多两相开关动作，在目标函数的约束下，可以更快速地切换到对各个控制目标均有利的矢量上。总体来看，使用类型Ⅱ矢量表的 MPFC2 动态性能更好。

2. 空载稳态性能

图 12.17～图 12.19 所示分别为对电机的低速、中速、高速的空载稳态性能的评估，各通道从上到下依次为电磁转矩、相电流、该段相电流对应的电流 THD 及频谱。可以看到采用 MPFC1 和 MPFC2 策略时电机在各个速度段均能正常工作，性能相似，电流 THD 均为10%左右。在空载条件下，MPFC1 和 MPFC2 性能差距不大。由于定子磁链幅值均给定为0.9Wb，所以基波电流幅值与 12.2.3 节中 MPTC 仿真结果的电流基波幅值一致。与 MPTC 的频谱相似，电流谐波广泛分布在低频段，低开关频率 MPFC 策略的开关频率也不固定。

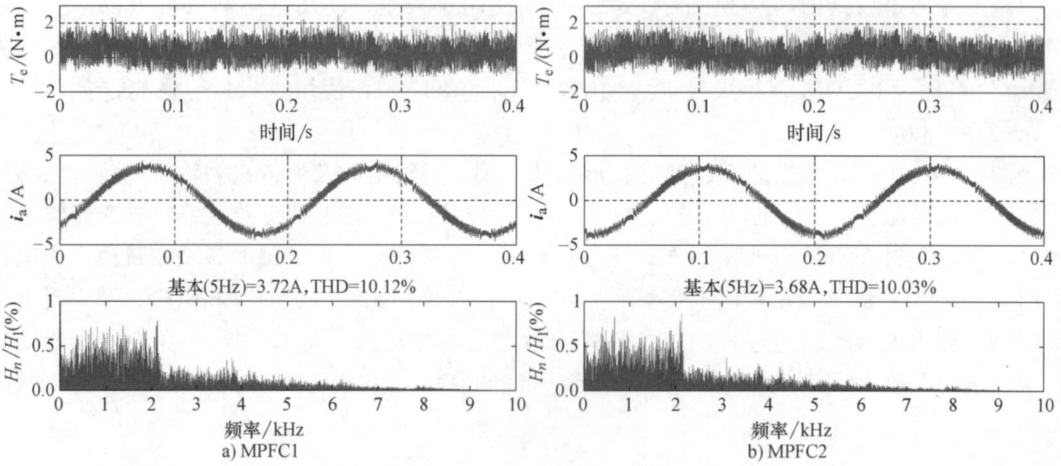

图 12.17　实验波形：电机空载运行在 5Hz（150r/min）

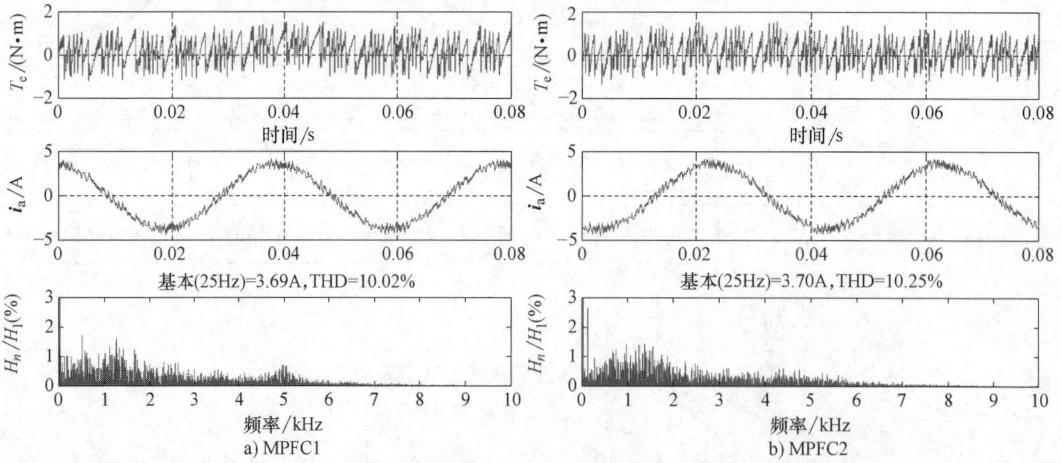

图 12.18　实验波形：电机空载运行在 25Hz（750r/min）

3. 满载稳态性能

除了空载性能，本节还在额定负载条件下对 MPFC1 和 MPFC2 进行测试。以电机运行在15Hz（450r/min）带额定负载为例进行分析，图 12.20 所示为相应的实验波形。可以看到，MPFC1 的中点电位波动更加明显，波动范围更大，这主要是由于矢量表的限制，目标函数

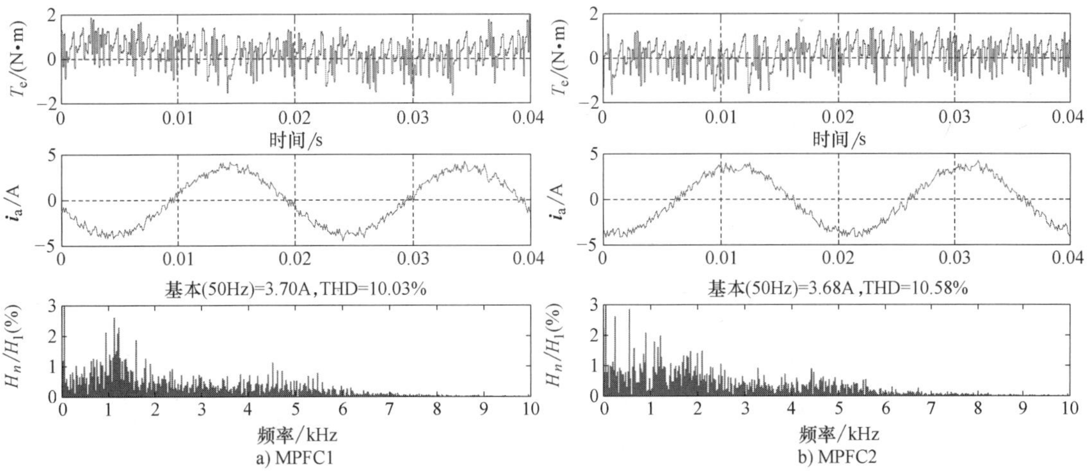

图 12.19　实验波形：电机空载运行在 50Hz（1500r/min）

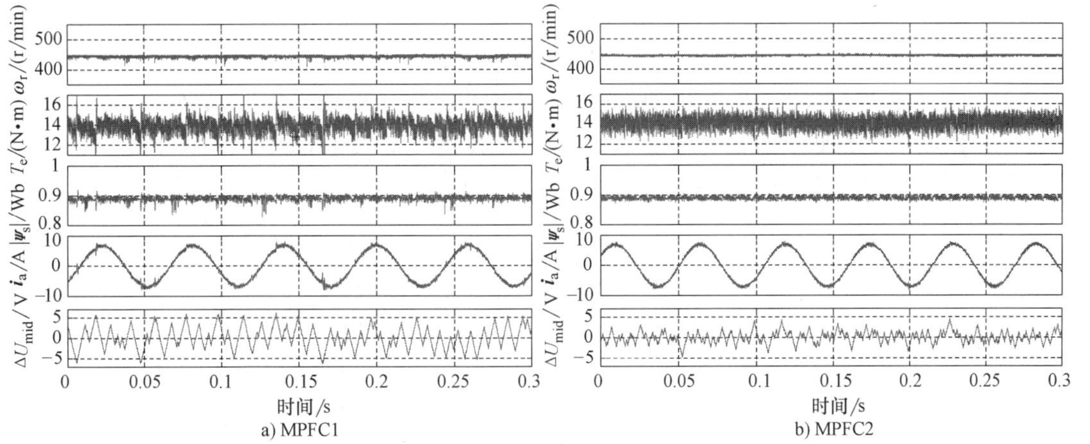

图 12.20　实验波形：电机满载运行在 15Hz（450r/min）

不一定能经常选到对中点电位平衡有利的矢量。当中点电位偏移剧烈到一定程度时，目标函数需要牺牲转矩和磁链的跟随性能来纠正偏移，于是转矩和磁链出现了较大的脉动，这种脉动也同时反映在相电流存在尖峰，不再是光滑的正弦波形。

如图 12.20b 所示，与 MPFC1 相比，MPFC2 在满载条件下的稳态性能明显更好。转矩波动维持在较小的范围，没有明显的尖峰，定子磁链幅值基本恒定，电流光滑且正弦。由于矢量表类型Ⅱ提供了更宽的选择范围，更容易选到同时满足转矩、磁链跟随，中点波动抑制的电压矢量，所以中点波动较小。总体来看，MPFC2 的稳态性能更佳。

进一步地，以 MPFC2 为例，本书还测试了其他工况下低开关频率 MPFC 策略的性能。图 12.21 所示分别为低速（5Hz，150r/min）和高速（50Hz，1500r/min）时电机带额定负载的实验波形，与 15Hz 时一致，转速、转矩、磁链均能跟踪参考值，电流波形呈正弦状，畸变较小，中点偏移能够得到有效抑制，可以控制在 5V（直流母线 540V 的 1%）以内。

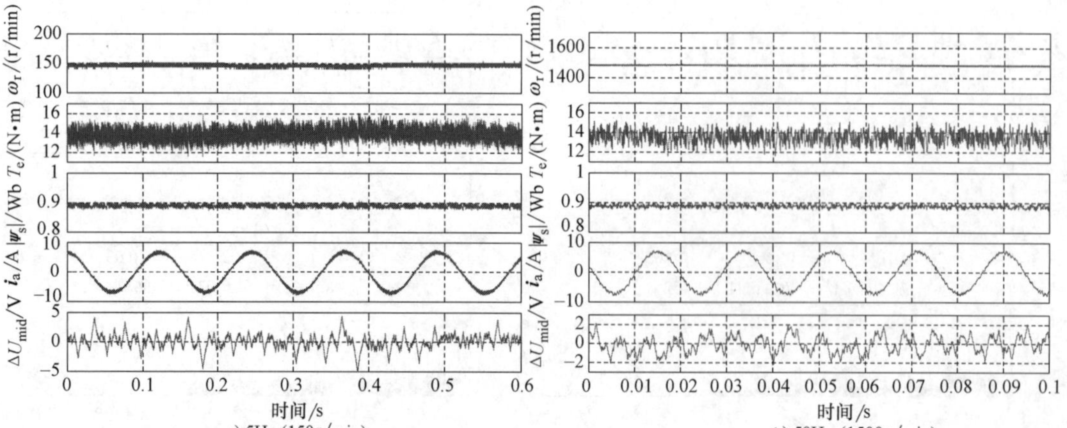

a) 5Hz (150r/min)　　b) 50Hz (1500r/min)

图 12.21　实验波形：MPFC2 工作在额定负载

4. 开关频率

开关频率较低是本节提出低开关频率 MPFC 算法的特点，图 12.22 所示为 MPFC2 满载运行在 50Hz（1500r/min）时的实验波形图，各通道从上至下依次为 a 相电流、中点电位偏移、b 相电压、ab 相间线电压。从图中可以看到，相电压可以输出 $U_{dc}/2$，0，$-U_{dc}/2$ 这三个电平，这也是三电平逆变器的得名原因。由于两相电压的共同作用，线电压可以输出 U_{dc}，$U_{dc}/2$，0，$-U_{dc}/2$，$-U_{dc}$ 等五个电平。

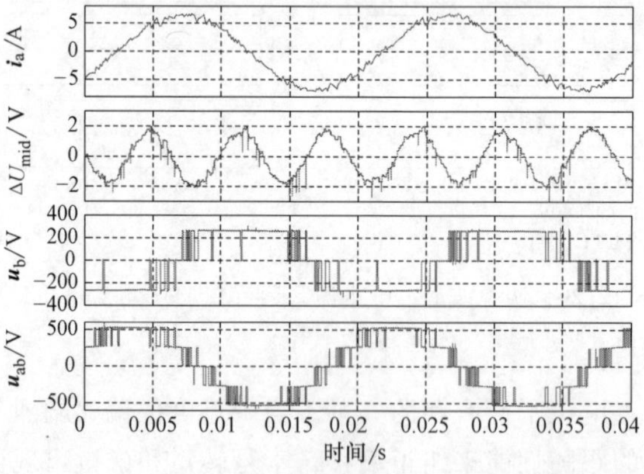

图 12.22　实验波形：MPFC2 满载运行在 50Hz（1500r/min）

同时可以发现，IGBT 会在多个控制周期内不动作，即输出的电平不变，验证了通过目标函数降低开关频率的可行性。此时，虽然采样频率为 10kHz，但平均开关频率并不高，为 690Hz。关于平均开关频率的计算，由于每一个作用到电机侧的电压矢量都会根据表 12.1 被转化为逆变器的开关信号，因此很容易对全部 12 个开关器件的动作次数进行求和，得到 1s 内全部开关器件总开关次数 N，则逆变器的在这 1s 内的平均开关频率 f_{av} 为

$$f_{av}=N/12 \tag{12.25}$$

需要注意的是器件开通一次加关断一次意味着一次完整的开关动作。

进一步地，本节将对各种工况下 IGBT 的平均开关频率进行实验测算，测算的对象包括

MPFC1，MPFC2 和令权重系数 $K_n=0$ 的 MPFC20。

图 12.23a 所示为不同转速下电机空载和带额定负载时逆变器的平均开关频率。在空载条件下相较于 MPFC1 而言，MPFC2 开关频率几乎一致，甚至略低。MPFC20 由于在目标函数中将用于降低开关频率的权重系数设为 0，即没有降低开关频率，所以开关频率较高。比较而言，权重系数 K_n 实现了不同速率下 100~450Hz 平均开关频率的降低，验证了本节降低开关频率措施的有效性。

图 12.23b 所示为空载条件下各方法的电流 THD 分析，可以看到，MPFC20 的 THD 总体而言优于另外两种策略，即用更高的开关频率为代价获得了更好的谐波性能。MPFC1 在不同速率段谐波性能变化较大，在 450r/min 和 1200r/min 附近的谐波性能明显劣于其他方法。这些速度段的特点是中小矢量的占空比比较大，根据矢量表 12.6，类型 I 的候选矢量有限，能同时满足转矩、磁链、中点偏移的矢量较少，导致谐波性能下降。考虑到 MPFC1 与 MPFC2 开关频率一致，但 MPFC1 谐波性能更差，所以通过采用矢量表 I 来降低开关频率的这类做法是不成立的。

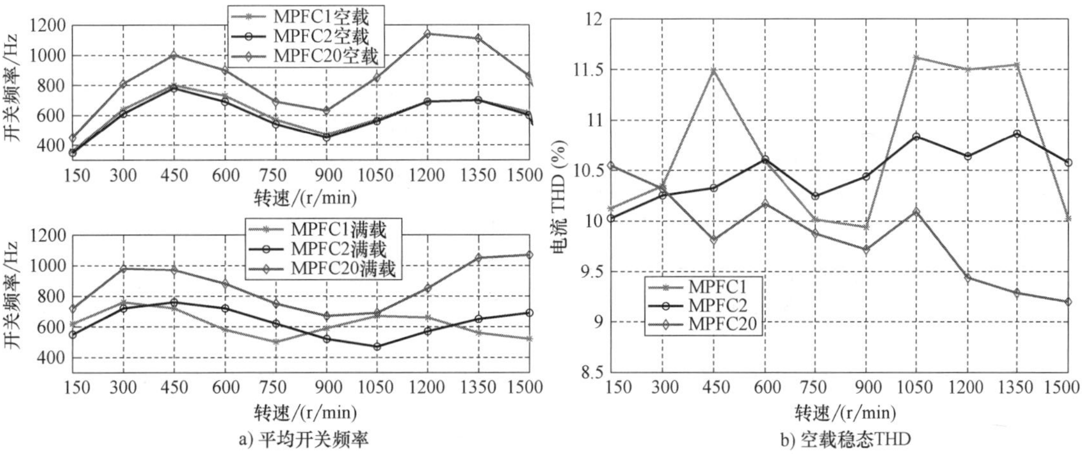

图 12.23　实验数据：不同工况下三种方法的稳态性能对比

图 12.23a 中还给出了电机带额定负载时的开关频率，可以看出其分布的频率范围与空载时基本一致，平均在 600Hz 左右，分布在 400~800Hz 之间。

需要指出的是，MPFC1 与 MPFC2 在空载条件下相近的开关频率是通过调整权重系数实现的，其原因是本书为了实现不同矢量表在相同开关频率下进行对比研究。实际上，在对动态性能要求不高的场合，可以进一步加大权重系数 K_n 来实现更低的开关频率，或者在不同工况下使用变化的权重系数。MPFC1 由于在每个控制周期中仅允许一相开关动作，虽然谐波性能不占优势，但对逆变器更为安全，可以应用于硬件设计裕量不足或对性能要求不高的场景中，但需要注意避免长时间运行在会使中点电位产生剧烈波动的工况下。

12.3.5　无速度传感器运行

基于 3.3.5 节 1. 提出的新型增益矩阵 G_3，本节在无速度传感器的条件下进行实验，采用的闭环控制算法为 12.3.1 节中提出的低开关频率 MPFC。电机参数见表 2.1，采样率为

10kHz，目标函数的权重系数与有速度传感器时相同，见表 12.7。需要指出的是，本节所研究的所有闭环算法均可以实现无速度传感器运行，但限于篇幅原因，这里只以性能较好，可以进行实验验证的低开关频率 MPFC 为例给出实验结果。

1. 稳态性能

首先继 12.3.4 节的实验验证后，本节继续对 12.3.2 节提出的矢量表类型Ⅰ和类型Ⅱ在无速度传感器条件下进行验证，使用类型Ⅰ矢量表的算法简称为 MPFC1，使用类型Ⅱ的算法简称为 MPFC2。图 12.24 所示为电机空载运行在 15Hz（450r/min）时的实验波形，从上至下各通道依次为电磁转矩、a 相电流和电流的频谱。可以看到，在无速度传感器条件下 AFO 能够实现转速的正确估计，实现对参考值的跟踪。使用类型Ⅱ矢量表之后，相电流的 THD 由 14.65%下降至 12.29%。

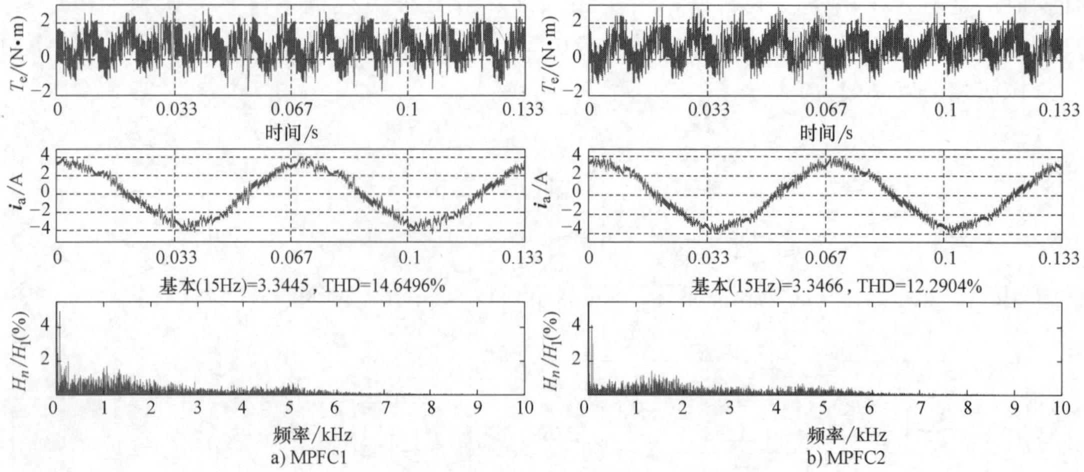

图 12.24　无速度传感器实验结果：电机空载运行在 15Hz（450r/min）

进一步地，本节对电机运行在 15Hz（450r/min）时进行额定负载实验。如图 12.25 所示，从上到下各通道依次为电磁转矩、a 相电流、中点电位偏移、转矩密度。可以看到

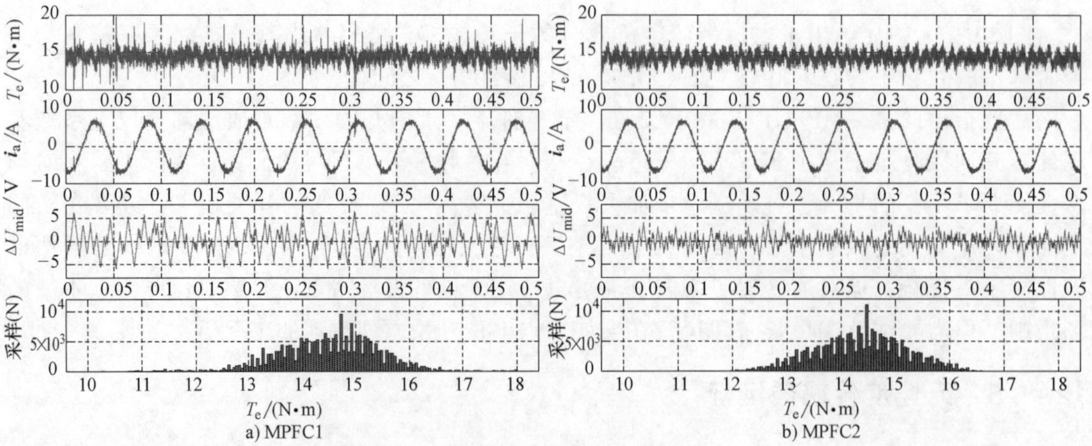

图 12.25　无速度传感器实验结果：电机带额定负载运行在 15Hz（450r/min）

MPFC1 中转矩具有不规则尖峰，中点电位波动十分剧烈，而 MPFC2 转矩相对稳定，中点电位波动也较小。第五通道转矩密度直方图的纵坐标单位是个数，它统计了一通道转矩中所有采样点在不同数值的分布，从中可以看出电机实际输出转矩的分布情况。可以看到 MPFC2 的转矩更加集中，且上下波动的对称性很好，而 MPFC1 的转矩分布相对平坦，不够集中，且在原理转矩参考值的地方也有一些分布，如 10~11N · m 附近，这正是由过多的转矩尖峰导致的。

从本节的实验结果可以看出使用类型Ⅱ矢量表，即 MPFC2 的稳态性能更好，这与 12.3.4 节有速度传感器条件下的实验结果一致。

2. 动态响应

图 12.26a 所示为 MPFC2 从空载起动至 1500r/min 时的实验波形，从上至下各通道依次为电机编码器反馈的实际转速、转矩、定子磁链幅值、a 相电流、中点电位偏移，可以看到在无速度传感器条件下的实验波形与图 12.16b 的有速度传感器起动时没有大的差别，输出转矩能够快速上升，中点电位平衡能够得到控制。

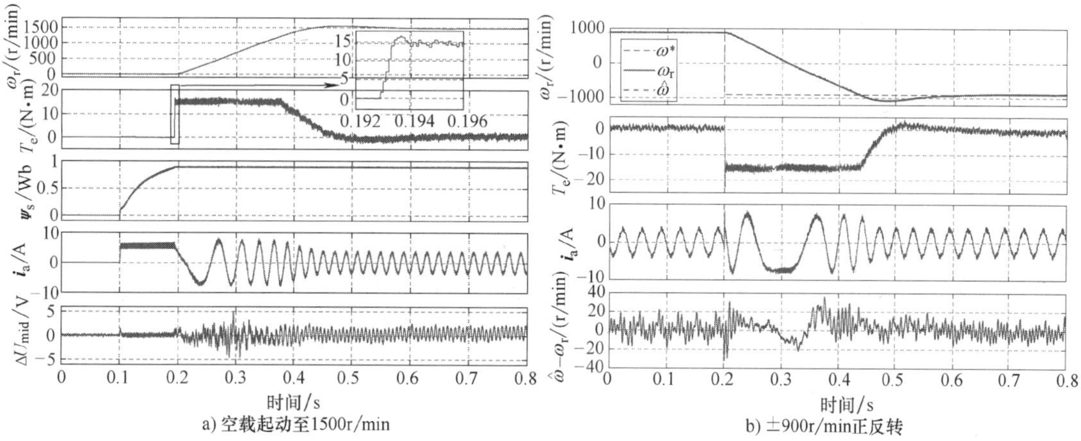

图 12.26　无速度传感器实验结果：MPFC2 的动态响应

为了评估 AFO 在动态过程中对于转速估计的收敛速度，图 12.26b 所示为电机从 900r/min 切换速度至-900r/min 的正反转实验波形，从上到下各通道依次为转速、转矩、a 相电流、估计转速与实际转速之差，并且在第一通道内同时给出了转速的参考值、实际值和估计值。在一通道内可以看到，在整个正反转的过程中，估计值与实际值几乎重合；四通道内给出了估计值与实际值之差，可以看到在动态过程中估计误差不超过 40r/min，在正反转开始前和结束后的稳态过程中估计值误差不超过 20r/min。综上所述，使用本章提出的新型增益矩阵 $\boldsymbol{G}_3$ 的 AFO 可以实现电机转速的准确跟踪，具有优秀的动态和稳态性能。

3. 增益矩阵的性能评价

3.3.5 节 1. 对四种增益矩阵 $\boldsymbol{G}_0 \sim \boldsymbol{G}_3$ 进行了分析，本节对这四种增益矩阵在相同的实验条件下进行验证。如图 12.27 所示为电机使用不同增益矩阵进行±900r/min 正反转的实验波形，图中只给出了估计转速与实际转速之差，从上至下四个通道依次对应四个增益矩阵 $\boldsymbol{G}_0$、$\boldsymbol{G}_1$、$\boldsymbol{G}_2$、$\boldsymbol{G}_3$ 的实验结果。可以发现各种增益矩阵间稳态性能差别不大，虽然伴随着小幅波动，但在稳态时均能很好地收敛至真实值附近。在动态过程中，$\boldsymbol{G}_0$、$\boldsymbol{G}_2$ 的动态跟随性能较差，会产生接近 70r/min 的速度误差。而 $\boldsymbol{G}_1$、$\boldsymbol{G}_3$ 的动态性能基本一致，误差不超过 40r/min，这种相似性也可以从图 3.13 的极点分布中得到解释，在±900r/min 的转速范围内 $\boldsymbol{G}_1$ 与 $\boldsymbol{G}_3$ 的极点分布几乎一致，需要到弱磁区更高的转速范围内各种增益矩阵的差别才会比较明显，即可能要到高速范围内本节所提出的增益矩阵 $\boldsymbol{G}_3$ 才能体现出优越性。

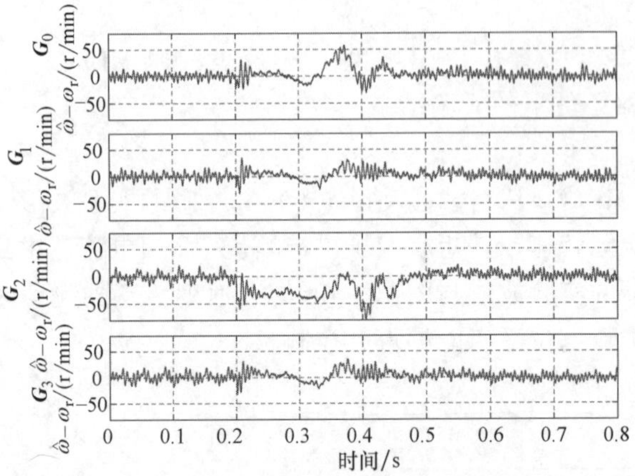

图 12.27　无速度传感器实验结果：MPFC2 采用不同增益矩阵时进行±900r/min 正反转的转速误差

低速运行是 AFO 的难点，本节将在 2Hz（60r/min）的条件下对增益矩阵 $\boldsymbol{G}_3$ 进行测试。如图 12.28 所示，电机在稳态运行过程中转速估计误差在 5r/min 左右，动态过程中也能很快收敛到真实值，也即新型增益矩阵 $\boldsymbol{G}_3$ 在低速区对转速的观测虽然有一定偏差，但仍能有效估计。为了实现更准确的估计，需要对逆变器的非线性因素（如死区时间等）进行补偿。

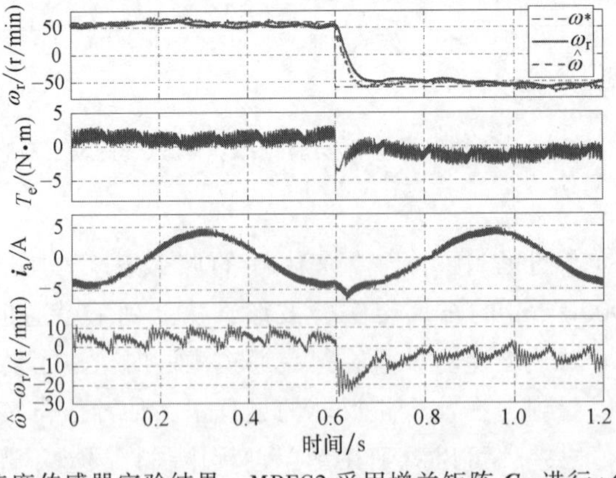

图 12.28　无速度传感器实验结果：MPFC2 采用增益矩阵 $\boldsymbol{G}_3$ 进行±60r/min 正反转

图 12.29a 所示为新型增益矩阵 $\boldsymbol{G}_3$ 的抗扰性能，电机空载运行在 50Hz（1500r/min），在 0.3s 时突加额定负载。可以看到，电机转速稍有跌落后迅速恢复到参考值，整个过程中 AFO 可以实现对转速的精确估计。

对感应电机而言，转子电阻不易辨识且通常对性能影响较大，因此有必要测试在转子电阻不准确时的观测器性能。图 12.29b 所示为控制器使用的转子电阻值 $\hat{R}_r$ 为电机真实电阻值 R_r 的 1.6 倍时的实验结果，即 $\hat{R}_r=1.6R_r$。可以看到，AFO 在电机空载的时候依然能够实现

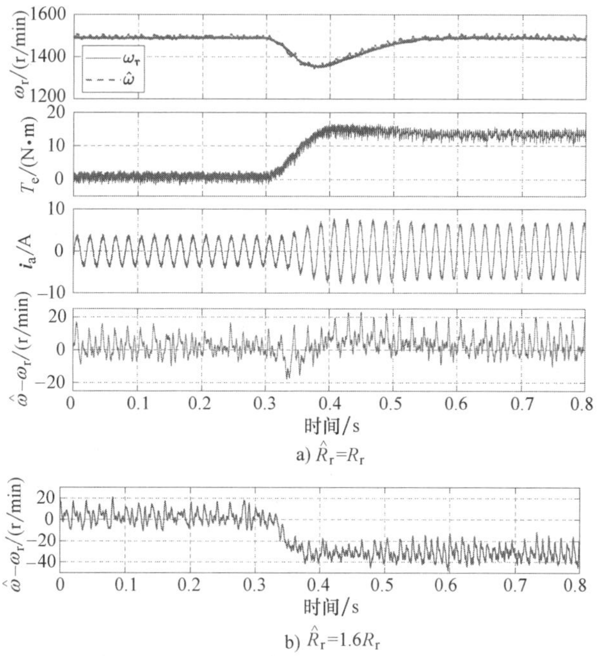

图 12.29　无速度传感器实验结果：MPFC2 采用增益矩阵 $\boldsymbol{G}_3$ 在 50Hz（1500r/min）突加额定负载

对电机转速的精确观测，但在施加额定负载后估计转速出现了 30r/min 左右的偏置。这说明转子电阻的不准确会影响到 AFO 的性能，但观测器依然能够保持稳定，观测结果不会发散。

12.4　基于 SVM 的模型预测控制

在 12.3 节中提出了一种低开关频率 MPFC，虽然其开关频率较低，但需要调试两个权重系数，电流谐波含量较大，转矩脉动较为严重，不适用于对稳态性能要求很高的场合。基于转子磁场定向的矢量控制（FOC）是目前最为成熟，应用最为广泛的交流调速控制方法，但是其性能严重依赖电流内环的参数整定。本节基于无差拍控制（Deadbeat Control，DBC）的思想提出两种无权重系数的模型预测控制，不需要对电流环进行参数整定，适用于对开关频率没有严格限制，但对动态和稳态性能要求较高的领域。最后，本节将提出的两种方法进行实验验证，并与 FOC 进行对比，验证所提方法的有效性。

12.4.1　模型预测磁链控制

12.3.1 节提出的低开关频率 MPFC 不需要电流内环 PI 参数的整定，但是目标函数式（12.24）需要调试两个权重系数，这两个权重系数分别用于中点电位平衡控制和开关频率降低，即这两个目标函数并不影响电机本身的控制。因此如果不考虑开关频率降低的需求，同时将中点电位平衡控制的任务交由相关的 PWM 调制算法解决，那么目标函数将不再需要权重系数的调试。本节将 MPFC 与 12.1.3 节 3. 提出的调制算法结合，提出一种新型的高性能控制策略 MPFC_SVM。

1. 基本原理

MPFC_SVM 的控制框图如图 12.30 所示，其基本思想与过程与 12.3.1 节中提出的低开关频率 MPFC 相似。在依据式（12.23）将转矩和磁链幅值参考值转化为参考电压矢量 $\boldsymbol{u}_s^*$ 之后，由 12.1.3 节 3. 所提出的与 SVM 等效的载波调制算法直接综合参考电压并作用至逆变器。

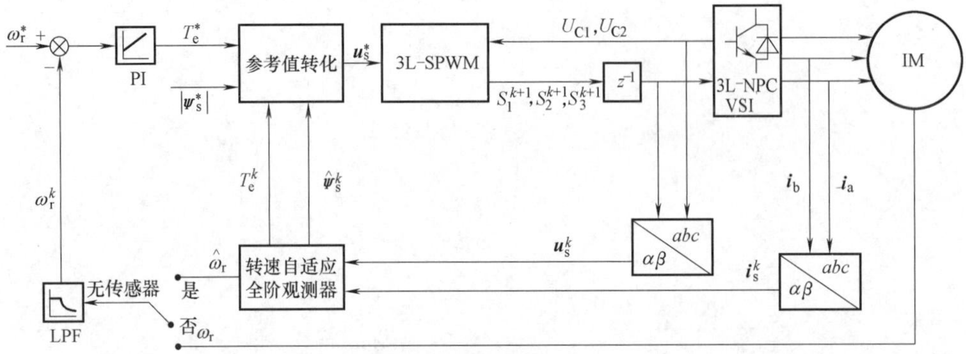

图 12.30　无权重系数模型预测磁链控制（MPFC_SVM）框图

在这一过程中实现了磁链和转矩的无差拍控制，实际上相当于采用目标函数

$$J_6 = |\boldsymbol{u}_s^* - \boldsymbol{u}^{k+1}| \tag{12.26}$$

并令目标函数 $J_6=0$。需要指出的是，目标函数式（12.26）只是一个等效的概念，实际中并不需要利用其进行电压矢量的枚举，而是由调制算法直接综合参考参考电压 $\boldsymbol{u}_s^*$，中点电位平衡由调制算法负责实现。理论上讲，任何一种具有中点平衡控制能力的三电平调制算法均可以与本节所提 MPFC_SVM 策略进行结合。

从目标函数式（12.26）可以看到，MPFC_SVM 的等效目标函数仅有一项，不需要进行调试。如图 12.30 所示，该策略在静止坐标系下实现，不需要坐标变换，没有电流内环，整个控制策略仅有外环 PI 控制器需要参数整定和调试。相比 FOC，这是本策略的优点。

2. 仿真及实验结果

为了验证 MPFC_SVM 策略的有效性，本节在有速度传感器的条件下进行仿真和实验研究，电机参数见表 2.1，采样率为 5kHz，开关频率约为 2.5kHz。

如图 12.31 所示为电机空载从静止起动到 1500r/min 的仿真和实验波形，从上至下各通道依次为转速、转矩、定子磁链幅值、a 相电流、中点电位偏移。MPFC_SVM 也使用了直流预励磁以减小起动电流和保证足够的起动转矩，与 12.3.4 节交替使用一对冗余小矢量不同，本方法只需要令调制算法发出一个幅值和相角均固定的参考电压即可。从图中可以看到仿真和实验波形高度相似，各变量的变化过程基本一致，说明仿真研究可以指导实验的进行，同时实验也可以验证仿真结果。

图 12.32 所示为电机空载运行在 50Hz（1500r/min）时的仿真和实验波形。从上至下各通道依次为转矩、a 相电流、电流的频谱。仿真和实验中都加入了 3μs 的死区时间。从仿真图中可以看到转矩由于死区原因产生了 6 倍频的脉动；实验图中的转矩由控制板的 DA 芯片输出获得，分辨率较低，无法看出波动情况。仿真和实验的电流频谱具有相似的特性，在采样频率（5kHz）及其倍数次频率附近谐波分量较为集中。由于开关器件的非理想特性，以

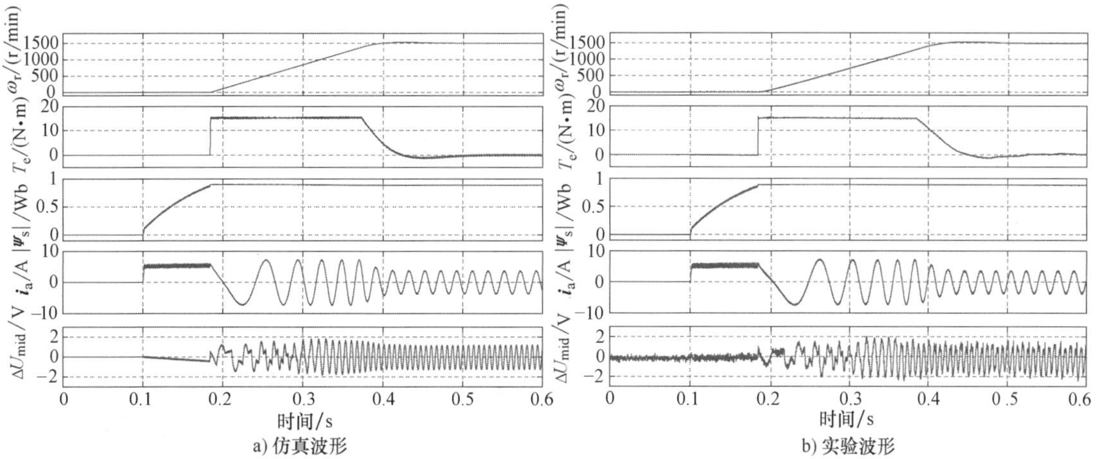

图 12.31　电机空载从静止起动到 1500r/min

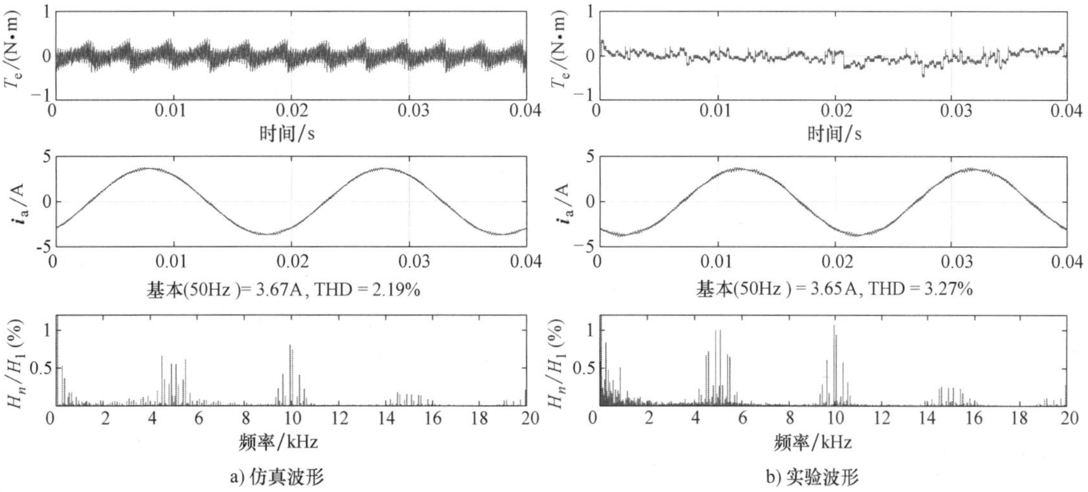

图 12.32　电机空载运行在 50Hz（1500r/min）

及电压电流采样不可避免地含有噪声和误差，实验中电流有大量的低频成分，电流的高频成分幅值也略有增加，总体 THD 增加了约 1.1%。

图 12.33 所示为 MPFC_SVM 在低速和高速带额定负载运行的实验波形，从上至下各通道依次为转速、转矩、定子磁链幅值、a 相电流、中点电位偏移。由于使用磁粉制动器提供阻力作为负载，无法实现精确加载，因此负载大小略有差别。可以看到，转矩脉动很小，磁链幅值恒定，电流为正弦、光滑，中点电位波动被抑制在 2V 以内，证明了 MPFC_SVM 可以实现高性能闭环控制。

3. 参数敏感性分析

MPFC 策略可以被认为是本节研究的基础，很多控制策略都基于此展开，因此有必要对 MPFC 的参数敏感性进行分析。为叙述方便，首先将式（12.21）和式（12.22）重写如下：

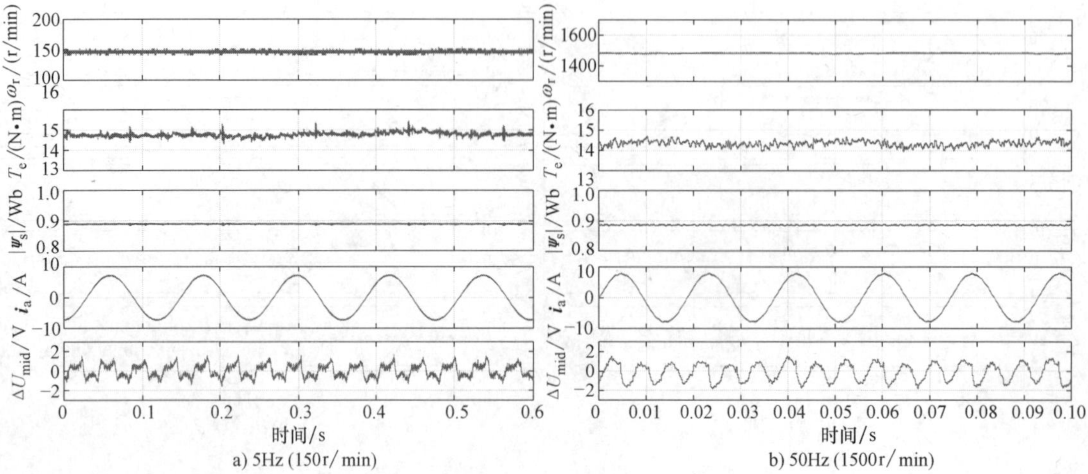

图 12.33　实验结果：电机带额定负载运行

$$\boldsymbol{\psi}_r^{k+2}=\boldsymbol{\psi}_r^{k+1}+T_{sc}\left[R_r\frac{L_m}{L_r}\boldsymbol{i}_s^{k+1}-\left(\frac{R_r}{L_r}-j\omega_r^k\right)\boldsymbol{\psi}_r^{k+1}\right] \tag{12.27}$$

$$\angle\psi_s^*=\angle\psi_r^{k+2}+\arcsin\left(\frac{T_e^*}{\frac{3}{2}n_p\lambda L_m\,|\boldsymbol{\psi}_r^{k+2}\,|\boldsymbol{\psi}_s^*}\right) \tag{12.28a}$$

$$\boldsymbol{\psi}_s^*=\boldsymbol{\psi}_s^*\mathrm{e}^{j\angle\psi_s^*} \tag{12.28b}$$

如式（12.28）所示，$\boldsymbol{\psi}_s^*$ 的计算基于 $\boldsymbol{\psi}_r^{k+2}$ 并且用到了大量的电机参数，而 $\boldsymbol{\psi}_s^*$ 又是计算参考电压矢量的基础，因此针对参数变化时 $\boldsymbol{\psi}_s^*$ 的相角误差进行了仿真研究。图 12.34 所示为 $\boldsymbol{\psi}_s^*$ 相角误差 $\Delta\theta$ 变化情况的仿真结果，其中包括定子电阻辨识值（使用值）$\hat{R}_s$、转子电阻辨识值 $\hat{R}_r$、互感辨识值 $\hat{L}_m$ 相对于真值从 50%变化至 150%时的结果。从图中可以看出，相较于定子电阻和互感而言，在整个速度范围内转子电阻对 $\boldsymbol{\psi}_s^*$ 的影响比较小。在所有的工况中，随着转速的升高 $\Delta\theta$ 逐渐减小，即在高速时 MPFC 对电机参数的变化并不敏感，鲁棒性较强。另外，算法对于过高估计的 $\hat{L}_m$ 不敏感，而当 $\hat{L}_m$ 比真值小时系统性能受到的影响较大。因此，如果电机参数 L_m 存在不确定性，则推荐使用偏大的数值。

除了参数变化之外，实际系统中的非理想因素可能也会影响到控制算法的性能，本节对此进行了实验评估。图 12.35 所示为在不同条件下电机转速从 5Hz（150r/min）阶跃至 50Hz（1500r/min）时的实验波形，各通道依次为电机转速、转矩和 a 相电流。图 12.35a 是正常工况下的响应，可以看到外环 PI 输出的转矩参考值 T_e^* 迅速阶跃至输出的限幅值，电机实际输出的转矩 T_e 也能完美跟踪参考值。图 12.35b 是在转速反馈信号添加一个截止频率较低的滤波器后的实验波形，在电机加速到一定程度之后，输出转矩降低，不再跟踪参考值，电机的加速度也随之减慢，直至电机加速到 1500r/min 的参考值。可见较低截止频率的转速滤波器会使转速反馈出现较大的滞后，式（12.27）的计算受到影响，进而影响到动态性能。

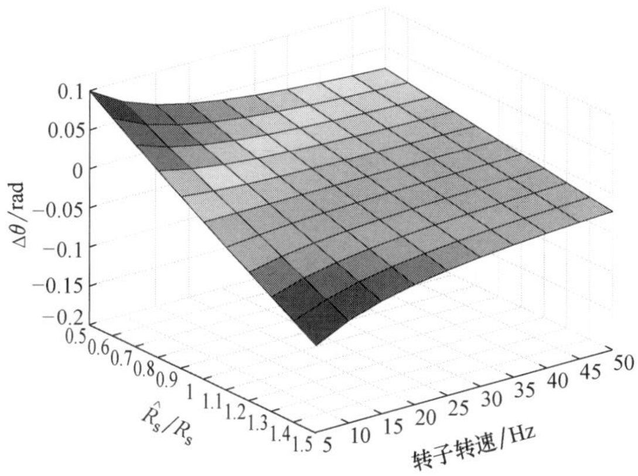

a) 定子电阻

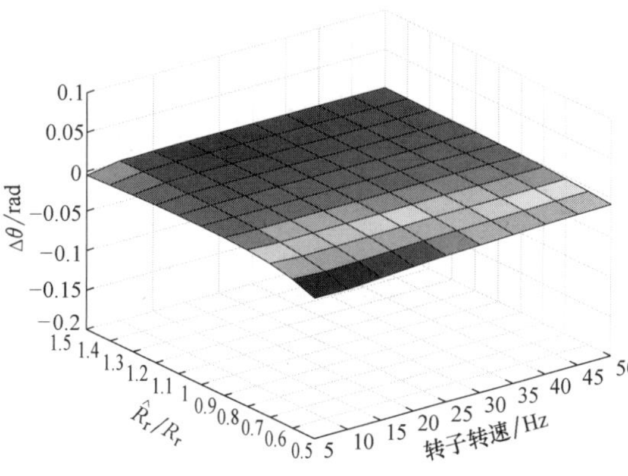

b) 转子电阻

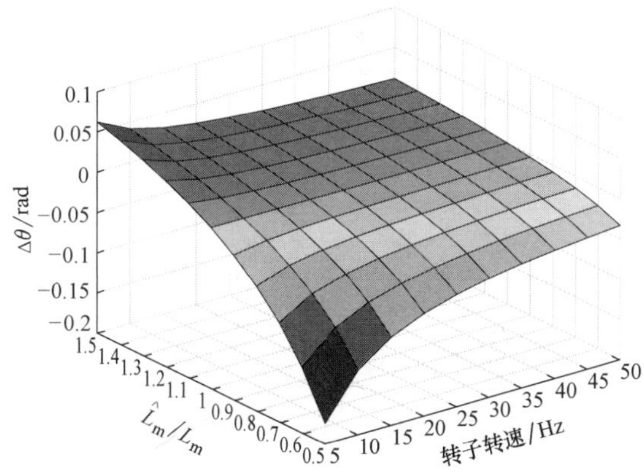

c) 互感

图 12.34　仿真结果：参数变化时 $\boldsymbol{\psi}_s^*$ 的相角误差

由于定子电阻相对容易在线或离线辨识，故互感可以根据定子电阻离线制表，而转子电阻通常不易准确辨识，所以需要重点评估了转子电阻的影响。图 12.35a 的实验中使用的转子电阻小于实际值，具体来说，$\hat{R}_r = 0.6R_r$，可以看到，当电机转速升高至约 1200r/min 时，输出转矩 T_e 不再跟踪参考值 T_e^*，出现了下跌，与图 12.35b 的现象相似。图 12.35d 中使用的转子电阻大于实际值，具体来说，$\hat{R}_r = 1.6R_r$，可以看到，电机实际的输出转矩 T_e 略大于转矩参考值 T_e^*，电机加速的超调量也变大，动态过程中电流的幅值超过了 10A，接近实验平台的保护值。这是由于转矩参考值 T_e^* 由外环的 PI 调节器得到，虽然 PI 有输出限幅，但经过式（12.28a）计算后这种限幅已经不再可靠，发出的电压矢量可能导致较大的电流。

从图 12.35 中也可以发现虽然转子电阻对电机的动态性能有一定的影响，但对空载稳态性能影响不大，这与上文的仿真分析结果一致。为了避免在动态过程中出现较大的电流，当电机的转子电阻值存在不确定时，推荐使用偏小的数值。

12.4.2　模型预测电压控制

本节基于无差拍控制的思想提出一种新的模型预测控制策略——模型预测电压控制

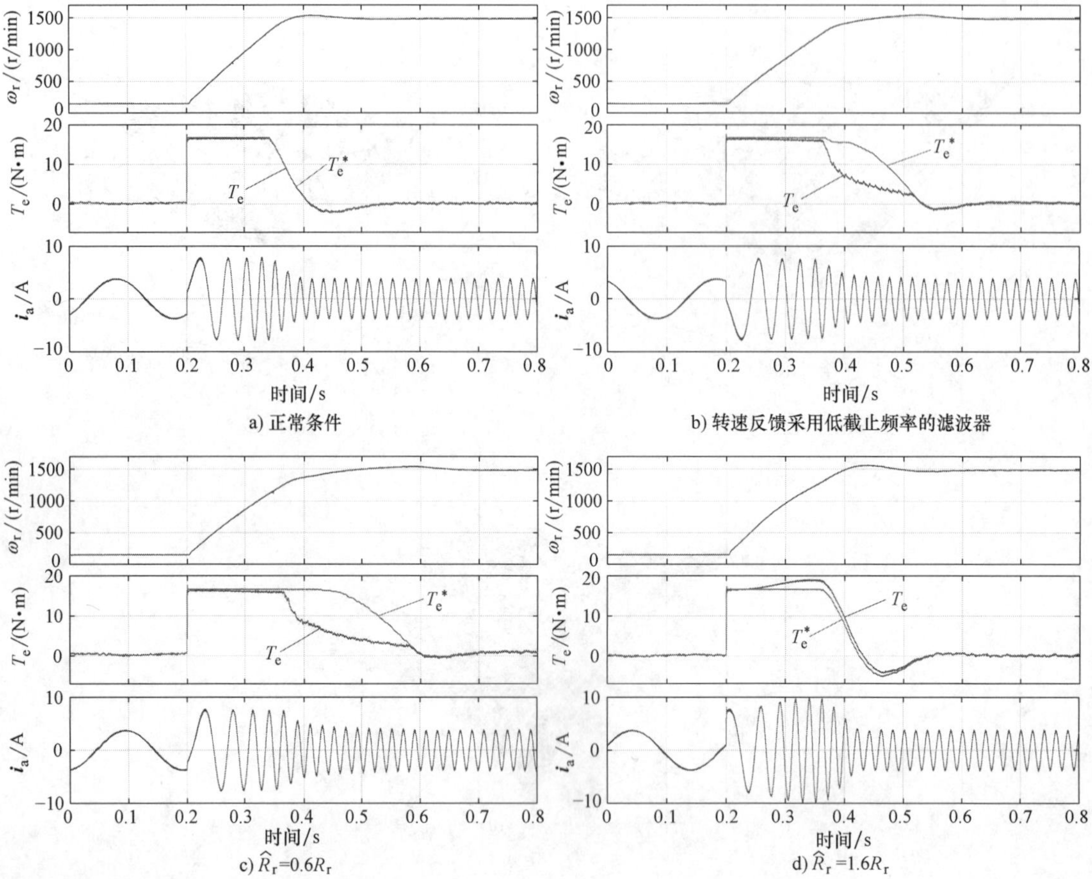

图 12.35　实验结果：MPFC_SVM 动态性能评价，电机转速从 5Hz（150r/min）阶跃至 50Hz（1500r/min）

(Model Predictive Voltage Control，MPVC)。MPVC 与前文所述的 MPFC_SVM 的控制思路基本相同，控制框图与图 12.30 相同，都是将转矩和定子磁链幅值参考值转化为电压参考值，并利用 SVM 等调制算法重构参考电压。相同的特点是均在静止坐标系下实现，没有旋转变换，不需要电流环参数整定，不需要调整权重系数，中点电位平衡由调制算法实现，可以与任意有中点电位控制能力的调制算法结合。不同之处在于 MPVC 的参考值转化过程完全基于复矢量运算，不需要求角度和三角函数，在 DSP 上的执行效率更高。

1. 基本原理

(1) 磁链无差拍　在静止坐标系中 $\boldsymbol{\psi}_s$ 可以被写成分量形式，即 $\boldsymbol{\psi}_s=\psi_{s\alpha}+\psi_{s\beta}$，因此定子磁链的幅值可以表示为 $|\boldsymbol{\psi}_s|=\sqrt{\psi_{s\alpha}^2+\psi_{s\beta}^2}$，磁链幅值的微分可以表示为

$$\begin{aligned}\frac{\mathrm{d}|\boldsymbol{\psi}_s|}{\mathrm{d}t}&=\frac{1}{\sqrt{\psi_{s\alpha}^2+\psi_{s\beta}^2}}\left(\psi_{s\alpha}\frac{\mathrm{d}\psi_{s\alpha}}{\mathrm{d}t}+\psi_{s\beta}\frac{\mathrm{d}\psi_{s\beta}}{\mathrm{d}t}\right)\\&=\frac{(\boldsymbol{u}_s-R_s\boldsymbol{i}_s)\odot\boldsymbol{\psi}_s}{|\boldsymbol{\psi}_s|}\end{aligned}\tag{12.29}$$

为了实现磁链的无差拍控制，假设下一时刻的定子磁链值与其参考值相等，于是可以得

到 $\mathrm{d}|\boldsymbol{\psi}_s|=\boldsymbol{\psi}^{\mathrm{ref}}-|\boldsymbol{\psi}_s|$。考虑到控制周期 T_{sc}，采用前向欧拉法对磁链幅值的微分进行离散化可得

$$\frac{\mathrm{d}|\boldsymbol{\psi}_s|}{\mathrm{d}t}=\frac{\boldsymbol{\psi}^{\mathrm{ref}}-|\boldsymbol{\psi}_s|}{T_{sc}} \tag{12.30}$$

为了表述简洁，不妨设 $Y=\boldsymbol{u}_s\odot\boldsymbol{\psi}_s$，则式（12.29）可以整理为

$$Y=|\boldsymbol{\psi}_s|\frac{\boldsymbol{\psi}^{\mathrm{ref}}-|\boldsymbol{\psi}_s|}{\boldsymbol{T}_{sc}}+R_s\boldsymbol{i}_s\odot\boldsymbol{\psi}_s \tag{12.31}$$

显然，定子磁链幅值参考 $\boldsymbol{\psi}^{\mathrm{ref}}$ 包含在 Y 中。

（2）转矩无差拍　根据式（2.19），转矩的微分可以表示为

$$\frac{\mathrm{d}T_e}{\mathrm{d}t}=\frac{3}{2}n_p\lambda L_m[-\lambda(R_sL_r+R_rL_s)(\boldsymbol{\psi}_r\otimes\boldsymbol{\psi}_s)-\omega_r(\boldsymbol{\psi}_r\odot\boldsymbol{\psi}_s)+\boldsymbol{\psi}_r\otimes\boldsymbol{u}_s] \tag{12.32}$$

为了表述简洁，不妨设 $Z=\boldsymbol{\psi}_r\otimes\boldsymbol{u}_s$。与上一部分相似，下一时刻的转矩被设置为其参考值以实现对于转矩的无差拍控制，即

$$\frac{\mathrm{d}T_e}{\mathrm{d}t}=\frac{T_e^{\mathrm{ref}}-T_e}{T_{sc}} \tag{12.33}$$

然后，式（12.32）可以被整理为

$$Z=\frac{2}{3n_p}\left(\frac{T_e^{\mathrm{ref}}-T_e}{\lambda L_m T_{sc}}+R_m T_e\right)+\omega_r(\boldsymbol{\psi}_r\odot\boldsymbol{\psi}_s) \tag{12.34}$$

式中　$R_m=\dfrac{L_s}{L_m}R_r+\dfrac{L_r}{L_m}R_s$。通过这种方式转矩参考值 T_e^{ref} 被包含在 Z 中。

（3）参考值转化　基于以上的推导，可以得到方程组

$$\begin{cases}\boldsymbol{\psi}_s\odot\boldsymbol{u}_s=Y\\ \boldsymbol{\psi}_r\otimes\boldsymbol{u}_s=Z\end{cases} \tag{12.35}$$

求解方程式（12.35）可以得到静止参考坐标系中参考电压的唯一解

$$u_s=\frac{Y\boldsymbol{\psi}_r+\mathrm{j}Z\boldsymbol{\psi}_s}{\boldsymbol{\psi}_r\odot\boldsymbol{\psi}_s} \tag{12.36}$$

综上所述，T_e^* 和 $\boldsymbol{\psi}^{\mathrm{ref}}$ 均被等效转化为参考电压 $\boldsymbol{u}_s$，需要注意的是，上述推导过程都是在静止坐标系下进行的。通过使用上述无差拍策略，不仅不需要使用旋转变换，也避免了传统方法[235]对于二次方程组的求解，控制策略大幅简化。

2. 实验结果

为了验证 MPVC 策略的有效性，本节进行了实验研究，电机参数见表 2.1 所示，采样率为 5kHz，开关频率约为 2.5kHz。图 12.36 所示为电机在有速度传感器条件下的动态响应波形，从上至下各通道依次为转速、转矩、定子磁链幅值、a 相电流、中点电位偏移。可以看到 MPVC 的动态响应迅速，能够实现磁链和转矩的解耦控制，在动态过程中也能够抑制中点电位偏移。电机的性能表现与 12.4.1 节提出的 MPFC_SVM 相似。

图 12.37 所示为 MPVC 采用 AFO 的反馈增益矩阵 $\boldsymbol{G}_3$ 在无速度传感器条件下的动态实验波形，从上至下各通道依次为转速、转矩、a 相电流、估计转速与实际转速之差。可以看到，得益于 AFO 估计出正确的电机转速，MPVC 可以在无速度传感器条件下运行，稳态速

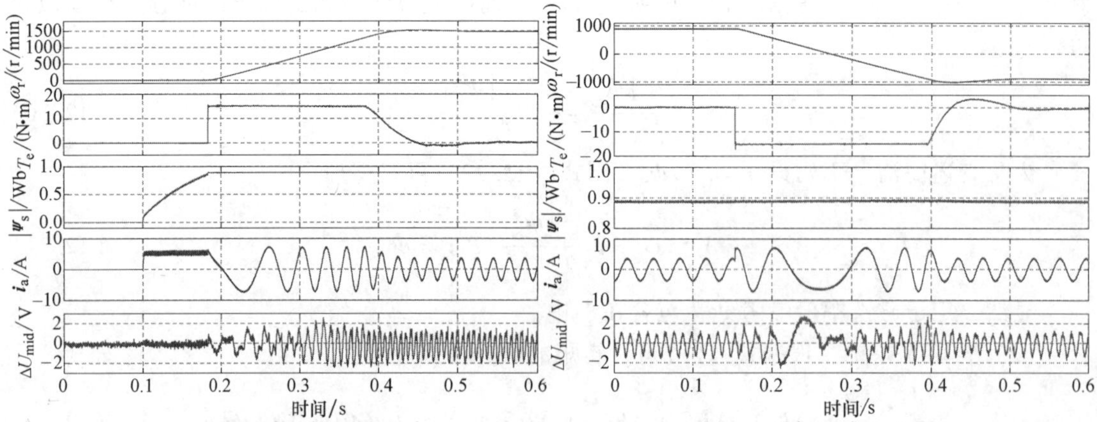

a) 电机从静止起动到1500r/min　　b) ±900r/min正反转

图 12.36　实验波形：采用 MPVC 策略

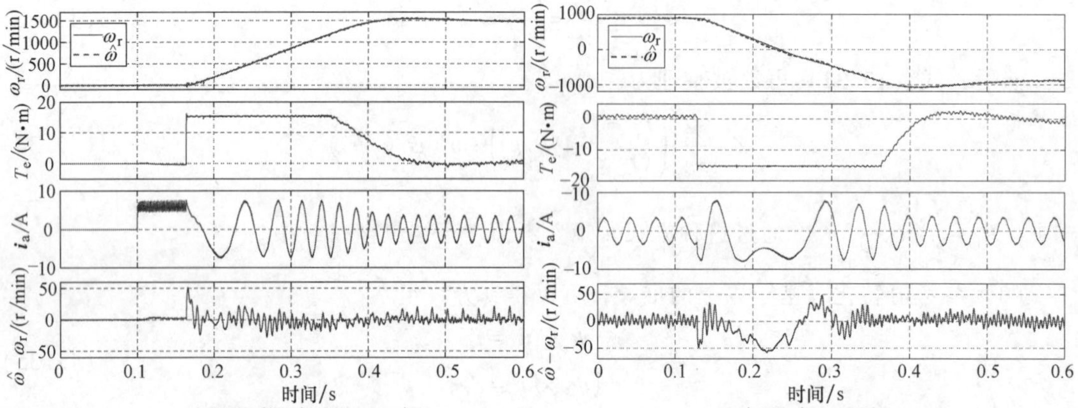

a) 电机从静止起动到1500r/min　　b) ±900r/min正反转

图 12.37　无速度传感器实验波形：采用 MPVC 策略

度误差很小，动态误差在 60r/min 左右。与有速度传感器的实验波形图 12.36 相比，电机的响应相似，在稳态运行时电机的转矩有轻微的脉动。

为模拟实际工况，进行了电机带额定负载条件下的动态实验，负载转矩由磁粉制动器提供，实验结果如图 12.38 所示，实验条件与前文相同。从图中可以看到，在电机进入动态过程的瞬间估计转速的误差会迅速增大，之后快速收敛。虽然动态过程中的误差较空载工况（图 12.37 所示结果）更大，但估计转速基本可以跟踪实际转速。同时，由于负载转矩的存在，电机加速过程更慢。图 12.38b 所示的正反转波形中，转速变化不再是一条直线，这是因为实验过程中使用磁粉制动器而不是对拖机组提供负载，即负载转矩的方向始终与电机旋转方向相反，减速过程中使电机迅速减速，而加速过程中阻碍电机加速。

图 12.39 分别给出了电机在有速度和无速度传感器时的空载实验波形，可以看到电流的谐波分布相似，电流谐波在采样频率（5kHz）及其倍数次频率分布较为集中，另外无速度传感器在低频处也有较多的谐波，这些谐波也反映在图 12.36 的转矩脉动中。无速度运行使

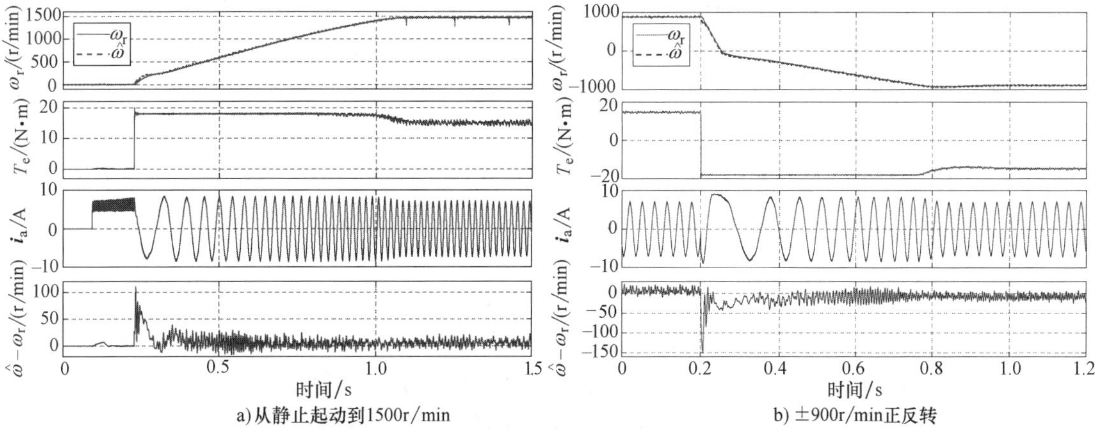

图 12.38　无速度传感器实验波形：电机带额定负载

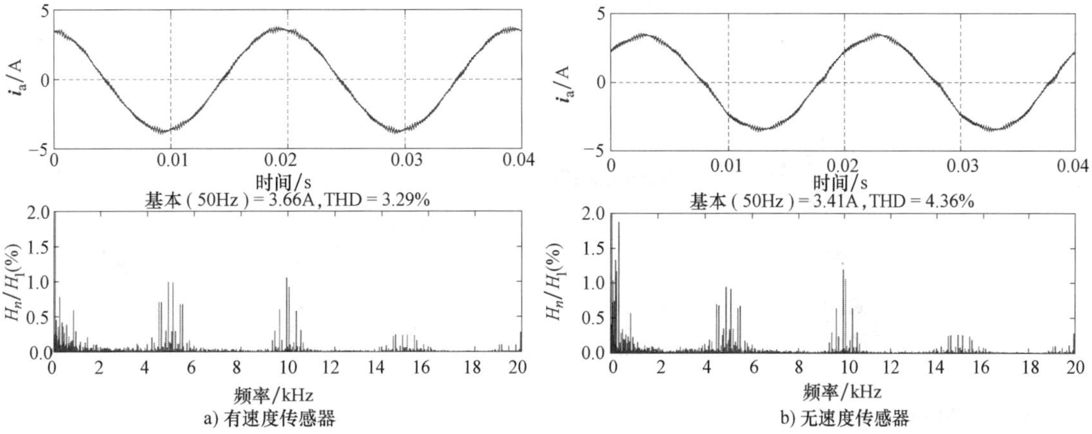

图 12.39　实验波形：电机空载运行在 50Hz（1500r/min）

得电流产生了更多的畸变，THD 增大约 1%。

12.4.3　实验结果对比分析

目前工业应用中使用较为广泛的高性能控制算法是转子磁场定向矢量控制（FOC），在三电平逆变器中，FOC 同样可以基于 SVM 等调制算法实现中点电位平衡控制。本节将提出的 MPFC_SVM、MPVC 与 FOC 在有速度传感器条件下进行实验对比，验证本章所提算法性能的优越性。本节的第二部分将在无速度传感器条件下，基于 MPFC_SVM 策略对 3.3.5 节 1. 讨论的四种 AFO 反馈增益矩阵进行实验对比，验证新型增益矩阵 $\boldsymbol{G}_3$ 的有效性。本节实验的电机参数见表 2.1，采样率均为 5kHz，开关频率约为 2.5kHz。

1. 与矢量控制的对比

转子磁场定向矢量控制最早在 1972 年由 Felix Blaschke 于西门子公司的技术报告中发表[236]，它可以进一步被细分为直接磁场定向和间接磁场定向。传统直接磁场定向 FOC 的控制框图如图 4.1 所示，根据 AFO 获得的转子磁链 $\boldsymbol{\psi}_r$ 的角度 θ，定子电流 $\boldsymbol{i}_s$ 可以根据式（2.23）变换为同步旋转 dq 坐标系，获得的 d 轴分量 i_d 是励磁分量，q 轴分量 i_q 是转矩分量。转速参考值和转子磁链幅值参考值经过四个 PI 调节器后可以得到参考电压矢量，根据式（2.24）将其变换到静止 $\alpha\beta$ 坐标系即得定子电压参考矢量 $\boldsymbol{u}_s^*$，最终用 SVM 等调制方式合成即可。传统的 FOC 使用线性 PI 调节器，在载波比比较小时由于数字系统存在延迟，不能实现 dq 轴的完全解耦。为实现公平比较，本节使用了第 4 章中性能较好的离散域电流调节器。

本节对直接磁场定向 FOC、MPFC_SVM、MPVC 在相同的实验条件下进行实验研究，各算法均采用相同的外环 PI 参数，采用有速度传感器算法，即速度由电机编码器直接反馈，调制算法均为 12.1.3 节 3. 提出的基于零序分量注入的载波调制算法。

图 12.40a 是电机转速从 5Hz 切换至 50Hz 的转矩阶跃响应，可以看到 MPFC_SVM 与 MPVC 的动态响应相似，转矩上升速度略快于 FOC。需要指出的是横坐标的时间尺度是 10^{-3}s，即 ms，1ms 对应 5 个控制周期（200μs）。由于转矩值由控制板 DA 口输出而来，而每个控制周期内 DA 口的输出不变，所以在图 12.40a 中各算法的输出转矩呈阶梯状。

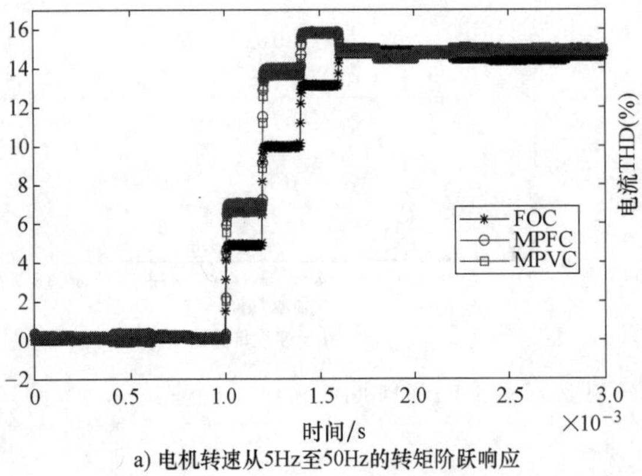

a) 电机转速从5Hz至50Hz的转矩阶跃响应

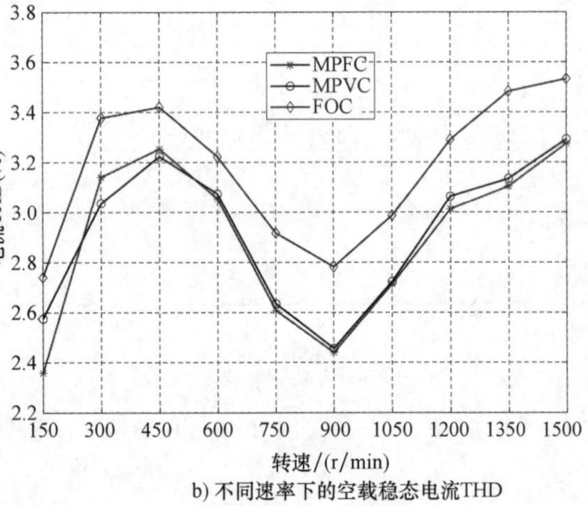

b) 不同速率下的空载稳态电流THD

图 12.40　5kHz 采样率实验波形：MPFC_SVM、MPVC、FOC 三种方法的实验对比

图 12.40b 是三种方法在不同速率下的空载稳态电流 THD，由于本节使用的实验平台不能精确加载，故感应电机在负载不同时转差会有微小的变化，导致定子电流的基频不易确定，所以为了实现公平比较，本书各章均只给出空载稳态电流 THD。从图中可以看出，随着转速的升高，三种方法的 THD 变化趋势基本一致，这种趋势可能反映了 12.1.3 节 3. 提出的载波调制算法的特性。同时，MPFC_SVM 和 MPVC 的稳态性能十分相似，且均优于 FOC，使用这两种方法后 THD 最多可以减小 0.4%。

综合上述实验结果可知，相较于 FOC，本章提出的 MPFC_SVM 和 MPVC 有着更优秀的动态性能和稳态性能，且具有不需要电流内环 PI 参数整定等优势。同时，通过仿真测试易知，MPFC_SVM 与 MPVC 这两种方法并不等效，哪一个性能更优、参数鲁棒性更强有待于在未来的工作中进一步分析。

2. 增益矩阵的性能评价

本节基于 MPFC_SVM 对 3.3.5 节 1. 中提到的四种增益矩阵进行了无速度传感器条件下的实验对比。首先测试在高速时电机应对负载变化的能力，由于四种方法在这种工况下性能区别不大，限于篇幅原因，这里只在图 12.41 给出基于矩阵 $\boldsymbol{G}_3$ 的实验结果，从上至下各通道依次为电机转速、转矩、电流、转速误差。电机在 0.3s 被施加了额定负载，转速产生了约 200r/min 的跌落后迅速恢复，之后在 1.3s 时负载逐渐卸除，电机恢复至空载状态，整个过程中估计转速可以实现对真实转速的跟踪，误差不超过 20r/min。由于磁粉制动器使用的直流电源对实验平台的 DA 输出产生了一定的干扰，所以波形中有较多的毛刺。

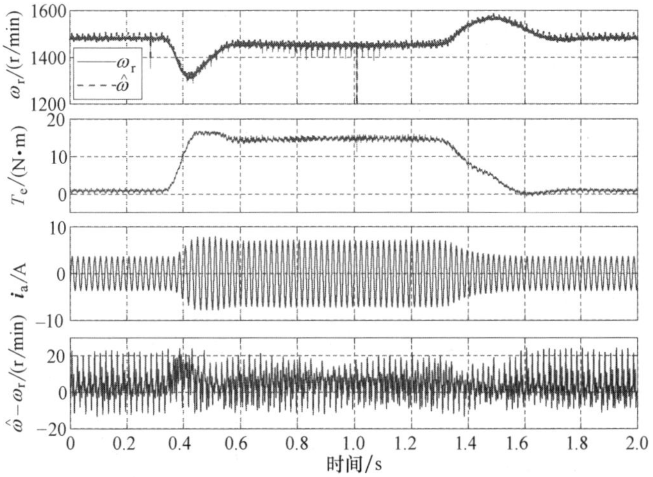

图 12.41　无速度传感器实验结果：50Hz（1500r/min）突加减额定负载

图 12.42 所示为采用不同增益矩阵时电机空载从静止起动到 1500r/min 的实验波形，由上至下各通道依次为转速、转矩、a 相电流和估计转速与实际转速之差。可以看到，各个实验波形中估计转速与实际转速基本重合，进入稳态后电流均光滑、正弦，验证了四种矩阵均能实现转速估计。从第四通道可以看出四种矩阵在动态过程中有一定的差异，$\boldsymbol{G}_0$ 和 $\boldsymbol{G}_2$ 在收敛过程中会产生幅值为 50r/min 左右的振荡，而 $\boldsymbol{G}_1$ 和 $\boldsymbol{G}_3$ 的响应相似，只在启动瞬间有

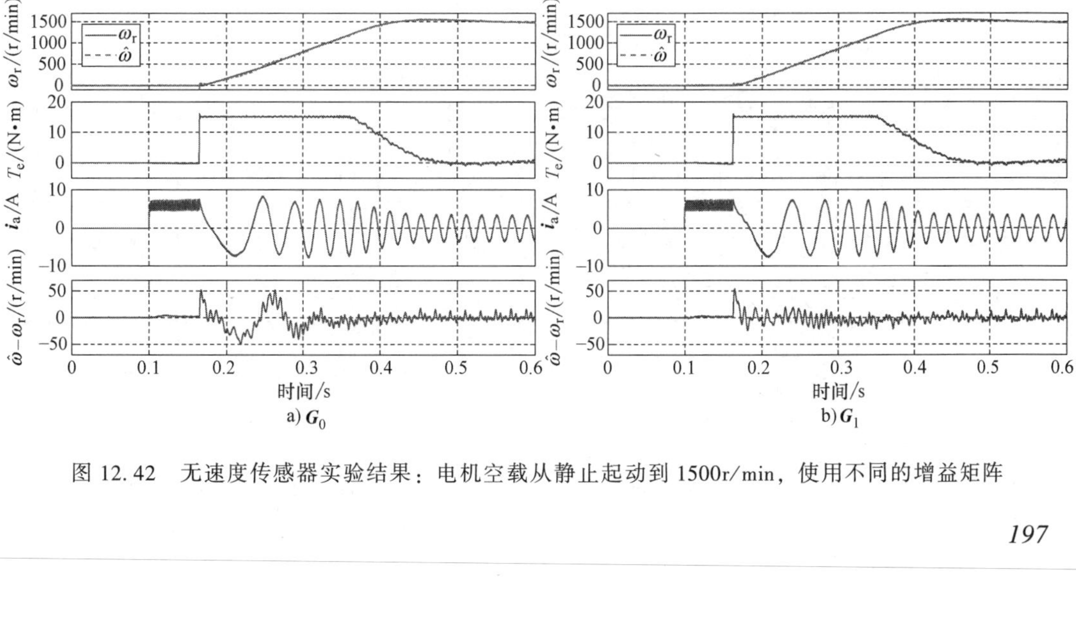

图 12.42　无速度传感器实验结果：电机空载从静止起动到 1500r/min，使用不同的增益矩阵

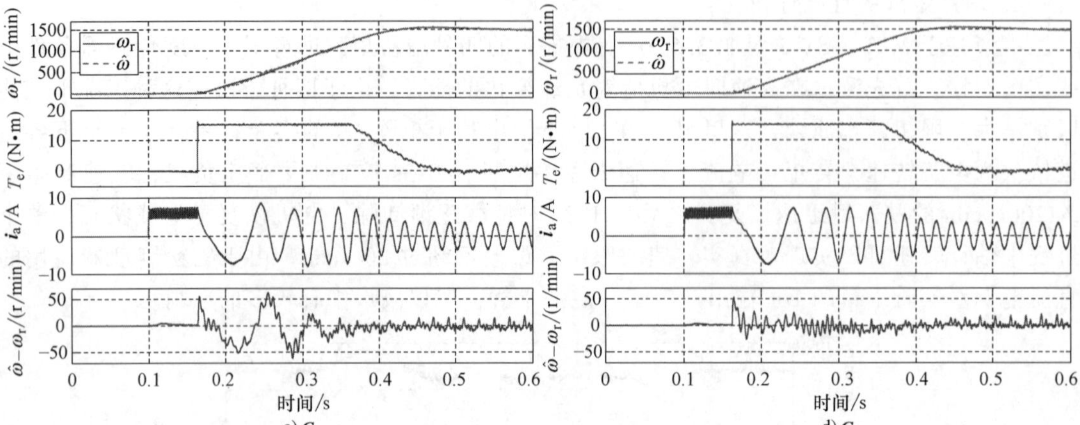

c) G_2　　d) G_3

图 12.42　无速度传感器实验结果：电机空载从静止起动到1500r/min，使用不同的增益矩阵（续）

50r/min 左右的误差，之后迅速收敛，并且没有大幅度的振荡。

图 12.43 所示为电机进行±900r/min 正反转的实验波形，其中 G_0 和 G_2 的动态响应相似，在收敛过程中会产生幅值为 140r/min 左右的波动；G_1 和 G_3 的响应相似，在电机转速

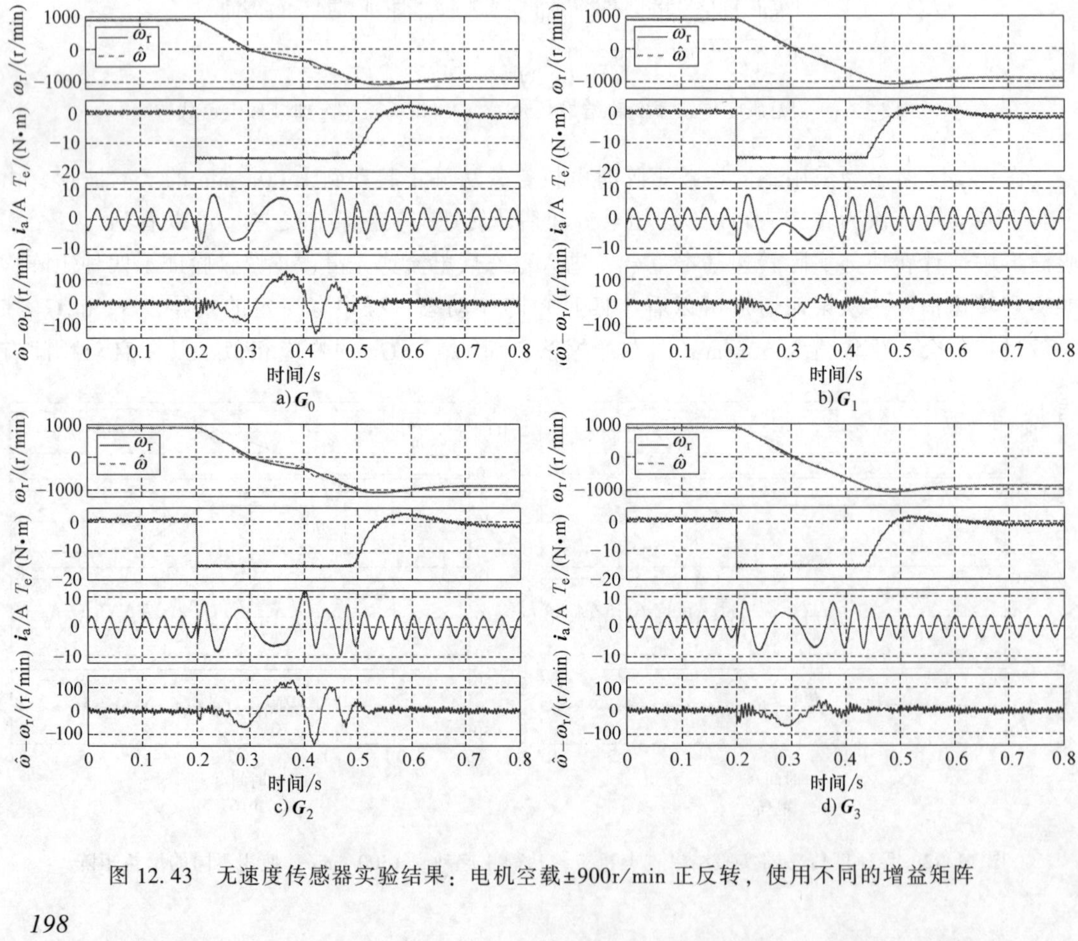

a) G_0　　b) G_1　　c) G_2　　d) G_3

图 12.43　无速度传感器实验结果：电机空载±900r/min 正反转，使用不同的增益矩阵

过零点附近会产生 60r/min 左右的误差，之后很快收敛。这种相似性可以由观测器的极点分布图 3.13 解释，在±900r/min 的速度范围内，G_0 和 G_2 的极点分布差异不大，G_1 和 G_3 的极点分布差异不大。当电机运行在弱磁区等高速范围时，各个增益矩阵可能会体现出较大的性能差异，这将在未来的工作中进行验证。总体而言，采用 MPFC_SVM 策略的实验结果与 4.5 节使用 MPFC2 的实验结果（图 12.27）相似，但在动态过程中转速的估计误差更大，这是由于采样率较低且调制方法更容易受死区影响导致的。

12.5　本章小结

本章首先介绍了三电平逆变器的基本原理，包括数学模型、中点电压波动机理和调制方法，其次研究了传统的三电平模型预测转矩控制并通过仿真进行验证，发现其仍然存在一些问题。为此，进一步研究提出了模型预测磁链控制，通过对矢量表和目标函数进行优化，减少了候选矢量和权重系数个数并解决了电压跳变问题，另外还实现了无速度传感器运行。最后基于无差拍控制的思想提出了两种新型的模型预测控制策略，在调制层面解决了中点平衡和电压跳变等问题，无需电流内环 PI 整定和权重系数调试，实验结果表明这两种方法相比矢量控制具有更快的转矩响应和更小的电流 THD。

第4部分　感应电机调速系统设计

第13章　感应电机调速系统设计过程

13.1　硬件设计

硬件设计主要包括主电路板和控制板。主电路板用于三相电交-直-交的变换，控制电路主要完成变量的测量和控制算法的运算等。整体硬件电路的示意图如图13.1所示。从图13.1中可知，主电路中三相工频交流电经过二极管不控整流后变为直流电，该直流电在经过滤波器滤波后作用到电压型三相逆变器上，通过控制IGBT的驱动信号就可以实现直流电到不同频率交流电的变换。

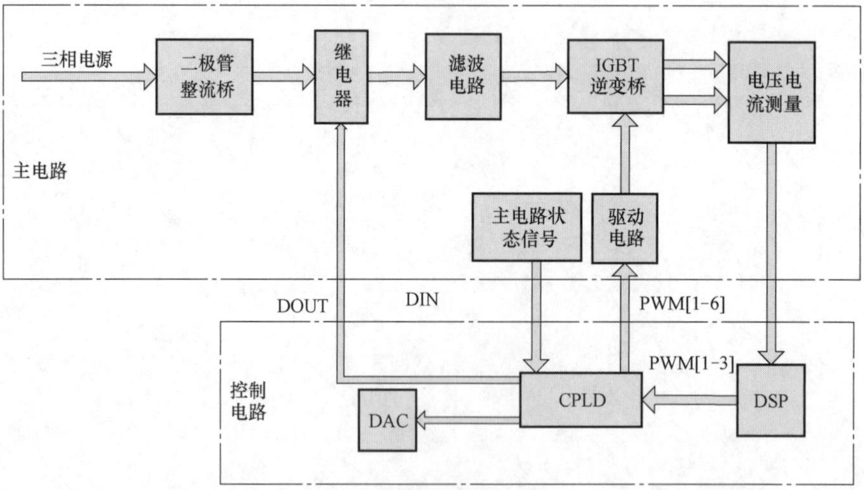

图13.1　硬件电路整体框图

图13.2所示为本章搭建的具体硬件实验平台，图中逆变器由IGBT及其驱动、控制板、母线电压传感器、相电流传感器、母线电容等部分构成，录波仪为横河（Yokogawa）公司的Scope Corder DL850，张力控制器作为磁粉制动器的直流电源。本章使用的2.2kW感应电机如图4.12所示，电机参数见表2.1。使用磁粉制动器对电机加载。在磁粉制动器侧还装有增量式光电编码器，可以为控制系统反馈电机的实际速度。由于电机轴与编码器所在的磁粉制动器主轴间为柔性连接，所以在动态过程中测量的转速可能存在微小滞后，但对控制系统无明显影响。

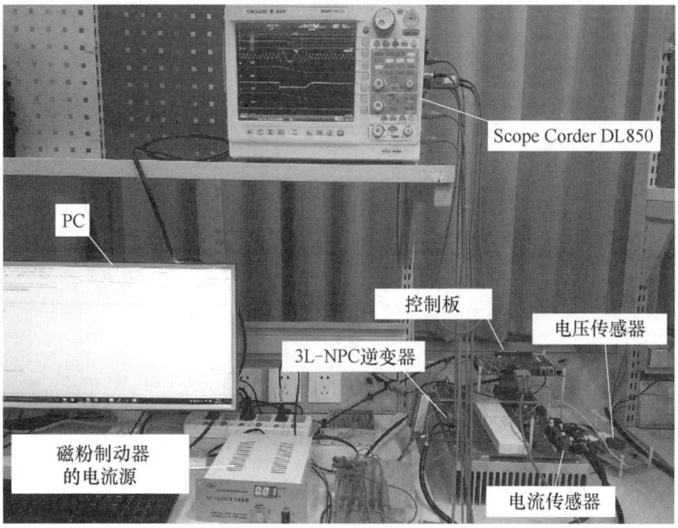

图 13.2　本章使用的硬件实验平台

图 13.1 中的控制电路主要有三部分，即 DSP、CPLD 以及 DAC。下面分别介绍各自的主要作用。

DSP 中主要是利用主电路中利用传感器测量的电压、电流信号进行分析、运算，得到三路期望的脉冲信号 PWM [1-3] 以及相应的变量。本章采用的 DSP 控制器为 TI 公司生产的 TMSF28335。该型号控制器自带 12 位 ADC 转换模块和 ePWM 模块，使用方便，性能优良。

对于 CPLD，它的主要工作有以下两点：

一是为了防止逆变桥出现直通，在 DSP 输出的 PWM [1-3] 中，加入 3μs 的死区时间，并输出两两互补的六路 PWM 驱动信号。需要说明的是，在 DSP 中的 ePWM 模块中也存在死区设置。本章将死区设置在 CPLD 中是为了防止 DSP 中程序出现“跑飞”而导致系统不受控制的情况发生。另外，在 CPLD 中设置死区时间相对更加灵活方便。

二是根据主电路状态信号（如过电压、过电流信号等）控制主电路的工作。当未出现过电压、过电流等信号时，CPLD 输出计算得出的六路 PWM 驱动信号，主电路正常工作；当出现过电流信号时，CPLD 将输出六路封波信号，同时 DOUT 信号使继电器断开，主电路停止工作。

在 DAC 中采用的是 DAC7724 低功耗四通道 12 位并行 D-A 转换芯片。该芯片将通过 CPLD 输出的观察变量，进行 D-A 变换得到模拟信号，以用于在示波器或上位机上进行内部变量观察。本书实验波形中的相电流由电流卡钳直接测得，其余变量均通过 DA 口输出并经过示波器或录波仪探头进行测量。

13.2　软件设计

传统的软件开发过程主要经历三个步骤：

1）控制算法仿真。一般采用的仿真软件为 MATLAB，通过仿真验证算法的正确性和有效性。

2）代码编写。在 CCS 中编写控制算法的 C 语言代码，并通过 CCS 对系统进行调试。

3）代码下载和测试。将编写好的程序代码利用仿真器下载到数字控制器（DSP）中，通过实验验证算法的性能。

从以上三个步骤可以看出传统的开发方式在 MATLAB/Simulink 中仿真验证算法之后需要将其手动转化为 C 语言代码，经编译后下载到 DSP 中运行。这种方式的主要缺点在于搭建仿真和编写代码产生了重复劳动，且重新编码过程中可能产生新的问题，极大地降低了算法的开发效率。由于代码编写人员的代码风格不同，因此这种方式也不利于团队成员之间的交流。

为了提高开发效率，本章中的实验部分均使用了自动代码生成技术。所谓自动代码生成，就是指利用 MATLAB/Simulink 软件，基于 Simulink 模型自动生成可在 DSP 运行的 C 语言代码和程序。自动代码生成技术是“基于模型的设计”（Model Base Design，MBD）方法的重要组成部分，目前已广泛应用于汽车、航空航天等领域。本章的控制算法首先在 MATLAB/Simulink 软件中进行离线仿真，在原理验证、参数调试结束之后，利用软件自动生成在 DSP 中运行的 C 语言代码和程序，下载到 DSP 中即可直接在实验平台进行验证。采用该技术的主要优势如下：

1）实验所用代码基于仿真自动生成，避免了手工重复编码带来的错误，生成的代码可靠准确，符合相关工业标准；

2）生成代码所需时间短（高配置电脑上耗时不超过 1min），仿真验证后可立刻进行实验验证，缩短开发周期。

13.2.1 仿真框架

图 13.3 所示为在 MATLAB/Simulink 环境中所搭建的两电平交流调速仿真框架，图 13.3 中包含两部分，上半部分为主电路系统，其中包括三相电源、整流桥、三相逆变器以及感应电机模块，而实际应用中主电路部分是连续系统，为了尽可能还原实际控制系统，主电路部

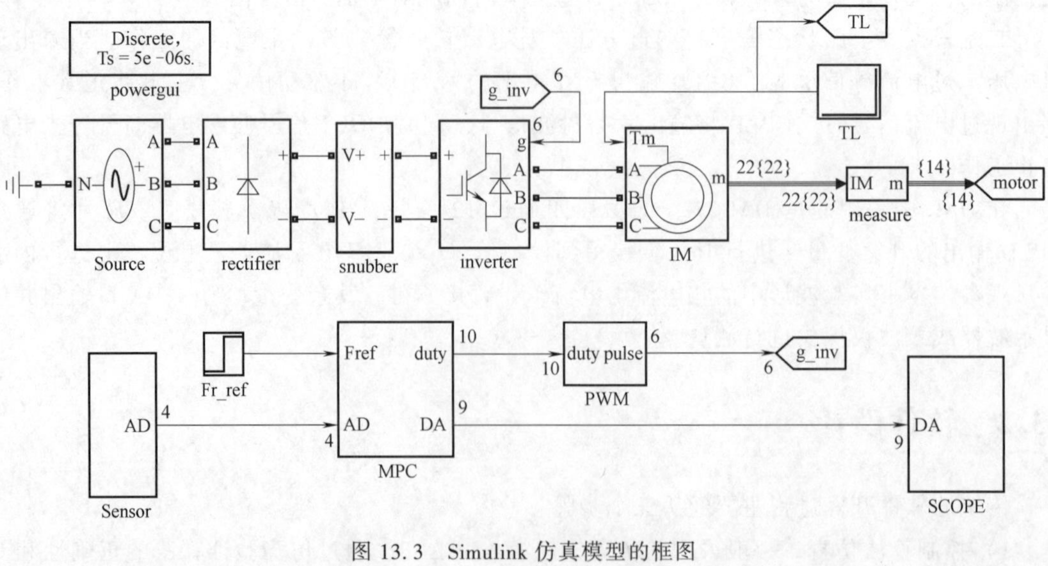

图 13.3 Simulink 仿真模型的框图

分的采样频率设置为 200kHz。图 13.3 中下半部分为控制系统。其主要是通过电压、电流以及转速等采样信号，经过控制算法部分得到三相逆变器的控制信号，控制电路部分的采样速率需要根据控制算法的复杂度来设置采样频率，如矢量控制取 5kHz，模型预测控制中单矢量取 20kHz，同时控制算法的采样频率需要与实验框架中的主算法采样频率保持一致，为了后续实验框架与仿真框架的控制部分接口一一对应，需要统一规定一个数据输入输出接口，本章仿真与实验框架中控制算法所采用的数据接口如图 13.4 所示。

图 13.4 中控制部分的输入输出接口以控制算法为中心，左边为 17 路数据输入接口，右边为 21 路数据输出接口，输入信号从上到下依次为给定转速、参考转矩、定子磁链幅值的参考值、直流母线电压、2 路定子电流实际测量值、实际测量转速、8 路电机参数以及 2 路控制参数。21 路输出信号主要包括 10 路 PWM 波形输出信号、9 路用于内部变量观测的数据信号以及 2 路定子电压输出信号，控制算法的输入输出信号可以根据实际需求进行调整。

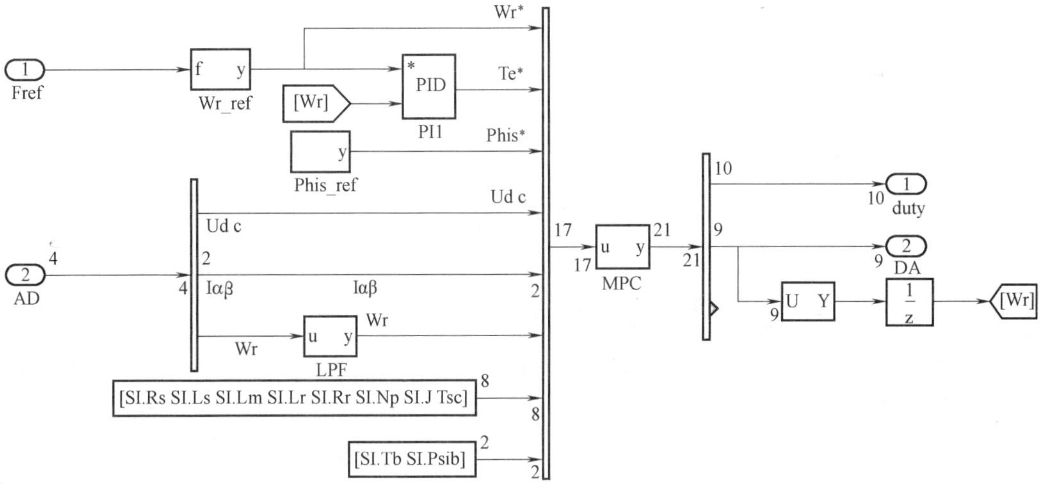

图 13.4　控制算法及其数据接口

13.2.2　实验框架

目前在电机控制领域中使用较为广泛的是 TI C2000 系列 DSP，其各种芯片的底层硬件驱动程序以及中断管理等亦可在 Simulink 中采用图形化的编程方式来实现，本章中所有的控制算法都是采用 DSPTMS320F28335 来执行的，因此以 TI 公司中的 F28335 芯片以及 MATLAB15b 为例来介绍实验框架部分，由于框架中的参数设置部分、ADC 模块、ePWM、SCI 模块、eQEP 模块以及 DA 输出模块对于每个实验框架来说都是一样的，而且参考文献［237］中已经详细的介绍了上面这些模块的配置，限于篇幅，本节将不再赘述。

图 13.5 所示为本章所采用的实验框架，框架中上半部分为全局变量、初始化程序以及头文件部分，而下半部分为硬件中断设置以及中断服务程序，控制算法以及 DA 输出模块全部封装在 PWM 模块中。本框架的最大优点是采用了 ADC 转换之后去触发中断来执行控制算法而不是采用系统默认的主中断来执行算法程序，相比参考文献［237］中采用 Timer0 中断，本文采用的 ADC 转换完成之后触发中断来执行控制算法要更加可靠，因为 Timer0 中断

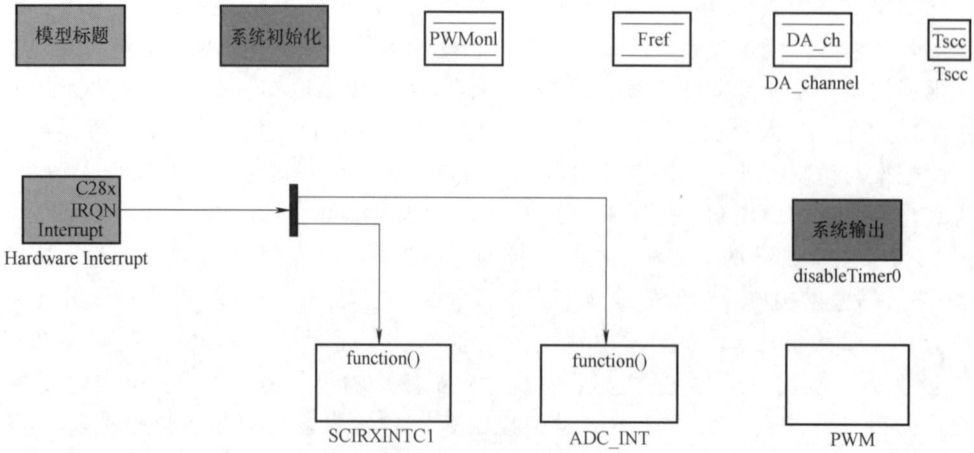

图 13.5　Simulink 实验框架

更易受噪声干扰以及计数器的累积误差等影响。

值得注意的是本章采用基于 MATLAB 模型设计的方式来开发控制算法，其最大的优点为无论是仿真框架还是实验框架只需要开发一次，然后在这两个框架之上进行新的控制算法开发时只需要将两个框架中的核心算法 MPC 更换为新的算法即可。通过仿真完成控制算法的验证之后即可马上生成相应的 C 代码来进行相关的实验，从而采用这种开发方式后可以极大地提高控制算法的开发效率。

13.2.3　代码自动生成及程序执行时间

MPC 需要对电压矢量进行枚举，需要消耗大量的处理器资源，对程序的执行时间十分敏感，因此本节将对本章研究的所有算法的计算量进行评估。首先对同一份仿真在不同软件环境下生成代码的效率进行对比，评价的指标是将自动生成的程序下载到 DSP 中，然后测量程序执行时间，执行时间越短，说明生成的代码效率越高。参与测试的软件环境包括 MATLAB R2015b、MATLAB R2017b、CCS5.5（Code Composer Studio 5.5）、CCS7.4。

表 13.1 为测试结果，可以看到当使用相同的软件环境 MATLAB R2015b 和 CCS5.5 时，使用 ert.tlc 并且配置为 faster runs 时程序在 DSP 中的执行时间较短，即意味着采用这种方式生成的代码具有更高的执行效率。同时也可以看到，当使用较新版本的软件时，由于软件公司会对相关功能做出优化，程序效率将进一步提高。

表 13.1　代码效率测试

MATLAB 版本	系统目标函数	优化选项	编译工具	程序执行时间
R2015b	idelink_ert.tlc	-g -o2	CCS5.5	49.2μs
R2015b	ert.tlc	faster builds	CCS5.5	62.3μs
R2015b	ert.tlc	faster runs	CCS5.5	45.0μs
R2017b	ert.tlc	faster runs	CCS7.4	42.3μs

因此本章使用 MATLAB R2017b 及 CCS7.4 完成有关实验，并且对各种算法在 DSP 中的程序执行时间进行测算，结果见表 13.2，这些时间是在有速度传感器条件下测得的，对无速度传感器而言，大约需要额外的 2μs 来进行转速的估计。

表 13.2 主要算法代码效率测试

算法种类	程序时间/μs	采样率/kHz
FOC	60.40	5
DTC	39.05	20
MPTC	仅仿真研究	10
三电平低开关频率 MPFC1	67.07	10
三电平低开关频率 MPFC2	88.05	10
三电平 MPFC_SVM	52.82	5
三电平 MPVC	43.81	5

13.3 本章小结

本章从硬件和软件方面简要介绍了系统平台设计。在硬件上，采用 DSP+CPLD 的控制方式使系统高速可靠稳定运行。在控制板上采用 DAC 芯片，极大地方便了内部变量观测，对系统调试有重要意义。在软件上，采用基于 MATLAB/Simulink 的自动生成代码开发模式，避免了代码的重复开发，有效提高了开发效率，缩短了开发周期。

第14章　展　　望

MPC以其原理简单、多变量控制和容易处理非线性约束等优点在电力电子领域得到了广泛关注和研究。虽然MPC最早用于电力电子领域是要解决低开关频率和高动态响应等问题，但MPC在采用较高频率的中小功率场合依然有强大的优势，尤其是考虑多个变量控制和处理多个约束时优势尤其明显。目前MPC在电力电子中的应用仍然存在一些问题需要深入研究和解决，具体包括：

1）多步长MPC的计算简化。多步长MPC在低开关频率大功率电流电力电子场合的优势十分明显，但多步预测会带来计算量巨大的问题。尽管硬件的飞速发展有助于这一问题的解决，但开发新型高效的简化计算方法才是这一问题的根本解决之道。这需要电力电子和控制领域的专家学者共同努力来解决。

2）MPC很容易处理多个变量的控制，但随之而来的是不同变量的权重系数设计问题。针对两个控制变量的MPC已经有一些解决办法，但更一般的多个变量控制目前尚无完整的理论解决方案，大部分还是利用仿真和实验来得到优化的权重系数，不利于现场的实际应用。

3）MPC尽管已经得到了广泛研究和应用，但其稳定性分析仍然是一个理论上并未完全解决的问题。目前仅有少部分文献针对FCS-MPC在一些特定应用时的稳定性进行了分析，但针对一般意义上的MPC（包括多步长MPC和各种改进MPC等）的严格稳定性分析目前仍悬而未决。

4）MPC与优化脉冲调制的结合。针对低开关频率大功率电力电子应用，优化脉冲调制是一种优秀的解决方案，但存在动态响应慢的问题。将MPC和优化脉冲调制结合可以在实现优异稳态性能的同时具有快速的动态响应，但实现比较复杂。另外，需要提前计算和储存优化脉冲调制角度。开发完全在线实现的MPC，使其具备优化脉冲调制的优异稳态性能同时维持快速的动态响应，这是未来MPC能在大功率电力电子领域推广应用的重要研究方向之一。

参考文献

[1] RODRIGUEZ J, CORTES P. Predictive control of power converters and electrical drives [M]. New York: Wiley-IEEE Press, 2012.

[2] SUL S K. Control of electric machine drive systems [M]. NewYork: Wiley-IEEE Press, 2011.

[3] ZHANG Y, ZHU J, ZHAO Z, el al. An improved direct torque control for three-level inverterfed induction motor sensorless drive [J]. IEEE Transactions on Power Electronics, 2012, 27 (3): 1502-1513.

[4] LEE K B, SONG J H, CHOY I, et al. Torque ripple reduction in dtc of induction motor driven by three-level inverter with low switching frequency [J]. IEEE Transactions on Power Electronics, 2002, 17 (2): 255-264.

[5] HOLTZ J, OIKONOMOU N. Fast dynamic control of medium voltage drives operating at very low switching frequency—an overview [J]. IEEE Transactions on Industrial Electronics, 2008, 55 (3): 1005-1013.

[6] 韦克康，周明磊，郑琼林，等. 基于复矢量的异步电机电流环数字控制 [J]. 电工技术学报，2011，26 (6): 88-94.

[7] HOLTZ J, QUAN J, PONTT J, et al. Design of fast and robust current regulators for high-power drives based on complex state variables [J]. IEEE Transactions on Industry Applications, 2004, 40 (5): 1388-1397.

[8] BRIZ F, DEGNER M, LORENZ R. Analysis and design of current regulators using complex vectors [J]. IEEE Transactions on Industry Applications, 2000, 36 (3): 817-825.

[9] KIM H, DEGNER M, GUERRERO J, et al. Discrete-time current regulator design for ac machine drives [J]. IEEE Transactions on Industry Applications, 2010, 46 (4): 1425-1435.

[10] Holmes D G, Lipo T A. 电力电子变换器 PWM 技术原理与实践 [M]. 周克亮，译. 北京：人民邮电出版社，2010.

[11] AMBROZIC V, BUJA G S, MENIS R. Band-constrained technique for direct torque control of induction motor [J]. IEEE Transactions on Industrial Electronics, 2004, 51 (4): 776-784.

[12] ZHANG Y, ZHU J. A novel duty cycle control strategy to reduce both torque and flux ripples for dtc of permanent magnet synchronous motor drives with switching frequency reduction [J]. IEEE Transactions on Power Electronics, 2011, 26 (10): 3055-3067.

[13] LASCU C, TRZYNADLOWSKI A. Combining the principles of sliding mode, direct torque control, and space-vector modulationg in a high-performance sensorless ac drive [J]. IEEE Transactions on Industry Applications, 2004, 40 (1): 170-177.

[14] ZHANG J, ZHU J, XU W, et al. A simple method to reduce torque ripple in direct torquecontrolled permanent-magnet synchronous motor by using vectors with variable amplitude and angle [J]. IEEE Transactions on Industrial Electronics, 2011, 58 (7): 2848-2859.

[15] 张兴华，孙振兴，沈捷. 计及逆变器电压输出限制的感应电机无差拍直接转矩控制 [J]. 中国电机工程学报，2012，32 (21): 79-85.

[16] ZHANG Y, ZHU J. Direct torque control of permanent magnet synchronous motor with reduced torque ripple and commutation frequency [J]. IEEE Transactions on Power Electronics, 2011, 26 (1): 235-248.

[17] KANG J K, SUL S K. New direct torque control of induction motor for minimum torque ripple and constant

switching frequency [J]. IEEE Transactions on Industry Applications, 1999, 35 (5): 1076-1082.

[18] SHYU K K, LIN J K, PHAM V T, et al. Global minimum torque ripple design for direct torque control of induction motor drives [J]. IEEE Transactions on Industrial Electronics, 2010, 57 (9): 3148-3156.

[19] 魏欣，陈大跃，赵春宇. 一种基于占空比控制技术的异步电机直接转矩控制方案 [J]. 中国电机工程学报，2005，25 (14)：93-97.

[20] ABAD G, RODRIGUEZ M A, POZA J. Two-level VSC based predictive direct torque control of the doubly fed induction machine with reduced torque and flux ripples at low constant switching frequency [J]. IEEE Transactions on Power Electronics, 2008, 23 (3): 1050-1061.

[21] LEE J. Model predictive control: Review of the three decades of development [J]. International Journal of Control, Automation and Systems, 2011, 9 (3): 415-424.

[22] 邹涛，丁宝苍，张端. 模型预测控制工程应用导论 [M]. 北京：化学工业出版社，2010.

[23] RODRIGUEZ J, KAZMIERKOWSKI M P, ESPINOZA J R, et al. State of the art of finite control set model predictive control in power electroics [J]. IEEE Transactions on Industrial Informatics, 2013, 9 (2): 1003-1016.

[24] HOLTZ J, STADTFELD S. A predictive controller for the stator current vector of ac machined fed from a switched voltage source [C] //JIEE IPEC-Tokyo Conf. Tokyo: IEEE, 1983: 1665-1675.

[25] HOLTZ J, QI X. Optimal control of medium-voltage drives—an overview [J]. IEEE Transactions on Industrial Electronics, 2013, 60 (12): 5472-5481.

[26] CORTES P, KAZMIERKOWSKI M, KENNEL R, et al. Predictive control in power electronics and drives [J]. IEEE Transactions on Industrial Electronics, 2008, 55 (12): 4312-4324.

[27] MARIETHOZ S, MORARI M. Explicit model-predictive control of a pwm inverter with an *lcl* filter [J]. IEEE Transactions on Industrial Electronics, 2009, 56 (2): 389-399.

[28] MARIETHOZ S, DOMAHIDI A, MORARI M. High-bandwidth explicit model predictive control of electrical drives [J]. IEEE Transactions on Industry Applications, 2012, 48 (6): 1980-1992.

[29] KOURO S, CORTES P, VARGAS R, et al. Model predictive control—a simple and powerful method to control power converters [J]. IEEE Transactions on Industrial Electronics, 2009, 56 (6): 1826-1838.

[30] GEYER. T, QUEVEDO D E. Multistep finite control set model predictive control for power electronics [J]. IEEE Transactions on Power Electronics, 2014, 29 (12): 6836-6846.

[31] VARGAS R, AMMANN U, RODRIGUEZ J, et al. Predictive strategy to control common-mode voltage in loads fed by matrix converters [J]. IEEE Transactions on Industrial Electronics, 2008, 55 (12): 4372-4380.

[32] DAVARI S, KHABURI D, KENNEL R. An improved fcs-mpc algorithm for an induction motor with an imposed optimized weighting factor [J]. IEEE Transactions on Power Electronics, 2012, 27 (3): 1540-1551.

[33] ZHANG Y, YANG H. Torque ripple reduction of model predictive torque control of induction motor drives [C] //Energy Conversion Congress and Exposition (ECCE), 2013 IEEE. Denver: IEEE, 2013: 1176-1183.

[34] GEYER T, QUEVEDO D. Performance of multistep finite control set model predictive control for power electronics [J]. IEEE Transactions on Power Electronics, 2015, 30 (3): 1633-1644.

[35] 张永昌，杨海涛. 感应电机模型预测磁链控制 [J]. 中国电机工程学报，2015，35 (3)：719-726.

[36] ZHANG Y, YANG H, XIA B. Model-predictive control of induction motor drives: Torque control versus flux control [J]. IEEE Transactions on Industry Applications, 2016, 52 (5): 4050-4060.

[37] ZHANG Y, XIE W. Low complexity model predictive control—single vector-based approach [J]. IEEE

Transactions on Power Electronics, 2014, 29 (10): 5532-5541.

[38] ZHANG Y, XIE W, LI Z, et al. Low-complexity model predictive power control: Double-vectorbased approach [J]. IEEE Transactions on Industrial Electronics, 2014, 61 (11): 5871-5880.

[39] XIA C, LIU T, SHI T, et al. A simplified finite-control-set model-predictive control for power converters [J]. IEEE Transactions on Industrial Informatics, 2014, 10 (2): 991-1002.

[40] 张永昌, 杨海涛, 魏香龙. 基于快速矢量选择的永磁同步电机模型预测控制 [J]. 电工技术学报, 2016, 31 (6): 66-73.

[41] ZHANG Y, YANG H. Two-vector-based model predictive forque control without weighting factors for induction motor drives [J]. IEEE Transactions on Power Electronics, 2016, 31 (2): 1381-1390.

[42] ZHANG Y, YANG H. Generalized two-vector-based model-predictive torque control of induction motor drives [J]. IEEE Transactions on Power Electronics, 2015, 30 (7): 3818-3829.

[43] ZHANG Y, HU J, ZHU J. Three-vectors-based predictive direct power control of the doubly fed induction generator for wind energy applications [J]. IEEE Transactions on Power Electronics, 2014, 29 (7): 3485-3500.

[44] ZHANG Y, YANG H. Model predictive torque control of induction motor drives with optimal duty cycle control [J]. IEEE Transactions on Power Electronics, 2014, 29 (12): 6593-6603.

[45] 宋文祥, 冯九一, 阮智勇, 等. 异步电机低开关频率的模型预测磁链轨迹跟踪控制 [J]. 中国电机工程学报, 2015, 35 (12): 3144-3153.

[46] MAES J, MELKEBEEK J A. Speed-sensorless direct torque control of induction motors using an adaptive flux observer [J]. IEEE Transactions on Industry Applications, 2000, 36 (3): 778-785.

[47] HOLTZ J, PAN H. Elimination of saturation effects in sensorless position-controlled induction motors [J]. IEEE Transactions on Industry Applications, 2004, 40 (2): 623-631.

[48] BOUSSAK M, JARRAY K. A high-performance sensorless indirect stator flux orientation control of induction motor drive [J]. IEEE Transactions on Industrial Electronics, 2005, 53 (1): 41-49.

[49] HOLTZ J. Sensorless control of induction machines-with or without signal injection? [J]. IEEE Transactions on Industrial Electronics, 2005, 53 (1): 7-30.

[50] SUWANKAWIN S, SANGWONGWANICH S. Design strategy of an adaptive full-order observer for speed-sensorless induction-motor drives-tracking performance and stabilization [J]. IEEE Transactions on Industrial Electronics, 2005, 53 (1): 96-119.

[51] 陈伟, 于泳, 杨荣峰, 等. 异步电机自适应全阶观测器算法低速稳定性研究 [J]. 中国电机工程学报, 2010, 30 (36): 33-40.

[52] 张永昌, 赵争鸣, 张颖超. 基于全阶观测器的三电平逆变器异步电机无速度传感器矢量控制系统 [J]. 电工技术学报, 2008, 23 (11): 34-40.

[53] ZHANG Z, TANG R, BAI B, et al. Novel direct torque control based on space vector modulation with adaptive stator flux observer for induction motors [J]. IEEE Transactions on Magnetics, 2010, 46 (8): 3133-3136.

[54] 文晓燕, 郑琼林, 韦克康, 等. 带零漂补偿和电子电阻自校正的磁链观测器 [J]. 中国电机工程学报, 2011, 31 (12): 102-107.

[55] HU J. WU B. New integration algorithms for estimating motor flux over a wide speed range [J]. IEEE Transactions on Power Electronics, 1998, 13 (5): 969-977.

[56] HOLTZ J, QUAN J. Sensorless vector control of induction motors at very low speed using a nonlinear inverter model and parameter identification [J]. IEEE Transactions on Industry Applications, 2002, 38 (4): 1087-1095.

[57] HOLTZ J, QUAN J. Drift-and parameter-compensated flux estimator for persistent zero-stator-frequency operation of sensorless-controlled induction motors [J]. IEEE Transactions on Industry Applications, 2003, 39 (4): 1052-1060.

[58] MARCETIC D, KRCMAR I, GECIC M, et al. Discrete rotor flux and speed estimators for high-speed shaft-sensorless im drives [J]. IEEE Transactions on Industrial Electronics, 2014, 61 (6): 3099-3108.

[59] 尹忠刚, 刘静, 钟彦儒, 等. 基于双参数模型参考自适应的感应电机无速度传感器矢量控制低速性能 [J]. 电工技术学报, 2012, 27 (7): 124-130.

[60] MARCETIC D, VUKOSAVIC S. Speed-sensorless ac drives with the rotor time constrnt parameter update [J]. IEEE Transactions on Industrial Electronics, 2007, 54 (5): 2618-2625.

[61] HARNEFORS L, HINKKANEN M. Complete stability of reduced-order and full-order observers for sensorless im drives [J]. IEEE Transactions on Industrial Electronics, 2008, 55 (3): 1319-1329.

[62] CHEN B, WANG T, YAO W, et al. Speed convergence rate-based feedback gains design of adaptive full-order observer in sensorless induction motor drives [J]. IET Electric Power Applications, 2014, 8 (1): 13-22.

[63] DIAO L J, NAN SUN D, DONG K, et al. Optimized design of discrete traction induction motor model at low-switching frequency [J]. IEEE Transactions on Power Electronics, 2013, 28 (10): 4803-4810.

[64] VICENTE I, ENDEMAN ANDO A, GARIN X, et al. Comparative study of stabilising methods for adaptive speed sensorless full-order observers with stator resistance estimation [J]. IET Control Theory Applications, 2010, 4 (6): 993-1004.

[65] IDKHAJINE L, MONMASSON E, MAALOUF A. Fully FPGA-based sensorless control for synchronous AC drive using an extended Kalman filter [J]. IEEE Transactions on Industrial Electronics, 2012, 59 (10): 3908-3918.

[66] BARUT M, DEMIR R, ZERDALI E, et al. Real-time implementation of bi input-extended Kalman filter-based estimator for speed-sensorless control of induction motors [J]. IEEE Transactions on Industrial Electronics, 2012, 59 (11): 4197-4206.

[67] ZHANG Y, ZHAO Z, LU T, et al. A comparative study of luenberger observer, sliding mode observer and extended Kalman filter for sensorless vector control of induction motor drives [C] //Energy Conversion Congress and Exposition, 2009. ECCE 2009. IEEE. California: IEEE, 2009: 2466-2473.

[68] LASCU C, ANDREESCU G D. Sliding-mode observer and improved integrator with DC-offset compensation for flux estimation in sensorless-controlled induction motors [J]. IEEE Transactions on Industrial Electronics, 2006, 53 (3): 785-794.

[69] LASCU C, BOLDEA I, BLAABJERG F. A class of speed-sensorless sliding-mode observers for high-performance induction motor drives [J]. IEEE Transactions on Industrial Electronics, 2009, 56 (9): 3384-3403.

[70] 陈伯时, 阮毅, 陈维钧. 电力拖动自动控制系统——运动控制系统 [M]. 北京: 机械工业出版社, 2003.

[71] HOLTZ J. The representation of AC machine dynamics by complex signal flow graphs [J]. IEEE Transactions on Industrial Electronics, 1995, 42 (3): 263-271.

[72] 廖晓钟. 感应电机多变量控制 [M]. 北京: 科学出版社, 2014.

[73] 李永东, 肖曦, 高跃. 大容量多电平变换器: 原理控制应用 [M]. 北京: 科学出版社, 2005.

[74] HABIBULLAN M. Simplified finite-sate predictive torque control strategies for induction motor drives [D]. Sydney: The University of Sydney, 2016.

[75] 曾允文. 变频调速 SVPWM 技术的原理、算法与应用 [M]. 北京: 机械工业出版社, 2011.

[76] 李永东. 交流电机数字控制系统 [M]. 北京：机械工业出版社，2002.
[77] 邓歆. 异步电机全阶磁链观测器的设计分析及其应用研究 [D]. 武汉：华中科技大学，2010.
[78] CHOI J W, SUL S K. Inverter output voltage synthesis using novel dead time compensation [J]. IEEE Transactions on Power Electronics, 1996, 11 (2): 221-227.
[79] CHOI C H, CHO K R, SEOK J K. Inverter nonlinearity compensation in the presence of current measurement errors and switching device parameter uncertainties [J]. IEEE Transactions on Power Electronics, 2007, 22 (2): 576-583.
[80] PARK D M, KIM K H. Parameter-independent online compensation scheme for dead time and inverter nonlinearity in ipmsm drive through waveform analysis [J]. IEEE Transactions on Industrial Electronics, 2014, 61 (2): 701-707.
[81] PARK Y, SUL S K. A novel method to compensate non-linearity of inverter in sensorless operation of pmsm [C] //Power Electronics and ECCE Asia (ICPE ECCE), 2011 IEEE 8th International Conference on. Seoul: IEEE, 2011, 915-922.
[82] 张辑，彭彦卿，陈天翔. 一种基于电流空间矢量的新型死区补偿策略 [J]. 电工技术学报，2013, 28 (7): 127-132.
[83] 周华伟，温旭辉，赵峰，等. 一种新颖的电压源逆变器自适应死区补偿策略 [J]. 中国电机工程学报，2011, 31 (24): 26-32.
[84] 杨立永，陈智刚，陈为奇，等. 逆变器输出电压模型及新型死区补偿方法 [J]. 电工技术学报，2012, 27 (1): 182-187.
[85] SHEN G, WANG K, YAO W, et al. Dc biased stimulation method for induction motor parameters identification at standstill without inverter nonlinearity compensation [C] //Energy Conversion Congress and Exposition (ECCE), 2013 IEEE. Denver: IEEE, 2013: 5123-5130.
[86] CARRARO M, ZIGLIOTTO M. Automatic parameter identification of inverter-fed induction motors at standstill [J]. IEEE Transactions on Industrial Electronics, 2014, 61 (9): 4605-4613.
[87] CIRRINCIONE M, PUCCI M, CIRRINCIONE G, et al. A new experimental application of leastsquares techniques for the estimation of the induction motor parameters [J]. IEEE Transactions on Industry Applications, 2003, 39 (5): 1247-1256.
[88] CASTALDI P, TILLI A. Parameter estimation of induction motor at standstill with magnetic flux monitoring [J]. IEEE Transactions on Control Systems Technology, 2005, 13 (3): 386-400.
[89] HE Y, WANG Y, FENG Y, et al. Parameter identification of an induction machine at standstill using the vector constructing method [J]. IEEE Transactions on Power Electronics, 2012, 27 (2): 905-915.
[90] JACOBINA C, FILHO J, LIMA A. Estimating the parameters of induction machines at standstill [J]. IEEE Transactions on Energy Conversion, 2002, 17 (1): 85-89.
[91] KERKMAN R, THUNES J D, ROWAN T, et al. A frequency-based determination of transient inductance and rotor resistance for field commissioning purposes [J]. IEEE Transactions on Industry Applications, 1996, 32 (3): 577-584.
[92] PERETTI L, ZIGLIOTTO M. Automatic procedure for induction motor parameter estimation at standstill [J]. IET Electric Power Applications, 2012, 6 (4): 214-224.
[93] 陈伟，于泳，徐殿国，等. 基于自适应补偿的异步电机静止参数辨识方法 [J]. 中国电机工程学报，2012, 32 (6): 156-162.
[94] 张虎，李正熙，童朝南. 基于递推最小二乘算法的感应电动机参数离线辨识 [J]. 中国电机工程学报，2011, 31 (18): 79-86.
[95] 蒋小春，杨耕，窦曰轩. 变频器驱动下感应电机参数的一种辨识方法 [J]. 电力电子技术，2006,

39 (5): 130-132.

[96] 夏波. 宽速度范围异步电机无速度传感器模型预测控制关键技术研究 [D]. 北京: 北方工业大学, 2017.

[97] SUN W, LIU X, GAO J, et al. Zero stator current frequency operation of speed-sensorless induction motor drives using stator input voltage error for speed estimation [J]. IEEE Transactions on Industrial Electronics, 2016, 63 (3): 1490-1498.

[98] WANG B, ZHAO Y, YU Y, et al. Speed-sensorless induction machine control in the field-weakening region using discrete speed-adaptive full-order observer [J]. IEEE Transactions on Power Electronics, 2016, 31 (8): 5759-5773.

[99] HINKKANEN M, LUOMI J. Parameter sensitivity of full-order flux observers for induction motors [J]. IEEE Transactions on Industry Applications, 2003, 39 (4): 1127-1135.

[100] CHEN J, HUANG J. Stable simultaneous stator and rotor resistances identification for speed sensorless induction motor drives: Review and new results [J]. IEEE Transactions on Power Electronics, 2017, PP (99): 1.

[101] ZHAO R, XIN Z, LOH P C, et al. A novel flux estimator based on multiple second-order gener-zlized integrators and frequency-locked loop for induction motor drives [J]. IEEE Transactions on Power Electronics, 2017, 32 (8): 6286-6296.

[102] XIN Z, ZHAO R, BLAABJERG F, et al. An improved flux observer for field-oriented control of induction motors based on dual second-order generalized integrator frequency-locked loop [J]. IEEE Journal of Emerging and Selected Topics in Power Electronics, 2017, 5 (1): 513-525.

[103] 王斯然. 异步电机高性能变频器若干关键技术的研究 [D]. 杭州: 浙江大学, 2011.

[104] 汤光宋. 复常系数一元二次方程求根公式 [J]. 南都学坛, 1999 (3): 31-35.

[105] 孙大南. 地铁车辆牵引电传动系统控制关键技术研究 [D]. 北京: 北京交通大学, 2012.

[106] 赵雷廷. 地铁牵引电传动系统关键控制技术及性能优化研究 [D]. 北京: 北京交通大学, 2014.

[107] 罗慧. 感应电机全阶磁链观测器和转速估算方法研究 [D]. 武汉: 华中科技大学, 2009.

[108] 同济大学计算数学教研室. 现代数值计算 [M]. 2版. 北京: 人民邮电出版社, 2014.

[109] DOMINGUEZ J R. Discrete-time modeling and control of induction motors by means of variational integrators and sliding modes—part ⅰ: Mathematical modeling [J]. IEEE Transactions on Industrial Electronics, 2015, 62 (9): 5393-5401.

[110] DOMINGUEZ J R. Discrete-time modeling and control of induction motors by means of variational integrators and sliding modes—part ⅱ: Control design [J]. IEEE Transactions on Industrial Electronics, 2015, 62 (10): 6183-6193.

[111] CHAPRA S C, CANALE R P. Numerical methods for engineers sixth edition [M]. NewYork: McGraw-Hill, 2010.

[112] ZAKY M. Stability analysis of speed and stator resistance estimators for sensorless induction motor drives [J]. IEEE Transactions on Industrial Electronics, 2012, 59 (2): 858-870.

[113] ZAKY M S, METWALY M K. Sensorless torque/speed control of induction motor drives at zero and low frequencies with stator and rotor resistance estimations [J]. IEEE Journal of Emerging and Selected Topics in Power Electronics, 2016, 4 (4): 1416-1429.

[114] LEFEBVRE G, GAUTHIER J Y, HIJAZI A, et al. Observability-index-based control strategy for induction machine sensorless drive at low speed [J]. IEEE Transactions on Industrial Electronics, 2017, 64 (3): 1929-1938.

[115] HINKKANEN M. Analysis and design of full-order flux observers for sensorless induction motors [J].

IEEE Transactions on Industrial Electronics, 2004, 51 (5): 1033-1040.

[116] YANG H, ZHANG Y, WALKER P D, et al. A method to start rotating induction motor based on speed sensorless model-predictive control [J]. IEEE Transactions on Energy Conversion, 2017, 32 (1): 359-368.

[117] KUBOTA H, MATSUSE K, NAKANO T. DSP-based speed adaptive flux observer of induction motor [J]. IEEE Transactions on Industry Applications, 1993, 29 (2): 344-348.

[118] YONGCHANG Z, ZHENGMING Z. Speed sensorless control for three-level inverter-fed induction motors using an extended luenberger observer [C] //2008 IEEE Vehicle Power and Propulsion Conference. Harbin: IEEE, 2008: 1-5.

[119] SUWANKAWIN S, SANGWONGWANICH S. A speed-sensorless im drive with decoupling control and stability analysis of speed estimatinon [J]. IEEE Transactions on Industrial Electronics, 2002, 49 (2): 444-455.

[120] OHYAMA K, ASHER G, SUMNER M. Comparative analysis of experimental performance and stability of sensorless induction motor drives [J]. IEEE Transactions on Industrial Electronics, 2005, 53 (1): 178-186.

[121] HARNEFORS L, HINKKANEN M. Stabilization methods for sensorless inductiion motor drives-asurvey [J]. IEEE Journal of Emerging and Selected Topics in Power Electronics, 2014, 2 (2): 132-142.

[122] 孙大南，刁利军，刘志刚. 交流传动矢量控制系统时延补偿 [J]. 电工技术学报，2011，26 (5): 138-145.

[123] BAE B H, SUL S K. A compensation method for time delay of full-digital synchronous frame current regulator of PWM AC drives [J]. IEEE Transactions on Industry Applications, 2003, 39 (3): 802-810.

[124] YIM J S, SUL S K, BAE B H, et al. Modified current control schemes for high-performance permanent-magnet ac drives with low sampling to operating frequencyratio [J]. IEEE Transactions on Industry Applications, 2009, 45 (2): 763-771.

[125] YEPES A G, VIDAL A, FREIJEDO F D, et al. A simple tuning method aimed at optimal settling time and overshoot for synchronous pi current control in electric machines [C] //Proc. IEEE Energy Conversion Congress and Exposition. Denver: IEEE, 2013: 1465-1472.

[126] HUH K K, LORENZ R. Discrete-time domain modeling and design for ac machine current regulation [C] //Industry Applications Conference, 2007. 42nd IAS Annual Meeting. Conference Record of the 2007 IEEE. New Orleans: IEEE, 2007: 2066-2073.

[127] BUJA G, KAZMIERKOWSKI M. Direct torque control of pwm inverter-fed ac motors-a survey [J]. IEEE Transactions on Industrial Electronics, 2004, 51 (4): 744-757.

[128] ROMERAL L, ARIAS A, ALDABAS E, et al. Novel direct torque control (DTC) scheme with fuzzy adaptive torque-ripple reduction [J]. IEEE Transactions on Industrial Electronics, 2003, 50 (3): 487-492.

[129] CASADEI D, PROFUMO F, SERRA G, et al. FOC and DTC: two viable schemes for induction motors torque control [J]. IEEE Transactions on Power Electronics, 2002, 17 (5): 779-787.

[130] LEE J S, CHOI C H, SEOK J K, et al. Deadbeat-direct torque and flux control of interior permanent magnet synchronous machines with discrete time stator current and stator flux linkage observer [J]. IEEE Transactions on Industry Applications, 2011, 47 (4): 1749-1758.

[131] UDDIN M, HAFEEZ M. Flc-based dtc scheme to improve the dynamic performance of an imdrive [J]. IEEE Transactions on Industry Applications, 2012, 48 (2): 823-831.

[132] KENNY B, LORENZ R. Stator-and robor-flux-based deadbeat direct torque control of induction machines

[J]. IEEE Transactions on Industry Applications, 2003, 39 (4): 1093-1101.

[133] SHIN M H, HYUN D S, CHO S B, et al. An improved stator flux estimation for speed sensorless stator flux orientation control of induction motors [J]. IEEE Transactions on Power Electronics, 2000, 15 (2): 312-318.

[134] FLACH E, HOFFMANN R, MUTSCHLER P. Direct mean torque control of an induction motor [C] // Proc. EPE: volume 3. Trondheim: EPE, 1997: 672-677.

[135] 王成元，夏加宽，孙宜标. 现代电机控制技术 [M]. 北京：机械工业出版社，2009.

[136] RODRIGUEZ J KENNEL R, ESPINOZA J, et al. High-performance control strategies for electrical drives: An experimental assessment [J]. IEEE Transactions on Industrial Electronics, 2012, 59 (2): 812-820.

[137] GEYER T, PAPAFOTIOU G, MORARI M. Model predictive direct torque control; part i: Concept, algorithm, and analysis [J]. IEEE Transactions on Industrial Electronics, 2009, 56 (6): 1894-1905.

[138] MIRANDA H, CORTES P, YUZ J I, et al. Predictive torque control of induction machines based on state-space models [J]. IEEE Transactions on Industrial Electronics, 2009, 56 (6): 1916-1924.

[139] GEYER T, MASTELLONE S. Model predictive direct torque control of a five-level anpc converter drive system [J]. IEEE Transactions on Industry Applications, 2012, 48 (5): 1565-1575.

[140] BLASCHKE F. A new method for the structural decoupling of ac induction machines [C] //Conf. Rec. IFAC. Dusseldorf: IFAC, 1971: 1-15.

[141] TAKAHASHI I, NOGUCHI T. A new quick-response and high-efficiency control strategy of an induction motor [J]. IEEE Transactions on Industry Applications, 1986, IA-22 (5): 820-827.

[142] 沈坤，章兢，王坚. 一种多步预测的变流器有限控制集模型预测控制算法 [J]. 中国电机工程学报，2012，32 (33)：37-44.

[143] ZHANG Y, ZHU J, XU W. Analysis of one step delay in direct torque control of permanent magnet synchronous motor and its remedies [C] //Electrical Machines and Systems (ICEMS), 2010 International Conference on. Incheon: IEEE, 2010: 792-787.

[144] VAZQUEZ S, LEON J I, FRANQUELO L G, et al. Model predictive control: A review of its applications in power electronics [J]. IEEE Industrial Electronics Magazine, 2014, 8 (1): 16-31.

[145] CORTES P, KOURO S, LA ROCCA B, et al. Guidelines for weighting factors design in model predictive control of power converters and drives [C] /IEEE International Conference on Industrial Technology, 2009. Gippsland: IEEE, 2009: 1-7.

[146] GEYER T. Algebraic weighting factor selection for predictive torque and flux control [C] //Proc. IEEE Energy Conversion Congress and Exposition (ECCE). Cincinnati: IEEE, 2017: 357-364.

[147] ZHANG Y, BAI Y, YANG H. A universal multiple-vector-based model predictive control of induction motor drives [J]. IEEE Transactions on Power Electronics, 2018, 33 (8): 6957-6969.

[148] ROJAS C, RODRIGUEZ J, VILLARROEL F, et al. Predictive torque and flux control without weighting factors [J]. IEEE Transactions on Industrial Electronics, 2013, 60 (2): 681-690.

[149] VILLARROEL F, ESPINOZA J, ROJAS C, et al. Multiobjective switching state selector for finite-states model predictive control based on fuzzy decision making in a matrix converter [J]. IEEE Transactions on Industrial Electronics, 2013, 60 (2): 589-599.

[150] ZHANG Y, YANG H. A simple svm-based deadbeat direct torque control of induction motor drives [C] // Electrical Machines and Systems (ICEMS), 2013 International Conference on. Busan: IEEE, 2013: 2201-2206.

[151] VARGAS R, RODRIGUEZ J, AMMANN U, et al. Predictive current control of an induction machine fed

by a matrix converter with reactive power control [J]. IEEE Transactions on Industrial Electronics, 2008, 55 (12): 4362-4371.

[152] NORAMBUENA M, RODRIGUEZ J, ZHANG Z, et al. A very simple strategy for high-quality performance of ac machines using model predictive control [J]. IEEE Transactions on Power Electronics, 2019, 34 (1): 794-800.

[153] YIN Z, ZHANG Y, DU C, et al. Research on anti-error performance of speed and flux estimation for induction motors based on robust adaptive state observer [J]. IEEE Transactions on Industrial Electronics, 2016, 63 (6): 3499-3510.

[154] WANG F, DAVARI S A, CHEN Z, et al. Finite control set model predictive torque control of induction machine with a robust adaptive observer [J]. IEEE Transactions on Industrial Electronics, 2017, 64 (4): 2631-2641.

[155] YANG H, ZHANG Y, LIANG J, et al. Deadbeat control based on a multipurpose disturbance observer for permanent magnet synchronous motors [J]. IET Electric Power Applications, 2018, 12 (5): 708-716.

[156] ZHANG X, HOU B, MEI Y. Deadbeat predictive current control of permanent magnet synchronous motors with stator current and disturbance observer [J]. IEEE Transactions on Power Electronics, 2017, 32 (5): 3818-3834.

[157] YANG J, CHEN W H, LI S, et al. Disturbance/uncertainty estimation and attenuation techniques in pmsm drives; a survey [J]. IEEE Transactions on Industrial Electronics, 2017, 64 (4): 3273-3285.

[158] WANG B, CHEN X, YU Y, et al. Robust predictive current control with online disturbance estimation for induction machine drives [J]. IEEE Transactions on Power Electronics, 2017, 32 (6): 4663-4674.

[159] WANG J, WANG F, ZHANG Z, et al. Design and implementation of disturbance compensation-based enhanced robust finite control set predictive torque control for induction motor systems [J]. IEEE Transactions on Industrial Informatics, 2017, 13 (5): 2645-2656.

[160] XIAOQUAN L, HEYUN L, JUNLIN H. Load disturbance observer-based control method for sensorless pmsm drive [J]. IET Electric Power Applications, 2016, 10 (8): 735-743.

[161] 刘博. 基于扰动观测的永磁同步电机电流预测控制研究 [D]. 哈尔滨: 哈尔滨工业大学, 2015.

[162] YANG H, ZHANG Y, LIANG J, et al. Sliding-mode observer based voltage-sensorless model predictive power control of pwm rectifier under unbalanced grid conditions [J]. IEEE Transactions on Industrial Electronics, 2018, 65 (7): 5550-5560.

[163] WANG B, DONG Z, YU Y, et al. Static-errorless deadbeat predictive current control using secondorder sliding-mode disturbance observer for induction machine drives [J]. IEEE Transactions on Power Electronics, 2018, 33 (3): 2395-2403.

[164] 侯本帅. 基于滑模观测器与预测控制的永磁同步电机优化控制研究 [D]. 北京: 北方工业大学, 2017.

[165] 周慧. 基于 ESO 的 PMSM 驱动系统无模型控制 [D]. 合肥: 合肥工业大学, 2016.

[166] 魏超. PMSM 参数辨识及其无模型电流预测控制 [D]. 合肥: 合肥工业大学, 2016.

[167] 王萍. PMSM 驱动系统无位置传感器控制 [D]. 合肥: 合肥工业大学, 2017.

[168] 张永昌, 焦健, 刘杰. 电压型 PWM 整流器无模型预测电流控制 [J]. 电气工程学报, 2018, 13 (6): 1-6.

[169] WANG J, WANG F, WANG G, et al. Generalized proportional integral observer based robust finite control set predictive current control for induction motor systems with time-varying disturbances [J]. IEEE Transactions on Industrial Informatics, 2018, 14 (9): 4159-4168.

[170] YIN Z, HAN X, DU C, et al. Research on model predictive current control for inductiion machine based

on immune-optimized disturbance observer [J]. IEEE Journal of Emerging and Selected Topics in Power Electronics, 2018, 6 (4): 1699-1710.

[171] FLIESS M, JOIN C. Model-free control and intelligent pid controllers: towards a possible trivialization of nonlinear control [J]. IFAC Proceedings Volumes, 2009, 42 (10): 1531-1550.

[172] MICHEL L, JOIN C, FLIESS M, et al. Model-free control of dc/dc converters [C] //Control and Modeling for Power Electronics. Boulder: IEEE, 2010: 1-8.

[173] MBOUP M, JOIN C, FLIESS M. Numerical differentiation with annihilators in noisy environment [J]. Numerical Algorithms, 2009, 50 (4): 439-467.

[174] HAN J. From pid to active disturbance rejection control [J]. IEEE Transactions on Industrial Electronics, 2009, 56 (3): 900-906.

[175] 刘丽英. 线性自抗扰控制策略在异步电机调速系统中的应用研究 [D]. 天津: 天津大学, 2010.

[176] ZHANG Y, YANG H. Model predictive torque control with duty ratio optimization for twolevel inverter-fed induction motor drive [C] //Electrical Machines and Systems (ICEMS), 2013 International Conference on. Busan: IEEE, 2013, 2189-2194.

[177] KARAMANAKOS P, STOLZE P, KENNEL R, et al. Variable switching point predictive torque control of induction machines [J]. IEEE Journal of Emerging and Selected Topics in Power Electronics, 2014, 2 (2): 285-295.

[178] ZHANG Y, YANG H. Model predictive flux control of induction motor drives with switching instant optimization [J]. IEEE Transactions on Energy Conversion, 2015, 30: 1113-1122.

[179] SONG Z, CHEN W, XIA C. Predictive direct power control for three-phase grid-connected converters without sector information and voltage vector selection [J]. IEEE Transactions on Power Electronics, 2014, 29 (10): 5518-5531.

[180] 张永昌, 杨海涛. 异步电机无速率传感器模型预测控制 [J]. 中国电机工程学报, 2014, 34 (15): 2422-2429.

[181] NEMEC M, NEDELJKOVIC D, AMBROZIC V. Predictive torque control of induction machines using immdiate flux control [J]. IEEE Transactions on Industrial Electronics, 2007, 54 (4): 2009-2017.

[182] 杨海涛. 异步电机无速度传感器模型预测控制 [D]. 北京: 北方工业大学, 2015.

[183] 张虎. 无速度传感器矢量矢量控制和参数辨识技术研究 [D]. 北京: 北京科技大学, 2011.

[184] SUN W, GAO J, LIU X, et al. Inverter non-lineat error compensation using feedback gains and self-tuning estimated current error in adaptive full order observer [J]. IEEE Transactions on Industry Applications, 2015, PP (99): 1-1.

[185] SUN W, YU Y, WANG G, et al. Design method of adaptive full order observer with or without estmated flux error in speed estimation algorithm [J]. IEEE Transactions on Power Electronics, 2016, 31 (3): 2609-2626.

[186] SUN W, GAO J, YU Y, et al. Robustness improvement of speed estimation in speed sensorless induction motor drives [J]. IEEE Transactions on Industry Applications, 2016, PP (99): 1.

[187] 陈伟. 异步电机无速度传感器系统轻载稳定性与低速性能研究 [D]. 哈尔滨: 哈尔滨工业大学, 2012.

[188] KONDO K. Pmsm and im rotational sensorless technologies specialized for railway vehicles traction [C] //2014 IEEE 5th International Symposium on Sensorless Control for Electrical Drives. Hiroshima: IEEE, 2014: 1-7.

[189] FUJINAMI K, TAKAHASHI K, KONDO K, et al. A restarting method of an induction motor speed-sensorless vector control system for a small-sized wind turbine power generator system [C] //Electrical Machines

and Systems, 2009. ICEMS 2009. International Conference on. Tokyo: IEEE, 2009: 1-5.

[190] IURA H, IDE K, HANAMOTO T, et al. An estimation method of ratational direction and speed for free-running ac machines without speed and voltage sensor [J]. IEEE Transactions on Industry Applications, 2011, 47 (1): 153-160.

[191] JEONG S J, PARK Y M, HAN G J. An estimation method of rotation speed for minimizing speed variation on restarting of induction motor [C] //Power Electronics and ECCE Asia (ICPEECCE), 2011 IEEE 8th International Conference on. Seoul: IEEE, 2011, 697-704.

[192] KIM S H, SUL S K. Voltage control strategy for maximum torque operation of an induction machine in the field-weakening region [J]. IEEE Transactions on Industrial Electronics, 1997, 44 (4): 512-518.

[193] ZARRI L, MENGONI M, TANI A, et al. Control schemes for field weakening of induction machines: A review [C] //2015 IEEE Workshop on Electrical Machines Design, Control and Diagnosis (WEMDCD). Torino: IEEE, 2015: 146-155.

[194] XU X, NOVOTNY D W. Selection of the flux reference for induction machine drives in the field weakening region [J]. IEEE Transactions on Industry Applications, 1992, 28 (6): 1353-1358.

[195] YANG H, ZHANG Y, WALKER P D, et al. Speed sensorless model predictive current control with ability to start a free running induction motor [J]. IET Electric Power Applications, 2017, 11 (5): 893-901.

[196] HABIBULLAH M, LU D D C, XIAO D, et al. Finite-state predictive torque control of induction motor supplied from a three-level npc voltage source inverter [J]. IEEE Transactions on Power Electronics, 2017, 32 (1): 479-489.

[197] ODHANO S, BOJOI R, FORMENTLNI A, et al. Direct flux and current vector control for induction motor drives using model predictive control theory [J]. IEET Electric Power Applications, 2017, 11 (8): 1483-1491.

[198] CASADEI D, SERRA G, STEFANI A, et al. Dtc drives for wide speed range applications using a robust flux-weakening algorithm [J]. IEEE Transactions on Industrial Electronics, 2007, 54 (5): 2451-2461.

[199] RODRIGUEZ J, BERNET S, STEIMER P K, et al. A survey on neutral-point-clamped inverters [J]. IEEE Transactions on Industrial Electronics, 2010, 57 (7): 2219-2230.

[200] 胡家兵，迟永宁，汤海雁. 双馈感应电机在风力发电中的建模与控制 [M]. 北京：机械工业出版社，2014.

[201] WU B. High-power converters and ac drives [M]. NewYork: Wiley-IEEE Press, 2005.

[202] HOLTZ J, OIKONOMOU N. Neutral point potential balancing algorithm at low modulation index for three-level inverter medium-voltage drives [J]. IEEE Transactions on Industry Applications, 2007, 43 (3): 761-768.

[203] FACHBEREICH V. Model-based predictive control of 3-level inverters [D]. [S.I.]: Bergischen Universität Wuppertal, 2012.

[204] CELANOVIC N, BOROYEVICH D. A comprehensive study of neutral-point voltage balancing problem in three-level neutral-point-clamped voltage source PWM inverters [J]. IEEE Transactions on Power Electronics, 2000, 15 (2): 242-249.

[205] 吴斌. 大功率变频器及交流传动 [M]. 北京：机械工业出版社，2015.

[206] NARAYANAN G, RANGANATHAN V T. Synchronised PWM strategies based on space vector approach. Ⅰ. principles of waveform generation [J]. IEE Proceedings-Electric Power Applications, 1999, 146 (3): 267-275.

[207] NARAYANAN G, RANGANATHAN V T. Synchronised pwm strategies based on space vector approach. ⅱ. performance assessment and application to v/f drives [J]. IEE Proceedings-Electric Power Applications, 1999, 146 (3): 276-281.

[208] PATEL H S, HOFT R G. Generalized techniques of harmonic elimination and voltage control in thyristor inverters: Part ⅰ-harmonic elimination [J]. IEEE Transactions on Industry Applications, 1973, IA-9 (3): 310-317.

[209] PATEL H S, HOFT R G. Generalized techniques of harmonic elimination and voltage control in thyristor inverters: Part ⅱ—voltage control techniques [J]. IEEE Transactions on Industry Applications, 1974, IA-10 (5): 666-673.

[210] XIA C, ZHANG G, YANG Y, et al. Discontinuous space vector PWM strategy of neutral-point-clamped three-level inverters for output current ripple reduction [J]. IEEE Transactions on Power Electronics, 2017, 32 (7): 5109-5121.

[211] 李宁，王跃，雷万钧. 三电平 NPC 变流器 SVPWM 策略与 SPWM 策略的有效关系研究 [J]. 电网技术，2014，38 (5): 1283-1290.

[212] WANG F. Sine-triangle versus space-vector modulation for three-level PWM voltage-source inverters [J]. IEEE Transactions on Industry Applications, 2002, 38 (3): 500-506.

[213] ZHOU K, WANG D. Relationship between space-vector modulation and three-phase carrier-based PWM: a comprehensive analysis [three-phase inverters] [J]. IEEE Transactions on Industrial Electronics, 2002, 49 (1): 186-196.

[214] 吴洪洋，何湘宁. 多电平载波 PWM 法与 SVPWM 法之间的本质联系及其应用 [J]. 中国电机工程学报，2002 (5): 11-16.

[215] 方辉. 三相逆变（整流）器调制与模型预测控制算法研究 [D]. 成都：西南交通大学，2016.

[216] LEE D C, LEE G M. A novel overmodulation technique for space-vector PWM inverters [J]. IEEE Transactions on Power Electronics, 1998, 13 (6): 1144-1151.

[217] HOLTZ J, LOTZKAT W, KHAMBADKONE A M. On continuous control of PWM inverters in the overmodulation range including the six-step mode [J]. IEEE Transactions on Power Electronics, 1993, 8 (4): 546-553.

[218] BOLOGNANI S, ZIGLIOTTO M. Novel digital continuous control of SVM inverters in the overmodulation range [J]. IEEE Transactions on Industry Applications, 1997, 33 (2): 525-530.

[219] SEO J H, CHOI C H, HYUN D S. A new simplified space-vector PWM method for three-level inverters [J]. IEEE Transactions on Power Electronics, 2001, 16 (4): 545-550.

[220] HOLTZ J, HöLTGEN M, KRAN J O. A space vector modulator for the high-switching frequency control of three-level SiC inverters [J]. IEEE Transactions on Power Electronics, 2014, 29 (5): 2618-2626.

[221] POU J, PINDADO R, BOROYEVICH D, et al. Evaluation of the low-frequency neutral-point voltage oscillations in the three-level inverter [J]. IEEE Transactions on Industrial Electronics, 2005, 52 (6): 1582-1588.

[222] POU J, BOROYEVICH D, PINDADO R. Effects of imbalances and nonlinear loads on the voltage balance of a neutral-point-clamped inverter [J]. IEEE Transactions on Power Electronics, 2005, 20 (1): 123-131.

[223] 宋文祥，陈国呈，陈陈. 基于矢量分区的三电平中点波动机理分析的研究 [J]. 电工电能新技术，2007 (4): 17-20+70.

[224] 宋强，刘文华，严干贵. 基于零序电压注入的三电平 NPC 逆变器中点电位平衡控制方法 [J]. 中国电机工程学报，2004 (5): 61-66.

[225] 宋文祥，陈国呈，束满堂. 中点箝位式三电平逆变器空间矢量调制及其中点控制研究 [J]. 中国电机工程学报，2006 (5): 105-109.

[226] HABIBULLAH M, LU D D C, XIAO D, et al. A simplified finite-state predictive direct torque control for

induction motor drive [J]. IEEE Transactions on Industrial Electronics, 2016, 63 (6): 3964-3975.

[227] HABIBULLAH M, LU D D C XIAO D, et al. Predictive torque control of induction motor sensorless drive fed by a 3l-npc inverter [J]. IEEE Transactions on Industrial Informatics, 2017, 13 (1): 60-70.

[228] 胡育文，黄文新，张兰红. 异步电机（电动、发电）直接转矩控制系统 [M]. 北京：机械工业出版社，2012.

[229] 倪启南. 基于时间最优控制策略的永磁同步电机数字控制方法研究 [D]. 哈尔滨：哈尔滨工业大学，2015.

[230] ZHANG Y, BAI Y. Model predictive control of three-level inverter-fed induction motor drives with switching frequency reduction [C] //Proc. IECON 2017-43rd Annual Conf. of the IEEE Industrial Electronics Society. Beijing: IEEE, 2017: 6336-6341.

[231] 彭玉宾. 三电平变换器模型预测控制研究 [D]. 北京：北方工业大学，2016.

[232] 夏长亮，张天一，周湛清. 结合开关表的三电平逆变器永磁同步电机模型预测转矩控制 [J]. 电工技术学报，2016，31 (20)：83-92+110.

[233] GEYER T. Model predictive control of high power converters and industrial drives [M]. NewYork: Wiley-IEEE Press, 2017.

[234] AHMED A A, KOH B K, PARK H S, et al. Finite-control set model predictive control method for torque control of induction motors using a state stacking cost index [J]. IEEE Transactions on Industrial Electronics, 2017, 64 (3): 1916-1928.

[235] HABETLER T G, PROFUMO F, PASTORELLI M, et al. Direct torque control of induction machines using space vector modulation [J]. IEEE Transactions on Industry Applications, 1992, 28 (5): 1045-1053.

[236] BLASCHKE F. The principle of field orientation as applied to the new transvector closed-loop control system for rotating field machines [J]. Siemens Review, 1972, 34 (5): 217-219.

[237] 谢伟. 基于模型预测控制的 PWM 整流器研究 [D]. 北京：北方工业大学，2014.

读者需求调查表

亲爱的读者朋友：

您好！为了提升我们图书出版工作的有效性，为您提供更好的图书产品和服务，我们进行此次关于读者需求的调研活动，恳请您在百忙之中予以协助，留下您宝贵的意见与建议！

个人信息

姓名：		出生年月：		学历：	
联系电话：		手机：		E-mail：	
工作单位：				职务：	
通讯地址：				邮编：	

1. 您感兴趣的科技类图书有哪些？

□自动化技术 □电工技术 □电力技术 □电子技术 □仪器仪表 □建筑电气

□其他（ ）以上各大类中您最关心的细分技术（如 PLC）是：（ ）

2. 您关注的图书类型有：

□技术手册 □产品手册 □基础入门 □产品应用 □产品设计 □维修维护

□技能培训 □技能技巧 □识图读图 □技术原理 □实操 □应用软件

□其他（ ）

3. 您最喜欢的图书叙述形式：

□问答型 □论述型 □实例型 □图文对照 □图表 □其他（ ）

4. 您最喜欢的图书开本：

□口袋本 □32 开 □B5 □16 开 □图册 □其他（ ）

5. 图书信息获得渠道：

□图书征订单 □图书目录 □书店查询 □书店广告 □网络书店 □专业网站

□专业杂专 □专业报纸 □专业会议 □朋友介绍 □其他（ ）

6. 购书途径：

□书店 □网络 □出版社 □单位集中采购 □其他（ ）

7. 您认为图书的合理价位是（元/册）：

手册（ ） 图册（ ） 技术应用（ ） 技能培训（ ） 基础入门（ ） 其他（ ）

8. 每年购书费用：

□100 元以下 □101～200 元 □201～300 元 □300 元以上

9. 您是否有本专业的写作计划？

□否 □是（具体情况： ）

非常感谢您对我们的支持，如果您还有什么问题欢迎和我们联系沟通！

地址：北京市西城区百万庄大街 22 号 机械工业出版社电工电子分社 邮编：100037

联系人：张俊红 联系电话：13520543780 传真：010-68326336

电子邮箱：buptzjh@163.com（可来信索取本表电子版）

编著图书推荐表

姓名：		出生年月：		职称/职务：		专业：	
单位：				E-mail：			
通讯地址：						邮政编码：	
联系电话：		研究方向及教学科目：					
个人简历(毕业院校、专业、从事过的以及正在从事的项目、发表过的论文)：							
您近期的写作计划有：							
您推荐的国外原版图书有：							
您认为目前市场上最缺乏的图书及类型有：							

地址：北京市西城区百万庄大街22号　机械工业出版社　电工电子分社
邮编：100037　网址：www.cmpbook.com
联系人：张俊红　电话：13520543780　010-68326336（传真）
E-mail：buptzjh@163.com（可来信索取本表电子版）